塔里木大学专著出版基金资助出版
兵团中青年科技创新领军人才专项资助
兵团英才专项资助
塔里木大学创新群体项目资助
国家自然科学基金(31360635，31460691) 项目资助

动物学原理与进化研究

高庆华 等著

主任委员 高庆华 任道全
委　　员 韩春梅 邢 凤 方 翟
　　　　 陈 荣 王娟红
主著单位 塔里木大学动物科学学院

中国水利水电出版社
www.waterpub.com.cn

内 容 提 要

本书以动物进化中主干类群为主线，重点论述了其主要结构特征、分类与演化等内容，并加强了对无脊椎动物的探讨，具体内容包括：绪论、非脊索动物综述、脊索动物门综述、动物进化理论及新种演化、城市绿地生态中的动物等。本书具有简明扼要、重点突出、反映新动态等特点，结构合理，条理清晰，内容丰富新颖，是一本值得学习研究的著作。

图书在版编目（CIP）数据

动物学原理与进化研究 / 高庆华等著. -- 北京 : 中国水利水电出版社, 2016.7（2022.10重印）
ISBN 978-7-5170-4386-7

Ⅰ. ①动… Ⅱ. ①高… Ⅲ. ①动物学－研究②动物－进化－研究 Ⅳ. ①Q95

中国版本图书馆CIP数据核字(2016)第125206号

策划编辑：杨庆川　责任编辑：陈　洁　封面设计：崔　蕾

书　名	动物学原理与进化研究
作　者	高庆华　任道全　著
出版发行	中国水利水电出版社
	（北京市海淀区玉渊潭南路1号D座 100038）
	网址：www.waterpub.com.cn
	E-mail：mchannel@263.net（万水）
	sales@mwr.gov.cn
	电话：(010)68545888(营销中心)、82562819（万水）
经　售	北京科水图书销售有限公司
	电话：(010)63202643、68545874
	全国各地新华书店和相关出版物销售网点
排　版	北京鑫海胜蓝数码科技有限公司
印　刷	三河市人民印务有限公司
规　格	184mm×260mm　16开本　19.5印张　313千字
版　次	2016年7月第1版　2022年10月第2次印刷
印　数	2001-3001册
定　价	58.50元

前言

动物学是生物学研究范畴中的一大分支，它是从事农、林、牧、生物、医学及生物资源保护等专业的基础知识，也是一门研究动物各类群的分布、形态结构、生活和发展等规律及其与周围环境相互关系的学科。

20世纪以来，由于学科的相互渗透和研究手段的不断改进，促成了动物学的飞跃发展。现代动物学所包含的内容愈来愈丰富，研究动物生命活动的方法愈来愈新，已由过去的观察描述阶段，上升到了研究和揭示动物的生命本质以及揭示生命活动内在规律。

本书在撰写过程中，注重分类学知识的应用。全书共分为五章。第一章为动物学绪论，介绍了动物在生物界的地位、分科以及研究方法等内容。第二和第三章分别阐述了非脊索动物10个门和脊索动物的2个门、6大纲的形态、分类和生态等内容，着重反映了形态学和分类学最新研究成果。第四章着重介绍了动物进化理论及新种演化最新内容，将生命的起源、生物进化的证据、进化学说以及新种的演化等内容都一一阐述。目前，国内对城市绿地的植物配置、景观设计、社会价值等研究成果较为丰富，但对于绿地生态系统中动物保护研究的文献非常少，因此我们增设了第五章城市绿地生态中的动物等相关内容。

全书注重科学性、完整性和系统性，具有以下特点：简明扼要，重点突出。在了解国内外动物学发展的前沿条件下，本书尽量把本学科在世界上比较公认的新理论、新观点和新方法介绍给读者，使读者对当前动物学研究的热点问题有比较清楚的认识。本书系统性强，以动物分类为主干线，按照动物由低等到高等，由简单到复杂的基本规律，重点介绍各类群的主要结构特征、结构与功能、功能与适应，代表动物、分类等内容，注重结构功能的总体性，使读者对动物的认识有全局观念，能举一反三，触类旁通。

本书在撰写的过程中参阅或引用了有关部门、单位和个人的资料，并得到了相关部门及单位的大力支持与帮助，在此谨致以深切的谢意。尽管作者在本书的科学性、准确性、系统性、前瞻性和实用性方面做出了较大努力，但受学术水平所限，加之时间仓促，书中难免存在不当之处，谨请各位专家和学者批评、指正。

作　者

2016年3月

目录

第一章　绪论

地球上的各种物质，虽然形态各异，但概括起来可分为生物和非生物。生物包括植物、动物、微生物，这些都是具有生命的物质。对生物的研究，就是探讨生命活动的客观规律和生命本质。

第一节　动物在生物界的地位

自然界的物质分为生物和非生物两大类。前者绝大多数由细胞构成（除病毒外），都具有新陈代谢、自我复制繁殖、生长发育、遗传变异、感应性和适应性等生命现象。因此，生物世界也称生命世界。生物的种类繁多，形形色色，千姿百态，目前已鉴定的约 200 万种。随着时间的推移，新发现的物种还会逐年增加，有人（R. C. Brusca 等，1990）估计，有 2000 万～5000 万物种有待发现和命名。为了研究、利用如此丰富多彩的生物世界，人们将其分门别类系统整理，分为若干不同的界。

生物的分界随着科学的发展而不断地深化。在林奈时代，对生物主要以肉眼所能观察到的特征来区分，林奈（Carl yon Linn，1735）以生物能否运动为标准明确提出动物界和植物界（Plantae）的两界系统，这一系统直至 20 世纪 50 年代仍为多数教材所采用。显微镜广泛使用后，发现许多单细胞生物兼有动物和植物的特性（如眼虫等），这种中间类型的生物是进化的证据，却是分类的难题，因而霍格（J. Hogg，1860）和赫克尔（E. Haeckel，1866）将原生生物（包括细菌、藻类、真菌和原生动物）另立为界，提出原生生物界、植物界、动物界的三界系统，这一观点直到 20 世纪 60 年代才开始流行，并被一些教科书采用。

电子显微镜技术的发展，使生物学家有可能揭示细菌、蓝藻细胞的细微结构，并发现与其他生物有显著的不同，于是提出原核生物和真核生物的概念。考柏兰（H. F. Copeland，1938）将原核生物另立为一界，提出了四界系统，即原核生物界、原始有核界（包括单胞藻、简单得多细胞藻类、黏菌、真菌和原生动物）、后生植物界和后生动物界。随着电镜技术的完善和广泛应用以及生化知识的积累，将原核生物立为一界的见解，获得了普遍的接受，成为现代生物系统分类的基础。1969

年惠特克(R. H. Whittaker)又根据细胞结构的复杂程度及营养方式提出了五界系统,他将真菌从植物界中分出另立为界,即原核生物界、原生生物界、真菌界、植物界和动物界。这一系统逐渐被广泛采用,直到现在有些教材仍在沿用(图 1-1)。

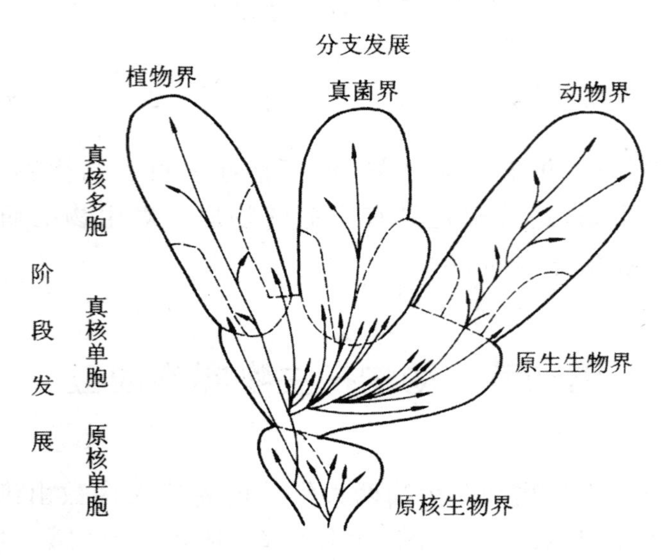

图 1-1　惠特克的五界系统简图(仿陈世骧)

生命的进化历史经历了几个重要阶段,最初的生命是非细胞形态的,即非细胞阶段。从非细胞到细胞是生物发展的第二个阶段。初期的细胞是原核细胞,由原核细胞构成的生物称为原核生物(细菌、蓝藻),从原核到真核是生物发展的第三个阶段,从单细胞真核生物到多细胞真核生物是生物发展的第四个阶段。五界系统反映了生物进化的 3 个阶段和多细胞生物阶段的 3 个分支,即原核生物代表了细胞的初级阶段,进化到原生生物代表了真核生物的单细胞阶段(细胞结构的高级阶段),再进化到真核多细胞阶段,即植物界、真菌界和动物界。植物、真菌和动物代表了进化的 3 个方向,即自养、腐生和异养。

五界系统没有反映出非细胞生物阶段。我国著名昆虫学家陈世骧(1979)提出 3 个总界六界系统,即非细胞总界(包括病毒界)、原核总界(包括细菌界和蓝藻界)、真核总界(包括植物界、真菌界和动物界)。有些学者认为不必成立原生生物界,把藻类和原生动物分别划归植物界和动物界,成为比较紧凑的四界系统。另一些学者主张扩大原生生物界,把真菌划归在内成为另一种四界系统。由于病毒是一类非细胞生物,究竟是原始类型还是次生类型仍无定论,因此,将病毒列为最初生命类型的一界的观点,学者们尚有争议。

近年有学者提出与上述六界不同的六界系统,将古细菌另立为界,即真细菌界、古细菌界、原生生物界、真菌界、植物界和动物界。还有学者提出八界系统，将原核生物分为古细菌界、真细菌界，将真核生物分为古真核生物和后真核生物两个超界，前一超界只含一个界，即古真核生物界，后一超界包括原生动物界、藻界、植物界、真菌界、动物界。有学者认为这一分界系统较为合理和清楚。

综上所述，可知目前人们对生物的分界尚无统一的意见。但无论是30亿年前古生物的化石记录或当前地球上现存生物的情况，还是形态比较、生理、生化等的例证，都揭示了生物从原核到真核、从简单到复杂、从低等到高等的进化方向。而生物的分界则显示了生命历史所经历的发展过程。

生物间的关系错综复杂，但它们对于生存的基本要求都不外是摄取食物获得能量、占据一定的空间和繁殖后代。生物解决这些问题的途径是多种多样的。在获取营养方面，凡能利用二氧化碳、无机盐及能源合成自身所需食物的称为自养生物，绿色植物和紫色细菌是自养生物。故植物是食物的生产者，生物间的食物联系由此开始。动物则必须从自养生物那里获取营养，植物被植食性动物所食，而后者又是肉食性动物的食料，故动物属于掠夺摄食的异养型，在生物界中是食物的消费者。真菌为分解吸收营养型，处于还原者的地位。这些都显示出三界生物是最基本的，在进化发展中营养方面相互联系的整体性和系统性，以及生物在生态系统中相互协调，在物质循环和能量流转过程中所起的作用。

第二节 动物学及其分科

动物学是一门内容十分广博的基础学科，它研究动物的形态结构、分类、生命活动与环境的关系以及发生发展的规律。随着科学的发展，动物学的研究领域也越来越广泛和深入。动物学依据研究内容的不同而分为许多不同的分支学科，主要有以下几类：

动物形态学：研究动物体内外的形态结构以及它们在个体发育和系统发展过程中的变化规律。其中研究动物器官的结构及其相互关系的学科称为解剖学。用比较动物器官系统的异同来研究进化关系的学科称为比较解剖学。研究动物器官显微结构及细胞的学科称为组织学和细胞学。现代的解剖学、组织学、细胞学不仅研究形态结构，也研究机能，细胞学已发展为细胞生物学。研究绝种动物化石以阐明古动物群的起源、进化及与现代动物群之间关系的学科称为古动物学。

动物分类学：研究动物类群（包括各分类阶元）间的异同及其异同程度，阐明动物间的亲缘关系、进化过程和发展规律。

动物生理学：研究动物体的机能（如消化、循环、呼吸、排泄、生殖和刺激反应性等）、机能的变化发展以及对环境条件所起的反应等。与之有关的学科还有内分泌学、免疫学等。

动物胚胎学：研究动物胚胎形成、发育的过程及其规律。近些年来应用分子生物学和细胞生物学等的理论和方法，研究个体发育的机制是胚胎学发展的新阶段，称为发育生物学。

动物生态学：研究动物与环境间的相互关系。包括个体生态、种群生态、群落生态，乃至生态系统的研究。

动物地理学：研究动物种类在地球上的分布以及动物分布的方式和规律。从地理学角度研究每个地区中的动物种类和分布的规律，常被称为地动物学。

动物遗传学：研究动物遗传变异的规律，包括遗传物质的本质、遗传物质的传递和遗传信息的表达调控等。

此外，动物学按其研究对象划分，可分为无脊椎动物学、脊椎动物学、原生动物学、寄生动物学、软体动物学、甲壳动物学、蛛形学、昆虫学、鱼类学、鸟类学和哺乳动物学等。按研究重点和服务范畴又可分为理论动物学、应用动物学、医用动物学、资源动物学、畜牧学、桑蚕学和水产学等。

由于学科发展和广泛的交叉渗透，使动物学研究向微观和宏观两极展开又相互结合，形成了分子、细胞、组织、器官、个体、群体和生态系统等多层次的研究。然而尽管各个学科正在飞速发展，动物学仍始终是处于不同学科错综复杂关系网中的一个基础学科，这从新兴的保护生物学的发展过程可以清楚地看出。

保护生物学是生命科学中新兴的一个多学科的综合性分支，研究保护物种、保护生物多样性和持续利用生物资源等问题。生物多样性包括物种多样性、遗传多样性和生态系统多样性。随着人口的迅速增加，人类经济活动的加剧，作为人类生存极为重要的、基础的生物多样性受到了严重威胁，许许多多的物种已经灭绝或濒临灭绝，因此生物多样性的研究、保护保存和合理开发利用亟待加强，这已成为全球性的问题。1992 年联合国环境署主持制订的《生物多样性公约》，为全球生物多样性的保护提供了法律保障。

第三节　动物学的研究方法

21 世纪是生命科学发展的新时期。发展的大趋势是对生命现象的研究不断深入和扩大，向宏观和微观两极发展及交叉发展。生命科学发展最根本的是科学研究的思想理念、教学思想理念发生了变革，包括基础学科动物学。这种变革也推动了研究内容、研究方法的变革与进步。表现为宏观与微观统一，分析与综合统一，结构与机能统一，多样性与一致性统一，基础研究与应用研究统一。研究过程不外是问题的提出，分析研究制定研究方案，确定研究方法。动物科学的研究方法基本属于以下几方面。

一、描述法

观察和描述的方法是动物学研究的基本方法。传统的描述主要是通过观察将动物的外部特征、内部结构、生活习性及经济意义等用文字或图表如实地系统地记述下来。尽管随着科技的进步，实验技术已获得了巨大发展，仍然离不开在不同水平、不同层次上的观察和描述。例如，光学显微镜使观察深入到组织、细胞水平，而电子显微镜以及分子生物学技术进一步深入到细胞及其细胞器的亚微或超微结构，深入到分子水平。

二、比较法

比较法是通过对不同动物的系统比较来探究其异同，可以找出它们之间的类群关系，揭示出动物生存和进化规律。动物学中各分类阶元的特征概括，就是通过比较而获得的。从动物体宏观形态结构深入到细胞、亚细胞和分子的比较，是当今研究的热点之一，例如，对不同种属动物的细胞、染色体组型、带型的比较，核酸序列的测定和比较，细胞色素 C 的化学结构测定和比较等，都已为阐明动物的亲缘关系及进化做出了重要贡献。

三、实验法

实验法是在一定的人为控制条件下，对动物的生命活动或结构机能进行观察和研究。实验法经常与比较法同时使用，并与方法学及实验手段的进步密切相关。例如，用超薄切片透射电镜术与扫描电镜术研究动物的组织、细胞和细胞器的亚微或超微结构等；用同位素（放射性核素）示踪法研究动物的代谢过程和生态习性等；层析、电泳，超速离心技术，显微分光光度分析技术，气相色谱和液相色谱分析技术，基因工程技术及电子计算机技术，均已应用于各有关实验工作的不同方面，从而推动着动物学科的发展。

以上是几种常常用来研究动物的方法，但不管哪一种，最重要的还是忠于事实，准确认真，思考周密精细，记载详明。将观察到的现象分析、归纳，作出科学的解释，把最本质的问题揭示出来。

第二章　非脊索动物综述

非脊索动物门类繁多，现将其主要门类逐一进行讨论。

第一节　原生动物门

一、鞭毛纲

鞭毛纲动物几乎生活于有机物丰富的水沟、池沼或暖流中。温暖季节可大量繁殖，常使水呈绿色。

眼虫(图 2-1)呈梭形，长约 60μm，前端钝圆，后端尖，具一细长鞭毛。眼虫的身体覆以具弹性、带斜纹的表膜(图 2-2)。过去很多人认为表膜就是原生质分泌的角质膜，但在电镜下研究发现，表膜就是细胞膜，是由许多螺旋状条纹联结而成。每一表膜条纹的一边有向内的沟，另一边有向外的嵴。一个条纹的沟与另一条纹的嵴相嵌合。嵴可在沟中滑动，使表膜条纹之间相对移动。表膜条纹的特殊构造使眼虫既保持一定的形状，又能做收缩变形运动。表膜条纹是眼虫科的特征，其数目多少又是种的分类特征之一。

眼虫有一圆形细胞核，位于虫体中后部，内有明显的核仁。虫体前端有一胞口，向后连一膨大的储蓄泡，从胞口伸出一条细而长的鞭毛。鞭毛是运动器官，通过它的不断摆动，使眼虫向前作螺旋状运动。鞭毛下连 2 根轴丝。每一轴丝在储蓄泡底部和一基体相连。由基体产生出鞭毛，并对虫体分裂起中心粒的作用。从一基体连一细丝至核，表明鞭毛受核的控制。鞭毛基部紧贴储蓄泡处有一红色眼点，靠近眼点近鞭毛基部有光感受器，能接受光线。这两个结构的存在使眼虫在运动中有趋光性(图 2-3)。

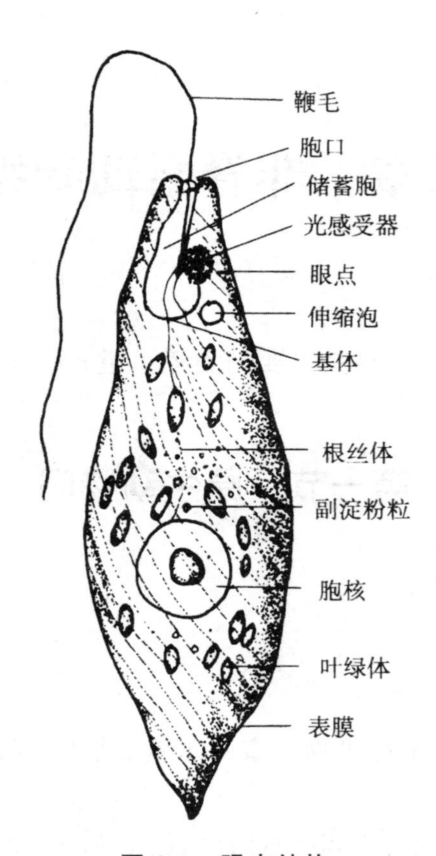

图 2-1 眼虫结构

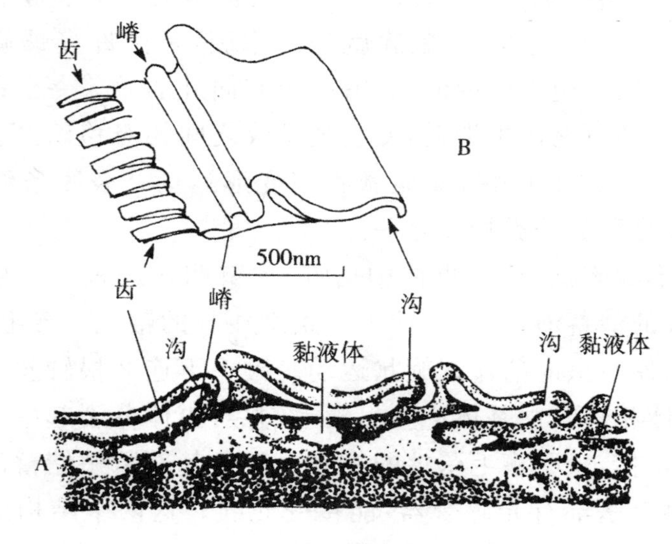

图 2-2 眼虫表膜微细结构图

A. 旋眼虫表膜横切,放大 41500 倍;B. 一个表膜条纹的图解,示沟和嵴

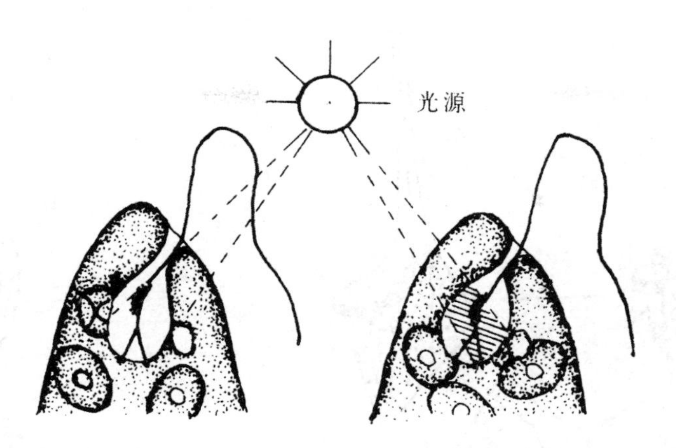

图 2-3　眼点光感受器遮光功能假说示意图

眼虫的繁殖通常为纵二分裂(图 2-4),通常在包囊期进行,但在自由运动期也可发生。首先核进行有丝分裂,但核膜不消失;同时基体复制为二;继之虫体从前端分裂,鞭毛脱去,同时由基体长出二根新鞭毛,或者保存原有鞭毛,另长出一条新鞭毛;胞口纵裂为二,然后继续由前向后分裂,最终分开成为两个新个体。

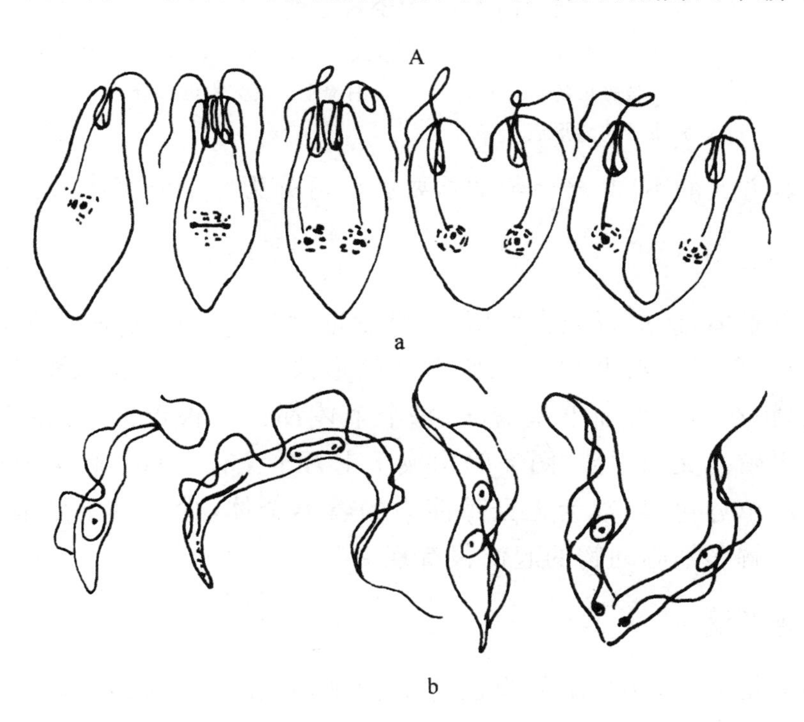

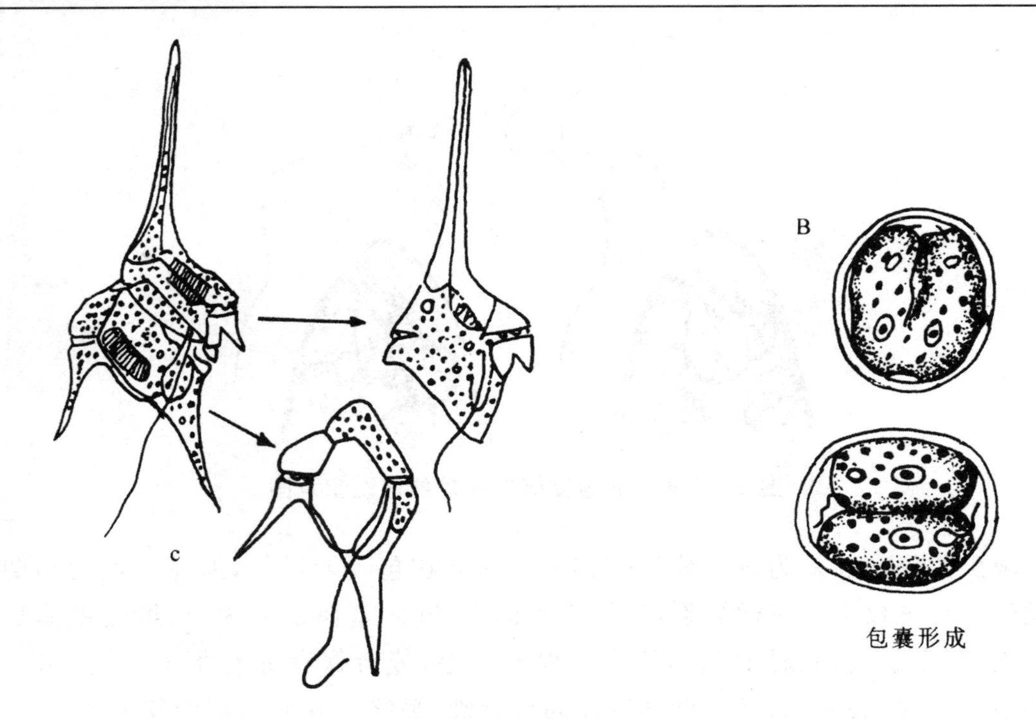

图 2-4　二分裂繁殖

A. 鞭毛虫的二分裂繁殖　a. 眼虫纵二分裂　b. 锥虫纵二分裂
c. 腰鞭虫的斜二分裂,每一子细胞生出其失去的部分
B. 眼虫的包囊形成

根据营养方式的不同,鞭毛纲的重要类群可分为二个亚纲:

(一)植鞭亚纲

通常具色素体,能进行光合作用,自己制造食物。自由生活于海水或淡水中。种类很多,形状各异。有些以多细胞群体的形式生活。如盘藻(图 2-5)通常由 4 或 16 个个体排在一个平面上呈盘状,每个个体都具二根鞭毛,含色素体,且都能进行营养和繁殖。又如团藻(图 2-5)由成千上万个个体组成,排列为一空心圆球,个体之间有简单分化,多数为无繁殖能力的营养个体,少数具繁殖能力。研究团藻对分析和了解多细胞动物的起源很有意义。

(二)动鞭亚纲

这类鞭毛虫无色素体,不能自己制造食物,营养方式为异养。有不少寄生种类,对人和家畜有害。

利什曼原虫(图 2-6)又叫黑热病原虫,能引发人的黑热病。个体微小,寄生于人体的有 3 种。其生活史有两个阶段,一个阶段在人或狗体内,另一个阶段在白蛉子体内。当被感染的白蛉子叮咬人时，将原虫注入人体，在巨噬细胞内发育并失去鞭毛，称为无鞭毛体。使人肝脾肿大、发热、贫血，并在皮肤上有黑色素沉着，以至死亡。死亡率达90%以上。当雌白蛉子叮咬患者时，病原虫进入其消化道内，又可感染他人。

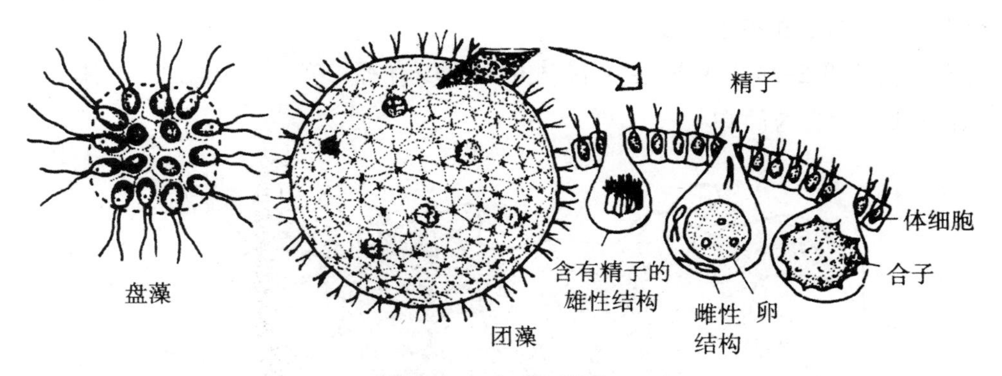

图 2-5　盘藻、团藻

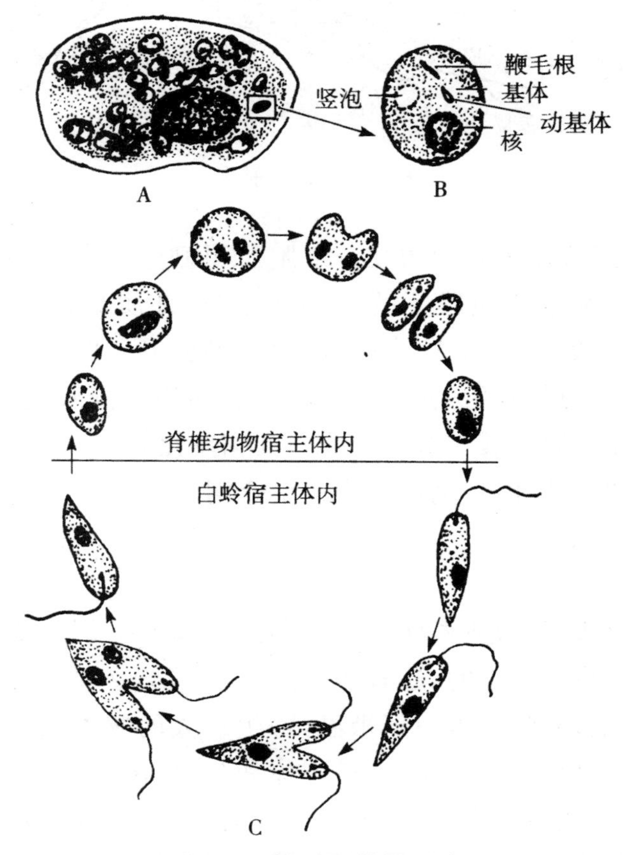

图 2-6　杜氏利什曼原虫

A. 巨噬细胞内的无鞭毛体　B. 无鞭毛体放大　C. 生活史

二、肉足纲

通常生活在池塘、水坑等静止的积水中或水流缓慢、藻类较多的浅水中，通常可在浸没于水中的植物上找到。

大变形虫（图 2-7）是变形虫中最大的一种，直径 200～600μm。虫体无固定形状，可随时改变，结构简单。

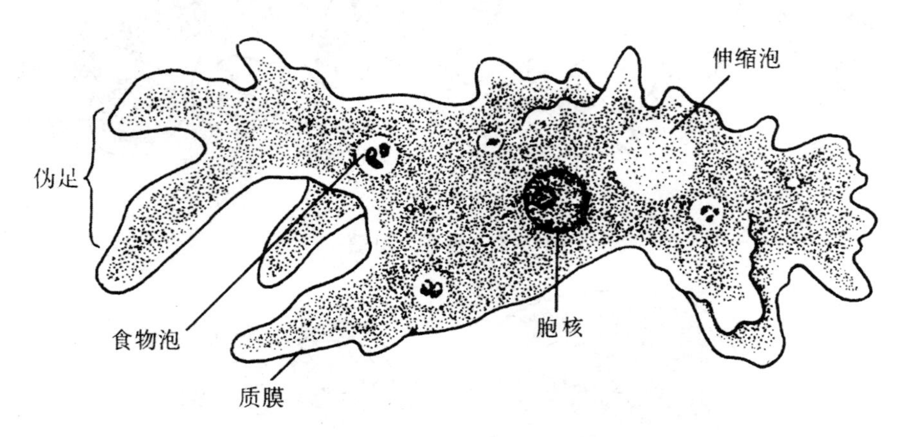

图 2-7　大变形虫

虫体表面为一层薄而柔软的质膜。细胞质明显分为外质和内质。光镜下，外质均匀透明无颗粒，为位于质膜下的一层细胞质；外质之内为内质，其中有细胞核、伸缩泡、食物泡及处在不同消化程度的食物颗粒等。内质又可分为二部分，处在外层相对固态的称为凝胶质，在其内部呈液态的称为溶胶质。二者主要成分都是蛋白质，由于其分子的伸展或折叠卷曲而互相变化。

根据伪足形态的不同肉足纲可分为二个亚纲。

（一）根足亚纲

伪足为叶状、指状、丝状或根状。大变形虫即属此亚纲。变形虫种类很多，生活于水中，也有生活在土壤中的，还有寄生的。

如痢疾内变形虫，又叫溶组织阿米巴，寄生在人的肠道内，引起痢疾。其形态按生活过程可分为三型：大滋养体，小滋养体和包囊（图 2-8）。滋养体专指原生动物寄生在宿主体内并获取营养这一阶段。大、小滋养体结构大致相同，不同的是大滋养体个大，运动活泼，能分泌蛋白酶，溶解肠壁组织，而小滋养体个小，伪足短，不侵蚀肠壁，以细菌和霉菌为食。包囊指不摄取养料阶段，新形成时是一个核，以后核分裂2次，成为4个，此时的包囊正处于感染阶段。

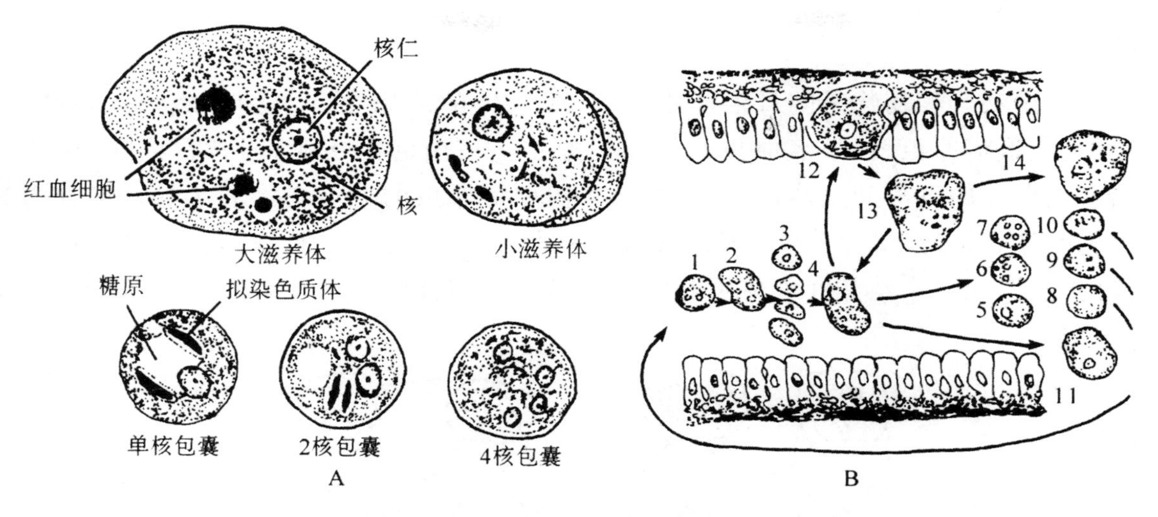

图 2-8 痢疾内变形虫

A. 痢疾内变形虫的形态 B. 生活史

1. 进入人肠的4核包囊；2～4. 小滋养体形成；5～7. 含1、2、4核包囊；8～10. 排1、2、4核包囊；11. 从人体排出的小滋养体；12. 进入组织的大滋养体；13. 大滋养体；14. 排出的大滋养体

（二）辐足亚纲

伪足针状，其中有轴丝，称有轴伪足。虫体通常呈球形，营飘浮生活。常见的有太阳虫和放射虫（图 2-9）。

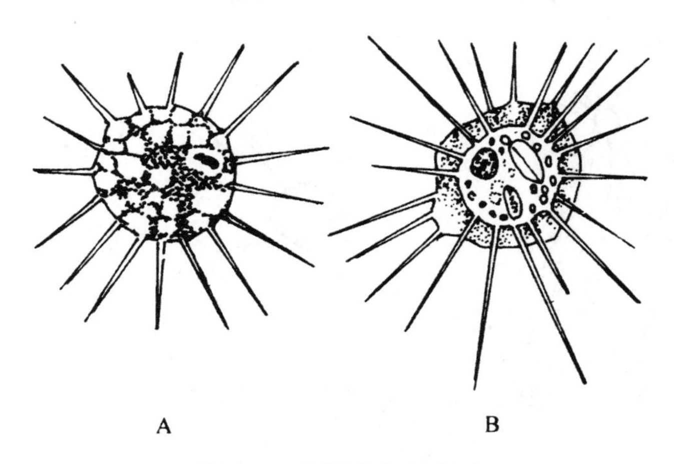

图 2-9 太阳虫与放射虫

A. 放射太阳虫 B. 艾氏放射虫

三、孢子纲

孢子纲代表动物是间日疟原虫，寄生于人体的疟原虫有 4 种，分别是间日疟原虫、卵形疟原虫、三日疟原虫和恶性疟原虫。所引起的疾病，通常称疟疾，患者出现周期性的发冷和发热，俗称打摆子。四种疟原虫的生活史大同小异。可分为三个时期，需经过 2 个寄主，即人和按蚊（图 2-10）。三个时期是：裂体生殖，在人体内进行；配子生殖是在人体中开始，在蚊胃中完成；孢子生殖是在蚊体内进行。

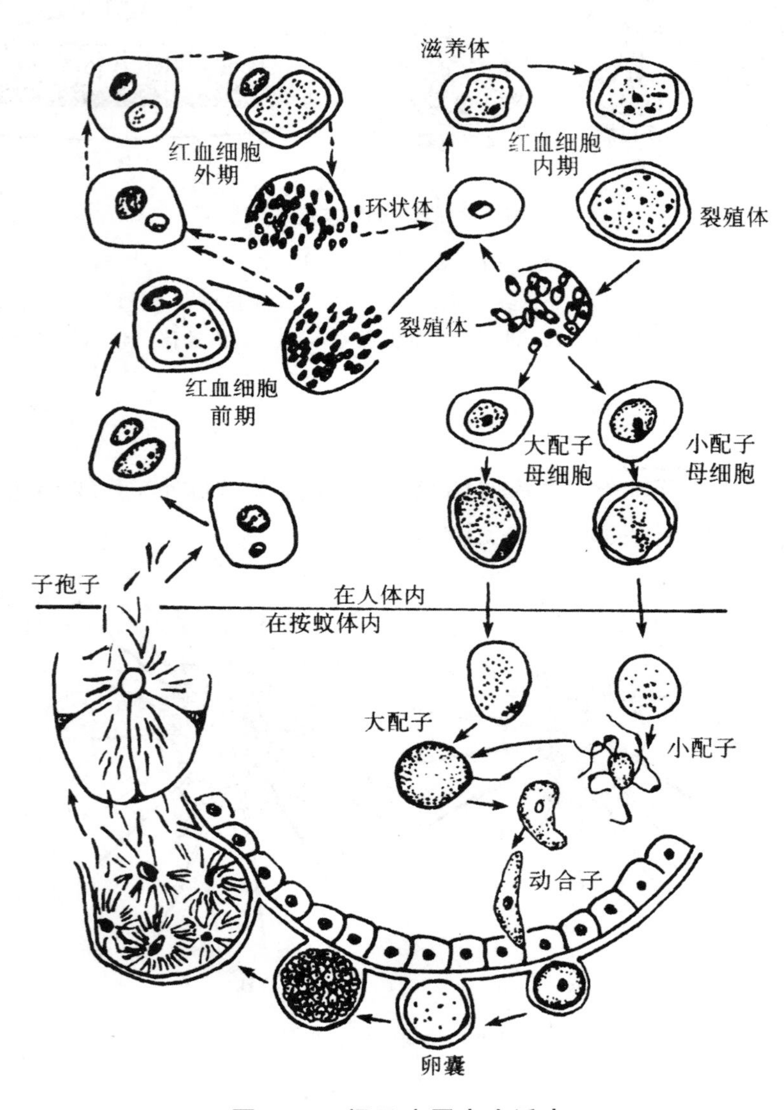

图 2-10　间日疟原虫生活史

孢子纲的特征有，营寄生生活，无运动胞器，或只在生活史的一定阶段以鞭毛或伪足为运动胞器；生活史复杂，有世代交替现象。

四、纤毛纲

纤毛纲的代表动物为大草履虫（图 2-11），具有两个细胞核，位于虫体中部。大核略呈肾形，小核呈圆形，位于大核凹陷处。大核主要管营养代谢，小核管遗传。

在虫体前部和后部各有一个伸缩泡。每个伸缩泡向周围伸出放射状排列的收集管（放射管），并与内质网相联系（图 2-11）。伸缩泡在表膜上有开孔，收集管收集体内多余的水分和溶于其中的代谢废物，注入主泡，通过表膜小孔排出体外。前后伸缩泡交替舒缩，不断排出体内多余水分，调节水分平衡。

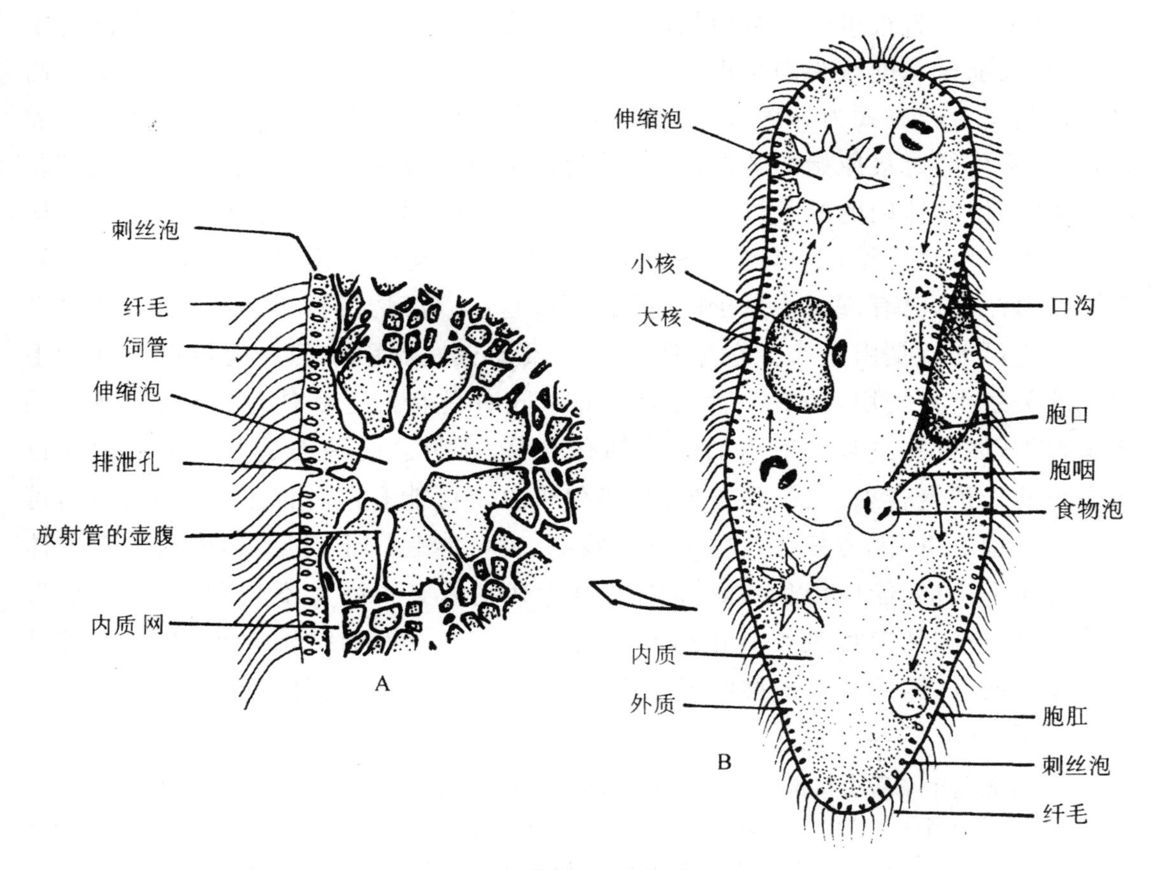

图 2-11　草履虫及其伸缩泡

A. 伸缩泡的微细结构　B. 大草履虫

呼吸作用主要通过体表吸收氧气，排出二氧化碳。

无性生殖为横二分裂，分裂时小核行有丝分裂，大核行无丝分裂，然后从虫体中部横缢，成为二个新个体。有性生殖为接合生殖①。

纤毛纲的特征为，终生具纤毛，以纤毛为运动胞器；细胞核通常分化为大核和小核；无性生殖为横二分裂，有性生殖为接合生殖；生活于海水或淡水中，也有寄生种类。

五、原生动物的系统演化

原生动物现存门类中，纤毛虫门的构造最复杂，有大小两种核，因而不可能是最原始的类群。顶复合虫门、微孢子虫门、囊孢子虫门、黏体虫门全是寄生种类，也不可能是原始的类群，其他原生动物也不可能从一个特化的类群演化而来。所以，肉鞭毛虫门就很可能是最原始的类群。在肉鞭毛虫门的鞭毛虫亚门和肉足虫亚门中，以前曾一度认为肉足虫类最为原始，因为其虫体无一定形状，构造又很简单。但是其营养方式为异养型，必须摄取固体的有机物质为食，自己不能制造养料，所以不可能是最原始的类群；虽然绿色鞭毛虫能直接利用光能，使无机物转化成有机物，但其体内的叶绿体结构极为复杂，原始种类不可能具有如此复杂结构的细胞器。由此可见，最早的原生动物很可能是与现存无色鞭毛虫相似的种类。在原始海洋中，已有许多小分子的有机物质，它们以渗透性营养为生，所以原生动物的祖先可能就是由一类无色素体的原始鞭毛虫发展而来的。肉足虫类和鞭毛虫类的关系十分密切，如有一种变形鞭毛虫同时具有鞭毛和伪足；肉足虫亚门的不少种类，如有孔虫和放射虫的配子都有鞭毛，证明这些种类是具鞭毛的祖先进化而来的。顶复合虫门、微孢子虫门、囊孢子虫门可能有两种以上的起源途径：可能起源于鞭毛虫，因为其有性配子具有鞭毛；也可能起源于肉足虫，因为其营养体时期身体无定形，能伸出伪足。黏体虫门在其生活史中终生不具鞭毛，但具变形虫期，因此推测从肉足虫类演化而来。由于纤毛与鞭毛的结构大致相同，且都从基体发生而来，因而有理由推断纤毛虫门应从鞭毛虫类进化而来。

---

① 首先两个草履虫口沟部位互相黏合，该处表膜溶解。小核脱离大核，大核消失，小核分裂 2 次形成 4 个核，其中 3 个解体，剩下 1 个小核又分裂为大小不等的 2 个核，然后两虫体较小的核互换，与对方较大的核融合，这一过程相当于受精作用。此后两虫体分开，接合核分裂 3 次成为 8 个核，4 个成为大核，其余 4 个有 3 个解体，剩下一个小核分裂 2 次，同时虫体也随着分裂 2 次，结果共形成 8 个草履虫，各有一大核一小核。

第二节　多孔动物门

一、多孔动物的形态结构与功能

多孔动物的细胞分化比其他多细胞动物简单得多，尚未分化出真正的组织，也无器官系统的形成。细胞彼此间只是松散地结合在一起。

(一)体壁结构

多孔动物由内、外2层细胞及中间的中胶层组成，外层为扁平细胞，细胞内含有肌丝，可进行缓慢的伸缩。中胶层为蛋白类的胶状物质，内有游离的变形细胞。内层主要是领细胞。领细胞类似于羽毛球的形态，一圈透明的领围住一根鞭毛，电子显微镜下显示，透明的领由细胞质的突起构成，领上有很多微丝连在一起(图2-12)。

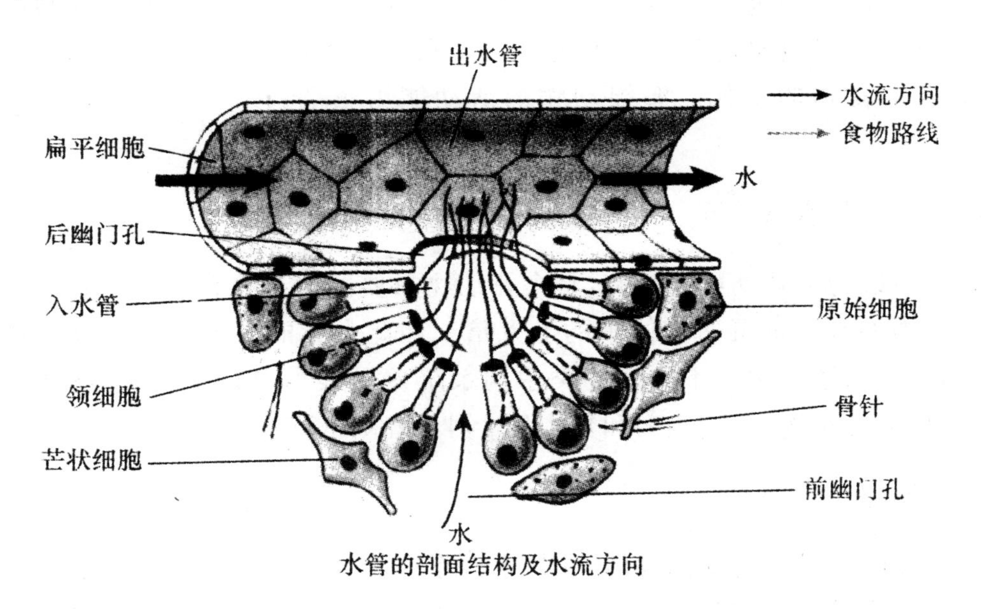

水管的剖面结构及水流方向

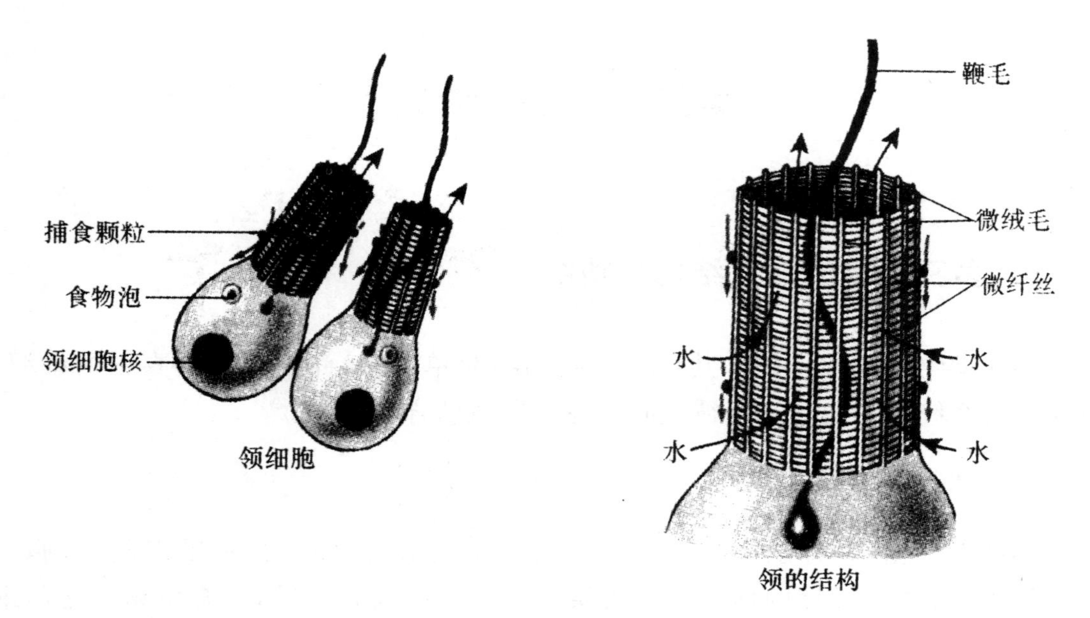

图 2-12 海绵动物体壁

多孔动物身体形态辐射对称或不规则，由体表至体内有众多的孔，这些孔借水沟系统连在一起，也有一些与具有鞭毛的领细胞连在一起，借助领细胞内的鞭毛摆动，使水流通过水沟系。领细胞不仅是水流经水沟系的动力，还具有捕获和吞噬水流中食物的功能。海绵动物的活动能力很弱，因此，神经、感觉等均不发达。

（二）独特的水沟系统

水沟系统为多孔动物所特有，是多孔动物重要的生理代谢场所。每天流经多孔动物体内的水流量可达其体重的上万倍。如此大量的水流不仅给动物体带来了氧气，也带来了食物。不同的种类水沟系统差异很大，根据水沟系统的复杂程度，通常可分为单沟型、双沟型和复沟型 3 种类型（图 2-13）。

（三）骨骼

多孔动物的骨骼对支撑身体、保持水沟系统和鞭毛室一定的形态起着重要作用。中胶层内的变形细胞可形成造骨细胞，再由造骨细胞分泌钙质或硅质的骨针以及角质的海绵丝，从而形成了多孔动物的骨骼。骨针的形状和成分是多孔动物重要的分类依据。几种常见的骨针见图 2-14。

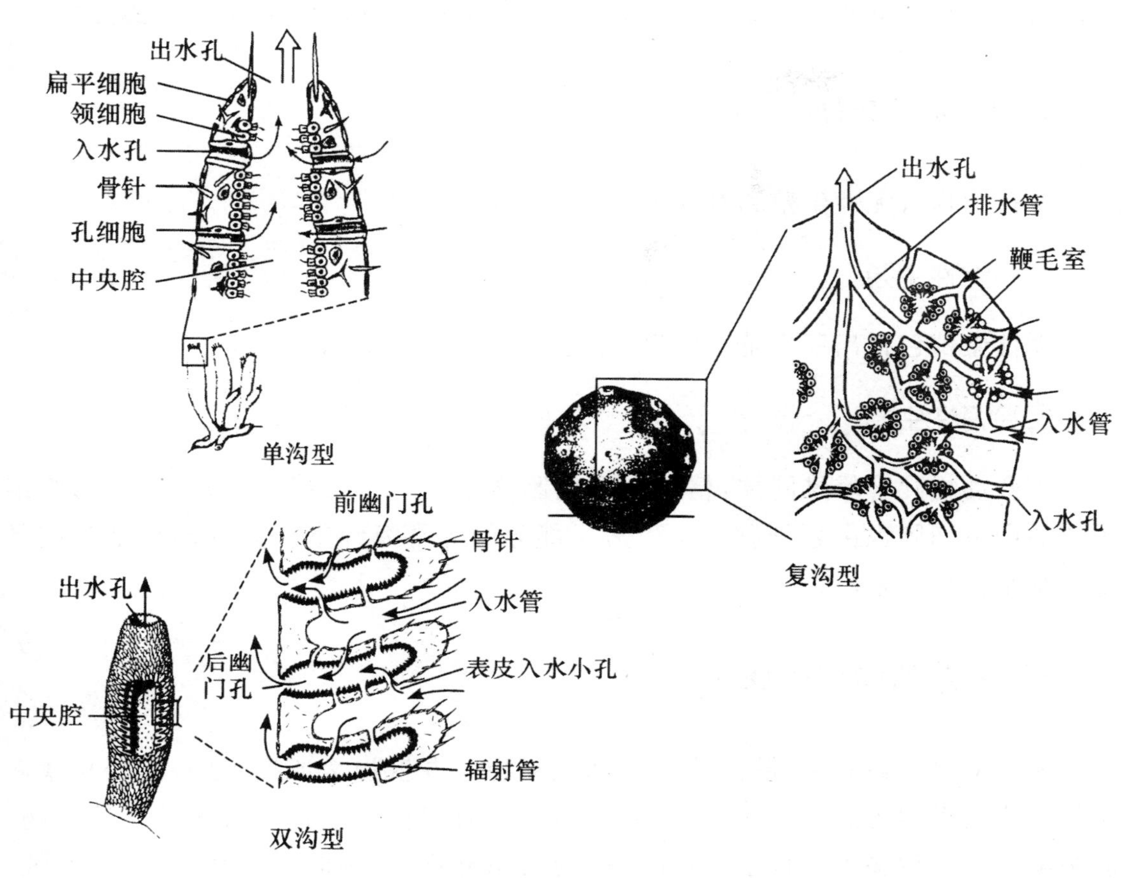

图 2-13 海绵动物的 3 种水沟系统

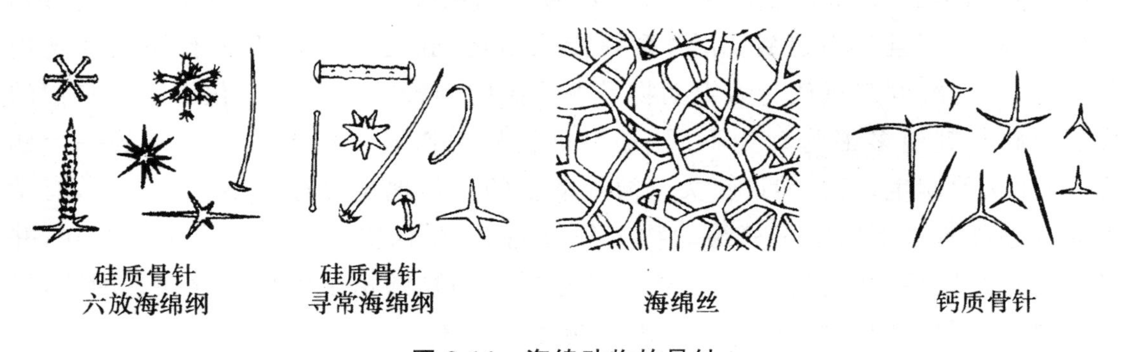

图 2-14 海绵动物的骨针

(四)多孔动物生理

多孔动物的所有生理活动都是通过流经体内的水流实现的。有些多孔动物还可缓慢地移动自己的身体(4mm/d)。多孔动物不仅可以吞噬微小颗粒(50μm 左右),也可直接从水流中通过胞饮作用获取溶解的营养物质(蛋白质分子等),均在细胞内消化。海绵动物无呼吸、排泄器官，这些功能均在细胞内以扩散的形式进行。

二、生殖与发育

多孔动物有无性生殖和有性生殖 2 种生殖方式。

（一）无性生殖

无性生殖包括出芽生殖[①]和芽球生殖[②]。

（二）有性生殖

多孔动物几乎雌雄同体，精子由领细胞产生，钙质海绵纲和部分寻常海绵纲个体的卵母细胞也由领细胞产生。另一部分的寻常海绵纲个体的卵母细胞则是由领细胞分化而来。

三、多孔动物门的演化

海绵动物是最原始、最低等的多细胞动物。古生物学证据表明，至少从寒武纪早期主要类型的海绵动物就已存在，而六放海绵很可能是最古老的海绵动物。海绵动物的体型多无对称形式；无明确的组织分化，行细胞内消化，无神经系统，只有生殖细胞的形成而无生殖系统。但海绵动物保存了与原生动物领鞭毛虫相同的领细胞，而且具有骨针、水沟系等特殊结构，胚胎发育过程中有胚层逆转现象。因此，传统的观点认为海绵动物是由原始的领鞭毛虫群体进化而来。它们的发展道路与其他多细胞动物不同，是很早就从动物演化树上分化出来的一个侧支，因此又称侧生动物。目前，关于海绵动物的分类地位也存在不同的看法，有学者认为领细胞并不局限于海绵动物及领鞭毛虫，在棘皮动物的幼虫中也存在，并且具有单个鞭毛的细胞在腔肠动物及其他后生动物的精子中普遍存在。因此，海绵动物是进化中的侧枝还是主干，尚不能完全明确。

---

① 母体一部分向外突出形成芽体，长大后脱离母体形成新个体，或与母体连在一起形成群体。

② 见于淡水海绵及部分海生种类。当环境不适宜时（严寒或干旱等），中胶层内的一些原细胞聚集成堆，外包以坚韧的海绵丝及骨针，形成芽球，当母体死亡后，无数的芽球依然存活，待条件适宜时，芽球内的细胞从芽球的小孔出来形成新的个体。

第三节 腔肠动物门

一、腔肠动物门的形态特征

自本门开始,动物有了比较固定的体形。身体辐射对称,即沿着身体的中央纵轴,做任意纵向切面,得到的均为对称面。这种体制只有上下之分,没有前后左右之分,这是对水中固着或漂浮生活的一种适应。它们可以在生活中多方位地感受刺激,以便被动地获取身体周围更多的食物。对漂浮生活的种类可更有效地掌握身体的平衡。

二、身体结构与功能

(一)体形

腔肠动物有两种大致体形,即水螅型[①]和水母型[②](图 2-15)。

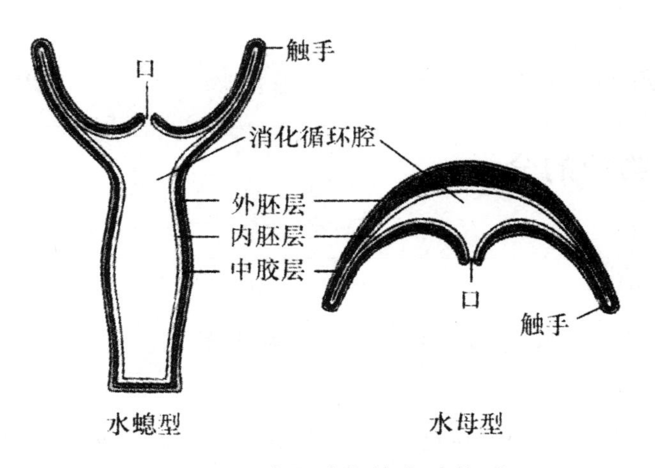

图 2-15 腔肠动物的大致体形

① 身体呈圆筒状,上面的游离端为口面,下面的固着端为反口面,适于固着生活,如水螅、珊瑚、海葵等。

② 身体伞状或圆盘状,凸面向上,为反口面,凹面向下,为反口面,适于漂浮生活,如水母等。

(二)体壁结构

体壁由外胚层、内胚层及中胶层构成。水螅型的中胶层较薄,而水母型的中胶层则较厚。腔肠动物已经开始由内、外 2 个胚层分化出简单的组织。

(三)消化循环腔

由体壁围成的空腔,此腔只有 1 个开口(胚胎时期的原口)与外界相通,兼具口和肛门的功能。由于口和肛门为同一个口,新鲜食物与消化后的残渣会有不同程度的混合,故消化的效率仍处于相当低的水平。但动物从本门开始具有细胞外消化及细胞内消化,可见这个腔既有消化功能,又可将消化好的营养物质输送至身体各部位,因此,称此腔为消化循环腔。同时不难看出消化循环的原始性。

(四)神经网

腔肠动物的神经系统呈网状,位于外皮肌细胞基部与内胚层基部,构成了 2 个紧密联系的神经网[①]。而腔肠动物的神经网存在着许多双向突触,因而它们的传导是双向的。另一个特殊的地方就是神经细胞轴突无髓鞘,使得传导的速度慢,由此构成了腔肠动物的弥散神经系统。即给予身体任何部位刺激都会引起全身性的收缩(图 2-16)。

(五)生殖与发育

包括无性生殖[②]和有性生殖[③]。

三、腔肠动物门的分类

(一)水螅纲

水螅纲约有 3700 种,大部分海产,少数生于淡水。通常为小型的水螅型或小

① 神经细胞轴突末端与感觉细胞或效应器联系在一起,其间存在着突触传递,神经冲动由突触一侧的突触小泡释放神经递质,从而将神经冲动从一个细胞传给下一个细胞。

② 无性生殖即出芽生殖,从母体侧面长出一个或多个芽体,待其长大后脱离母体而成为新的个体。在温度条件适宜、食物丰富的条件下,常以此方式进行。

③ 有性生殖多为雌雄异体,少数雌雄同体,但异体受精。海产种类的受精卵在发育时,要经历一个浮浪幼虫阶段,幼虫体表具有纤毛,能够游泳,自由生活一段时间后,附着在海底物体上,发育为新的个体。

型的水母型个体。生活史中几乎都有世代交替现象，但少数种类水螅型发达，无水母型（水螅）或水母型不发达（筒螅）；也有的水母型发达，水螅型不发达或不存在，如桃花水母；有些种类表现群体多态，如薮枝螅、僧帽水母等（图 2-16）。

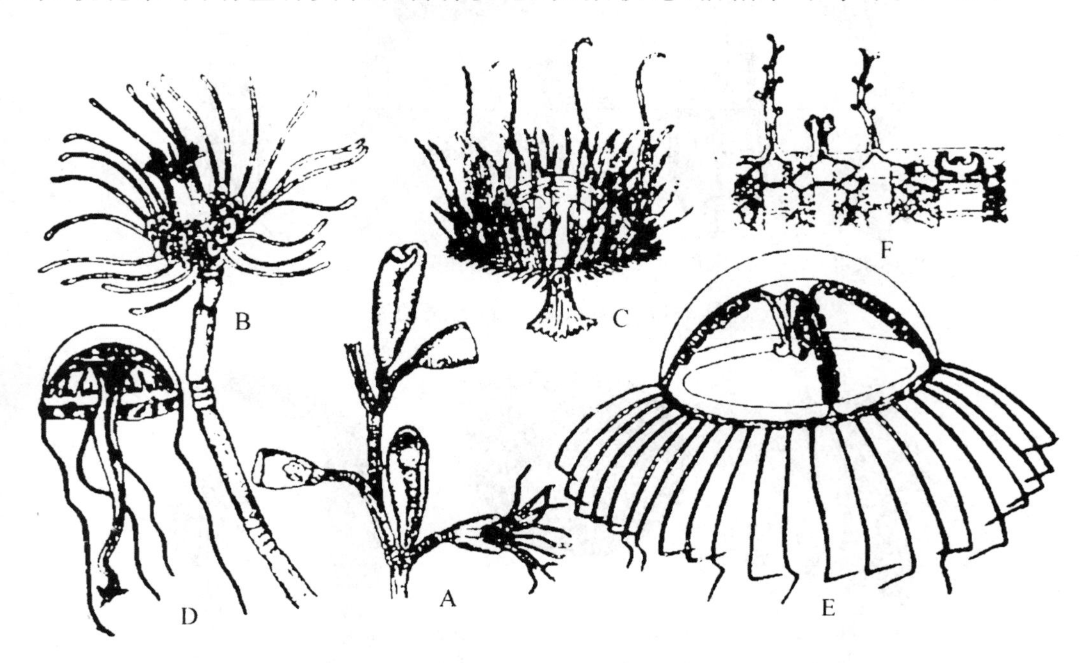

图 2-16 水螅纲的代表动物

A. 履状钟螅 B. 海筒螅 C. 桃花水 D. 小舌水母 E. 钩手水母 F. 多孔螅

（二）钵水母纲

钵水母纲全部海产，多为大型水母。最大的霞水母伞面直径可达 2m，触手长达 30m。常见种类有海月水母、海蜇等（图 2-17）。

（三）珊瑚纲

珊瑚纲种类较多，约 6000 种以上，全部海产，多固着生活于暖海、浅海海底，有单体也有群体（图 2-18）。生活史中无世代交替，仅具水螅型。它们的身体构造要比水螅纲的水螅复杂，具有外胚层下陷形成的侧扁的口道，口道两侧各有一口道沟（纤毛沟）。在消化循环腔的内壁，生出了垂直的隔膜，将消化腔分隔成许多小室，增加了消化吸收的面积，如海葵能消化小蟹或小鱼等动物。

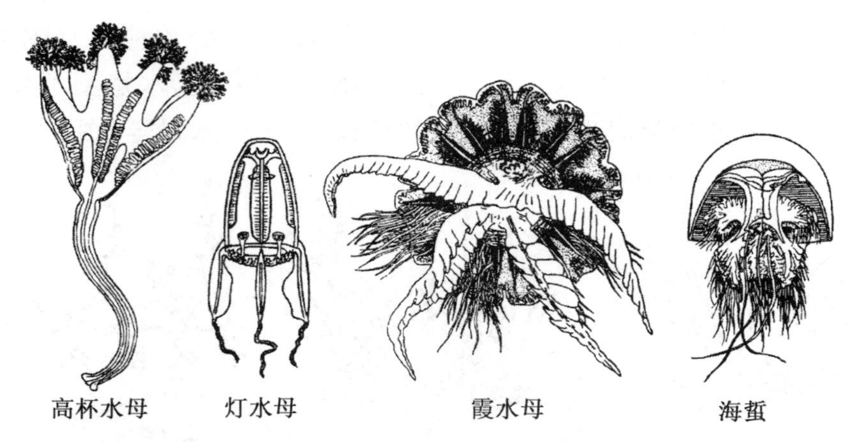

图 2-17 钵水母纲的代表动物

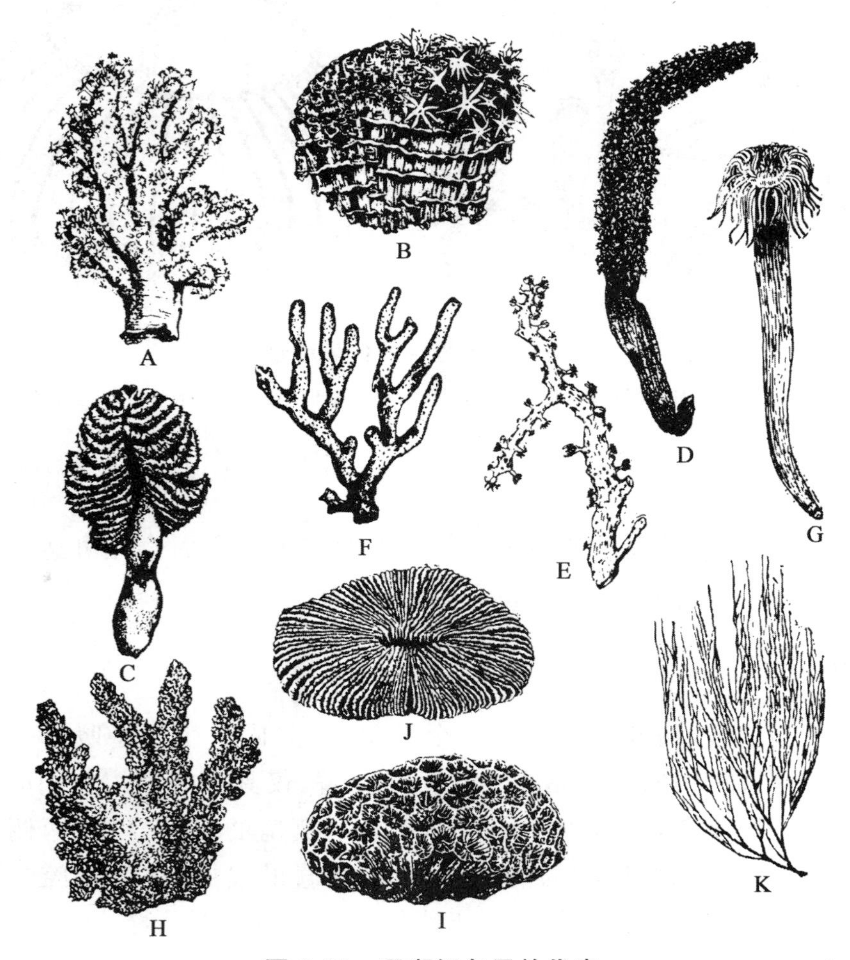

图 2-18 珊瑚纲各目的代表

A. 海鸡冠 B. 笙珊瑚 C. 海鳃 D. 海仙人掌 E. 红珊瑚 F. 黑珊瑚
G. 角海葵 H. 鹿角珊瑚 I. 菊珊瑚 J. 石芝 K. 角珊瑚

四、腔肠动物门的演化

自腔肠动物开始，动物有了比较固定的体形，这种辐射对称的体制无论是固着生活还是漂浮生活，都会使其接受周边环境更多的刺激，有利于捕食。胚层分化的结果使动物有机体开始建立在组织的水平上。现存种类中，水螅纲身体结构最简单，其生殖腺来自外胚层，应是本门中最为原始的类群。钵水母纲是水母型的进一步复杂化，中胶层加厚适应漂浮生活的结果。珊瑚纲和钵水母纲身体结构都比较复杂，且生殖腺均来自内胚层，通常认为这 2 纲都起源于水螅纲，只是沿着不同的方向发展所致。

第四节　扁形动物门

一、扁形动物的主要特征

(一)两侧对称

从扁形动物门开始，动物的身体获得了两侧对称的体形，即沿着动物身体中央纵轴做纵切，只有一个纵向的切面可将身体从中央切成两半，这两半相等且互为镜像①。

(二)中胚层产生

在胚胎发育过程中，自扁形动物开始，于内、外胚层之间，又增添一个新的胚层——中胚层。它与腔肠动物的中胶层有着本质上的区别。中胚层的产生，极大地减轻了内、外胚层的负担，为各器官的复杂化打下了基础。

---

① 两侧对称使动物有了明显的背、腹、前、后、左、右之分。各部分功能也有所侧重，背面起保护作用，腹面负责运动和摄食。由于身体有了前后之分，运动也由不定向变为定向，定向的运动使神经系统和感觉器官也逐渐向前集中，左右对称体制使动物既适于水中游泳，又适于水底爬行，从而为过渡到陆地上爬行打下了基础。由于这些高度的分化，使得动物能够主动寻找食物和逃避敌害，对外界环境的反应也更迅速、准确。

（三）皮肤肌肉囊

由中胚层分化出的肌肉，与外胚层分化的表皮细胞相互紧贴构成的体壁，称皮肤肌肉囊。由于体腔尚未出现，体壁内侧被大量的实质组织填充。肌肉系统比较复杂，根据肌纤维在体内的走向，通常可将肌肉分为环肌、纵肌、斜肌（背腹肌）（图 2-19）。

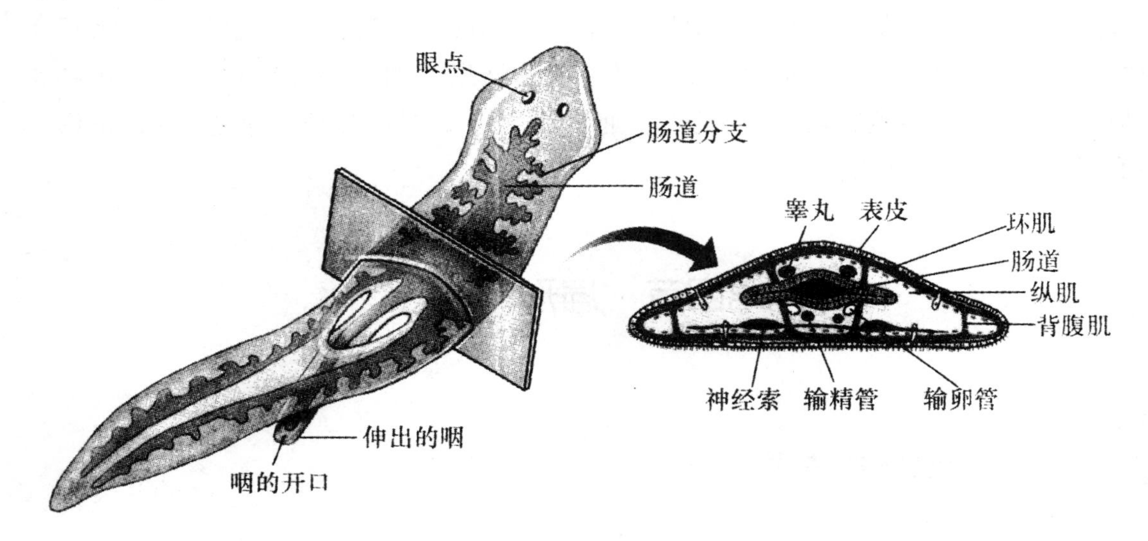

图 2-19　涡虫及其横切面

（四）消化系统

与腔肠动物类似，肛门与口同为一个口，通于体外，为不完善的消化系统。体内的空腔均为消化道的分支（图 2-20）。

（五）呼吸与排泄系统

自由生活种类借体表的渗透作用进行呼吸，寄生种类则行厌氧呼吸。首次出现了原肾管形式的排泄系统，原肾管是由外胚层内陷形成的，分布于身体的两侧，排泄管反复分支，末端为焰细胞，这是一中空的细胞，内有一束纤毛，不断地摆动，通常似火焰，故称为焰细胞。通过细胞膜渗透进来的水分和含氮的废物等被排到分支小管，后汇集于体内两侧的排泄总管，最终经背部的排泄孔排出体外（图 2-21）。

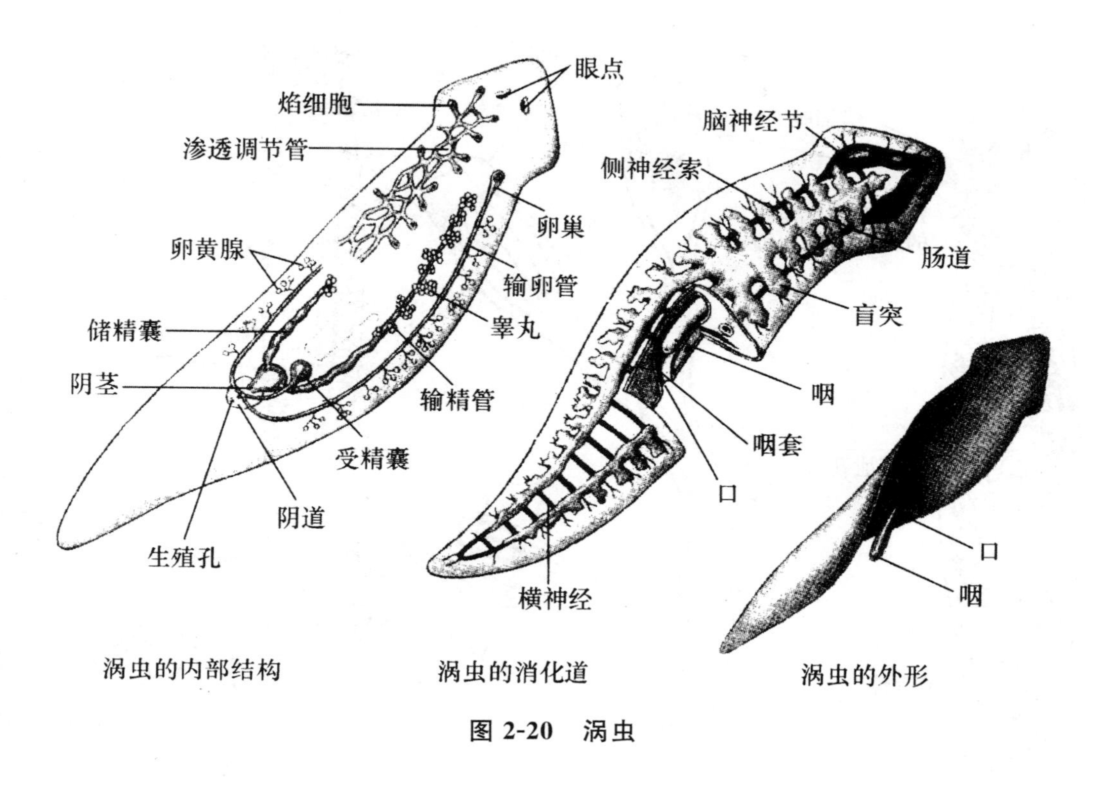

涡虫的内部结构　　涡虫的消化道　　涡虫的外形

图 2-20　涡虫

（六）神经系统与感觉器官

梯状的神经系统，比腔肠动物的网状神经系统有了明显的进步。体现在神经细胞逐渐向身体前部集中，形成了脑的雏形。

感觉器官包括眼点（感光）、耳突（感受化学刺激）、纤毛窝（嗅觉）、平衡器（平衡）等（图 2-21）。

（七）生殖与发育

几乎雌雄同体。由内外胚层产生生殖细胞的功能已经不复存在，取而代之的是由中胚层产生固定的生殖腺，再由生殖腺产生雌、雄生殖细胞。同时还形成了专门的生殖管道（输精管、输卵管等）及附属腺体（前列腺、卵黄腺等）。

扁形动物的卵裂为螺旋式卵裂，其幼虫为牟勒氏幼虫（图 2-22），间接发育。

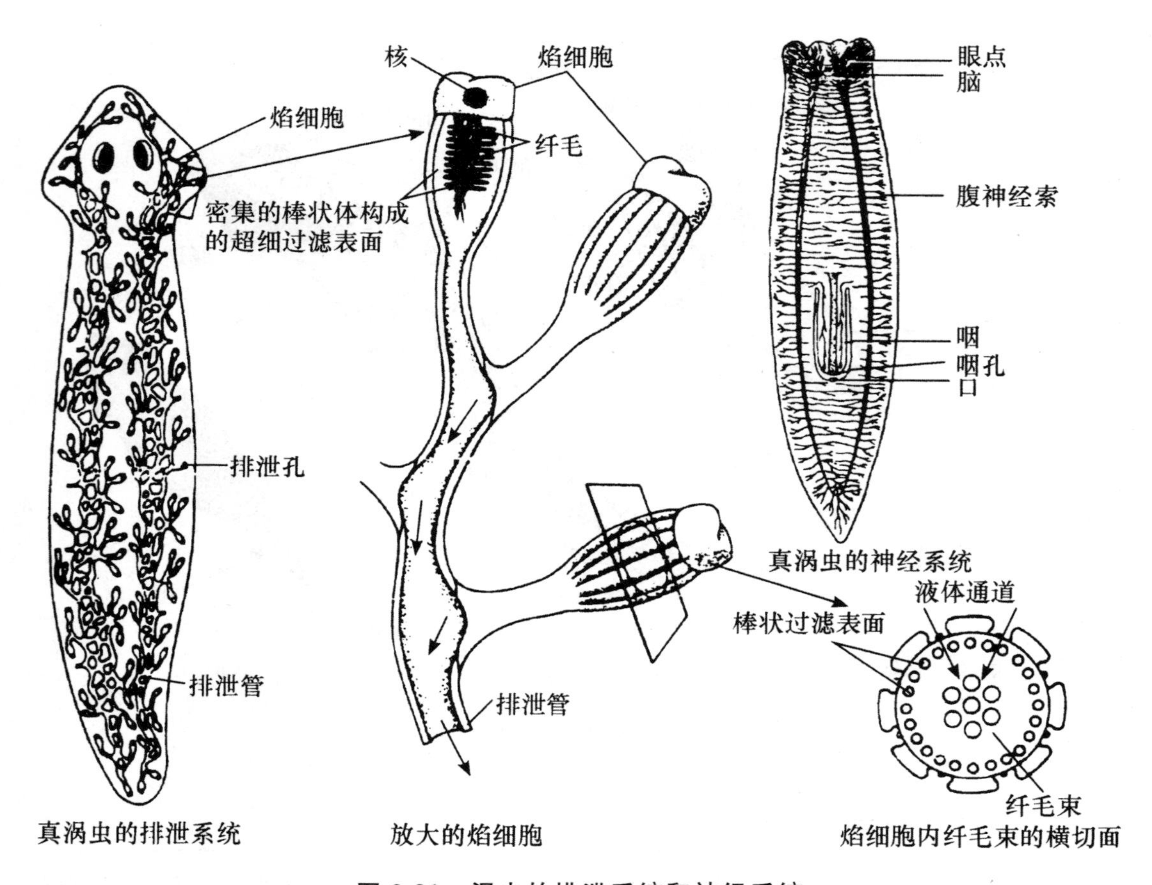

图 2-21　涡虫的排泄系统和神经系统

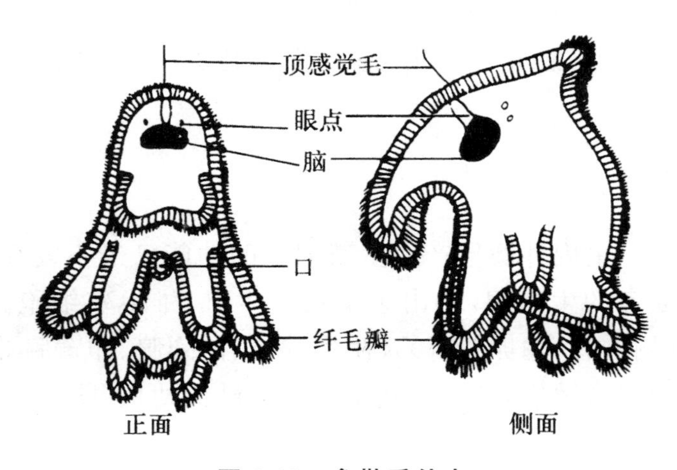

图 2-22　牟勒氏幼虫

二、扁形动物门的分类

扁形动物大约有12700种，包括自由生活和寄生的种类。可分为3个纲：涡虫纲、吸虫纲、绦虫纲。营自由生活的仅见于涡虫纲。吸虫纲和绦虫纲全部营寄生生活，某些种类只是在幼虫阶段营寄生生活。它们通常有2个寄主。中间寄主（虫体性成熟以前寄生的动物）多见于无脊椎动物，终末寄主（成虫寄生的动物）多见于脊椎动物。

（一）涡虫纲

大部分营自由生活。个体大小不一。小的长不足5mm，大的长可达50cm。虫体腹面常覆以纤毛。海生种类特别多，淡水生的种类较少。涡虫纲有4个目分别是无肠目①、单肠目②、三肠目③和多肠目④（图2-23）。

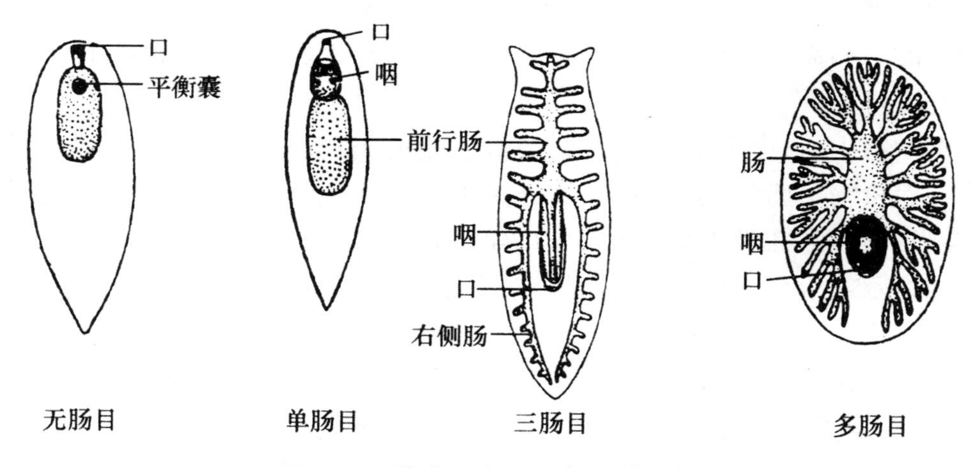

图2-23　涡虫纲各目消化系统比较

（二）吸虫纲

吸虫纲大约有3000种，全部营寄生生活，身体扁平，体外寄生的数量少，常寄生于鱼类、两栖类的体表和口腔内表面。体内寄生的种类较多，常寄生在脊椎动

① 生活在浅海滩的砂石空隙中，体长2mm左右，是最简单、最原始的涡虫。

② 生活在淡水池塘及浅海海岸，肠道无分支。

③ 淡水、海水中都有。肠道有2个分支，体长2cm左右。

④ 全部生活在海水中。肠道有复杂的分支，具有牟勒氏幼虫期。

物体内。

由于长期营寄生生活,使得虫体表面的纤毛、杆状体消失,感觉器官退化,出现了具有很强吸附能力的吸盘。吸盘通常有 2 个,前端的是口吸盘,稍后的腹面是腹吸盘。有的种类无腹吸盘而在虫体后端有后吸盘,如生活在牛瘤胃内的后盘肾吸虫。

(三)绦虫纲

成虫寄生在人、家畜等脊椎动物小肠内。虫体长扁。由一头节、颈节和众多的体节组成。

三、扁形动物门的演化

扁形动物的起源主要有两种学说[①],尚未取得一致意见。虽然这两种学说都有一定的根据,但栉水母是特化了的动物,通常认为它在进化上属于一个盲枝。而无肠目的结构简单和原始,现存涡虫纲各目应从无肠目演化而来,因此格氏学说可能更为可信。

扁形动物中,自由生活的涡虫纲是最原始的类群。吸虫的神经、排泄等系统的结构与涡虫纲单肠目极为相似,部分涡虫营共栖生活,纤毛和感觉器官趋于退化,也与吸虫相似,而吸虫生活史中幼虫时期具有纤毛,成虫中才丧失了纤毛,这些事实都提示寄生生活的吸虫起源于自由生活的涡虫,因此,吸虫纲无疑是由涡虫纲适应寄生生活后进化而来。

绦虫的起源主要有两种观点。一种认为绦虫是吸虫对寄生生活进一步适应的结果,其理由是:单节绦虫类体不分节,形态与吸虫酷似,但单节绦虫和其他绦虫的关系不大,而通常绦虫的形态与吸虫差异很大,如绦虫的附着器官全部集中在前端等;另一种认为绦虫起源于涡虫纲的单肠目,其主要理由是:两者的排泄系统、神经系统都很相似,单肠目中有借无性繁殖组成链状群体的现象,这和绦虫产生节片的能力可能有联系。因而后一种观点较为可信。

① 一种学说由郎格提出,认为扁形动物由一种爬行栉水母进化而来。因这类动物在水底爬行,丧失了游泳功能,体形扁平,口在腹面中央,这些特征与涡虫纲中多肠目种类极为相似。另一种由格拉福提出,认为扁形动物起源于像浮浪幼虫式的祖先,这种祖先适应爬行生活后,体形扁平,神经系统移向前方,但口仍然留在腹面,逐渐演变成为涡虫纲中的无肠目。

第五节　假体腔动物

一、假体腔动物的共同特征

假体腔动物的体壁与消化道之间都具一个空腔，称为假体腔[①]（图 2-24）。假体腔的出现与无体腔动物相比，其先进性主要表现在：假体腔为体内器官系统的自由运动与发展提供了一定的空间；体腔液能更有效地输送营养物质和代谢产物，用以替代循环系统的部分机能，同时能调节和维持体内的水分平衡，以维持体内稳定的内环境；体腔液在封闭的体腔中起着骨骼的作用，既能抗衡肌肉运动所产生的压力，也能使身体更迅速地运动，从而摆脱以纤毛作为主要运动器官的状态。

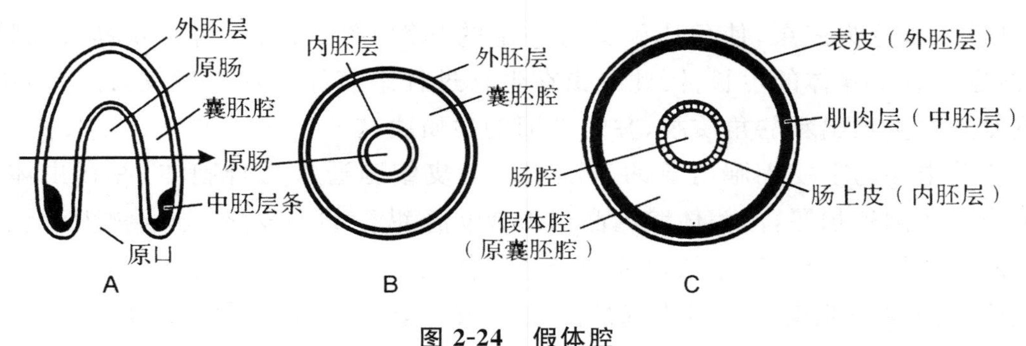

图 2-24　假体腔

A. 原肠胚纵切　B. 示 A 图箭头所指的横切面　C. 成体横切面

假体腔动物都具有完整的消化道，肛门的出现解决了摄食与排遗的矛盾，能使动物在短时间内获取更多的食物，提高了动物摄食的效率，有利于营养物质的积累。

假体腔动物体表均有角质膜，纤毛数量明显减少或完全消失。

---

① 假体腔实际上就是胚胎发育过程中的囊胚腔持续到成体而形成的体腔，也称初生体腔，或称原体腔。假体腔只有体壁具有中胚层，肠壁无中胚层，腔的四周既没有体腔膜构造，也没有孔道与外界相通，因而是一个完全封闭的空腔，腔中充满体腔液。假体腔发生时，原肠胚胚孔两侧，内、外胚层交界处各有一中胚层的端细胞，它离开原来的位置，进入囊胚腔，细胞不断分裂，最后形成索状的中胚层细胞，这层细胞之间不裂开，只沿胚胎体壁延伸。

二、线虫动物门

线虫是假体腔动物中最大的一门，已报道的在15000种以上。线虫广泛分布于海洋、淡水及土壤中，甚至在海底深渊、沙漠及温泉都有线虫的踪迹。除自由生活外，许多线虫在动植物体内营寄生生活，危害人畜健康及造成农作物减产。线虫具有假体腔动物的典型特征。

(一)体壁

线虫多为圆柱形，两端尖细，体壁由角质膜、合胞体上皮及纵肌层组成，并共同构成了线虫的皮肌囊。

角质膜位于体壁最外层，坚韧而富有弹性，主要成分为蛋白质。角质膜是上皮细胞层分泌形成的，其结构繁杂，可进一步分为皮层、中层、基层和基膜。皮层由具环纹的鞣化蛋白质组成，成虫可进一步分为外皮层和内皮层；中层为均质蛋白质；基层为胶原蛋白构成的支持柱层，有些种类的基层由于纤维排列的方向不同，可进一步分为三层，使角质膜具有一定的弹性(图2-25)。角质膜具有保护作用，但也限制了身体的生长，因此线虫在生长过程中需经过数次蜕皮，即一生中需要重复几次生长出新的角质膜，并蜕去旧的角质膜[①]。

体壁中层为上皮细胞组成的表皮层。上皮细胞通常为合胞体，并在虫体背、腹中线及两侧处加厚，向假体腔内凸出形成4条纵行的上皮索，分别称为背线、腹线及两侧的侧线，上皮细胞核仅局限于这些体线中，并排列成行。

体壁内层为肌肉层。线虫纵肌层通常被4条体线分隔，因而肌层不连续，肌肉全为斜纹肌，肌细胞基部集中着可收缩的肌原纤维，称为肌细胞收缩部，此外为肌细胞的原生质部，肌细胞核位于此处，原生质部通常认为有贮存糖原的功能[②]。

---

① 线虫的蜕皮受其神经环上神经分泌细胞分泌的激素调控，激素促使线虫排泄细胞分泌蜕皮液，它可溶解旧表皮而促使其蜕皮。蜕皮前角质膜中有用的物质能被虫体吸收，然后上皮细胞重新分泌新的表皮，使旧表皮与上皮细胞分离，并最后脱落。蜕皮后，角质膜未硬化前，虫体能得以生长。蜕皮现象仅出现在线虫的幼虫阶段，成虫期不再蜕皮，但能增加角质膜的厚度，其最终厚度通常为身体半径的0.07倍。

② 原生质部具有细长的突起，分别连接到背线与腹线内的神经索上，接受神经的支配。

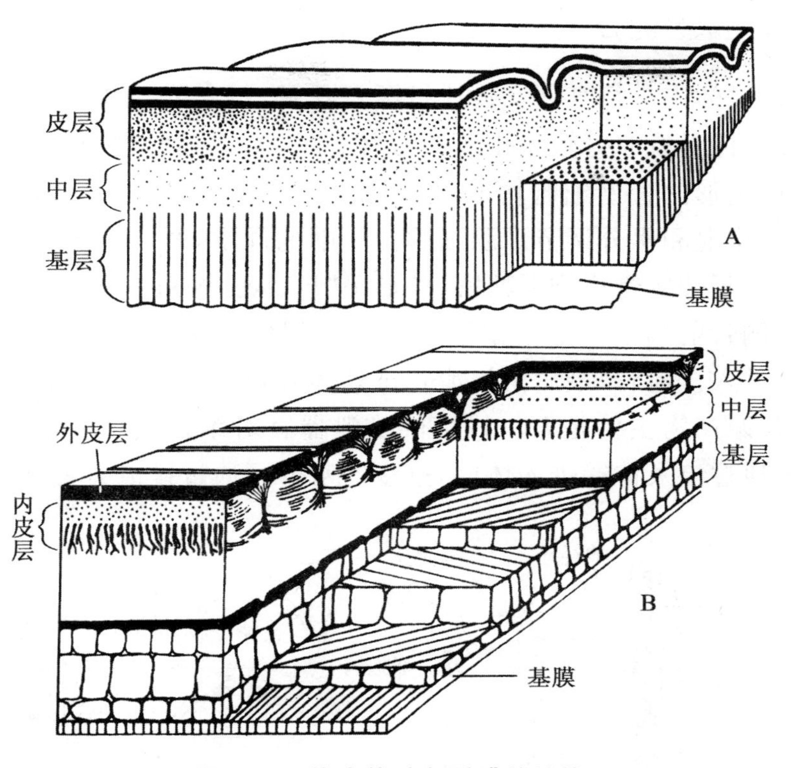

图 2-25　线虫体壁角质膜的结构

A. 典型线虫幼虫角质膜结构　B. 蛔虫成虫体壁角质膜结构

(二)消化系统

线虫的消化系统结构简单,为一直行管(图 2-26)。线虫前端口后为一管状或囊状的口,其内为角质膜加厚,形成不同形状或不同数量的齿、板齿等结构,用以切割食物。口囊之后为咽,由于肌肉细胞的加厚,咽腔在断面上呈三放形,其中有一放指向腹中线,此为线虫咽的特征。咽的周围具成对的咽腺,咽后连接中肠,由单层上皮细胞构成,中肠两端均具瓣膜,以阻止肠内食物逆流。中肠后为短的直肠,来源于外胚层,最后以肛门开口于腹中线上。咽腺及中肠的腺细胞能产生消化酶,在中肠进行食物的消化,在肠壁上皮细胞中完成细胞内消化。

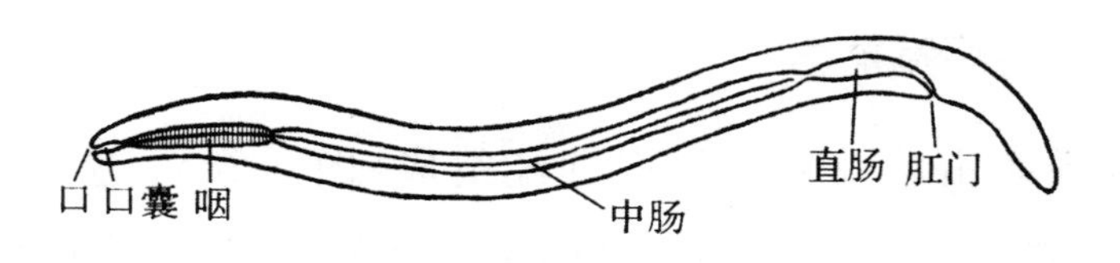

图 2-26　线虫的消化系统

(三)排泄和水分调节

线虫能通过体表进行气体交换或行厌氧呼吸，与扁形动物一样也无专门的呼吸及循环器官，但具有原肾管型排泄器官(图 2-27)。原肾，也由外胚层发育而成，由腺型细胞或变形的管型细胞构成，但无鞭毛。原始种类通常只有 1～2 个大型的腺细胞执行排泄和水分调节。腺细胞位于咽的周围，开口于神经环附近的腹中线上；腺细胞可延伸成管型排泄器官，外形呈“H”状。蛔虫的排泄管也呈 H 形，但横管成网状，侧管前端不发达。排泄物先汇集到体腔液内，再由体腔液通过侧线的上皮细胞，进入排泄管，最后由排泄孔排到体外，但排泄物也可通过消化道而排出。线虫的代谢产物主要是氨。线虫的排泄器官对维持其体腔液渗透压平衡十分重要，水分通过口及体壁进入体内，过多的水分可通过排泄器官排出。

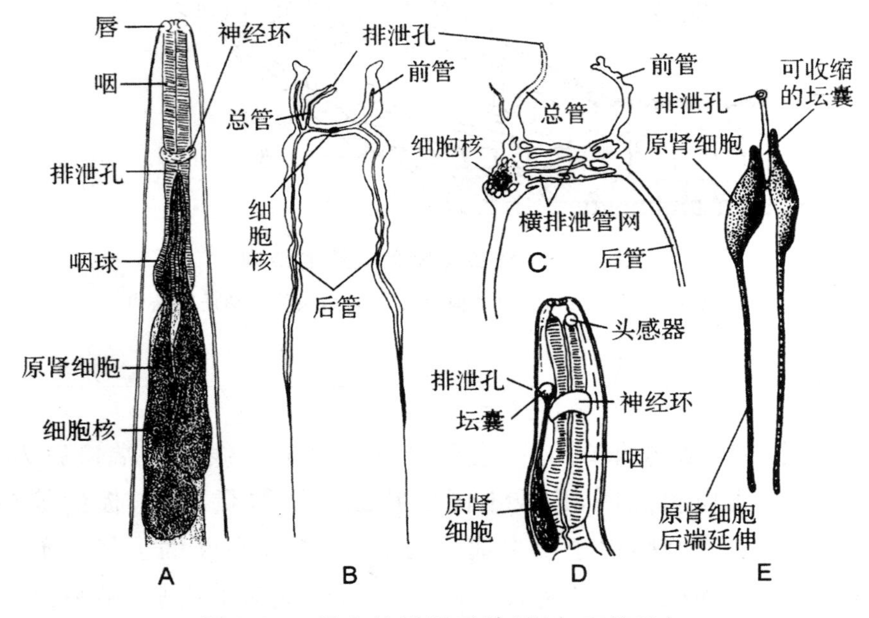

图 2-27 线虫的排泄系统(据各家修改)

A. 腺型(小杆线虫的 2 个原肾细胞) B. 典型的 H 型排泄管(驼形线虫)
C. 管型(蛔虫) D. 腺型(1 个原肾细胞) E. 腺型(钩口线虫的 2 个原肾细胞)

(四)神经系统与感觉器官

线虫的神经系统由脑及 6 条纵向神经组成(图 2-28)。脑呈环状，围在咽周围，环的两侧膨大成神经节；6 条纵向神经索由脑环发出，其中前端的神经分布到唇瓣、乳突及化学感受器等。向后的 6 条神经中，1 条为背神经索，1 条为腹神经索，2 对为侧神经索，其中 2 对侧神经索离开脑环后很快合并成 1 对，最后形成 4 条神经索，其中以腹神经索最发达，线虫的 4 条神经索分别位于相应的背、腹线和侧线中。背神经索主要为运动神经纤维，侧神经索主要为感觉神经纤维，腹神经索包括运动及感觉神经纤维。

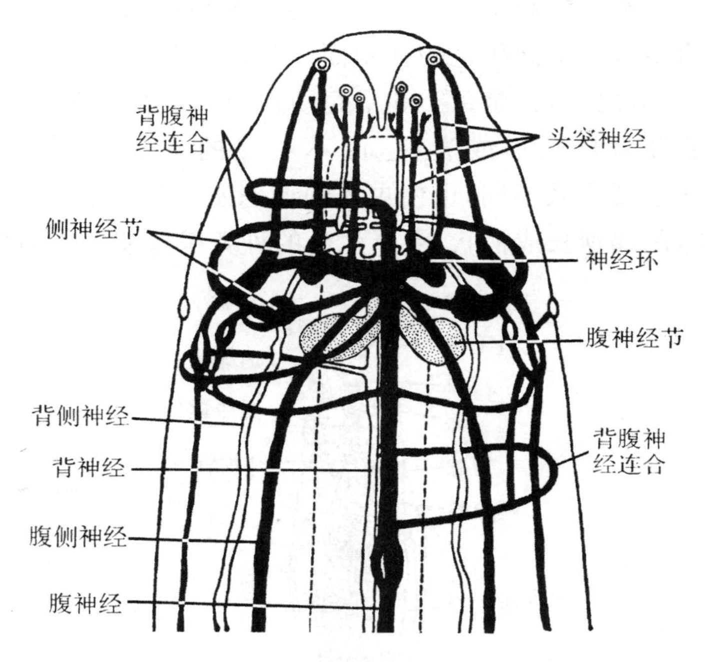

图 2-28　线虫的神经系统示意图

（五）生殖系统和发育

线虫通常雌雄异体且异形。雄虫个体较小，后端弯曲成钩状。雌、雄生殖腺均为管状，其中雄性生殖系统多数只具单个精巢，其后端与输精管相连，输精管末端膨大成贮精囊，再向后与肌肉质的射精管相连，最后开口于直肠或泄殖腔。大多数线虫雄性泄殖腔向外伸出两个囊，每一囊中具一角质交合刺，交配时用以撑开阴门，交合刺的形态随种而异，是线虫的分类标准之一。

受精卵通常在子宫中开始卵裂。虫卵孵化之前，细胞分裂已经结束，因此线虫一生构成身体或器官的细胞或细胞核的总数恒定，孵化后个体的生长只依赖于细胞体积的增长，而不是依靠细胞数量和体积的双重增长。

线虫中有相当多的种类在动、植物体内营寄生生活，寄生方式也多种多样，如成虫与幼虫均寄生在动物体内；或成虫寄生在动物体内，幼虫寄生在植物体内；或幼虫自由生活，成虫寄生；或成虫自由生活，幼虫寄生；或直接发育无幼虫期；或具有 1 个或 2 个中间宿主。

三、轮形动物门

轮形动物主要生活在淡水，也能生活于海洋或潮湿的土壤。已发现 2000 种，几乎为自由生活，也有共生和寄生的种类。通常体长在 0.5mm 以下，全身无色透明，但由于消化道中具有不同颜色的食物而使身体显现一定的颜色。轮虫是淡水浮游动物的主要类群之一，也是鱼类和甲壳动物幼体很好的饵料生物。

轮形动物通常为长圆形或囊状，由不明显的头部、躯干部及尾部组成①（图 2-29），但由于生活方式不同，可使虫体的形态发生很大的改变，如固着生活或管栖生活的种类，尾部延长成柄状，漂浮生活的种类尾部缩短或消失。

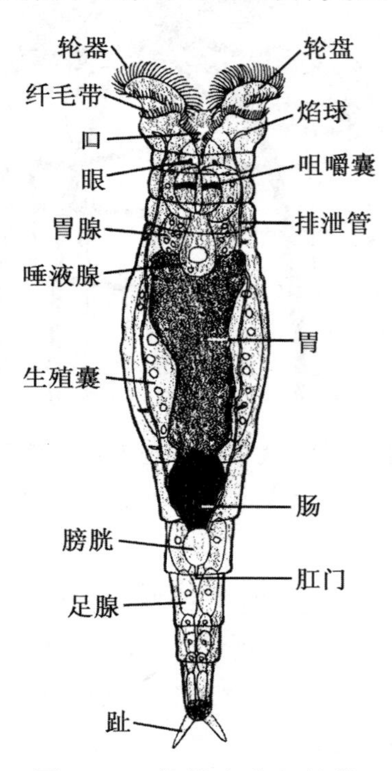

图 2-29　旋轮虫内部结构

① 轮形动物最大特征是身体前端具纤毛器官（轮盘），由于纤毛的转动形同车轮，因而称为轮虫。轮盘是虫体惟一具纤毛的地方，主要行运动和取食功能，既是头部最主要的结构，也是分类的主要依据之一。躯干部呈囊状，其外面的角质膜加厚形成兜甲，有的还有各种饰纹，形成刺、棘等突起。尾部与躯干部分界或明显或不明显，其外面的角质膜常成环状，能套叠使尾部变短，尾部末端是 1～4 个趾，内具足腺，用以黏着。体壁由角质膜、表皮层和肌肉层组成。角质膜由上皮细胞分泌而成，同一种类轮虫的上皮细胞数目恒定，表皮层之下为独立成束的纵肌和环肌，其中前者较发达。

轮虫虽为雌雄异体，且异形的动物，但有些种类至今尚未发现雄性虫体的存在，有的即便有雄性个体，也是仅在年周期的一定时间内出现，因而轮虫主要的生殖方式还是孤雌生殖。这种雌虫产生小型的薄壳虫卵，但卵在成熟过程中需经减数分裂，称为需精卵。该卵如不受精，则孵化出雄虫，其寿命很短，经过有丝分裂产生精子；如受精，则发育成具厚壳的休眠卵，它可抗御各种不良环境，待环境条件好转时再孵化出非混交雌虫，继续其孤雌生殖（图 2-30）。

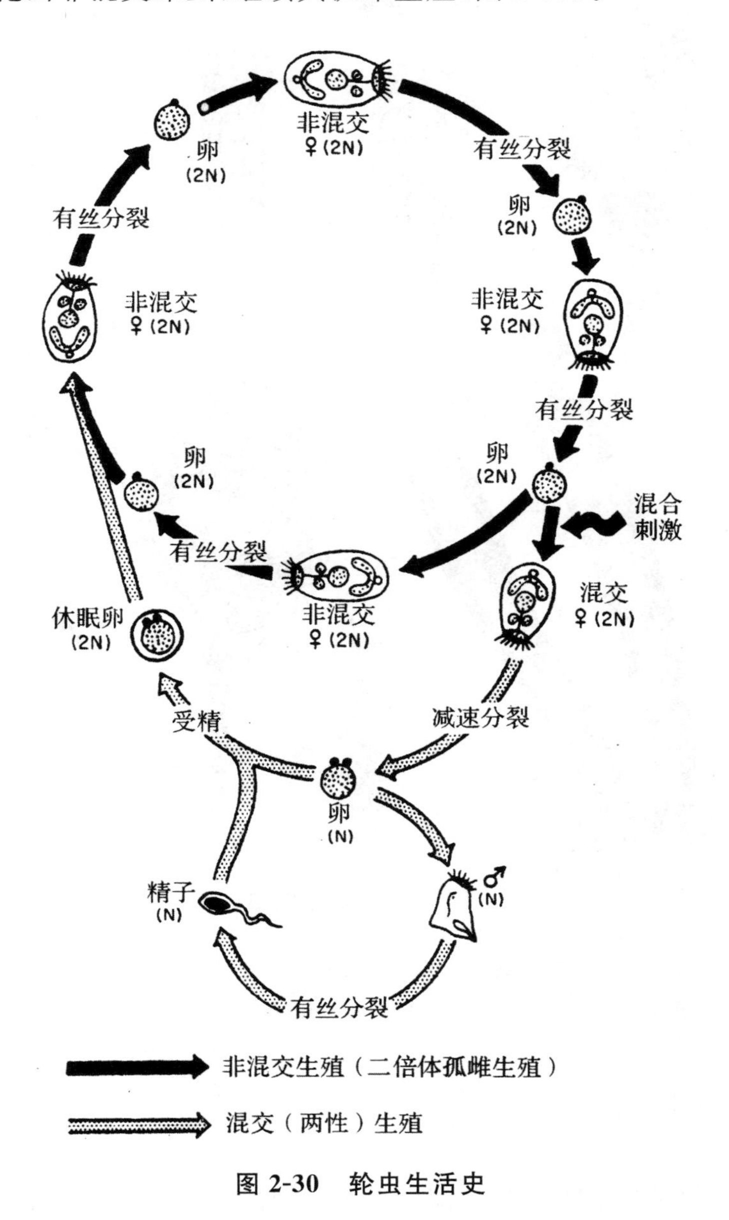

图 2-30 轮虫生活史

轮虫的各器官组织的结构均为合胞体，且各部分含有的细胞核数目恒定。如椎尾水轮虫（图2-31）中，上皮层含有280个细胞核，食道15个，胃39个，肠14个，原肾管14个，脑183个，周围神经63个，细胞核总数为959个。因此轮虫的发育具有一个显著的固定形式。轮虫自孵化后，细胞核不再分裂，身体部分受损，也不能再生。

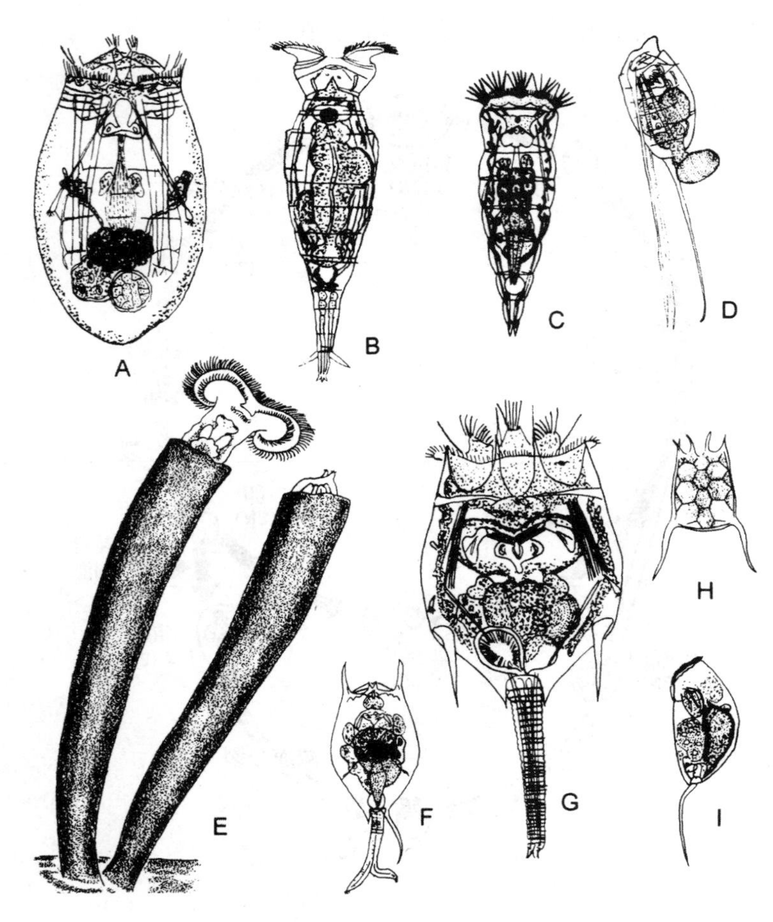

图2-31　常见轮虫

A. 前节晶囊轮虫　B. 转轮虫　C. 椎尾水轮虫　D. 迈氏三肢轮虫　E. 金鱼藻沼轮虫
F. 裂足轮虫　G. 萼花臂尾轮虫　H. 矩形龟甲轮虫　I. 暗小异尾轮虫

四、腹毛动物门

腹毛动物（图2-32）是生活于海洋或淡水的最原始假体腔动物，现存种类约400种，全球性分布。

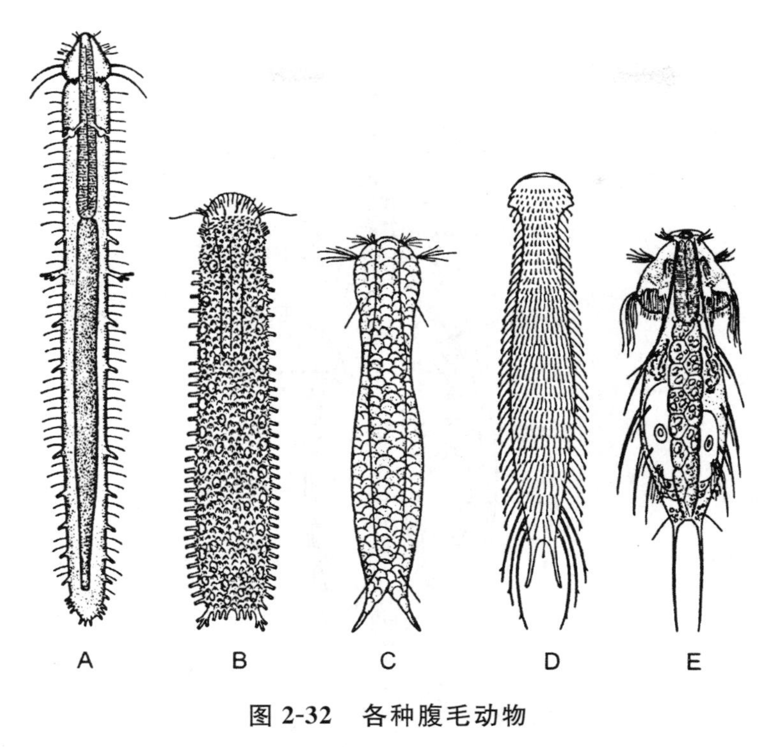

图 2-32 各种腹毛动物

A. 侧毛虫 B. 锚矛虫 C. 小鳞皮虫 D. 鼬虫 E. 毛虫

腹毛动物体型微小，一般体长仅为 0.1～3mm，体宽约为 0.5mm。通常在虫体腹面及头部还留有由上皮细胞发出的单根纤毛，用以在黏液上滑动，纤毛的排列方式和分布具有种的特征。体壁最外层为角质膜，或薄而光滑，或厚而呈鳞状、板状、刺状；角质膜之下的表皮层细胞经电镜观察，发现细胞界限清楚，并非以前在光学显微镜下见到的合胞体构造。表皮内为环肌与纵肌，通常为 6 对纵肌束。体壁肌肉层之内为不甚发达的假体腔。消化系统由口、咽、肠和肛门组成。口位于虫体的前端，后连口腔，内具齿和钩，咽发达，其周围具肌肉包围，外观呈球状，并具咽腺。咽后即为中肠，由单层上皮细胞组成，后连直肠并以肛门开口于身体近后端腹面。1 对脑神经节位于咽的前端背侧，呈马鞍形，由脑分出 1 对侧神经索纵贯全身，无特殊的感觉器官，主要由头部的感觉毛及身体腹面的纤毛进行感觉，淡水种类脑中有成堆的色素粒，具有感光功能。排泄器官为 1 对具焰球的原肾管，位于消化管中部两侧，肾孔开口于腹面中央(图 2-33)。

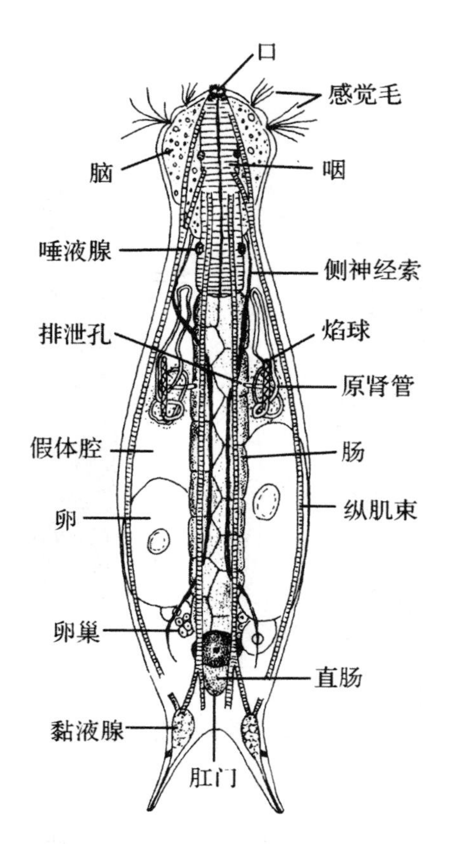

图 2-33 腹毛动物的内部结构

五、假体腔动物的系统发生

假体腔动物门类繁杂，个类群在动物演化上的亲缘关系不是很密切，在形态结构上也存在明显的差异，有许多不同。

线虫动物具有腺型或管型的排泄系统，体表无纤毛、特殊的纵肌层、线形的生殖系统等等。这些构造特点与假体腔动物中其他类群显然不同，在动物进化上属于一个盲支，其他动物不可能由这类动物进化而来。腹毛动物体表具纤毛、焰球型原肾管系统等特征与扁形动物涡虫纲特征相似；而其体表具角质膜、具假体腔、具尾腺、具完全的消化道等结构特征又与自由生活的线虫相似。由此可见，腹毛动物与涡虫、线虫之间具有一定的亲缘关系。许多学者认为线虫动物是在扁形动物涡虫纲演化成腹毛动物的时候分出的一支。

轮形动物的结构以及胚胎发育与涡虫纲相似。如不少轮虫身体较扁，具焰球型原肾管、雌雄同体、具卵黄腺，胚胎发育中早期卵裂属于螺旋形卵裂等。轮形动物与腹毛动物又非常接近，如轮虫有完全的消化道、具足腺、纤毛和焰球型原肾管等。轮虫又具有特殊的咀嚼器，各器官组织为合胞体，且细胞核的数量恒定，又明显不同于扁形动物涡虫纲和腹毛动物。综上所述，轮形动物在演化上与扁形动物涡虫纲和腹毛动物有着较为接近的亲缘关系。

第六节　环节动物门

一、环节动物特征

环节动物常见的有蚯蚓、沙蚕和蚂蟥，是高等无脊椎动物的开始。这类动物在两侧对称和三胚层基础上，出现了原始分节现象——身体除头部外各体节大致类同，一些内部器官也依体节重复排列，这种分节称为同律分节，体节的出现是动物进化的一个重要标志之一；普遍具有发达的真体腔，其内侧与肠上皮细胞共同构成了肠壁，由于肌肉参与消化道的组成，使肠的蠕动不再依赖身体的运动，因而增强了动物的消化能力，同时也为消化道进一步分化提供了必要的条件；出现了疣足和刚毛，运动比扁形动物和线形动物都要迅速；产生了较为完善的闭管式循环系统，血液始终在密闭的血管中流动，除动脉、静脉分化外，还有发达的毛细血管，可以更有效、更迅速地完成营养物质和代谢产物的输送；具后肾管，主要功能是排泄代谢废物和调节体内渗透压平衡，有的还可兼有排泄和生殖两种功能；神经系统更趋集中，形成脑和腹神经索，构成纵贯全身的链式神经系统；雌雄异体或雌雄同体，海产种类为间接发育，具担轮幼虫期。

二、环节动物的生物学

（一）外形特征

环节动物的身体通常呈长圆柱形，由许多彼此相似的体节组成（图 2-34）。这些体节不仅外部相似，而且内部的重要器官，如循环、神经、排泄、生殖等也都按节重复排列，在节与节之间往往具一双层的隔膜。大部分环节动物除前两节和最后一节外，其余各体节的形态和机能都大致相同（同律分节），但环节动物中也有一些种类，体节有粗、细之分，有些体节具有原始的附肢，而有些体节则缺失附肢，体内各种器官也分别位于一定体节中，其生理分工也较显著，已接近异律分节的水平。同律分节是异律分节的先驱，每一个体节几乎等于一个功能单位，对于动物加强身体的适应能力，增强新陈代谢具有很大的意义，如每一体节都有一个神经节，能使动物的感觉和反应更加灵敏；每一个体节都有一对排泄系统，可使动物的排泄更为有效。同律分节动物的体节数量虽然较多，但只有 1 个头部和神经系统，因此仍是统一的整体，这种既分散又统一的结构形式，是动物身体结构的一大进步，也为动物体更高级的分化，如形成头、胸、腹等部分提供了广泛的可能性。

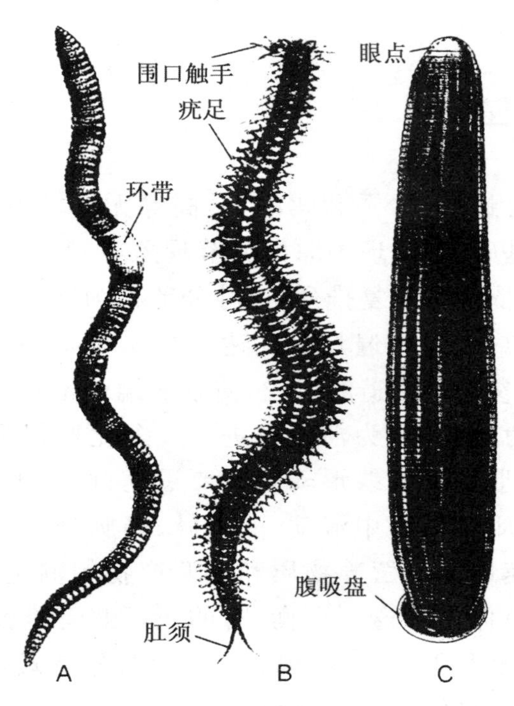

图 2-34　环节动物的外形

A. 蚯蚓　B. 沙蚕　C. 蛭

（二）体壁

环节动物的体壁从外至内由角质膜、表皮层、肌肉层和体壁体腔膜四部分组成。角质膜薄，由表皮细胞分泌而成，具有保护身体及防止在干燥环境中失水的功能；表皮层由单层柱状上皮细胞组成，其间有单细胞腺体分布，除分泌黏液湿润体表外，多毛类的腺细胞还可产生荧光素，使虫体发出荧光；肌肉层的外侧是薄的环肌，内侧是发达的纵肌；体腔膜为一层中胚层来源的体腔上皮，密贴于纵肌层之下。环节动物体壁的四层结构一起构成了皮肤肌肉囊，简称为皮肌囊，并由它们包裹全身（图 2-35）。需特别指出的是，蛭类体壁表皮层中的单细胞腺体沉入表皮层下面薄的结缔组织中。该层组织中还有许多色素细胞,使体表呈现出色泽。肌肉层在环肌和纵肌之间尚有斜肌,斜肌在动物静止时其肌纤维的长度最短。此外尚具背腹肌,它固定在表皮细胞下,从背侧穿过环肌、斜肌和纵肌直达身体的腹侧,它的存在可使身体始终处于扁平状态。

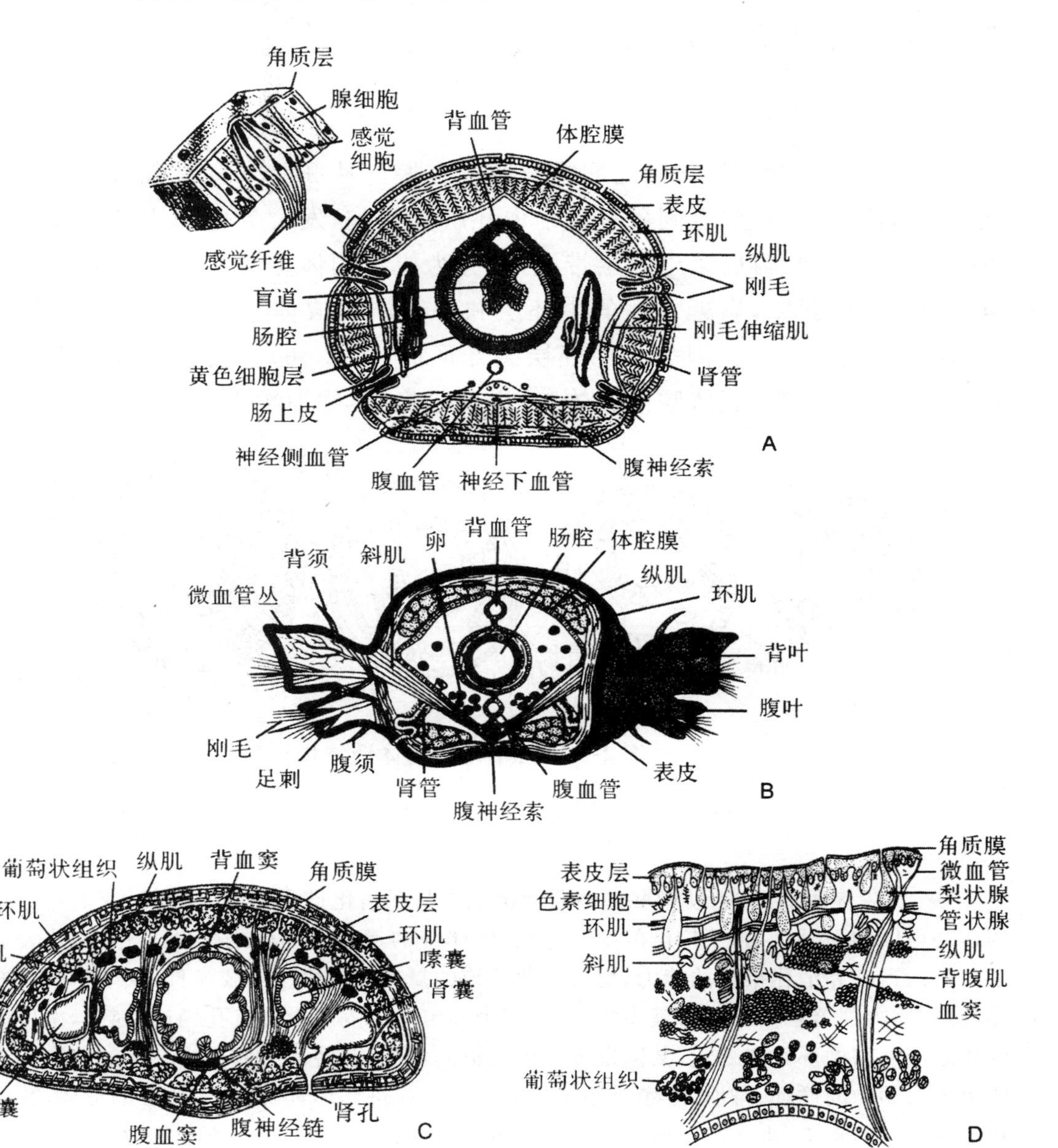

图 2-35　蚯蚓的运动图解

A. 环毛蚓的横切面　B. 沙蚕躯干部的横切面　C. 医蛭的横切面　D. C 图的部分放大

环节动物的肌肉为斜纹肌，当其体节的纵肌层收缩，环肌层舒张，则此段体节变粗变短，同时体腔内压力增高，着生于体壁上的刚毛伸出，插入周围土壤。此时其相邻的一组体节的环肌层收缩，纵肌层舒张，体节变细变长，体腔内压力降低，刚毛缩回，与周围土壤脱离接触。每一体节组与相邻体节组交替收缩纵肌与环肌，使身体呈波浪状蠕动前进。

(三)次生体腔

环节动物体壁与消化道之间具宽阔的空腔。从胚胎发育过程看，最早在胚孔(原口)两侧、内外胚层之间各有1个中胚层端细胞，发育为两团中胚层带，此后中胚层带逐渐延伸，再后来中胚层带裂开，分为成对的体腔囊，其靠近内侧的中胚层和内胚层合成肠壁，靠近外侧的中胚层和外胚层构成体壁，体腔即位于肠壁中胚层和体壁中胚层之间，因为是中胚层裂开形成(图2-36)。在动物系统发生上，这种体腔比初生体腔(假体腔或原体腔)出现较晚，故称为次生体腔①或真体腔②。

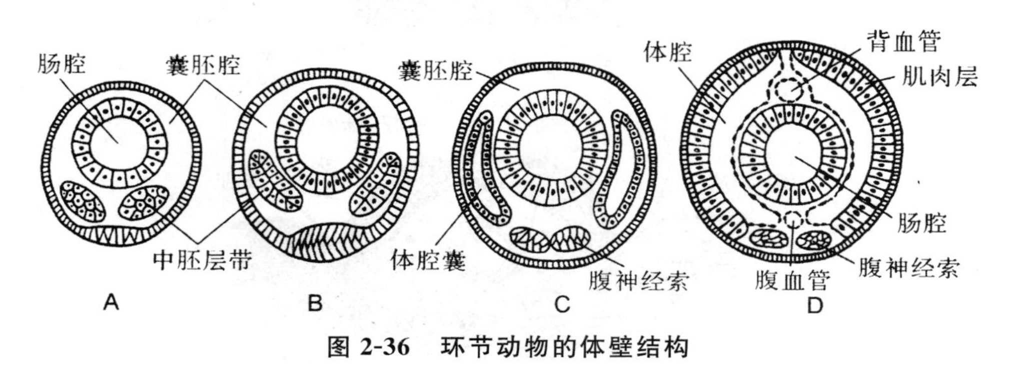

图2-36 环节动物的体壁结构

A. 蚯蚓横切面 B. 沙蚕局部横切面 C. 医蛭横切面 D. 医蛭体壁局部放大

---

① 次生体腔的形成，使中胚层的肌肉组织参与了消化道和体壁的构成，使消化道和体壁的运动得以加强，同时由于广阔的空腔存在，使体壁的运动与肠壁的蠕动分开，这就大大加强了动物的运动和消化摄食的能力，也为消化系统的复杂化提供了必要条件；次生体腔内充满了体腔液，使内部器官始终浸浴其中，同时在每个体节间的隔膜上又有孔相通，因此，次生体腔内的体腔液可与循环系统一起，共同发挥体内运输的作用，并使动物体保持一定的体态。真体腔的出现对动物的循环、排泄、生殖等系统也有很大的促进作用，因此次生体腔的形成，在动物进化上有重大的意义，也是高等无脊椎动物的重要标志之一。然而，蛭类的真体腔退化，体壁肌层之下无体腔膜，几乎所有蛭类的真体腔均被肌肉、葡萄状组织填充而缩小，形成血窦。

② 真体腔与假体腔在形态结构上区别明显，如真体腔四周，即体壁的内侧和消化道的外侧，均具体腔膜，且在体壁与消化道管壁上均具中胚层分化而来的肌肉层；体腔可通过后肾等管道与体外相通；体腔上皮细胞能分化为生殖细胞及生殖腺等等。

(三)疣足和刚毛

海产环节动物身体两侧所具的疣足,属于原始的附肢形式(图 2-37)。它是由体壁向外突出而形成的扁平片状物,体腔也随之伸入其中。疣足本身不分节,与躯体连接处也无关节①。蚯蚓等寡毛纲种类疣足退化,只保留刚毛作为辅助运动器官②。蛭类中刚毛完全消失,依靠前、后吸盘及体壁肌肉的收缩进行运动。

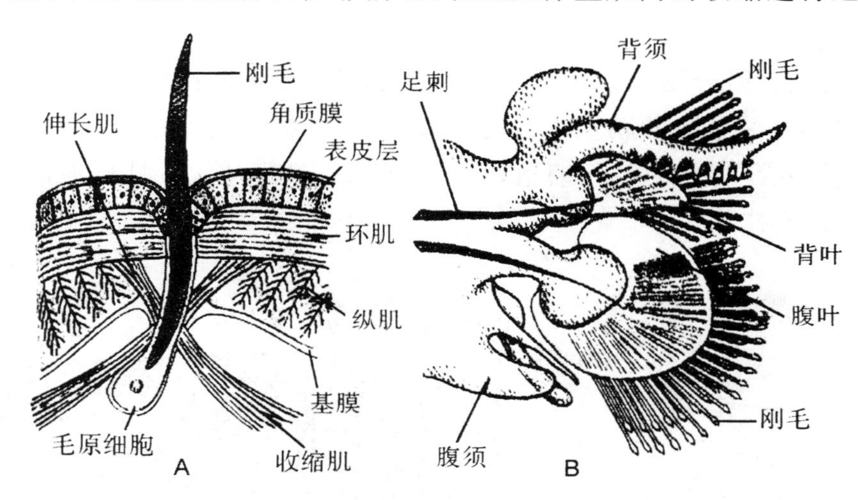

图 2-37　环节动物的运动器官

A. 蚯蚓的刚毛　B. 沙蚕的疣足

(四)消化系统

环节动物同样具有完善的消化道,纵行于身体中央③。以蚯蚓为代表的寡毛

---

① 典型的疣足分成背叶和腹叶,背叶的背侧具一指状的背须,腹叶的腹侧有一腹须,有触觉功能。疣足有爬行和游泳的功用,背、腹叶内各有 1 根起支撑作用的足刺,同时背肢有 1 束刚毛,腹肢具 2 束刚毛,有些种类的背须特化成疣足鳃或鳞片等。

② 刚毛由刚毛囊底部一较大的毛原细胞,也称形成细胞所分泌的几丁质构成,刚毛囊由体壁表皮细胞内陷而成,由于肌肉的牵引,可以伸长或缩短,从而使刚毛前伸或后缩。刚毛作为一种运动器官,远比低等动物的纤毛稳固而有力。总之,疣足和刚毛的出现,增强了动物体爬行、游泳等运动功能,因此对外界环境适应的能力也得以增强。刚毛在每一体节中的排列方式以及数量的多少因种而异,通常水生种类刚毛较长,陆生种类较短。大多数陆生及水生种类刚毛的数目为 8 根,成 4 束,每束 2 根,这种排列称为对生刚毛,有的每节几十根绕体节分布,称为环生刚毛。

③ 由于中胚层来源的肌肉组织参与肠道壁的形成,通常使前肠进一步分化出口腔、咽、食道、嗉囊和砂囊等结构,它的主要功能是摄取、软化和磨碎食物;中肠分化出胃、肠并与消化腺相通,主司消化吸收和营养的功能;后肠较短,经肛门通体外。

类动物的消化道中，口腔内无齿，可翻出口外取食①。陆生种类食道壁两侧具1对或几对钙腺，能分泌钙质，中和食物中的腐殖质酸，以保持体内酸碱平衡，但水生种类无钙腺。食道后形成嗉囊和砂囊，前者为一薄壁的囊，用作食物的临时贮存，后者为一厚壁囊，内表面具一层厚的几丁质，囊腔中还含有砂粒，能把泥土中的食物磨成细粒。砂囊后为一管状的胃，胃部血管丰富并富含腺体，胃前部有一圈胃腺，其功能同咽头腺，能分泌消化酶进一步参与消化。小肠壁多皱褶，背面有一凹槽，即盲道，增大消化和吸收面积。通常在第26节处伸出一对指状突起，为盲肠，是重要的消化腺，能分泌蛋白酶、淀粉酶、脂肪酶，大部分营养物质可在小肠内消化吸收(图2-38)。直肠的功能主要是收集和贮存食物残渣，并由肛门排出体外。中肠的脏壁体腔膜特化为黄色细胞，既能贮存脂肪和糖原，又具排泄的作用，在物质代谢中起重要作用。

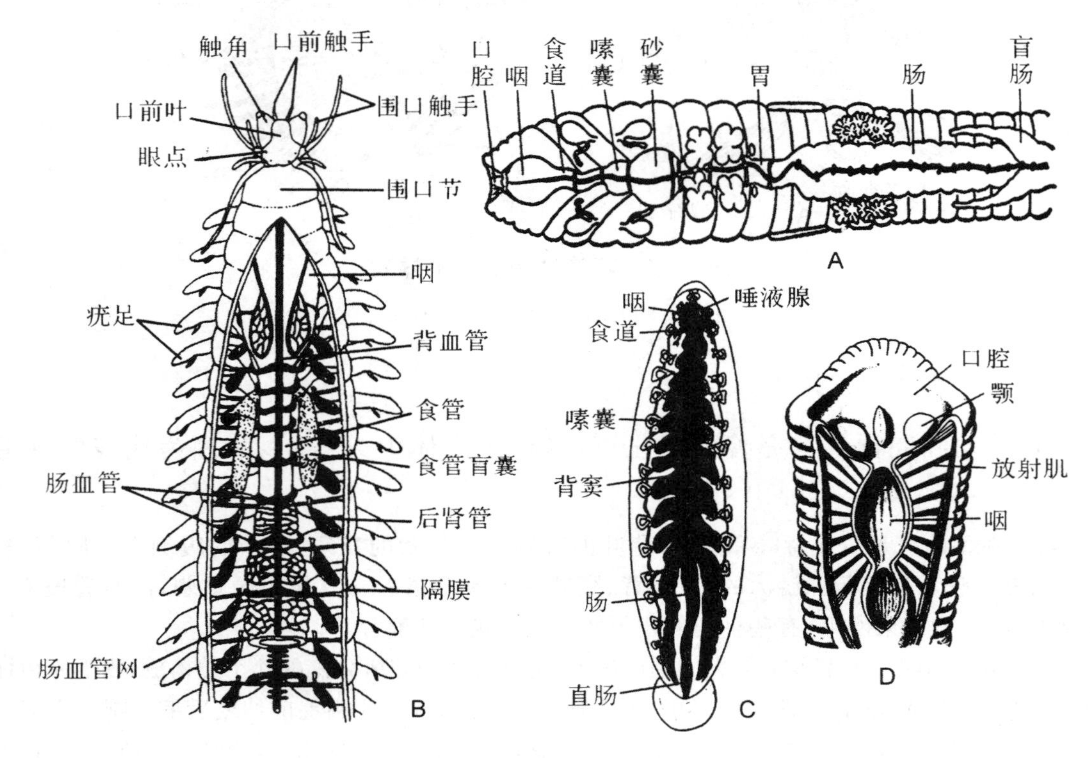

图2-38　环节动物的消化系统

A. 蚯蚓　B. 沙蚕　C. 医蛭　D. 医蛭吻放大

① 咽肌肉强大，咽肌收缩使咽腔扩大，用以吸进食物。咽头外围有咽头腺，能分泌黏液和蛋白酶，湿润食物和对蛋白质进行初步分解。

(五)闭管式循环系统

典型的环节动物具发达的闭管式循环系统[①]。各体腔囊的体腔膜在接触之处留下的空隙,便形成了血管弧或心脏[②]。蛭类由于真体腔退化,形成了发达的血窦,可分为背窦、腹窦、侧窦以及窦间网等血窦系统,代替了退化的循环系统,另外一部分血管也可消失而被血窦所代替,但这种变化在不同类群中程度不一,蛭类的血窦属于残留的真体腔(图 2-39),而血液实际上就是体腔液。

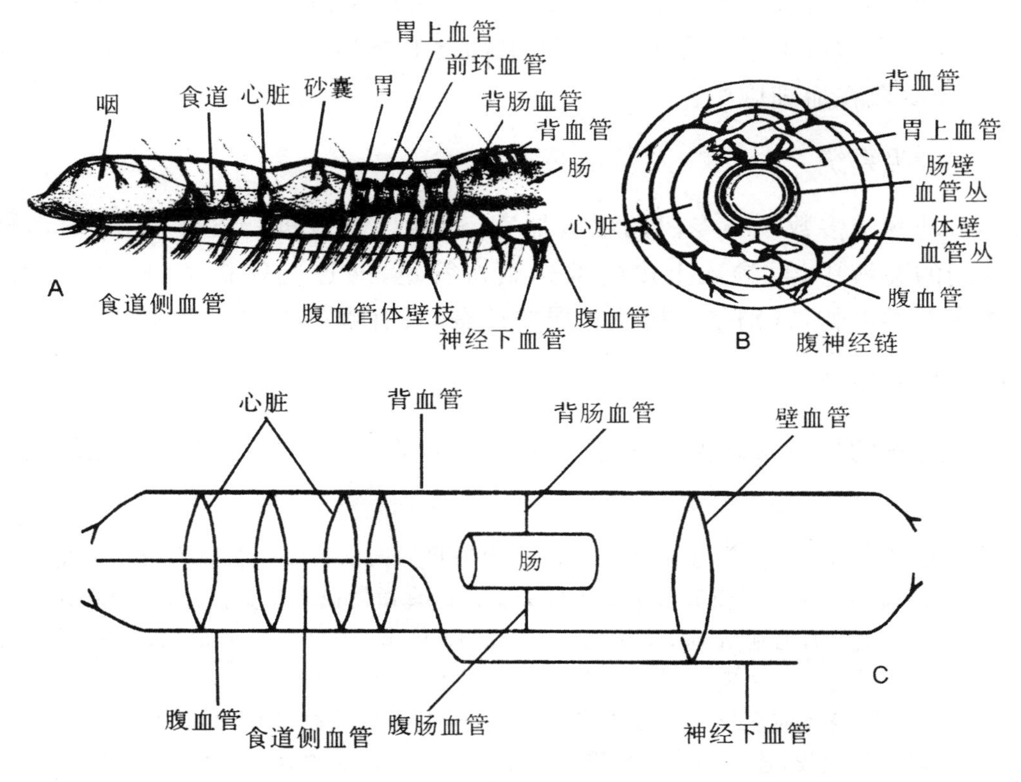

图 2-39　环节动物(蚯蚓)循环系统

A. 前端左侧观　B. 第 13 体节的横切面　C. 循环系统示意图

---

① 从个体发育看,循环系统的形成和次生体腔的发生有着密切的关系。由于左右的体腔囊逐渐扩大,必然会使原体腔逐渐缩小,结果在消化道背腹被挤得只剩下小的空隙,这便是背血管和腹血管的内腔。

② 循环系统的内腔,实际上是原体腔被排斥后所遗留下来的痕迹。由于血液流动方向固定,血流速度恒定,从而提高了运输营养物质和携氧的能力。

蚯蚓的循环系统(图 2-39),由纵血管[①]、环血管[②]和壁血管[③]等组成。血液循环途径,主要是背血管自第 14 节后收集每一体节 1 对背肠血管中含养分的血液和 1 对壁血管中含氧的血液,自后向前流动。大部分血液经心脏入腹血管,一部分经背血管向前至咽、食道等处,进入食道侧血管。腹血管的血液自前向后流动,每一体节都有分支至体壁、肠、肾管等处,在体壁处进行气体交换。含氧多的血液于体前端回到食道侧血管,经前环血管进入胃上血管重回心脏,而大部分血液则回到神经下血管,再经各体节的壁血管进入背血管。

环节动物的血液较为复杂,原始多毛类如裂虫血液为无色,其中含有很少的变形细胞,但大型种类及穴居种类血液中都含有呼吸色素[④],其中多数存在血浆中,只有极少数在血细胞中。

(六)呼吸系统

环节动物中多数没有专门的呼吸器官,通常以体表进行气体交换,氧溶解在体表湿润的黏液中,再渗入上皮内部达微血管丛,通过气体扩散进行气体交换。几乎数多毛类动物,特别是穴居及管居的沙蚕,具有鳃[⑤],为其呼吸器官。

(七)排泄系统

环节动物的排泄系统为后肾管,典型的后肾管为一条两端开口[⑥]、迂回盘曲的

---

① 纵血管包括位于消化道背面的背血管,血液自后向前流动。腹血管位于消化道腹面,血液自前向后流动。神经下血管位于腹神经索下面。食道侧血管位于消化道前部两侧。

② 环血管主要有心脏 4 对,位于第 7、9、12、13 体节,能自主节律地搏动并连接背腹血管,血液自上而下;还有一些环血管连接侧血管和胃上血管,血液自下而上。

③ 壁血管除身体前端外大部分体节各一对,连接神经下血管和背血管,血液自下而上。腹肠血管由腹血管出发,连接肠壁微血管。背肠血管连接肠壁微血管,通入背血管。

④ 呼吸色素是一种含有 Fe 或 Cu 的卟啉与蛋白质的结合体。其中血红蛋白是分布最广、最有效的一种呼吸色素,并使血液呈红色。另有一种血绿蛋白,是龙介虫血液的特征,它的分子结构类似于软体动物和甲壳动物的血蓝蛋白。呼吸色素的生理功能是在于输送和贮存氧,一些潮间带穴居生活种类,血色素中贮存的氧可使其渡过缺氧时期,甚至可无氧呼吸一段时间,最长可达 20 天之久。

⑤ 鳃实际上是疣足的背叶或背须演变而成的,其内密布微血管网,可进行气体交换。小型水生寡毛类在虫体的后端常具指状或丝状突起,起着鳃的作用。进入体内的氧与血浆中的血红蛋白或血绿蛋白结合后运送至体内各器官系统。

⑥ 一端开口于前一体节的体腔,其顶端为一具纤毛的漏斗,即肾口,另一端开口于体壁腹面的外侧,或开口于消化道,即肾孔或排泄孔。

管道。后肾管具有排泄含氮废物和调节体内渗透压平衡的作用[1]。后肾管的出现是排泄系统(图 2-40)演化过程中一种很大的进步。

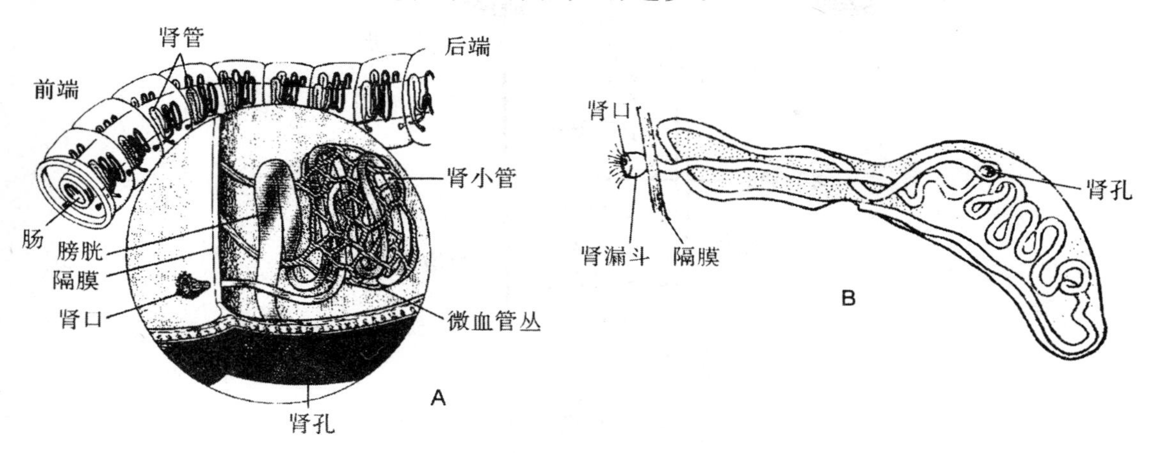

图 2-40　环节动物的排泄系统

A. 蚯蚓的体壁小肾管　B. 沙蚕的肾管

环节动物的排泄产物，水生种类主要是氨，陆生种类通常是氨和尿素，最后形成比体腔液及血液低渗的尿，经肾孔排出体外。以蚯蚓为例，其排泄机制[2]如图 2-41 所示。

(八)内分泌系统

环节动物尚未形成独立的内分泌腺体，其激素是由脑或身体前端的神经产生的一种神经分泌物。

蚯蚓的脑中有神经分泌细胞，它所产生的分泌物具有激素的性质，能调节身体水与盐分的平衡，也能调节生殖活动。如性激素对蚯蚓生长、发育、生殖、滞育等生理活动起控制调节作用，称为内激素。目前已知的有滞育激素、促性腺激素、雄性激素等。

---

①　通常每节具有 1 对大肾管，如异唇蚓或每节具有众多的小肾管，如远环蚓。后肾管的发生甚为复杂，有的是体腔上皮细胞(中胚层来源)向外生长而成，被称为体腔管，这是最重要的一种，软体动物中的肾脏，节肢动物中绿腺、颚腺、基节腺都属于这一类型；有的是原肾管伸到体腔，同体腔上皮所形成的漏斗状肾口相连，被称为后肾管，有的是体腔管与原肾管接合而成，近肾口部分为体腔管的一段，近肾孔部分为原肾管的一段，被称为混合肾管。

②　蚯蚓体内的氯、钠、钾等离子进入后肾管通常是两条途径：一是从开口于体腔液中的肾口；二是依靠血压从血液中经肾管的窄管部分，经管壁过滤后进入，从肾口进入的还有蛋白质等物质。蛋白质、水分以及钾、钠离子等通过后肾管宽管壁重新吸收回到血液中，最后排出的是氨、尿素和少量的水分。

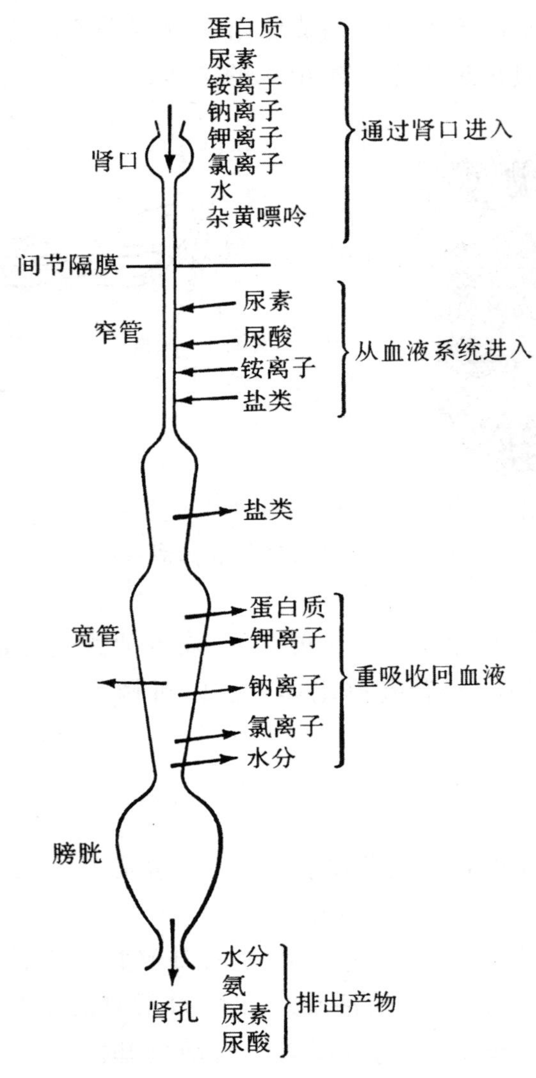

图 2-41　后肾的排泄机制

沙蚕的激素调节着配子的形成及异型化特征。在不成熟的个体中,神经分泌物抑制着生殖发育,如果切除脑,则诱导配子的早熟及异型化现象的出现。如果将不成熟个体的脑移入到去脑的个体中,则阻止其早熟及异型现象的出现。在一生中生殖多次,但又不行群婚的种类中,激素的作用在于控制配子的发育。幼年沙蚕脑神经节还能分泌促进沙蚕生长和再生的激素。但激素控制生殖及生殖现象的机制目前尚不十分清楚。

(九)链状神经系统和感觉器官

环节动物的神经系统较低等蠕虫的梯状神经系统更为集中,而且是按节排列的。神经中枢在身体的前端背部，有1个由两叶组成的咽上神经节，或称为脑神经节或脑，与1对围咽神经和腹面腹神经素相连，组成1个链状，形成一条贯穿全身的腹神经链(图2-42A)。腹神经链是由两条纵神经索向腹面中央合并而成，咽下神经节是腹神经链的第一个神经节，其下在每一个体节内部都有一个合并的神经节，这样的神经系统称为链状神经系统(图2-42D)。咽上神经节或脑有控制全身运动和感觉的功能，由它再分出神经到身体前端的感受器，同时也分布到消化道等内脏器官(类似交感神经系统)。各个神经节又分出若干对神经分布到体壁等处，以调节体壁的感觉和运动的反射动作(类似外周神经系统)。

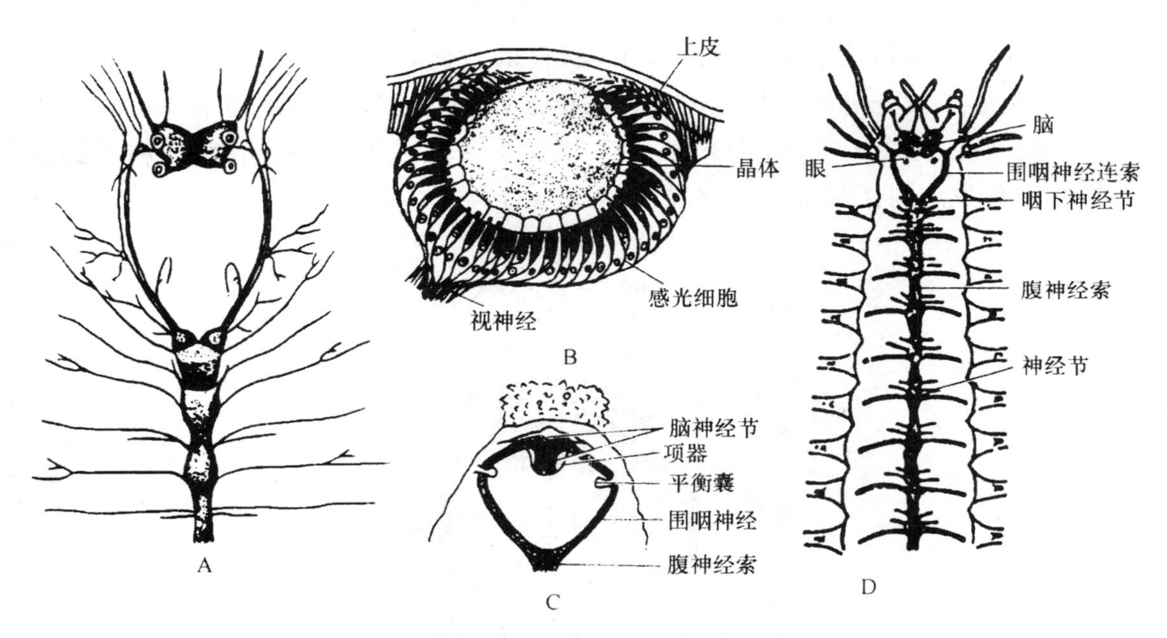

图2-42　多毛类的神经系统及感觉器官

A. 沙蚕的神经系统前端部分　B. 沙蚕的眼

C. 沙蝎的平衡囊和项器　D. 沙蚕的神经系统整体图

环节动物的感觉器官发达(多毛类)，有眼、项器、平衡囊、纤毛感觉器及触觉细胞等(图2-42B)。有些种类(寡毛类及蛭类)感觉器官则不发达。眼位于口前叶的背侧，2对、3对或4对，有的构造简单，有的发育良好。平衡囊位头后体壁内，有管开口于体表。项器位头后，实为一对纤毛感觉器，为化学感觉器(图2-42C)。纤毛感觉器位体节背侧或疣足的背腹肢之间，又称背器官或侧器官。触觉细胞，分布于体表。感觉器官不发达的种类有的无眼，体表有分散的感觉细胞、感觉乳突及感光细胞等。

(十)生殖系统与再生

蚯蚓为雌雄同体,雌性生殖器官包括1对很小的掌状或圆形的卵巢,位于第13体节前隔膜后侧,卵漏斗1对,位于第13体节后隔膜前侧,后接短的输卵管。两输卵管汇合后以雌性生殖孔开口于第14体节腹中线处。受精囊3对或2对,为梨形囊状物,是接纳和贮存精子的场所。受精囊孔开口于6/7、7/8、8/9体节之间腹面两侧;雄性生殖器官包括2对精巢,与卵巢相比更为细小,位于第10、11体节腹面的精巢囊内。精漏斗2对,前端膨大,具纤毛,后接细的输精管。输精管2条,于第13体节内合为一条,向后伸至第18体节腹面两侧,以雄性生殖孔开口于体壁。贮精囊2对,位于第11、12体节,肠道的背侧,与精巢囊相通,内充满营养液,精细胞形成后先进入贮精囊内发育成精子,再回到精巢囊,经精漏斗由输精管输出。前列腺(prostate gland)1对,位于雄性生殖孔内侧,分泌黏液,与精子的活动和营养有关。副性腺也可分泌黏液(图2-43)。

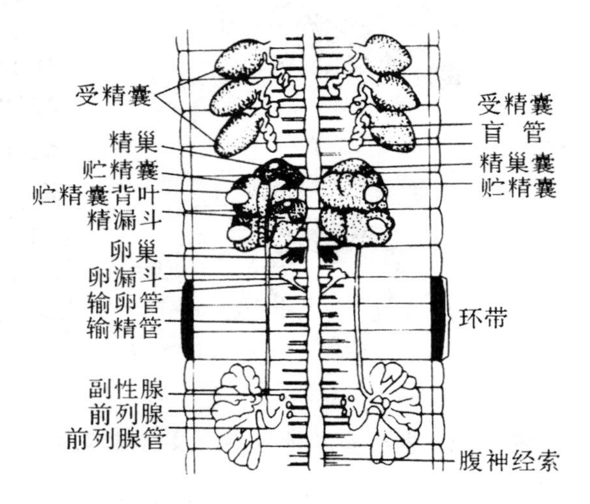

图2-43 蚯蚓的生殖系统

蚯蚓异体受精,精子先成熟,有交配现象。交配时两个个体倒抱,副性腺分泌黏液,黏住双方腹面,分别将精液送入对方的受精囊内。交换精液后分开,待卵成熟后,环带分泌黏稠物质形成黏液管,成熟卵落入其中,随身体收缩,黏液管向前移动,蚯蚓自黏液管向后退,经受精囊孔时,精子逸出与卵受精,待蚯蚓全部退出,黏液管脱下,前后封口,形成蚓茧,留在湿润土壤中发育(图2-44)。蚯蚓为直接发育。受精卵经完全不均等卵裂,发育成有腔囊胚,以内陷法形成原肠胚,由端细胞形成中胚层带,裂体腔法形成次生体腔(图2-45)。经2～3周即孵化出小蚯蚓,破茧而出,通常1年后性成熟。

沙蚕雌雄异体，无固定的生殖腺。仅在生殖季节，卵巢才发育，且几乎各体节均有。精巢数量多，着生部位不固定。这些由中胚层产生的临时生殖腺均无生殖导管，成熟卵主要由体壁上的临时开孔排出，精子则经后肾管排出，精、卵在海水中结合成受精卵。某些多毛类在生殖时期会出现一些特殊的生殖现象，如沙蚕科有的种类性成熟时，身体前部体节形态不变，不产生生殖细胞，称无性节。身体后部具生殖腺的体节发生形态改变而形成生殖节。这种性成熟时身体后半部分形成生殖细胞，如同有性个体，体节变宽，刚毛变得多而长，疣足变成叶状，便于游泳，而身体前半部分却无变化，如同无性个体，这种现象，称为异沙蚕相(图 2-46)。当月明之夜，因月光刺激而使异型虫体成群离开海底，游向海面，群集在一起，雄性虫体的生殖节排出精子，雌性的生殖节排出卵，沙蚕的这种习性被称为群婚现象。卵在海水中受精，螺旋形卵裂，先形成实心囊胚，以外包法形成原肠胚，经担轮幼虫发育为成虫。

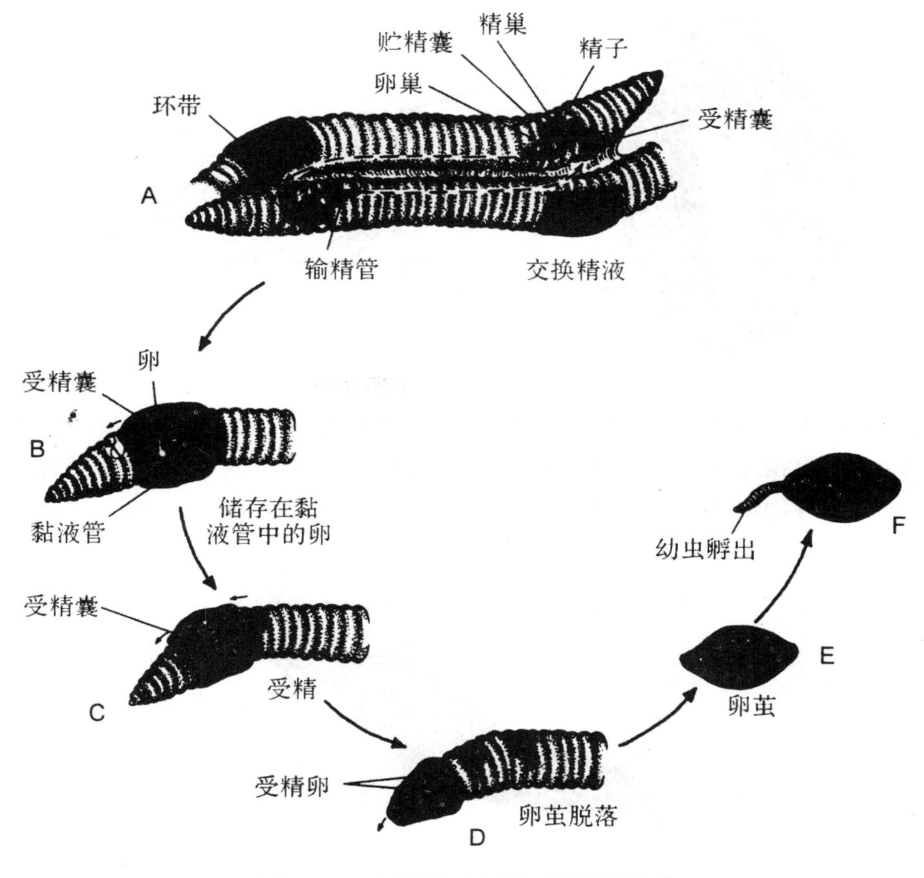

图 2-44　蚯蚓的交配和卵茧的形成

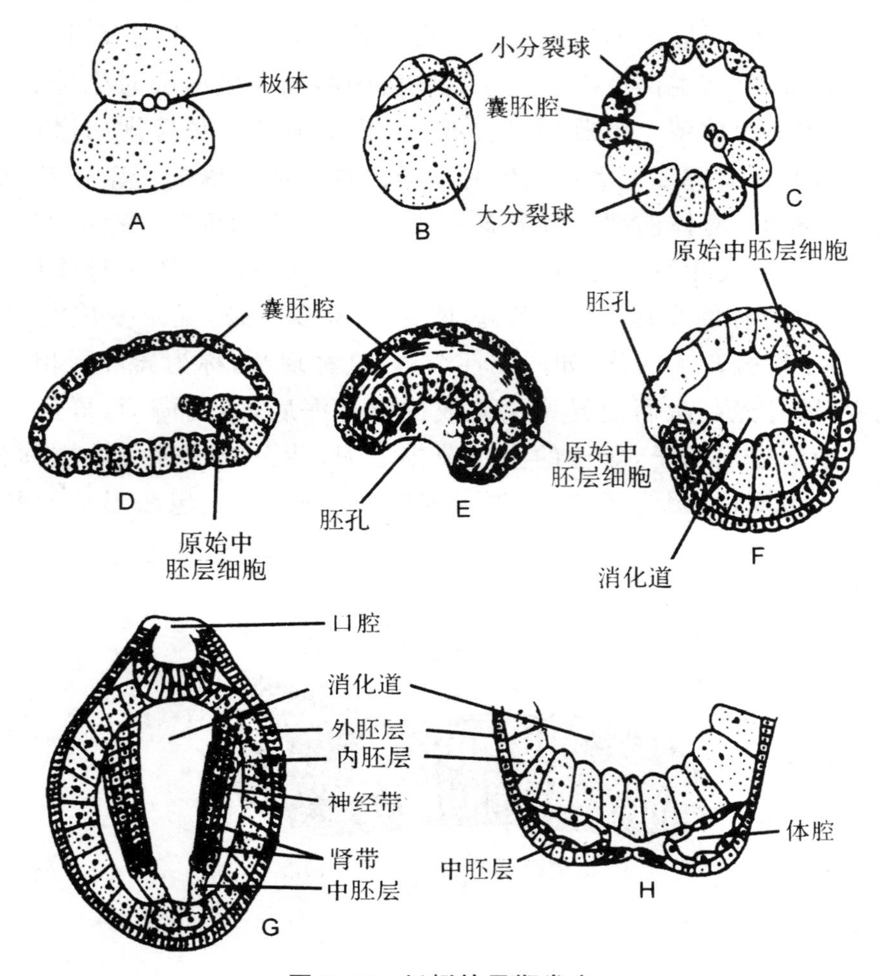

图 2-45　蚯蚓的早期发育

A. 2个细胞　B. 8个细胞　C. 囊胚　D. 囊胚延长，大分裂球形成扁平的腹板　E. 早期原肠胚，由大分裂球内陷形成　F. 后期原肠胚，中胚层带形成后，囊胚腔消失，胚孔封闭，只留前端一小孔为口　G. 原口和中胚层带形成后胚胎的腹面观　H. 胚胎腹面部分横切，示体腔

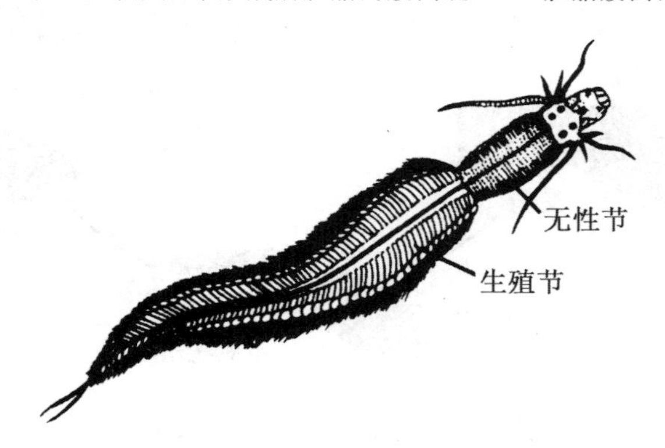

图 2-46　异沙蚕相

蛭类为雌雄同体，异体受精；有交配现象；生殖期具生殖环带，直接发育。

多毛类中一些种类可以行无性生殖，主要是出芽生殖或分裂生殖，例如裂虫、自裂虫、丝鳃虫及帚毛虫等。分裂时身体分成两段或多段。

环节动物的再生能力在不同种类有很大差异。多毛类有很强的再生能力，触手、触须，甚至头部都可以再生。通常身体未分区的种类，头部及尾部均可再生；身体分区的种类，头部的再生很少见，但尾部再生容易。神经系统在再生中起着重要作用，例如在身体前端单独切断神经，可以在切断处诱导一个新的头部的形成。一些种类还有自切现象，例如矶沙蚕、鳞沙蚕及巢沙蚕等。当上述动物偶然遇到强烈刺激时，身体可自行切断，然后再生出失去的部分。

三、环节动物的分类和演化

(一)环节动物的分类

环节动物门现存种类 17000 多种，分布在海洋、淡水和陆地，也有寄生的种类。分为多毛纲、寡毛纲、蛭纲 3 个纲。

1. 多毛纲

多毛纲是本门最原始的类群，身体通常呈圆柱状或背腹稍扁，最小的不过 1mm 左右，最大的可长达 2m，分头部和躯干部(图 2-47)。绝大多数生活在海洋，底栖，少数生活在淡水。多毛类动物可作为经济鱼类的天然饵料。有些种类如沙蠋、疣吻沙蚕等成为沿海居民喜欢的食物。有些种类可作为海洋污染及水体冷暖的指示动物。但也有一些种类附着在外物上生活，如龙介虫、螺旋虫等，危害海藻等人工养殖业。本纲已知种类约 1000 种，通常分为 3 目。

2. 寡毛纲

头部退化，无疣足；体节上具刚毛，直接着生于体壁上，数目较少；陆栖种类的皮肤中有许多腺细胞，能保持体表湿润，水栖种类常有纤毛窝或感觉毛，缺少分泌腺；雌雄同体，精巢和卵巢位于身体前端的少数体节内，当性成熟时，有生殖环带出现，其分泌物可形成卵茧，为容纳受精卵及胚胎发育之用，直接发育，无幼虫时期(图 2-48)。

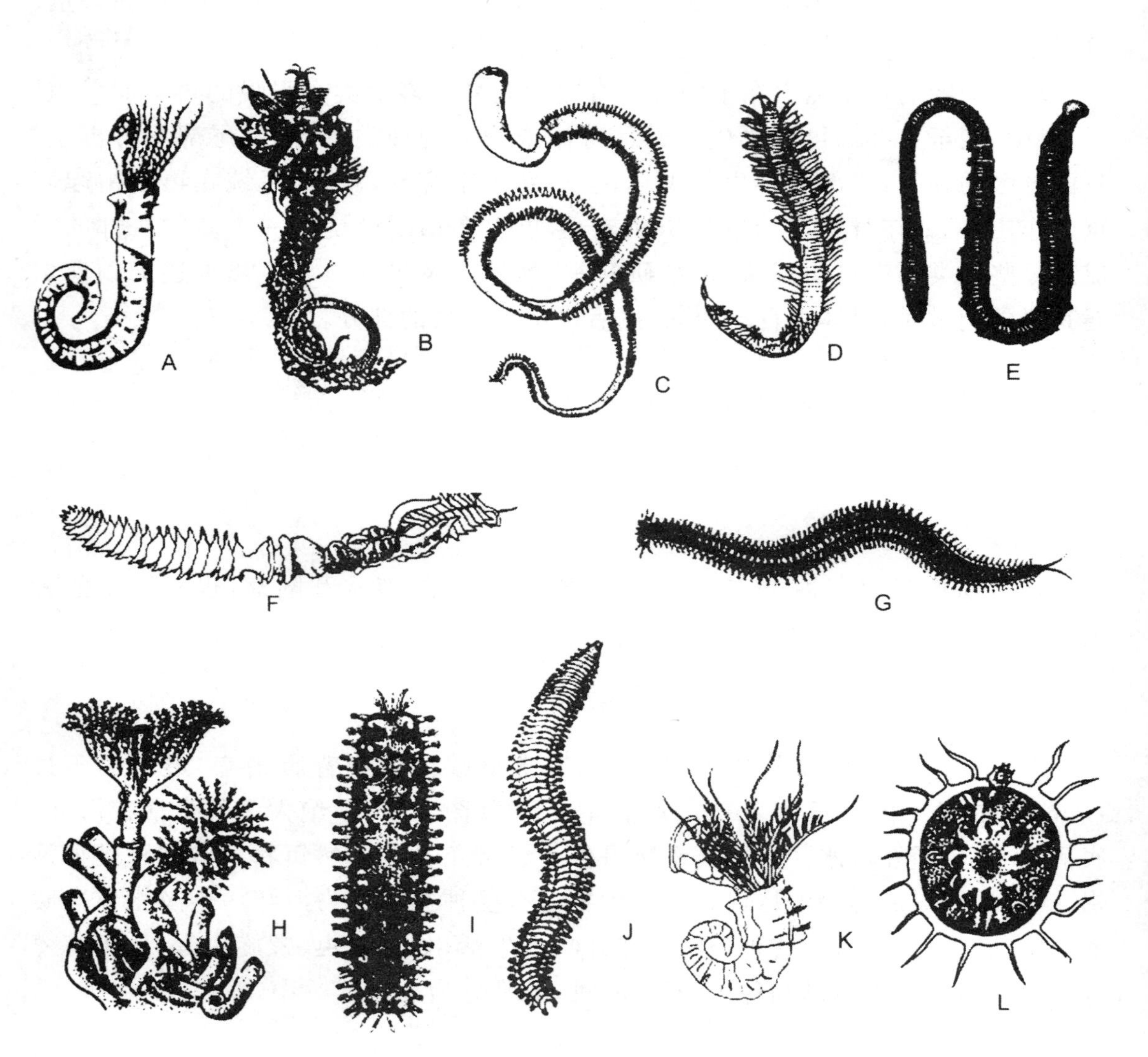

图 2-47　常见多毛纲的代表种类(仿各家)

A. 螺旋虫　B. 巢沙蚕　C. 长吻沙蚕　D. 裂虫
E. 沙蠋　F. 毛翼虫　G. 沙蚕　H. 龙介虫　I. 背鳞沙蚕
J. 疣吻沙蚕　K. 右旋虫　L. 吸口虫

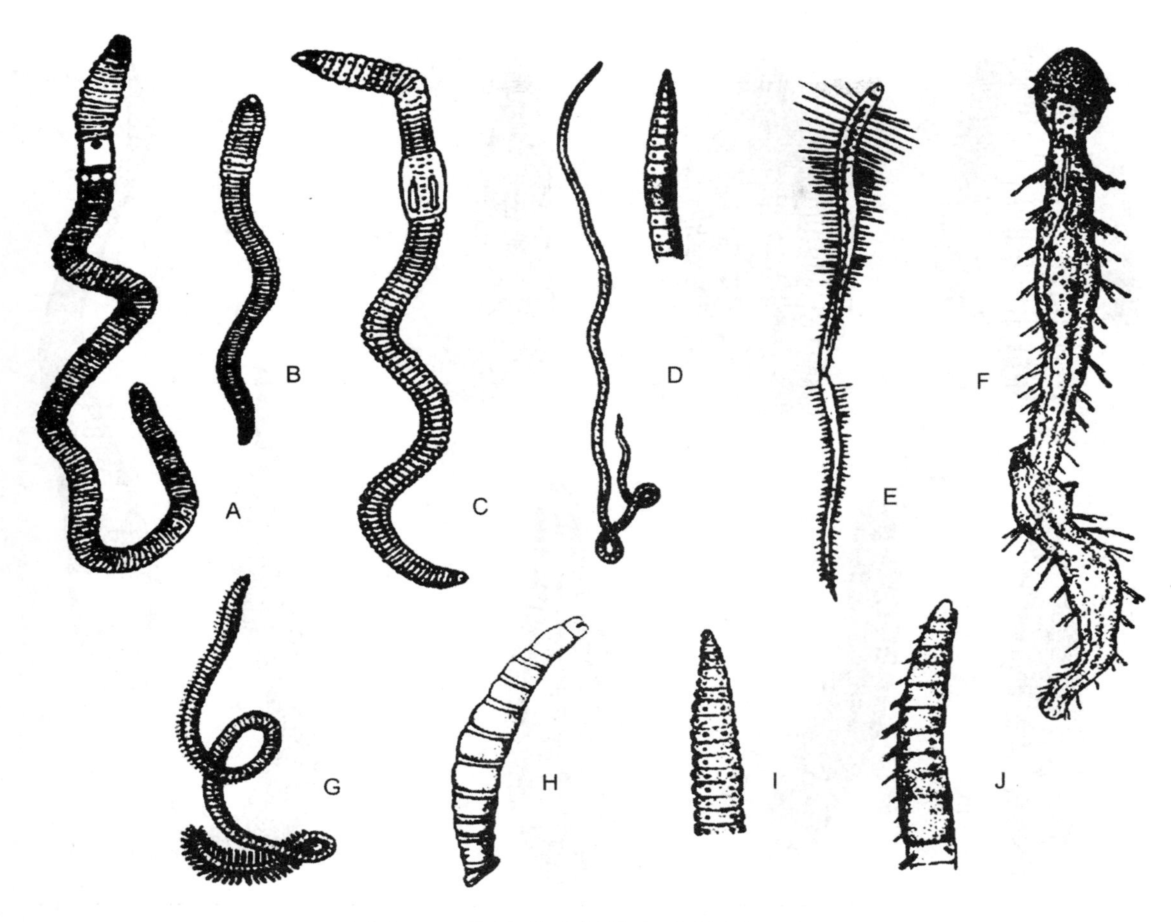

图 2-48 常见寡毛纲代表种类(仿各家)

A. 远环蚓 B. 杜拉蚓 C. 异唇蚓 D. 水丝蚓 E. 头鳃蚓
F. 瓢体虫 G. 尾鳃蚓 H. 蛭蚓 I. 带丝蚓 J. 颤蚓

3. 蛭纲

头部不明显,有眼点数对;体节数目固定(通常 34 节,少数 17 节或 31 节),身体前后端具吸盘;无疣足,通常无刚毛;体腔退化,形成血窦;雌雄同体,殖期有生殖带,直接发育(图 2-49)。多生活于淡水,少数海产和陆生,俗称蚂蟥,是一类高度特化的环节动物,几乎以吸食脊椎动物或无脊椎动物如软体动物、节肢动物的血液为生,营暂时性外寄生生活但也有的属于掠食性或腐食性。

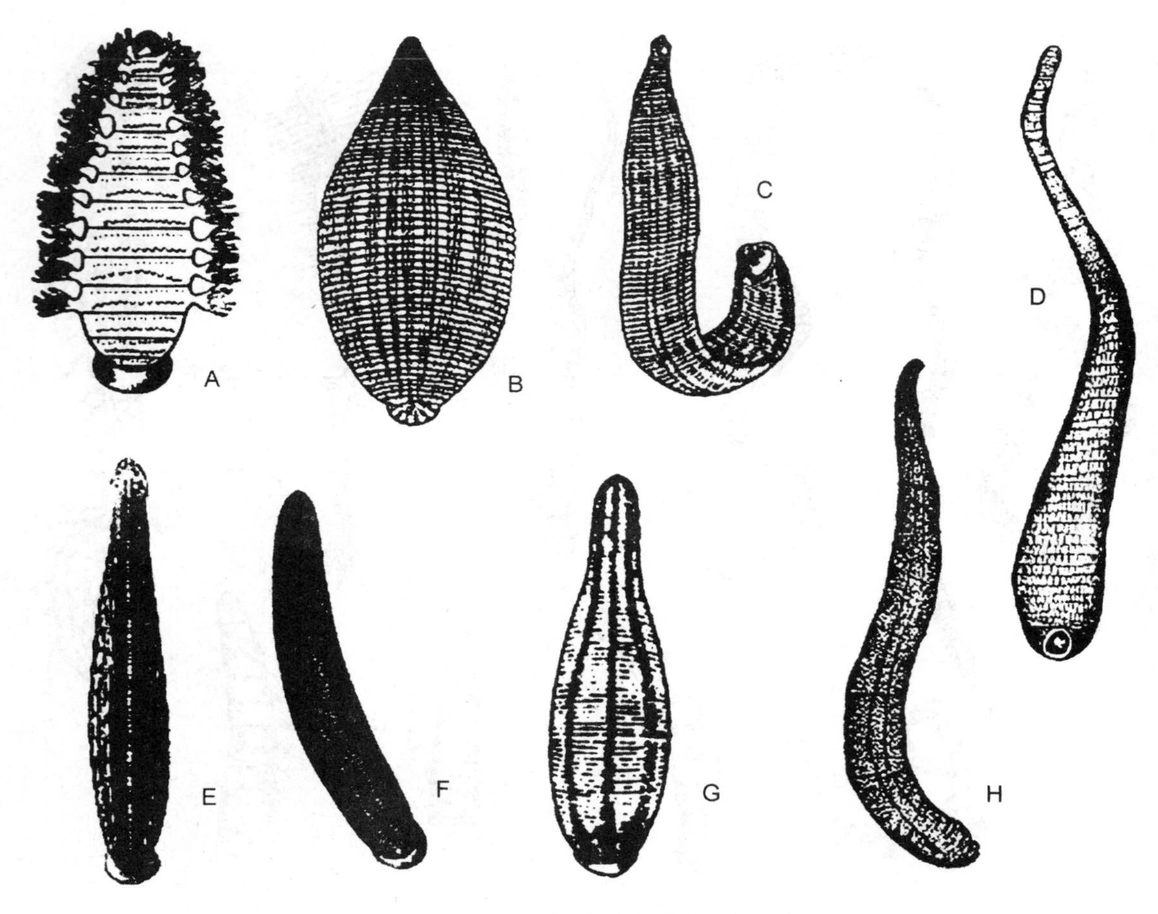

图 2-49　常见蛭纲的种类(仿各家)

A. 扬子鳃蛭　B. 宽身扁蛭　C. 宽身蚂蟥　D. 棘蛭

E. 日本医蛭　F. 牛蛭　G. 山蛭　H. 石蛭

(二)环节动物的演化

关于环节动物的起源有两个学说:一是认为起源于扁形动物涡虫纲,其理由是某些环节动物的成虫和担轮幼虫都具有管细胞的原肾管,这与扁形动物的由焰细胞构成的原肾管在本质上是相同的;环节动物多毛类个体发生中为螺旋式卵裂,这与涡虫纲的多肠目相同;环节动物的担轮幼虫与扁形动物涡虫纲的牟勒氏幼虫在形态上相似;涡虫纲三肠目某些涡虫的肠、神经、生殖腺等均显有原始分节现象。二是认为起源于类似担轮幼虫的假想祖先担轮动物,其理由是环节动物多毛类在个体发生中具有担轮幼虫。两种起源学说中,以前者更易为人们接受。

各纲之间的关系上，多毛纲结构较其他各纲简单、分化较少，生殖腺由体腔上皮形成，发育经担轮幼虫期等，通常被认为是较原始的类群。寡毛纲可能是多毛类适应穴居或土壤生活的结果，如疣足消失，头部不明显。蛭纲由原始寡毛类演化而来，与寡毛类的亲缘关系较近，被认为是寡毛类进一步向寄生生活特化的结果。

第七节 软体动物门

一、软体动物的特征

现存软体动物的形态结构变化比较大，但却具相同的大致结构：身体柔软，不分节，通常可分为头、足和内脏团三部分；体制两侧对称或次生不对称；体壁延伸形成外套膜，覆盖在体外，并形成外套腔，外套膜通常能分泌形成钙质的骨针、壳板或贝壳；消化系统完整，分为前肠、中肠和后肠三个部分，前肠包括口、口腔和食道等，中肠包括胃和肠，后肠为肠的后端部分和肛门，还具发达的消化腺，几乎多数种类的口腔内壁具有颚片和齿舌；真体腔退化为围心腔、肾腔和生殖腔，原体腔演变为血腔；循环系统多为开放式，心脏位于围心腔内，由心室、心耳（房）组成；水生种类用鳃呼吸，陆生种类用肺囊呼吸，上述两种呼吸器官均由外套膜演变而成；排泄系统为结构复杂的肾脏，通常 1～2 对，与环节动物的肾管同源，都属后肾管型；高等的软体动物通常有 4 对明显的神经节——脑神经节、足神经节、侧神经节和脏神经节，其中头足纲的神经系统发达，由中枢神经系统、周围神经系统和交感神经系统三部分组成，并位于由软骨组成的脑箱内，眼的结构与脊椎动物相似，但不同源；多数雌雄异体，少数雌雄同体，但不自体受精，生殖管道开口于外套腔。头足类和腹足类的受精卵直接发育，许多海产种类胚胎发育通常经螺旋形卵裂、担轮幼虫和面盘幼虫等阶段。

二、软体动物的生物学

（一）外部形态

软体动物的身体部分柔软而不分节，左右对称或不对称，可以分为头部、足部、内脏团、外套膜和贝壳等部分(图 2-50)。

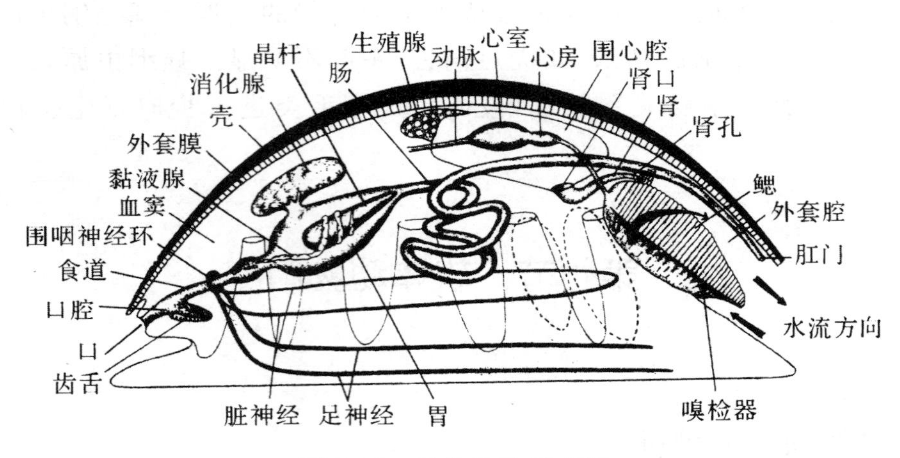

图 2-50　软体动物模式图

1. 头部

软体动物的头部位于身体前端,上面具口、触角和眼等器官,但头部在不同的软体动物中变化较大。比较低等的种类,如无板纲、单板纲和多板纲动物的头部不明显。而一些不太活动的种类,其头部也不显著或退化,如营穴居或固着生活为主的瓣鳃纲动物中,由于外套膜和贝壳特别发达,头部消失,仅在口周围生有两对唇瓣,用于选择食物。掘足纲动物由于穴居于海底而活动能力弱,头部退化,仅是一个圆而尖的吻状突起,称为口吻;口吻基部两侧各有一个头叶,头叶上生有一簇称为头丝的丝状物,具有触觉和摄食的功能(图 2-51)。在运动较为敏捷的种类中,随着中枢神经系统向头部集中,头部逐渐发达,上面生有触角和眼等感觉器官。如腹足纲动物,头部发达,通常呈圆柱状或略扁平,上面生有 1 对或 2 对触角及 1 对眼;口位于头的前端腹面,多向外突出成吻状(图 2-52)。头足纲动物的头部通常为圆筒形,两侧各有一个极发达的眼,其后方具有一个嗅器,嗅器外形为一个小孔或小凹陷;口在头的顶端,周围有较薄的围口膜,而围口膜常分裂成七片,有的种类在围口膜的尖端生有吸盘。头部腹面中央有一个凹陷,为漏斗陷,是漏斗贴附的部位(图 2-53)。

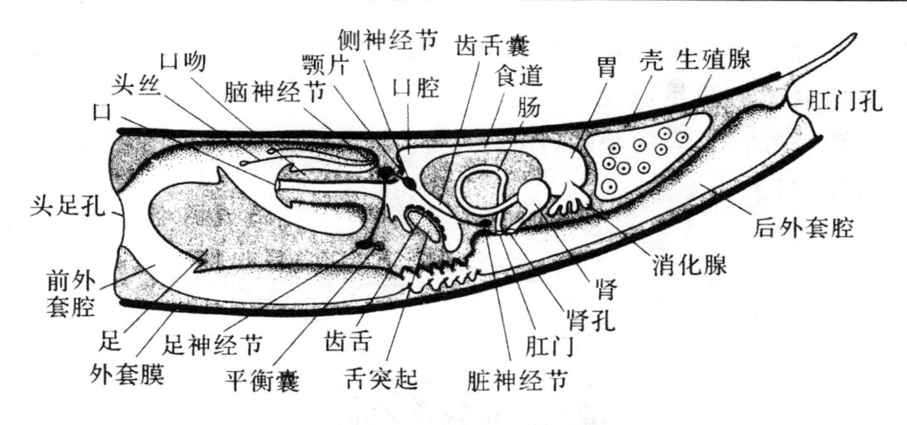

图 2-51　掘足纲的整体纵剖面解剖图

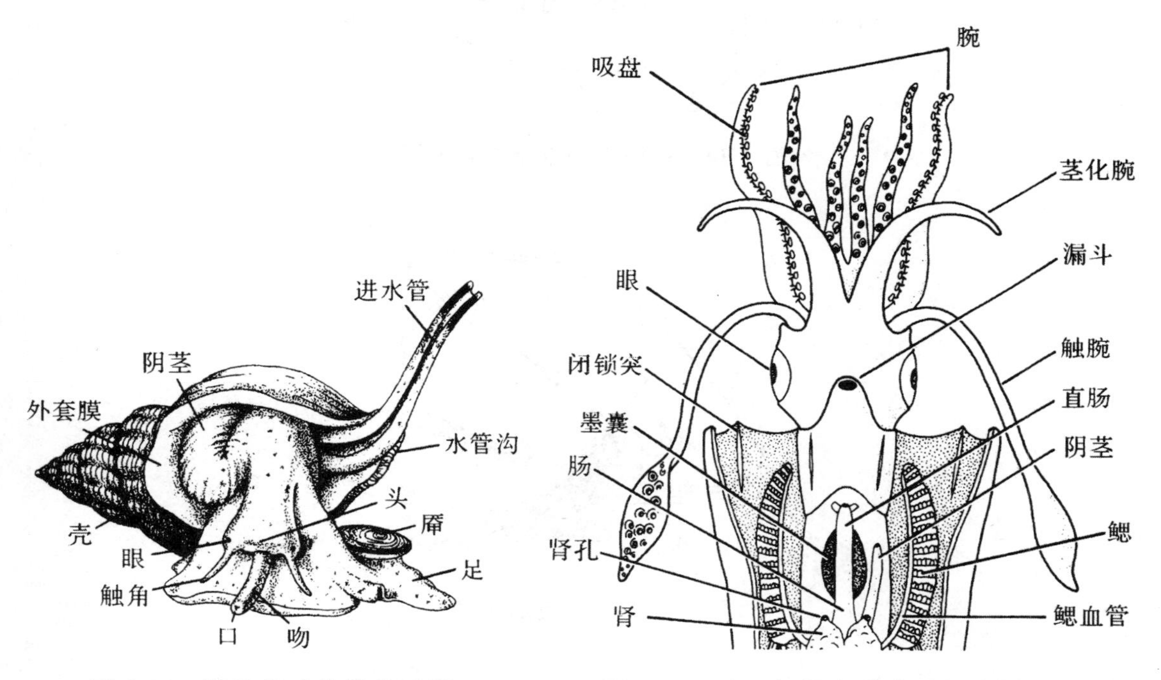

图 2-52　腹足纲动物的外形图

图 2-53　头足纲柔鱼外套腔部分解剖图

2. 足部

足是软体动物的运动器官，常位于身体的腹面，其形态随动物的生活方式不同而发生变化。

河蚌为代表的瓣鳃纲通常还有独特的缩足肌和伸足肌调控足的运动，其中一对前缩足肌和一对伸足肌的一端分散在足的后部和前部的左右两侧，另一端则集中在两侧贝壳内面的前闭壳肌痕后缘的上下；一对后缩足肌的一端分散于足前部的左右两侧，而另一端则集中在两侧贝壳内面后闭壳肌痕的前缘上方（图 2-54）。

有些瓣鳃纲动物由于利用贝壳固着在其他物体上生活，其足退化或消失，如牡蛎；而又有些瓣鳃纲动物的足退化，失去运动能力，利用足丝腺分泌的足丝黏附在其他物体上生活，如贻贝、扇贝和蚶（图 2-55）。足丝由丝蛋白组成，其成分与蚕丝类似，曾被用来编织手套。

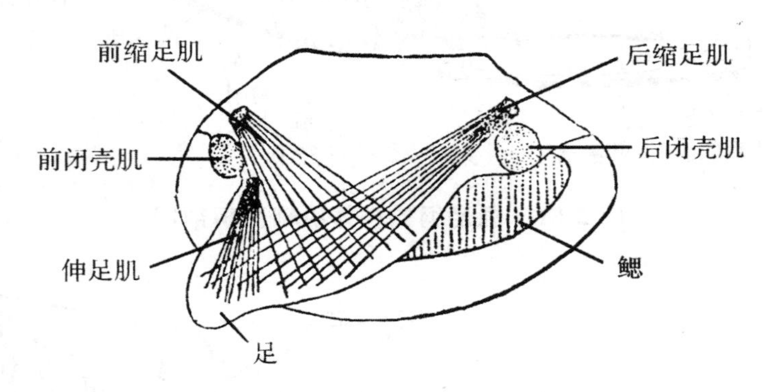

图 2-54　瓣鳃纲的缩组肌和伸足肌

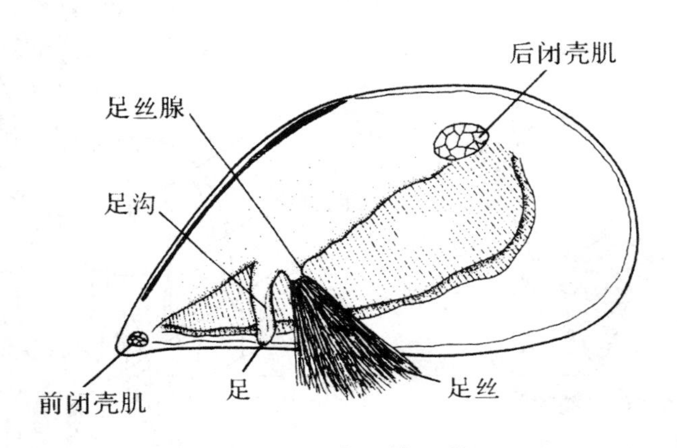

图 2-55　贻贝的足丝

腹足纲足内常有单细胞腺体，称为足腺，用来分泌黏液，润滑足部，从而有利于运动。但有些种类的足变化多样，如盘螺和蓑海牛足的前部延伸形成触角状（图 2-56A）；织纹螺足的后部呈 1 条很长的丝；圆口螺在足底中央有一纵褶，将足分为左右两部分，在爬行时左右交替运动；生活在沙或泥底的玉螺、乳玉螺和榧螺等种类的足的前部特别发达，运动时能将前方的泥沙分开，称为前足（图 2-56B）；泥螺、枣螺等后鳃亚纲动物的足的两侧特别发达，形成侧足（图 2-56C）；马蹄螺和鲍的足的侧缘明显凹入，形成上下两部分，上部比较发达，称为上足；龟螺和唬螺的足成翼状，可以用来游泳（图 2-56D）；以贝壳固着生活或寄生生活的种类的足通常比较退化，仅表现为肌肉质的小突起，如蛇螺和圆柱螺。

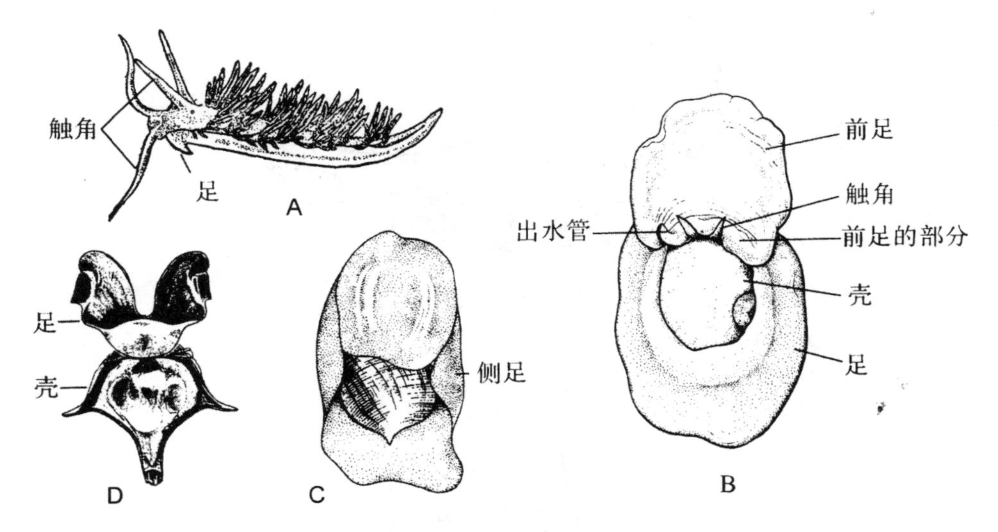

图 2-56　腹足纲足的类型

A. 簑海牛　B. 乳玉螺　C. 泥螺　D. 龟螺

头足纲动物的足分化为腕和漏斗两部分(图 2-57)。腕的数量随种类而异,有的为 8 只,有的为 10 只,前者如八腕类,后者如十腕类,其中均有 2 只腕分化成很长的触腕;鹦鹉螺腕的数目可多达 90 只。腕的内方生有吸盘,吸盘两侧常有由皮肤延伸而成的薄膜,称为侧膜。触腕特别长,呈圆柱形,顶端膨大,膨大部分内面具有吸盘,专门用于捕食。触腕平时缩在位于触腕基部、眼的下方的一个小囊内,捕食时迅速从囊内伸出。雄性头足纲动物有 1 或 2 只腕变形,在交尾时传递精荚,称为生殖腕或茎化腕(图 2-58)。茎化腕通常扁平,末端吸盘退化而减少,但中央有一纵沟,用来携带精荚。通常十腕类第四对腕的左侧或左右两侧为茎化腕,如乌贼的左侧第四腕;八腕类章鱼为右侧第三腕茎化。漏斗是足的一部分,位于头部腹面的漏斗陷部分,其前半部分游离于外套膜外。漏斗由水管、漏斗基部和由基部向后体背两侧控制的肌肉组成。乌贼漏斗内部的背面有一个半圆形的舌瓣,用来防止海水倒流进入。舌瓣向内的管壁上有隆起的呈“∧”形的腺体,称为腺质片,能分泌黏液以润滑漏斗内壁。漏斗基部与外套膜之间有软骨质的闭锁器,位于漏斗基部外侧者为一凹槽,称为闭锁槽或纽穴;位于外套膜内部者为一突起,称为闭锁突或纽突(图 2-59)。头足类的运动是以外套膜的肌肉收缩为动力。当水由外套腔开口处进入外套腔后,闭锁器扣合从而关闭外套腔的开口;外套肌肉收缩使外套腔中压力增加,迫使水从漏斗前端开口处喷射出去,其反作用力推动身体迅速倒退。漏斗游离端不仅向前且能向左右或向下运动,从而控制乌贼的运动方向。

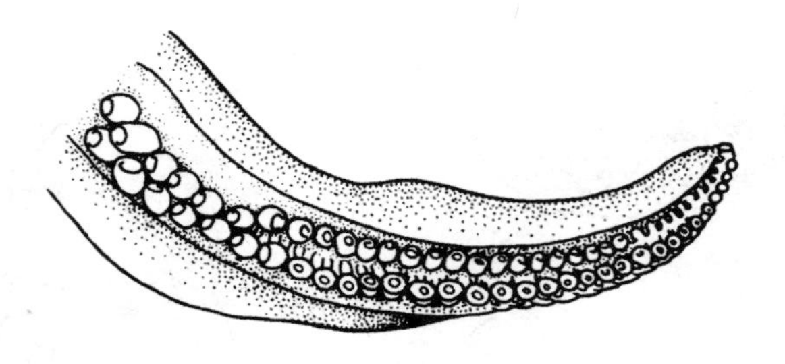

图 2-57　枪乌贼的茎化腕

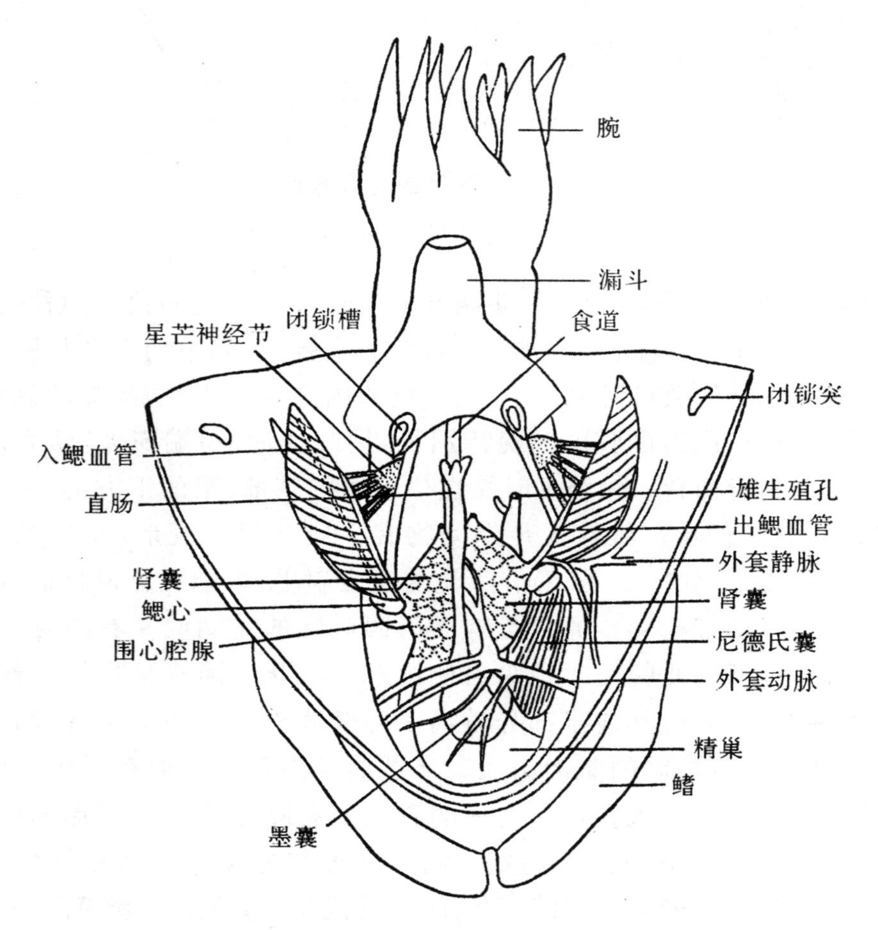

图 2-58　乌贼的外套腔腹面观

3. 外套膜

腹足纲和头足纲动物的外套膜[1]常呈袋状(图 2-59)。宝贝和琵琶螺等动物的外套膜边缘显著扩张,在爬行时外套膜伸出,向背面包被贝壳的大部分或全部。鹦鹉螺的外套腔,腔内有鳃、足,以及肛门、肾孔和生殖孔等开口。

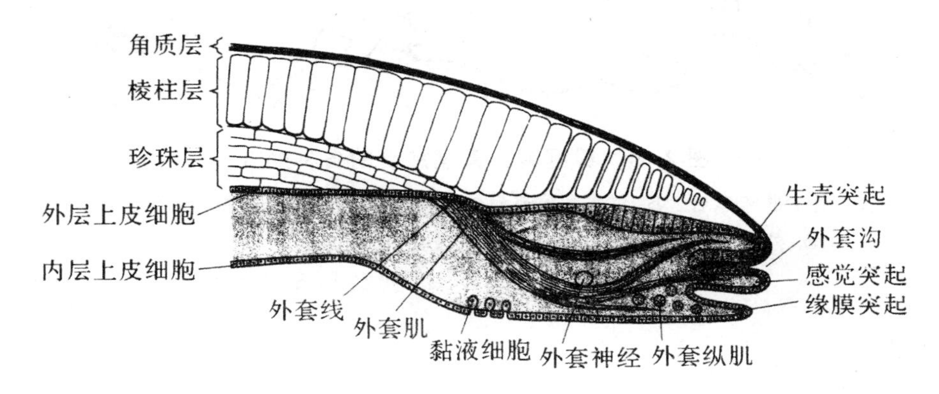

图 2-59　瓣鳃纲壳以及外套膜边缘的结构

瓣鳃纲的外套膜分为左右两叶,通常不伸展到贝壳外。两个外套膜在背部相连,其前后和腹部边缘常有肌肉加厚,且常生有眼点和触手,许多种类的生殖腺也常伸入到外套膜中。蚶和扇贝等原始种类的外套膜,除背部有一点愈合外,其他边缘全部张开(图 2-60)。这样水流从身体的腹面进入,从背部后方流出,这种结构属于简单型[2]。外套膜的后两个孔,即出水孔和进水孔,常延长伸出壳外,呈肌肉质管状,形成两个水管,即出水管和进水管。具有水管的种类,通常为埋栖生活,用水管进行水流循环以获取食物和呼吸。

---

① 外套膜是身体背部的皮肤发生褶襞向腹面延伸而形成,由内外两层表皮和中央的结缔组织及少量的肌肉组成。外套膜的外层表皮能分泌形成贝壳;内层表皮具有纤毛,纤毛摆动形成水流,借以完成呼吸、摄食、排泄和交配等;外套膜的后端边缘常形成水管,使水流由此进入外套腔。外套膜的边缘常有各种形状的触手;而海牛、石鳖等种类的外套膜皮肤中常排列有石灰质的骨针。

② 有的种类除背部愈合外,还在后方有一点愈合,形成后部的出水孔(或称肛门孔)和前方的进水孔(或称鳃足孔),这种类型称为二孔型,如贻贝、河蚌等。有一些种类除背部愈合外,在后方还有一点愈合,形成肛门、鳃孔和前方的足孔,称为三孔型,如真瓣鳃亚纲种类。如果足退化,在足孔和鳃孔之间可以形成第四个外套膜孔,这个孔常为足丝伸出的小孔,称为四孔型,如竹蛏。

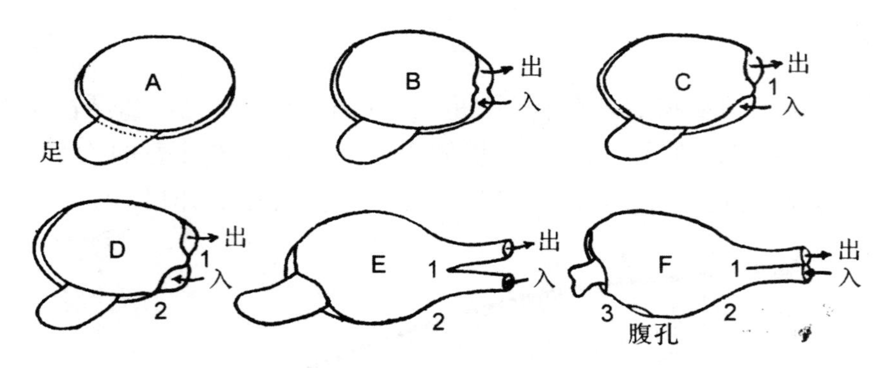

图 2-60　瓣鳃纲外套膜愈合的各种形式

A. 外套膜未愈合　B. 仅水管痕迹而外套膜未愈合　C. 外套膜一处愈合(1)

D. 外套膜二处愈合(1,2)　E. 水管发达,腹面的愈合面扩展至前方

F. 外套膜三处愈合(1,2,3)。出:出水孔;入:入水孔

4. 贝壳

软体动物血液中的血细胞将碳酸钙和蛋白质带到外套膜,然后通过外套膜上皮细胞的间隙渗透出来,从而在外表面形成贝壳①。贝壳的构造通常可以分为三层:角质层、棱柱层和珍珠层②(图 2-61)。角质层和棱柱层完全由外套膜边缘背部细胞分泌形成,随着动物的生长而逐渐增大面积,但不增加厚度。珍珠层由外套膜的整个表面分泌形成,随着动物的生长而增加厚度。贝壳表面的生长线是由于繁殖、食物不足或温度不适等原因,外套膜分泌不连续的结果③。

贝壳的形态随种类变化很大,是软体动物分类的重要特征。多板纲具有八块石灰质壳板,由前向后呈覆瓦状排列(图 2-62)。最前面的一块壳板呈半月形,称为头板最后的一块壳板呈元宝状,称为尾板,中间的六块壳板除大小略有差别外,其形状和结构大致相似,称为中间板。

---

① 贝壳的成分主要是碳酸钙和少量的贝壳素。

② 最外一层为角质层,仅由贝壳素构成,很薄,透明,有色泽,具有保护外壳的作用。中间一层为壳层,又称棱柱层,占据壳的大部分,由角柱状的方解石构成,呈白色。最内面一层为壳底,或称珍珠层,由叶状的霰石构成,富有光泽。

③ 当贝类在水中生长时,若细微的砂粒或较硬质的生物进入外套膜内,外套膜受到刺激后,分裂细胞包围这些外来物体并陷入外套膜的结缔组织中,就形成珍珠囊。珍珠囊细胞分泌珍珠质包住外来物,层层包裹,经过三、五年后逐渐增大成为珍珠。

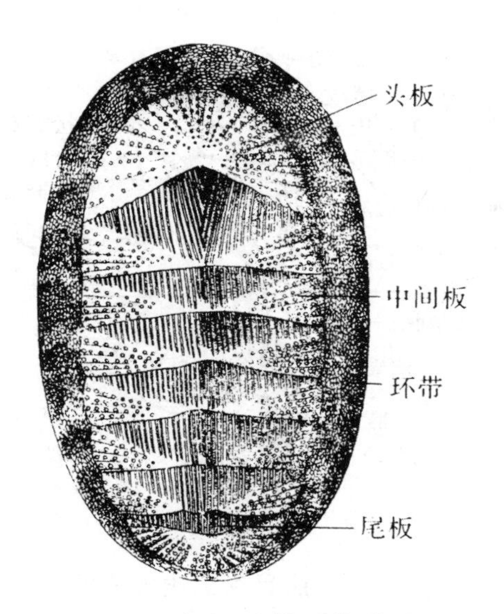

图 2-61　朝鲜鳞带石鳖的外形

腹足纲动物通常[①]具有一个螺旋形的贝壳，且多为右旋，但陆生贝类中有很多种类为左旋。螺旋形贝壳可以分为两个部分，即螺旋部和体螺层（图 2-62）。螺旋部由许多螺层组成，是容纳动物内脏器官的场所。体螺层是壳的最后一层，容纳头部和内脏，同时也是最大的一个螺层。螺旋部和体螺层的大小比例变化很大，螺旋部退化；而笋螺和锥螺等动物的螺旋部很高，而体螺层很小。贝壳顶端称为壳顶，是动物最早形成的一层，有些种类常磨损。贝壳旋转一周称为一个螺层，两个螺层之间的界限为缝合线，缝合线的深浅变化较大。螺层表面还常生有各种突起，如螺旋纹（肋）、纵肋、棘、疣状突起等。体螺层的开口称为壳口，壳口的内侧（即靠螺轴一侧）为内唇，外侧为外唇。外唇在幼贝时很薄，成长时逐渐加厚，有时具有齿；内唇的边缘常向外卷，形成褶襞。螺轴是整个贝壳旋转的中轴，位于贝壳的内部中央。螺轴的基部遗留下来的小窝为脐；扁玉螺和轮螺的脐很深，而有些种类的脐很浅或被内唇边缘掩盖；红螺等种类由于内唇外转而在基部形成假脐。有时壳口的前方有前沟，后方有后沟。前沟用于进水，后沟用于排出废物。壳口常有一个角质或石灰质的盖，称为厣，由足的后端分泌形成，具有保护内脏团的作用。厣分为表面具有螺旋形纹的旋形厣和厣纹为非螺旋形的非旋形厣两种类型。

① 有些腹足类的贝壳不具螺旋，而呈帽状，如冒贝科、笠贝科和菊花螺科。

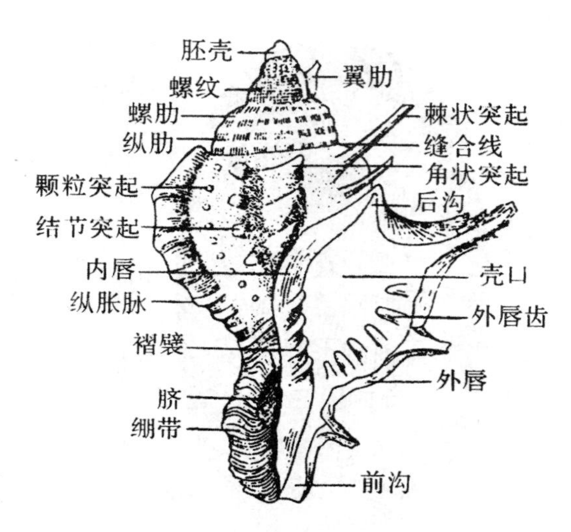

图 2-62　腹足纲贝类模式图

瓣鳃纲动物具有两个贝壳,通常左右对称①。几乎多数种类的壳顶一侧为壳的前方,而相反方向一侧为后方。壳外表面以壳顶为中心,呈同心环排列的为生长线,有时候生长线凸出而形成鳞片或棘刺。以壳顶为起点,向腹缘伸出的放射状排列的突起为肋或沟。有些种类的壳表还具有毛、刻纹和花纹等结构。壳顶前方常有一个小凹陷,称为小月面,后方则具有楯面。贝壳的背缘较厚,其内方常具有齿和齿槽,左右壳的齿和齿槽互相吻合,共同组成铰合部。铰合部齿的数目和排列方式变化较多,为瓣鳃纲分类的主要特征之一(图 2-63)。铰合部中央的齿称为主齿,其前、后方的分别称为前、后侧齿,这样的齿称为异齿型,如帘蛤科。其他的齿型还有列齿型,一排小齿,中间的较小,两侧的稍大,如蚶科;裂齿型,右壳顶有两个齿,其中间为一齿槽,左壳有一个强大的三角形齿,其前部和后部有两个长形齿,如三角蛤;以及带齿型、弱齿型和等齿型等。铰合部的背部边缘由角质的韧带相连,韧带具弹性,其作用与闭壳肌相反,可使两个贝壳张开。贝壳的内面通常具有闭壳肌痕、伸足肌痕、缩足肌痕、外套窦和外套线等痕迹(图 2-63)。这些痕迹是由于闭壳肌、缩足肌、伸足肌和外套膜边缘肌肉附着在贝壳内面而形成的。

① 也有不对称的,如不等蛤、牡蛎和扇贝等。

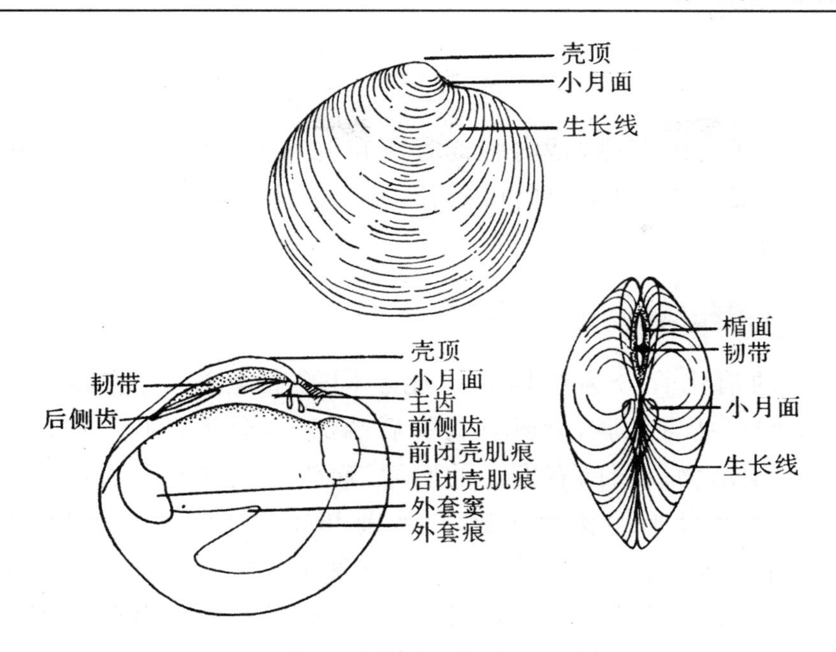

图 2-63　瓣鳃纲贝壳模式图

头足纲动物仅鹦鹉螺具有外壳(图 2-64),其贝壳在一个平面上作背腹旋转,内腔具有许多隔壁,隔壁顺着螺旋把内腔分为若干小室。壳口处的最后一室为最大,是容纳身体的地方,称为住室。其他各室充满空气,称为气室,具有增大浮力的作用。

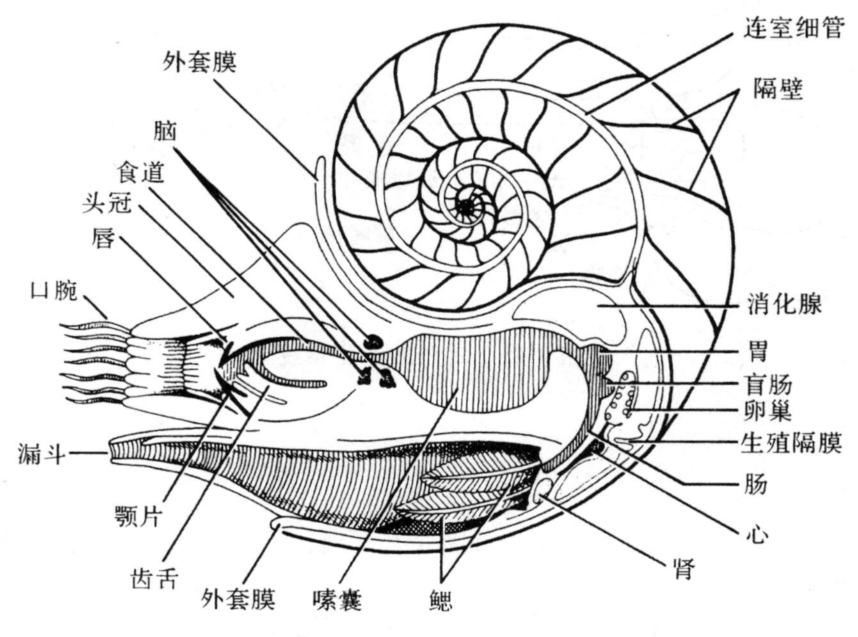

图 2-64　鹦鹉螺解剖图

5. 内脏团

内脏团常位于足的背侧，是内脏器官所在的部分。除腹足纲外，内脏团均为左右对称。在头足纲中，内脏团向后延长，称为躯干；躯干两侧或后端具鳍，鳍为皮肤的扁平突起。

（二）消化系统和食性

软体动物的消化管分为结构和机能不同的三个部分：前肠①、中肠和后肠（图2-65）。中肠包括胃和肠，后肠是肠的后端部分，分为直肠和肛门。中肠由内胚层形成，瓣鳃纲动物口周围有发达的唇瓣，而头足纲动物具有围口膜。除瓣鳃纲外，口腔为一个呈球形的膨大部分，口腔前部的内壁常具有颚片，用来切碎食物。笠贝和琥珀螺等植食性腹足类仅有一个颚片，位于口腔的背面；而几乎数种类的颚片为两个，在腹足类中呈左右排列，而在头足类中呈背腹排列。一些肉食性腹足类口腔内有吻，吻可翻出口外用于捕食。除了新月贝、瓣鳃纲和个别腹足类外，其余软体动物口腔内都有齿舌器（图2-66）。齿舌器包括齿舌囊、齿舌软骨和齿舌②三部分。齿舌上具有许多几丁质小齿，小齿组成横列，许多横列组成齿舌。小齿的形状、数目和排列方式是鉴定软体动物种类的重要特征之一。

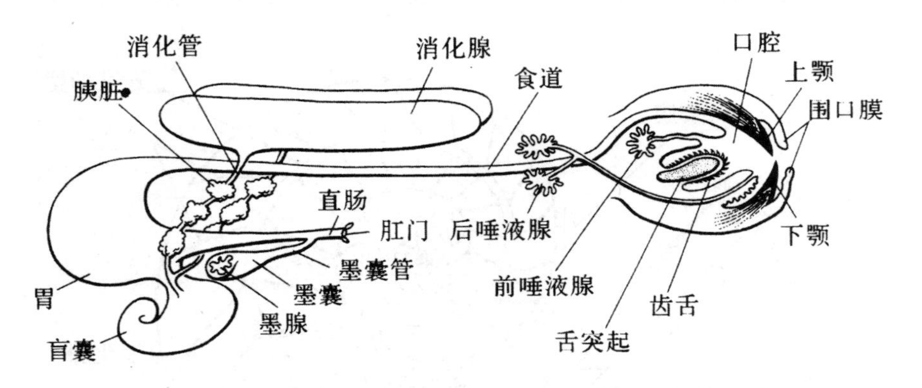

图2-65　乌贼的消化系统

① 前肠包括口、口腔和食道等，口位于身体的前端，内连口腔，口腔、食道和肛门则是由外胚层凹陷形成。

② 齿舌位于口腔底部齿舌软骨突起的表面，由横列的角质齿组成，状似锉刀。动物摄食时，齿舌前后运动，刮取水底表面的藻类、小动物和有机碎屑等食物。

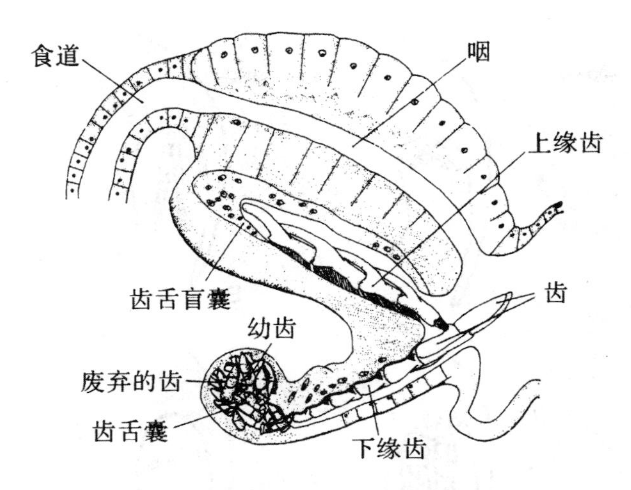

图 2-66　后鳃亚纲囊舌目的齿舌器

软体动物的食性可分为两种，多数为植食性的，少数为肉食性的。其原始摄食方式为：利用强健的齿舌刮取海藻、高等植物或猎取其他动物。多数多板纲和腹足纲动物为植食性：海洋生活的植食性种类多栖息在近岸浅水的岩石和海藻丛中以藻类为食，陆生腹足纲动物的主要食物是显花植物，以及地衣、苔藓植物和真菌。玉螺科和骨螺科等少数腹足纲动物是肉食性种类。这些肉食性种类由于其感觉器官比较发达，能迅速发现食物，唾液腺发达而能分泌蛋白分解酶，主要以瓣鳃纲动物、其他腹足纲动物、甲壳动物和动物尸体为食。如荔枝螺喜食藤壶，骨螺喜食蟹类，蓑海牛常吞食水螅，冠螺喜食海胆和海胆的棘。头足纲动物具有强有力的运动器官，能主动、快速捕食其他动物，是真正的捕食动物，其食物以甲壳动物为主，也捕食鱼类、软体动物、棘皮动物和水母等。

（三）呼吸系统

水生软体动物用鳃呼吸，其结构因种类不同而异；鳃的数目和位置也随种类不同而变化。鳃通常由外套膜内面的皮肤伸展而形成，称为本鳃。最原始的是栉鳃，仅在鳃轴的一侧生有鳃丝，呈梳状，几乎位于外套腔内，如多板纲、腹足纲和部分瓣鳃纲种类。若在鳃轴两侧生有并列的小瓣鳃叶，使鳃呈羽状，称为羽状栉鳃或楯鳃。瓣鳃纲中有些种类的鳃两侧的小鳃叶延长呈丝状，称为丝鳃；有些鳃呈瓣状，称为瓣鳃；也有些鳃的两侧鳃瓣互相愈合而且大大退化，仅在外套膜与背部隆起之间架起一个肌肉质的有孔的隔膜，称为隔鳃（图 2-67）。在鳃轴的背腹面有入鳃血管和出鳃血管，来自肾脏静脉的血液进入入鳃血管，通过鳃丝进行气体交换，经氧化后便由出鳃血管流回心脏（图 2-68）。

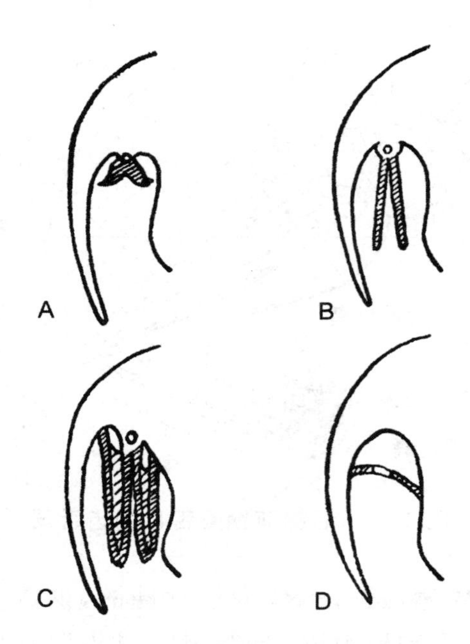

图 2-67　瓣鳃纲各种鳃的形态

A. 栉鳃　B. 丝鳃　C. 瓣鳃　D. 隔鳃

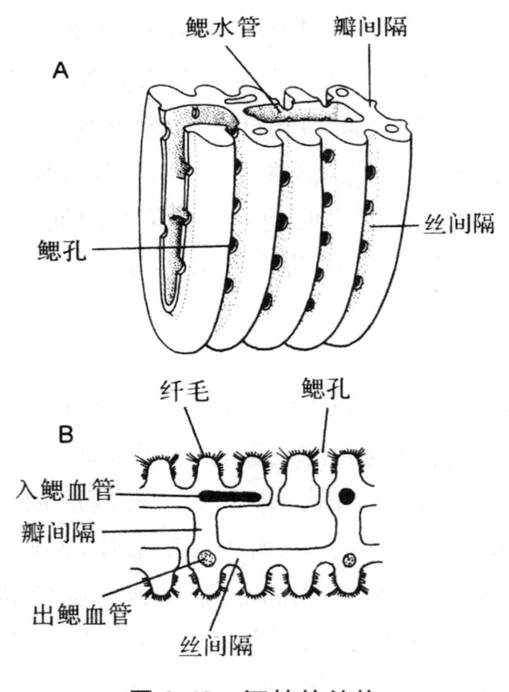

图 2-68　河蚌的结构

A. 侧面观　B. 横切面观

(四)循环系统

软体动物几乎多数种类的循环系统为开管式循环系统，由心脏、血管、血窦和血液组成。血液由心脏流出，经大动脉及其分支后，进入血窦，经过肾脏、呼吸器官，再由静脉回到心脏(图 2-69)。在蛸亚纲中，血液循环接近于闭管式循环系统，动脉与静脉由微血管相连，仅有少量血窦，如围口球血窦等(图 2-70)。

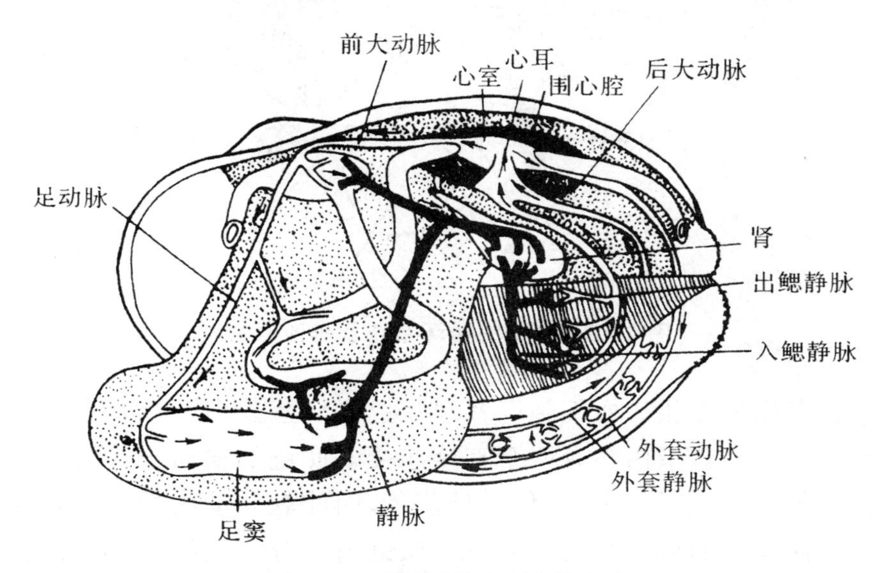

图 2-69　河蚌循环系统模式图

心脏位于身体背侧的围心腔中，心室一个，壁厚，能搏动；心耳位于心室的一侧(单个)或两侧(成对)，其数目常与鳃的数目一致；心室与心耳之间有瓣膜防止血液倒流。瓣鳃纲的心脏多数包围直肠，而牡蛎和船蛆等少数种类的心脏位于直肠的腹侧。

由心室向前发出一条前大动脉；多数腹足纲和瓣鳃纲还向后发出一条后大动脉；蛸亚纲还发出一条生殖腺大动脉。这些大动脉再分支伸入各种器官和组织间隙，即血窦。血液经血窦汇集后，先流经肾脏，再经过静脉而流入入鳃血管中，在鳃中进行气体交换，血液由出鳃血管流出，经过两条大的静脉回到心耳(图 2-69)。蛸亚纲的静脉系统中具有一对鳃心。鳃心位于鳃的基部，是入鳃血管基部的膨大部分，富有肌肉而能收缩，可将血液压入鳃中(图 2-70)。

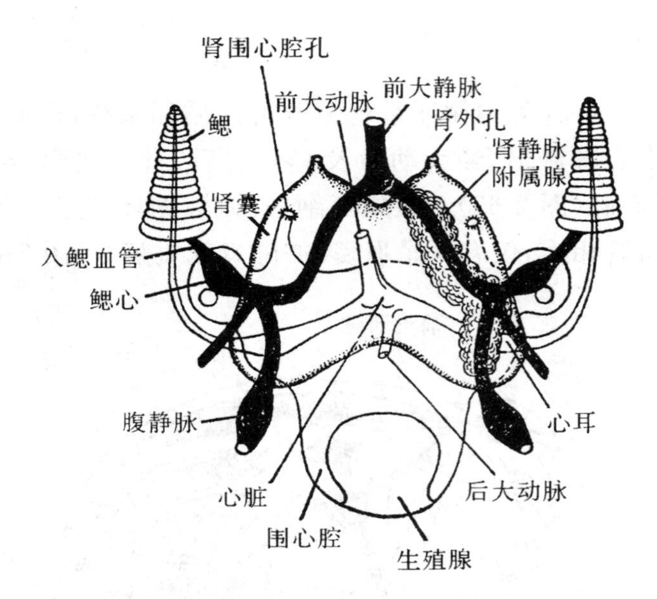

图 2-70　乌贼的循环系统及排泄器官

血液中含有变形虫状的血细胞以及呼吸色素血蓝蛋白，蚶和扁蜷螺等少数种类含有血红蛋白。血蓝蛋白含有两个直接连接多肽链的铜离子，而血红蛋白含有铁离子。血蓝蛋白还原时无色，氧化时呈蓝色，因此软体动物的血通常无色，或略呈淡蓝色。软体动物的血蓝蛋白的一条多肽链与 6 分子氧结合，氧气携带能力远不如血红蛋白。通常软体动物 100 毫升血液中氧含量只有 1～7 毫克，通常不超过 3 毫克。

（五）排泄系统

软体动物的排泄器官主要为肾脏，其起源与环节动物相同，属于后肾管类型；只有少数种类的幼虫排泄器官属于原肾管。肾脏为一膨大的管道，由腺质部和膀胱组成；腺质部富有血管，壁厚，内多突起，具纤毛的漏斗形肾口，开口于围心腔；膀胱为薄壁的管子，内部平滑，具纤毛，肾孔开口于外套腔或鳃上腔①（图 2-71）。软体动物的肾管能从排泄物中重新吸收葡萄糖等物质，陆生腹足类动物的肾脏还能重新吸收大量水分。

---

① 排泄废物从围心腔通过肾口进入腺体部，或由腺体部从血液中吸收，经膀胱由肾孔排出体外。肾脏的数目常与鳃及心耳的数目一致；但无板纲没有肾脏，而新碟贝多达 6 对。瓣鳃纲的排泄物为尿素，陆生腹足纲为尿酸。

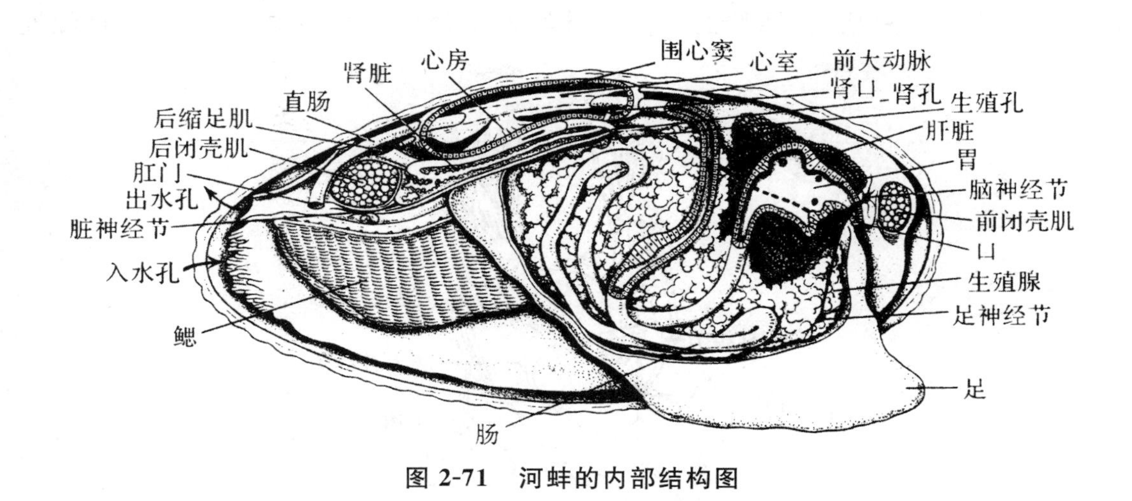

图 2-71 河蚌的内部结构图

除肾脏外，瓣鳃纲动物还具有一对围心腔腺。围心腔腺位于围心腔前端两侧内壁，密布血管，能从血液中吸收排泄物，并渗透到围心腔中，再通过肾脏排出。

（六）神经系统和感觉器官

原始软体动物的神经系统比较简单，没有分化成显著的神经节。无板纲动物的神经系统由一个简单的脑神经节和两条侧神经索组成。单板纲的神经系统类似于多板纲。多板纲动物的神经系统由环绕食道的环状神经中枢和由此向后派生的两对神经索构成，左右两侧的为侧神经索，腹侧的两条为足神经索，各神经索之间有横神经相连，形成类似的梯形神经系统（图 2-72）。

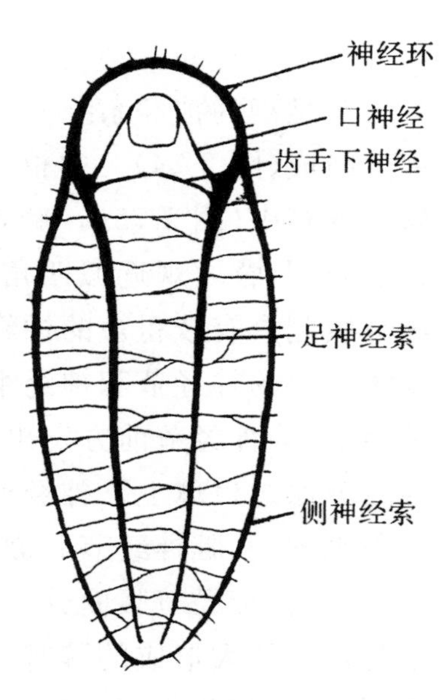

图 2-72 石鳖的神经系统

较高等软体动物的神经系统通常由四对神经节及其联络的神经构成（图 2-73）。脑神经节（cerebral ganglion）位于食道的背侧，发出神经至头部及身体前部，可感觉；足神经节位于足的前部，分出神经至足部，司运动和感觉；侧神经节通常位于身体的前方，发出神经至外套膜和鳃；脏神经节位于身体后部，发出神经至消化器官及其他内脏器官。在瓣鳃纲中，脑神经节和侧神经节愈合合成脑神经节（图 2-73）。腹足纲还具有胃肠神经节或称口球神经节，控制前肠和齿舌。各对神经节之间有横神经相连，不同神经节之间有神经连索相连；原始的种类中神经连索较长，而较进化的种类中神经连索较短。

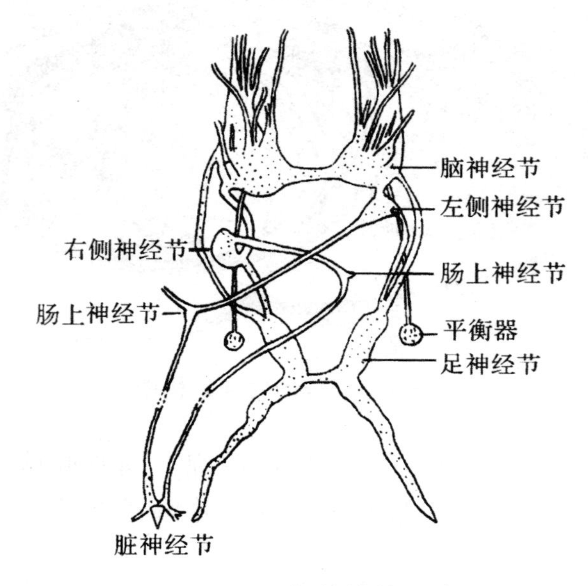

图 2-73 田螺的神经系统

头足纲的神经系统发达，由中枢神经系统、周围神经系统和交感神经系统三部分组成(图 2-74)。中枢神经系统由脑神经节、脏神经节和足神经节组成，位于软骨脑箱中(图 2-75)。脑神经节位于食道背侧，白色，呈圆球状。脏神经节位于食道腹侧，背面观近似四角形。足神经节位于食道腹侧，脏神经节的前方。脑神经节腹侧具有较粗短的神经连索与脏、足神经节相连。周围神经系统由中枢神经系统发出的神经节和神经组成，包括由脑神经节两侧发出的视神经和其末端的视神经节、脑神经节前方发出的脑口神经连索及其口球上神经节(图 2-74)。口球上神经节通过口球上下神经连索与口球下神经节相连；由脏神经节后面中央发出的两条脏神经、脏神经节后侧方发出的两条外套膜神经及其末端膨大形成的星芒状神经节、脏神经节腹面分出的一条漏斗神经；由足神经节发出的十条长神经及其在腕基部膨大形成的腕神经节。交感神经由位于口球后腹面的口球下神经节发出，颚神经和两条交感神经沿食道两侧到达胃前端腹面后，膨大形成卵圆形的胃神经节，再由此发出胃盲囊神经、胃神经和肠神经(图 2-75)。

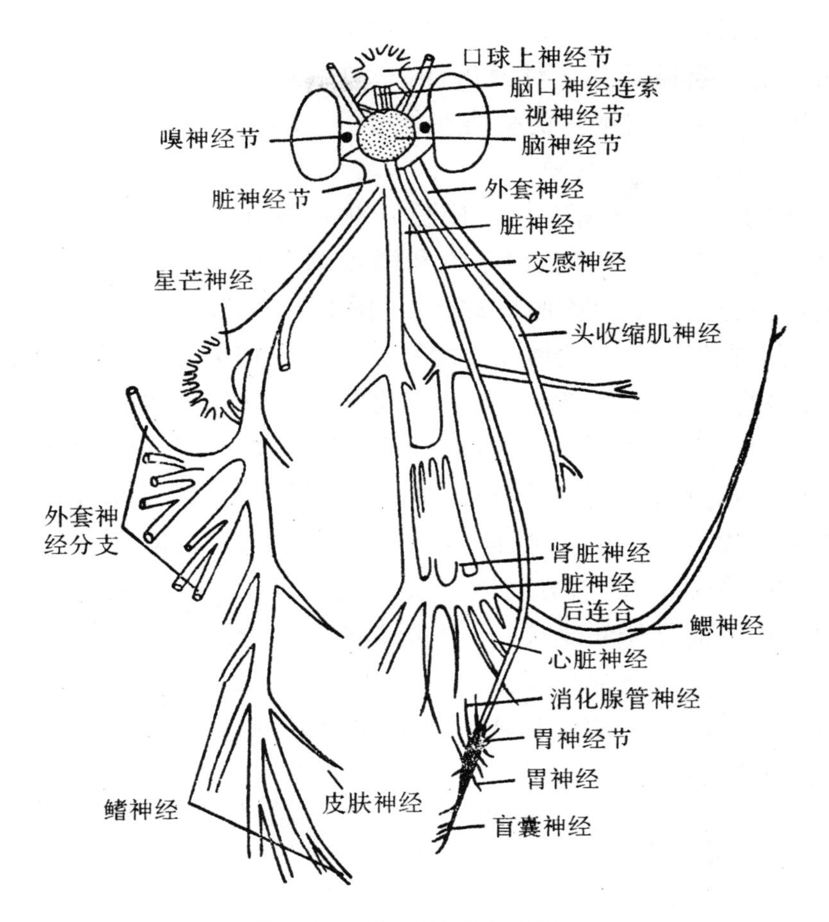

图 2-74　乌贼的神经系统

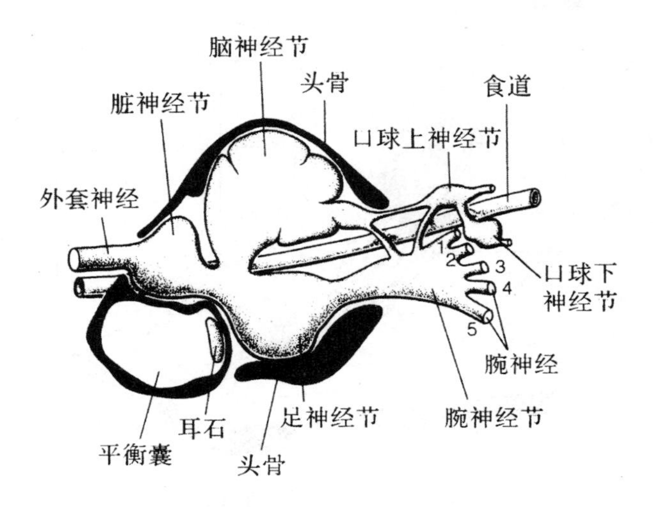

图 2-75　枪乌贼的中枢神经系统，右侧面观

触角生于头部，又称为头触角。前鳃亚纲具有 1 对触角，专司触觉作用；后鳃亚纲和肺螺亚纲柄眼目具有 2 对触角，前一对触角司触觉作用，后一对触角司嗅觉或味觉作用。许多没有触角的种类在外套膜边缘具有外套触手，尤其是入水孔附近，如瓣鳃纲和部分腹足纲种类。

眼 1 对，位于头部。前鳃亚纲的眼位于触角基部头的两侧，肺螺亚纲柄眼目的眼位于触角的顶端。多板纲、掘足纲和瓣鳃纲等头部不发达的种类没有头眼，其中多板纲在贝壳上生有贝壳眼或称微眼（图 2-76），瓣鳃纲的很多种类（如扇贝）在外套膜边缘生有外套眼。软体动物的眼由外胚层内陷形成，凹陷的后壁构成视网膜。眼的结构由简单到复杂，随种类变化较大。冒贝的眼很简单，仅为一个由带有色素的感觉细胞组成的凹陷，凹陷的开口较大（图 2-77A）。骨螺的眼稍复杂，视网膜凹陷的小孔封闭，具有晶体和较厚的角膜（图 2-77B）。头足纲的眼发达，结构类似于脊椎动物（图 2-78）。眼的最外层是透明的假角膜，假角膜周围是眼帘。中层是巩膜，巩膜在晶体的前方周围延长形成虹膜，并围成瞳孔。瞳孔后方为一个圆球形白色透明的晶体和睫状肌。内层是视网膜，由外向内分别是色素层和视网膜细胞层。一个大的视神经节直接位于视网膜层之下，通过视神经与脑神经节相连。在巩膜层具有由头软骨延伸形成的软骨囊，用来保护眼睛，同时还着生有肌肉，牵引眼睛的活动。

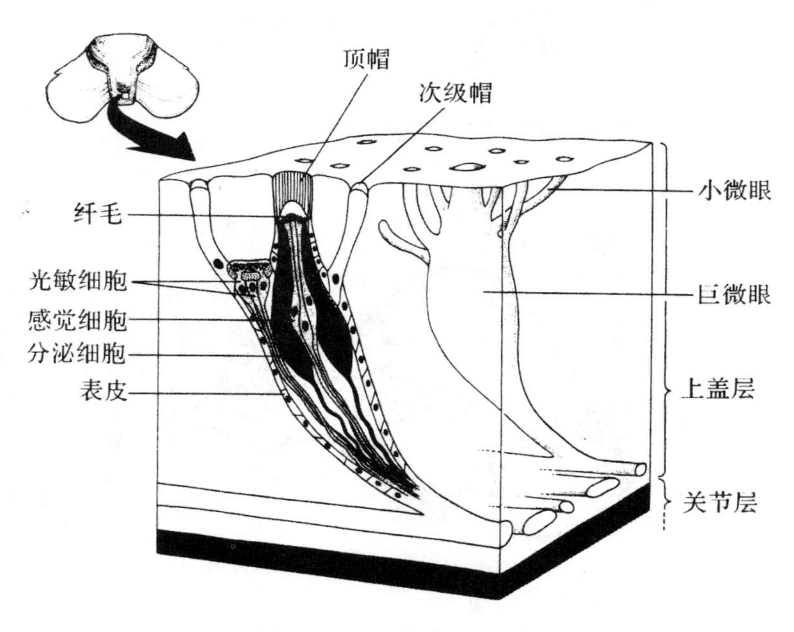

图 2-76　石鳖的贝壳眼

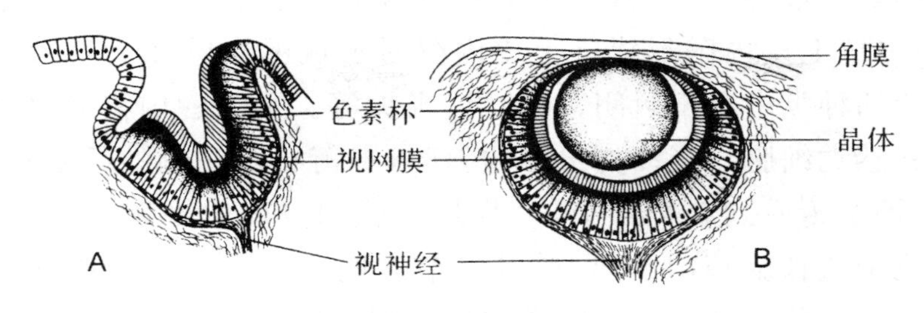

图 2-77　前鳃亚纲的眼

A. 冒贝　B. 骨螺

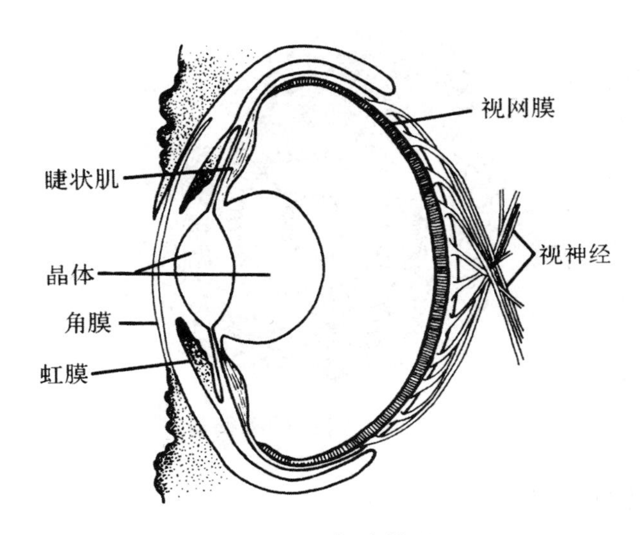

图 2-78　乌贼的眼

嗅检器是一种外套腔或呼吸腔内的化学感受器。嗅检器 1 个或 1 对，由上皮细胞特化而成，通常有突起和纤毛，位于呼吸器官附近，用来检测呼吸水流的质量，也用来寻找食物。钥孔螺的嗅检器比较简单，没有分化成明显的器官，仅由位于鳃柱两侧鳃神经通路上的一些神经上皮细胞组成。圆田螺的嗅检器位于鳃近端部左侧，呈弯曲线状，色黄，为皮肤突起。瓣鳃纲由脏神经节外表面的上皮细胞特化形成的感觉细胞具有嗅检器的功能，如文蛤的嗅检器为由黄色上皮细胞组成的块状结构。头足纲在眼的腹侧附近具有一个嗅觉器官。这种嗅觉器官在鹦鹉螺中由一个突起上的凹洞构成。而蛸亚纲的几乎数种类中仅为一个简单的洞穴，称为嗅觉窝。嗅觉窝的纤毛上皮细胞内分布着许多感觉细胞，通过嗅神经与脑神经节相连。

除多板纲等少数种类外，其余软体动物都有平衡囊(图 2-79)。平衡囊一对，位于足部，由体壁上皮内陷形成。上皮内陷时形成的小管在大部分动物中封闭，但在一些原始的种类中永不封闭，如贻贝、扇贝等。平衡囊内具有平衡石，囊壁具有纤毛细胞和感觉细胞。当动物身体倾斜时，平衡石与一侧的纤毛和感觉细胞碰撞，刺激通过神经传递到脑神经节，动物从而感知身体的平衡状态。枪乌贼的平衡囊为一对位于软骨脑箱内的足、脏神经节之间的囊状腔。囊腔内充满液体，具有一块耳石。囊内前端背面具有一个与平衡器神经相连的听斑，另有一些感觉细胞纤毛组成的听脊，为感觉作用部分。

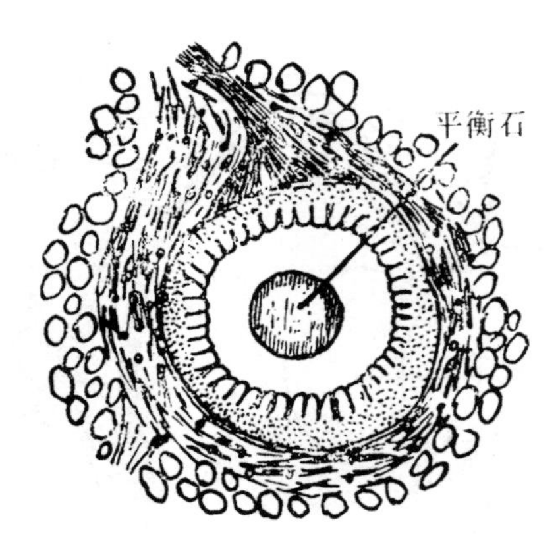

图 2-79　河蚌的平衡囊

(七)生殖系统

软体动物几乎数为雌雄异体；部分种类为雌雄同体，如后鳃亚纲、肺螺亚纲和瓣鳃纲中一些种类。雌雄异体种类的雌、雄个体间在外形上通常没有显著的区别，但有些头足纲和腹足纲种类具有特殊的交接器官，而且雌体通常比雄体大。生殖系统由生殖腺、生殖管道、交接器和附属的腺体组成。生殖腺由体腔膜上皮形成，生殖管道开口于外套腔。

田螺雌雄异体，雄性的右触角具有交接器的作用，比雌性的粗大。雄性生殖系统由精巢、输精管、前列腺和阴茎等器官组成(图 2-80A)。精巢位于外套腔右侧，新月形、黄棕色、较大。阴茎伸入右触角中，雄性生殖孔开口于其顶端。雌性生殖系统有卵巢、输卵管和子宫组成(图 2-80B)。卵巢一个，黄色，细带状，与直肠上部平行。子宫膨大呈大型薄壁囊状，位于右侧，内含处于不同发育阶段的胚胎或子螺。子宫末端变细呈管状，末端开口于外套腔肛门附近。

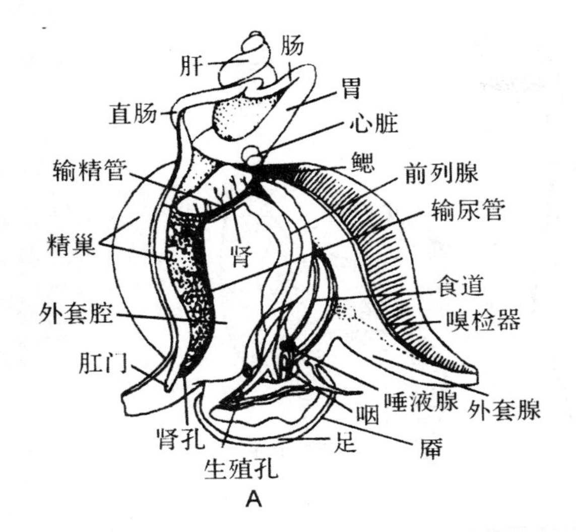

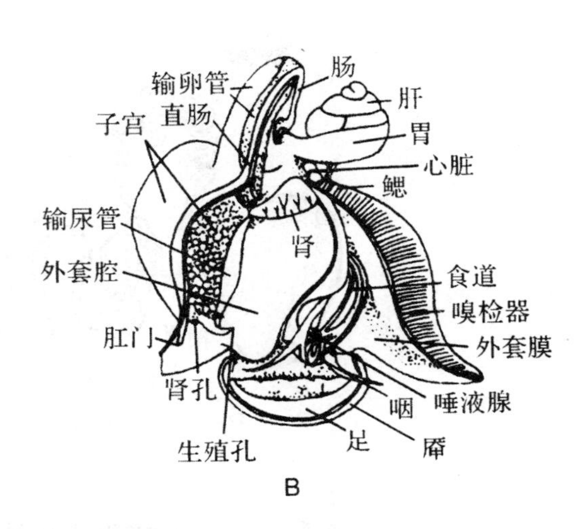

图 2-80 田螺的内部结构解剖

A. 雄性 B. 雌性

河蚌雌雄异体，卵巢或精巢一对，精巢乳白色，卵巢淡黄色，多分支呈葡萄状，位于足部背侧肠道的周围。输精管或输卵管短，生殖孔开口于肾孔下方的内鳃瓣鳃上腔中。

乌贼雌雄异体，雄性左侧第四腕特化为生殖腕或称茎化腕。雄性生殖系统包括精巢、输精管、阴茎等(图 2-81)。精巢一个，由许多精巢小管组成，外包以精巢囊。精子成熟后，由小管落入精巢囊中。输精管长，曲折一团，管上有贮精囊和摄护腺，该腺体的分泌物具有营养精子的作用，端部膨大成精荚囊。精子到达精荚囊后，包被一层弹性鞘而形成精荚(图 2-81)，暂时储存在精荚囊内。输精管末端为阴茎，雄性生殖孔开口于外套腔左侧。雌性生殖系统包括卵巢、输卵管及其附属腺体。卵巢一个，由体腔上皮发育形成，位于内脏团后端，外包以卵巢囊。卵成熟后落于囊腔内，进入卵巢左侧的输卵管。输卵管末端细，雌性生殖孔开口于鳃基部前方外套腔左侧。雌性生殖系统附属腺有：输卵管腺、缠卵腺和副缠卵腺。输卵管腺位于输卵管末端，分泌物形成卵的外膜。缠卵腺位于内脏团中部直肠两侧，开口于外套腔，分泌物也形成卵的外壳，同时还可将卵黏成卵群，附于外物上。副缠卵腺一对，较小，位于缠卵腺的前方，功能不明。

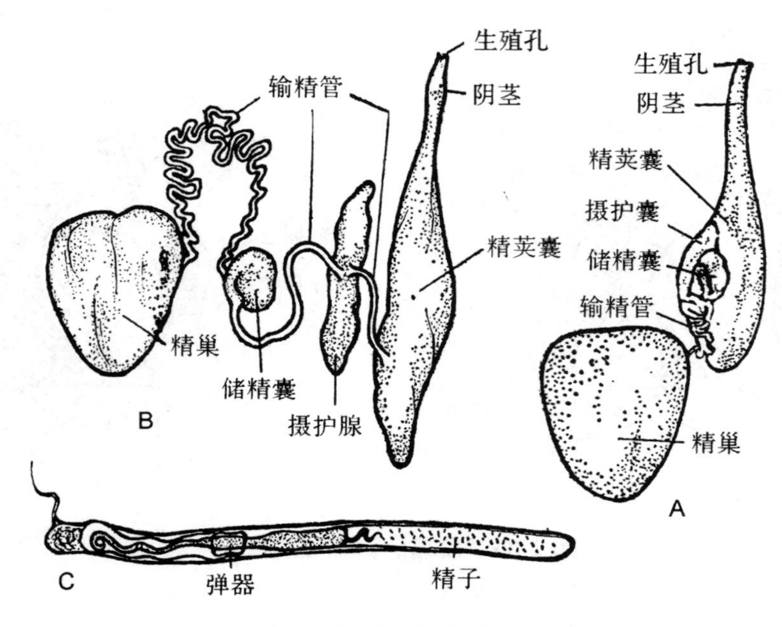

图 2-81　乌贼的雄性生殖系统

A. 自然状态　B. 分离状态　C. 精荚

雌雄同体的种类或者既有卵巢，又有精巢；或者有两性腺。雌雄两种生殖细胞同时成熟或交替成熟。褐云玛瑙螺，又称非洲蜗牛，我国南方较多，具有两性腺，能产精子和卵子两种生殖细胞（图 2-82）。两性腺连接一条精子和卵子共同通过的两性管。两性管在蛋白腺基部附近稍膨大成为受精囊，受精囊末端分成两条先部分分隔、然后完全分隔的管子。内侧一条称为输精管，外侧一条称为输卵管。输卵管末端与连接纳精囊的纳精囊管会合，而后形成阴道。阴道短，末端膨大呈半球状。输精管末端插入阴茎鞘的基部，阴茎自鞘的基部一直伸展到生殖腔附近，与输卵管共同开口于生殖孔。

许多软体动物具有性转变现象。性转变就是指雄性个体向雌性个体转换，也有雌性个体向雄性个体转变的现象。据统计，软体动物雌性个体比雄性个体多3%～12%，并认为是雄性个体寿命短和性转变引起的。腹足纲的帆螺和履螺在幼体时是雄性，具有雄性交接器，个体发育充分时雄性交接器逐渐退化而变为雌性。瓣鳃纲的船蛆幼小个体为雄性，第一次性成熟时也为雄性，以后如果环境合适就转变为雌性。牡蛎、贻贝和帘蛤科的一些种类具有较普遍的性转变现象。虽然这些种类名为雌雄异体或雌雄同体，但其性别区分并不严格，性别经常发生转换，有时一年发生两次性转变。这种性转换现象的产生与种类的特性、水温变化、代谢物的性质、营养条件的好坏有关。如果水温低、营养条件差、糖原代谢旺盛，则雄性占优势;若水温高、营养条件优越、蛋白质代谢旺盛,则雌性占优势。

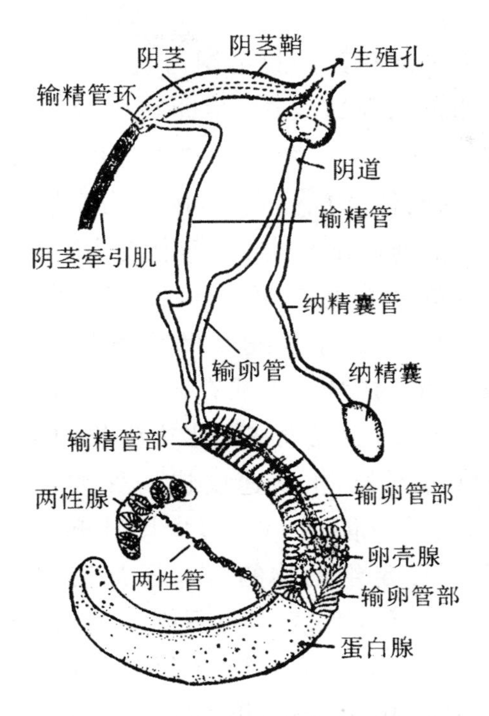

图 2-82 褐云玛瑙螺的生殖系统

(八)繁殖习性和发育

软体动物雌雄异体或雌雄同体,但都是异体受精。每年繁殖一次、二次或多次,其产卵时间常受温度和外界环境条件影响。软体动物的繁殖方式可以分为三种:一种是卵子、精子直接排到海水中,在海水中受精发育,如泥蚶、扇贝;另一种是经过交尾,卵子在体内受精后再产出体外,在体外发育,如乌贼;还有一种是卵子在母体的子宫中受精发育,幼体成长后再排出体外,即卵胎生,如圆田螺。软体动物的产卵数量与它的卵在受精和孵化过程中受到的保护情况有很大的关系。如孵养型的食用牡蛎的卵在母体鳃腔中受精孵化,幼虫的成活率高,因此产卵数量少,每次产卵 10 万～150 万,卵子也较大;而孵育型的美洲牡蛎在 9 分钟内即可产卵几千万至 1 亿以上的卵,它的卵子和精子都直接排到海水中受精和发育,幼虫的成活率较低,因此产卵数较多。头足纲动物产卵数量通常比较少,乌贼和枪乌贼通常产卵 3 万～4 万粒,长蛸每次产卵 100 多粒,短蛸每次产卵 300～400 粒。有些软体动物具有护卵现象,如章鱼把卵产在空贝壳内后,其本身也藏在同一贝壳内,直至卵孵化,约需 2～3 个月时间。

软体动物受精卵的卵裂形式多数为完全不均等卵裂，其中许多呈螺旋形卵裂；而头足纲和部分腹足纲动物的卵裂方式为盘状卵裂（不完全卵裂）。以外包法或内陷法形成原肠。除头足纲和部分腹足纲为直接发育外，其余几乎数软体动物都为间接发育。乌贼产卵前需雌雄交配，精卵在外套腔内受精，受精卵含有大量卵黄，受精卵排出后黏在一起形成卵鞘，俗称“海葡萄”。受精卵经盘状卵裂，以外包法形成原肠胚，孵化出的幼体与成体相似，因此为直接发育。

软体动物一生中生长的速度随种类、营养状况、个体密度、生活环境和水温等因素的变化而变化。褶牡蛎的贝壳在第一年生长速度较快，壳长可达 7cm，体型大致固定，而以后的几年中贝壳的生长速度极其缓慢，第二年贝壳长度可达 9cm，第三年可达 10cm。又如三龄的贻贝，生活在岩石缝中的贝壳长度仅 2cm，生活在岩礁面上的个体长度可达 6cm，而浸没在海水中生长的个体长度可达 10cm。

软体动物的寿命通常都不长，生长速度快的种类寿命较短，反之则较高。通常瓣鳃纲动物的寿命较长，贻贝能活 10 年，食用牡蛎能活 12 年，珍珠蚌能活 80 年，而砗磲能活 100 多年。腹足纲动物的寿命通常较短，前鳃亚纲动物通常为几年，如穴螺 1 年，马蹄螺 4～5 年，田螺 9 年；后鳃亚纲种类通常仅为 1 年或更短；肺螺亚纲动物的寿命也不长，如扁卷螺活 2～3 年，而有些蜗牛可活 10～15 年。头足纲动物的寿命也较短，通常仅为 1～3 年。

（九）软体动物不对称的起源

腹足纲动物的头部和足具有明显的两侧对称，而贝壳和内脏团呈不对称的螺旋形。这种体制并非是原有的，而是在发生过程中经过一定的演变而形成的。古动物学家发现寒武纪早期地层中的某些腹足纲动物的贝壳是两侧对称的。同时现存腹足纲的担轮幼虫也是对称的，而到了面盘幼虫后，身体突然出现扭转，随后是一个不对称的生长过程，最后成体变成了不对称的体制。因此，腹足纲动物的祖先的体制是两侧对称的，其内脏团位于身体的背部，外面有一个简单的贝壳，而以后几乎数种类的不对称是在进化过程中形成的。推测腹足类动物的祖先在演化过程中内脏团逐渐发达，不断向背部隆起，因而贝壳也随之增高增大，形成一个长圆锥体。这种体形不利于动物在水中的平衡及运动，于是逐渐地出现了由内脏团的顶端开始沿一中心轴由上向下螺旋盘旋的贝壳，壳轴倾斜于身体长轴，使增大的内脏团的重心移到了近前端以有利于运动。贝壳螺旋与倾斜的结果使外套腔出口被压在了壳下，肛门及肾孔等压在足和贝壳之间，影响水的循环。于是腹足类的外套膜及内脏团部分在进化中又出现了扭转现象，也就是内脏团向背部扭转 180°。这种扭转的结果使内脏的器官左右交换位置。肛门和外套腔的开口移到体前方，心耳、鳃、肾脏等器官左右易位，这样水流、鳃、肛门、排泄孔及生殖孔都通畅了（图 2-83）。这种扭转使左右两侧的脏神经节交换位置，使左右两侧脏神经节连索彼此交叉为"8"字形（图 2-84），同时位于心耳后面的鳃转到心耳的前方。螺旋及扭转的结果使一侧的器官发育受到阻碍，内脏团由对称变成了不对称。如果顺时针方向扭转，称为右旋，其壳口位于右侧，则左侧的鳃、心耳、肾得到发展，右侧的鳃、心耳及肾退化消失。如果逆时针方向扭转，称为左旋，其左侧的鳃、心耳及肾消失。腹足类扭转过程是从寒武纪到奥陶纪内完成的。现有证据表明螺旋与扭转是两个过程，螺旋发生在扭转之前。

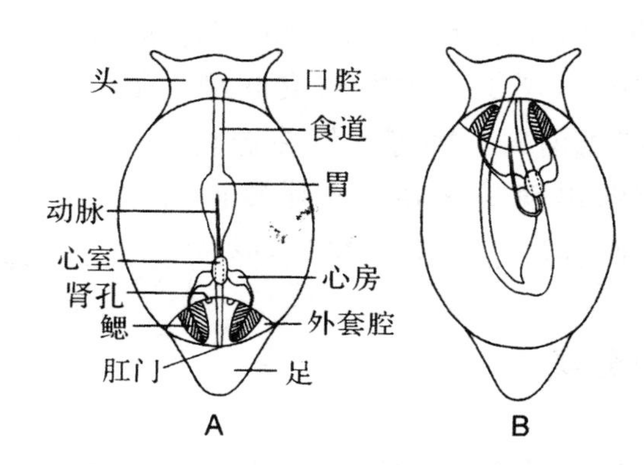

图 2-83　腹足纲祖先扭转示意图

A. 扭转前　B. 扭转后

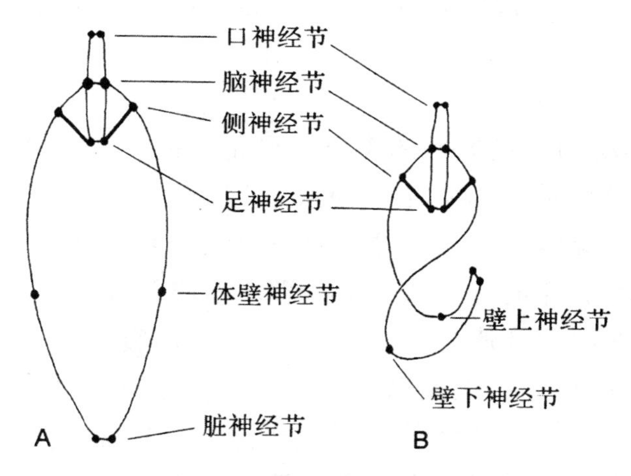

图 2-84　腹足纲神经系统的扭转

A. 扭转前　B. 扭转后

关于扭转对腹足纲动物有怎样的实际意义有各种看法。有人认为扭转使外套腔移到身体前端,为头和足的缩入提供了空间,对动物起到了很好的保护作用。其次,鳃、嗅检器也随外套腔移到前端,可更好地获得氧气,更快地监测环境水质的变化。但肾孔及肛门移到头顶上方易于造成自身污染,所以动物出现相应的适应。中腹足目等贝壳螺旋卷曲的种类,外套缘前端部分特化形成了出、入水管,使水更好地进入外套腔。

后鳃亚纲动物在进化中经过了扭转之后,又发生了反扭转。反扭转的结果是身体表现为两侧对称,侧脏神经索不再成"8"字形。在反扭转过程中现有的鳃、贝壳和外套膜也常常消失,而原来扭转过程中消失的鳃、心耳、肾等一侧器官不再因反扭转而恢复,只是后来出现了次生性的皮肤鳃。如裸鳃目身体为两侧对称,呈蠕虫状,外套腔、壳和本鳃消失。肺螺亚纲在进化中经过了扭转而没经过反扭转,本鳃消失,而由外套腔壁出现皱褶并富有血管而形成肺囊,但侧脏神经节都移到前端食道周围,所以侧脏神经索也不成"8"字形。

三、软体动物的分类

软体动物种类繁多,估计有 11 万多种,现存种类 5 万余种,是动物界的第二大门。根据软体动物的头部、足的位置、鳃、神经、贝壳以及发育特点分为 7 个纲。即:无板纲、单板纲、多板纲、腹足纲、瓣鳃纲、掘足纲和头足纲。

(一)无板纲

无板纲是软体动物中最原始的类群。已记录的种类有 320 多种。全部生活于海洋,主要穴居于水深 20m 以上的海底,以微生物、有机碎屑或腔肠动物为食物,分布遍及全球。身体为细长圆柱形,呈蠕虫状,长为 0.1~30cm,多数长度小于 5cm。无贝壳,但全身覆有外套膜,背部外套膜外生有具小刺或鳞片的钙质片。头部不明显,无触角和眼点。口位于身体前端腹面。常有齿舌,通常为 50 横排,每排具 24 个齿片。足无或退化。身体腹侧中央具有一条腹沟。有的种类沟内具有 1 至多个具纤毛的小嵴状足,用于爬行。有的种类身体后端具有一个囊状外套腔,内有肛门、生殖孔及两个栉鳃。消化系统简单,消化道成直管状。雌雄异体或同体,体外或体内受精,发育经过担轮幼虫时期。如新月贝(图 2-85A)、毛皮贝(图 2-85B)、龙女簪。

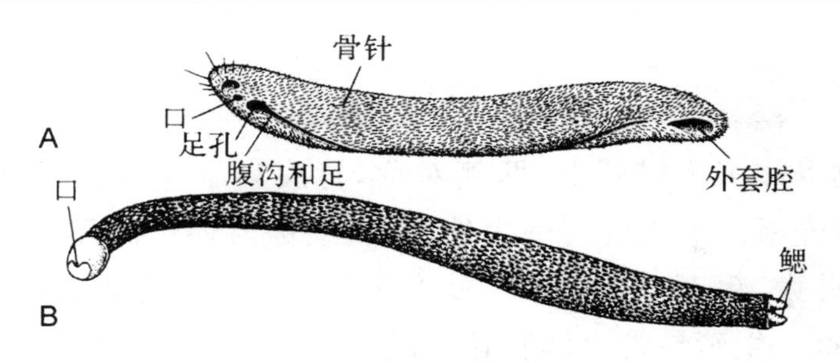

图 2-85　无板纲代表种类

A. 新月贝　B. 毛皮贝

(二)单板纲

绝几乎数为化石种类,主要发现在寒武纪及泥盆纪的地层中。1952 年,丹麦"海神号"调查船在哥斯达黎加西海岸外 3570m 深处的海底采集了 10 个活的新蝶贝标本,才确定了该纲的地位。目前已经发现了约 11 种单板纲动物,分布于太平洋、印度洋及大西洋等 2000～7000m 深的海底。新蝶贝体长 0.3～3.5cm,身体两侧对称,具有一个简单的扁圆形或矮圆锥形壳(图 2-86)。壳下是软体部和一个扁平宽大的足,外套膜与足之间有外套沟相隔。头部不明显。口位于足的前端,肛门位于身体后端外套沟内。口前方有一个口前褶,并向两侧延伸形成具纤毛的须状结构,称缘膜。口后具一对口后触手。器官具有明显的分节现象,足两侧外套沟中有 5～6 对栉鳃,8 对缩足肌,6 对肾脏。口腔内有齿舌。雌雄异体,具两对生殖腺及生殖导管。两对生殖导管与中部的第三和第四两对肾脏相连,卵子和精子经肾孔排到体外,行体外受精。

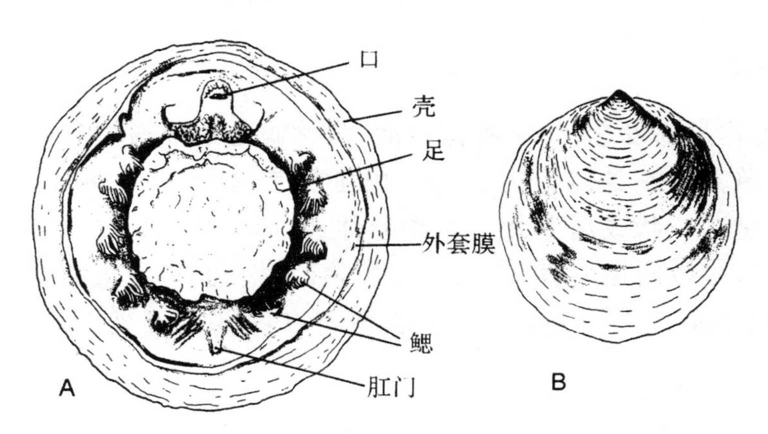

图 2-86　新蝶贝

A. 腹面观　B. 背面观

（三）多板纲

多板纲动物身体多为椭圆形，两侧对称，背腹扁平。身体背部具有八块覆瓦状排列的石灰质壳板。贝壳的周围为外套膜，或称为环带。环带上生有各种类型的鳞片、棘、刺、针束、粗毛等附属物。头部不明显，位于身体的前端腹面，呈圆柱状，无触角和眼点。生殖导管由体腔管形成，开口于外套沟肾孔的前端（图 2-87）。卵在外界或雌性外套沟中受精，受精卵在外界或雌性外套沟中发育孵化。卵单个产出或黏成束状，经螺旋卵裂、囊胚，以内陷法形成原肠胚，后生出二纤毛带，经担轮幼虫发育成成体。

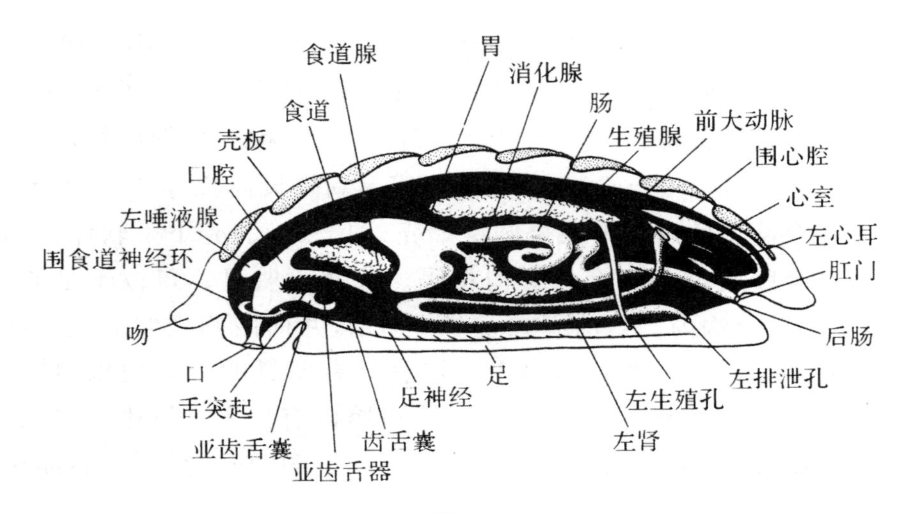

图 2-87　石鳖的侧面解剖图

（四）腹足纲

腹足纲动物足部发达，位于身体腹面，故称腹足纲。通常具有一个螺旋形的贝壳，又称为单壳类。身体分为头、足、内脏团三部分（图 2-88）。头部发达，位于身体前端，呈圆柱状或扁平状。雌雄异体或同体，螺旋卵裂，以外包法或内陷法形成原肠胚，多数间接发育，幼虫经过担轮幼虫和面盘幼虫两个时期。腹足纲是软体动物门中最大的一纲，已鉴定的种类有约 3.5 万现存种及约 1.5 万化石种。

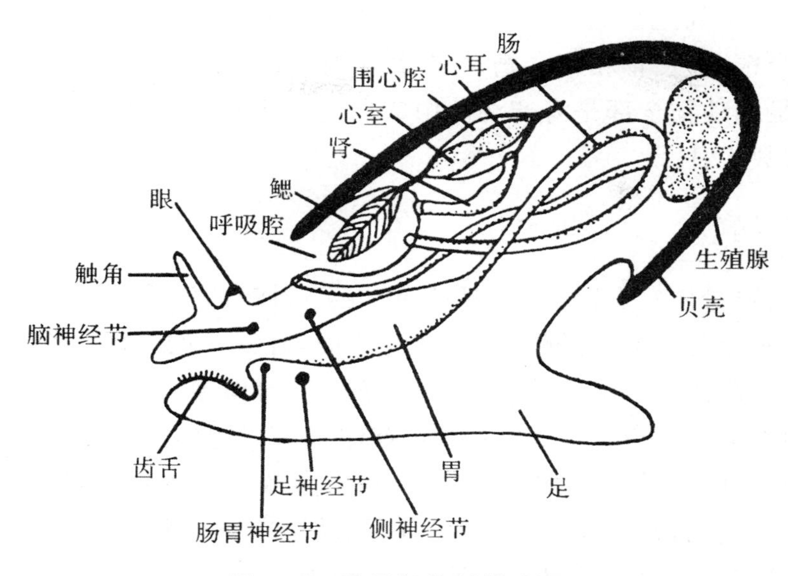

图 2-88 腹足纲体制模式图

（五）瓣鳃纲

瓣鳃纲动物身体左右扁平，两侧对称，具有两片合抱身体的外套膜和两枚贝壳，又名双壳类。身体由躯干、足和外套膜三部分组成。头部退化，只保留有口，又称无头类。软体两侧和外套膜之间均有外套腔，腔内有瓣状鳃。足发达，位于软体的腹部，可从两壳之间伸出，两侧扁平，呈斧状，又称斧足类。壳的背缘以韧带相连，两壳之间有 1～2 个闭壳肌。消化管无口球、齿舌、颚片和唾液腺。心脏由 1 心室和 2 心耳组成，心室常被直肠穿过。肾 1 对，两端开口于围心腔和外套腔内。神经系统由脑、脏和足 3 对神经节组成，感觉器官不发达。大多数种类为雌雄异体，间接发生；海产种类常具有担轮幼虫和面盘幼虫时期，淡水产的蚌类具有钩介幼虫。瓣鳃纲绝几乎数为海洋底栖动物，在水底的泥沙中营穴居生活，少数侵入咸水或淡水，没有陆生的种类。瓣鳃纲动物现存种类约有 15000 种左右，分为四个亚纲：原鳃亚纲、丝鳃亚纲、真瓣鳃亚纲和隔鳃亚纲。

（六）掘足纲

掘足纲动物具有一个长圆锥形而稍弯曲的管状贝壳，又称为管壳纲。贝壳两端开口，壳的直径由后向前逐渐加大，并向腹面弯曲，因此呈牛角状或象牙形。前端壳口较大，为头足孔，是水流流入的通道，头与足由此孔伸出壳外，并倾斜埋于泥沙中；后端的壳口较小，为肛门孔，通常露出沙外，是水流流出的通道。贝壳浅黄、浅灰，个别种呈绿色。壳面光滑或具纵肋、生长线。雌雄异体，生殖腺一个，位于身体后端，生殖细胞经过右侧肾管排到外套腔中，再由肛门孔单行排到体外。卵在海水中受精，其发育相似于海产的双壳纲动物，具自由生活的担轮幼虫与面盘幼虫。掘足纲动物全部是海产泥沙中穴居的一类小型软体动物，现有 350 种左右，我国约有数十种。

（七）头足纲

头足纲动物身体左右对称，包括头部、足部和胴部三部分。以有口的一端为前面，反口的一端为后面，无漏斗的一面为背面，有漏斗的一面为腹面。头部和胴部都很发达，头部两侧各有一个发达的眼睛。口的周围有口膜，口球内具颚片和齿舌，齿式通常为 3·1·3。原始种类具有外壳，高等种类具内壳或消失。心脏具 2 个心室和 4 个心耳，与羽状鳃的数目一致。多数种类在内脏的腹侧具有墨囊。雌雄异体，体内受精，盘状卵裂，直接发育，无幼虫期。全部海洋生活，为游泳或底栖的肉食性种类。现存种类仅 650 种左右，我国已报道 80 余种。

四、软体动物的演化

软体动物海产种类的个体发生经过螺旋卵裂、担轮幼虫，成体具有体腔和后肾管，这些特征与环节动物尤其是多毛类相似。故推测软体动物与环节动物是从身体不分节、无体腔的类似扁虫的共同祖先演化而来。在进化过程中，环节动物向适应活动生活方式演化，通过身体的延长而形成了体节、疣足和头部等适应穴居生活的结构；而软体动物则向适应于比较不活动的生活方式演化，形成了贝壳这一保护性的结构，而体腔、运动器官、神经系统和感觉器官趋于退化，并产生了特殊的器官：肌肉质的足和外套膜。

但自从生活的单板纲动物新蝶贝被发现以后，有人对软体动物与环节动物的进化关系提出了不同的看法。某些动物学家认为新蝶贝的内部结构表现出器官的直线性重复排列，例如有 8 对收缩肌、5 对鳃、6 对肾、2 对心耳，这种重复排列是原始的软体动物出现的分节现象，因而主张软体动物起源于环节动物。但多数动物学家认为新蝶贝的某些器官的重复排列不是软体动物的原始分节特征。首先新蝶贝只有一个无任何分节遗迹的壳，其次重复排列的器官彼此在数目上相差甚大，而其他各纲的鳃、心耳与肾在数目上都是一致的。因此，认为软体动物起源于环节动物的结论不能成立。

根据现存种类的比较形态学和胚胎学研究以及对化石种类的古生物学研究，推断假想的软体动物祖先模式结构为：生活在前寒武纪的浅海，身体呈卵圆形，两侧对称，头位于前端、具一对触角，触角基部有眼；身体腹面有适合于爬行的肌肉质足；身体背面覆盖有一盾形外凸的贝壳；贝壳下面是由体壁向腹面延伸形成的外套膜；外套膜下遮盖着内脏囊；外套腔中有许多成对的栉鳃，肛门开口在外套腔后端；心脏包括前端的一个心室及后端的一对心耳；排泄器官为 1 对后肾，一端开口于围心腔，一端开口于外套腔；雌雄异体，生殖系统包括一对生殖腺，没有生殖导管；个体发育仅经过担轮幼虫。虽然现代生活的软体动物中并没有完全符合假想原始软体动物的种类，但无板纲、多板纲和单板纲最为原始，次生体腔发达，近似梯形的神经系统，其中无板纲体呈蠕虫状、无壳，多板纲的壳板、肌肉、血管和神经均保留分节现象，而单板纲的神经、肌肉、血管的分节现象比多板纲更明显，因而认为这三纲最接近假想的原始软体动物，各自独立发展成一支。

头足纲是一类古老的类群，化石种类多。它们的生殖腔与围心腔相通，似无板纲；生殖导管来源于体腔导管，相似于多板纲；胚胎发育早期无肾，类似无板纲和多板纲。但是头足纲的身体结构复杂，有发达的头部和运动器官；神经系统高度集中，且为软骨包围，眼的结构复杂；近似闭管式循环系统；直接发育，无幼虫期。由此可见，头足纲既具有原始软体动物的特点，又具有高度进化的特点。因此推测头足纲是很早就分化出来的一支类群，和软体动物其他各纲一开始就沿着不同的方向演化，头足纲朝着自由游泳的习性发展；无板纲、单板纲和多板纲沿着匍匐爬行的方向发展。

瓣鳃纲、掘足纲和腹足纲共同起源于原始腹足类祖先。原始腹足类相似于多板纲，身体左右对称，心耳、鳃、肾等器官左右成对排列，口在前端，肛门位于身体末端，背侧有一腕形的贝壳，腹面具足，沿着较不活跃的生活方式演化。腹足纲较为原始，生活方式比较活跃，头部和感觉器官发达，其演化方向是：本鳃由楯状演化为栉状，或本鳃退化，然后出现次生性鳃，最后鳃被肺囊取代；心耳由 2 个演化为 1 个；神经由分散演化为侧脏神经节连索交叉成“8”字形。瓣鳃纲活动较少，无头，感觉器官不发达，但原始种类具楯鳃，足部具跖面，接近于腹足纲。瓣鳃纲的演化方向为：鳃由原始的栉鳃演化为丝鳃，再发展为鳃丝间由血管联系的真瓣鳃；铰合齿由齿形一致、排列成行演化到齿数少、齿形复杂；足由足底扁平演化到呈斧状。掘足纲头不明显，外套膜在胚胎时为 2 片，成体愈合成套筒状，肾成对，脑神经节与侧神经节分开，接近于原始的瓣鳃纲。但掘足纲无鳃、无心脏，贝壳筒形，显示与其他纲动物的亲缘关系较远，可能是比较早就分化出来的一支。

第八节　节肢动物门

一、节肢动物的主要特征

节肢动物是动物界中种类最多、数量最大、分布最广的一类动物，约有 90 万余种。常见的虾、蟹、蜘蛛、蜈蚣、蝗虫、蝴蝶等都属于节肢动物。节肢动物的活动能力非常强，海水、淡水、地面、土壤、空中以及动植物体内、外都可以见到它的踪迹。一些昆虫由于其生理功能的差异，组成了昆虫的社会生活，群体中的个体有严格的“劳动”分工。虽然节肢动物种类多，生活环境复杂，个体形态差异显著，但都具有一些共同的特征（图 2-89）。

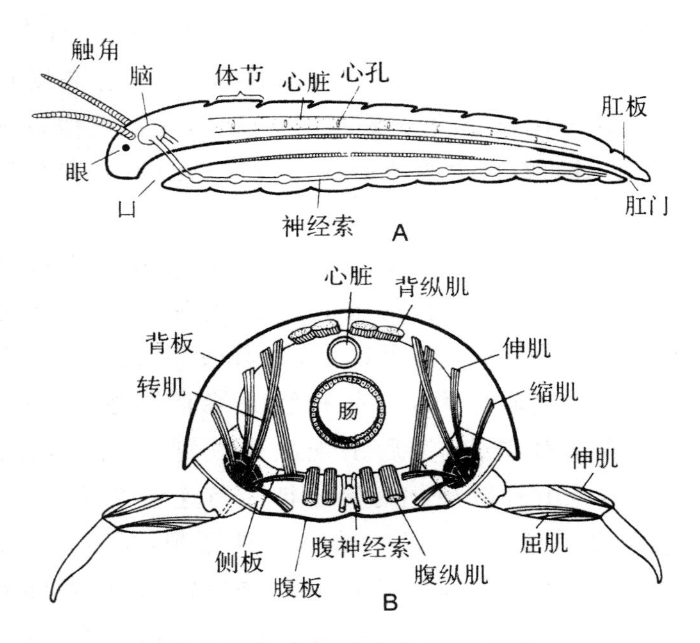

图 2-89　节肢动物体制模式图

A. 侧面观　B. 横切蕊观

身体异律分节，体节常愈合，通常分为头、胸、腹 3 部分，或头部与胸部愈合为头胸部，或胸部与腹部愈合为躯干部，每一体节上具一对分节的附肢；体外覆盖有几丁质—蛋白质组成的外骨骼，并需周期性蜕皮；肌肉为横纹肌，附着在外骨骼上；体壁与消化道之间为混合体腔，成体的真体腔仅残留为生殖腔和排泄腔；开管式循环系统，其复杂程度与呼吸器官的类型有关；水生种类的呼吸器官为鳃或书鳃，陆生种类为气管或书肺或两者兼有，小型节肢动物靠体表进行交换气体；排泄器官为绿腺、马氏管等，前者属后肾管型，后者为新发生，既非原肾管，也不是后肾管类型。神经系统仍为链状，但感觉器官发达，复眼由小眼组成，能感知外界物体的运动和形状，能适应光线强弱和辨别颜色。多数节肢动物雌雄异体。

二、节肢动物的生物学

（一）外部形态

节肢动物成功登陆以后，几乎占据了地球上所有的生境，适应能力之强，在动物界首屈一指。节肢动物为了增强运动、顺应多变的陆地环境，一方面发展原有的器官系统，另一方面又产生适应陆地生活的新结构。节肢动物身体左右对称，自前向后分为许多体节，而且具有分节的附肢，对增加运动能力和灵活性具有重要的作用。虽然环节动物的身体也分节，但绝几乎数为同律分节，而节肢动物却是异律分节，即体节发生进一步的分化，各个体节的形态结构发生明显差别，内脏器官也集中于一定体节中，身体不同部位的体节完成不同功能。身体最前一节称为顶节，相当于环节动物的口前叶；最末一节称为尾节，又称为肛节，肛门就位于其腹面或末端。这两节很小，且都没有附肢，不是由胚带分节形成，因此均不是真正的体节；两节之间的才是真正的体节，每一体节常有一对分节的附肢。

节肢动物的体节数较多，数目随种类不同而变化，如昆虫为20个体节，甲壳纲背甲目可超过40个体节，十足目为20个体节。具有相同形态结构和功能的体节常组合在一起，形成体部。通常节肢动物身体的体节分别组成头、胸和腹三部分，如昆虫（图2-90）。但有的头部和胸部愈合为头胸部，如虾、蟹、鲎和蜘蛛；又有的胸部与腹部愈合为躯干部，如蜈蚣。这样随着身体的分部，器官趋于集中，机能也有所分化，增加了动物的运动能力，从而提高了动物对环境的适应性，如头部趋于感觉和摄食，胸部趋于运动和支持，腹部趋于营养和生殖。

（二）附肢

节肢动物不仅身体分节，而且附肢也分节，因此称为节肢动物。节肢动物的附肢是成对的腹侧体壁外突，具有各种形态结构和功能，但其大致结构可以分为两种，即双肢型和单肢型。双肢型附肢比较原始，由着生于体壁的原肢和其上的内肢、外肢构成（图2-91A）。原肢通常由2～3节组成，分别为前基节、基节和底节，前基节常与体壁愈合而不明显，因而成为 2 节，原肢内、外两侧常具有突起，分别称为内叶和外叶；内肢由原肢顶端的内侧发出，通常具有 5 节，分别为座节、长节、腕节、掌节和指节；外肢由原肢顶端的外侧发出，通常节数较多（图 2-91B）。单肢型附肢由双肢型附肢演变而来，其外肢完全退化，只保留原肢和内肢（图 2-91C）。如甲壳动物的附肢为双肢型附肢，而多足纲和昆虫纲的附肢为单肢型附肢①。附肢各节之间以及附肢和身体之间都有可动的关节，从而加强了身体和附肢的灵活性，增加了动物的运动能力（图 2-91）。

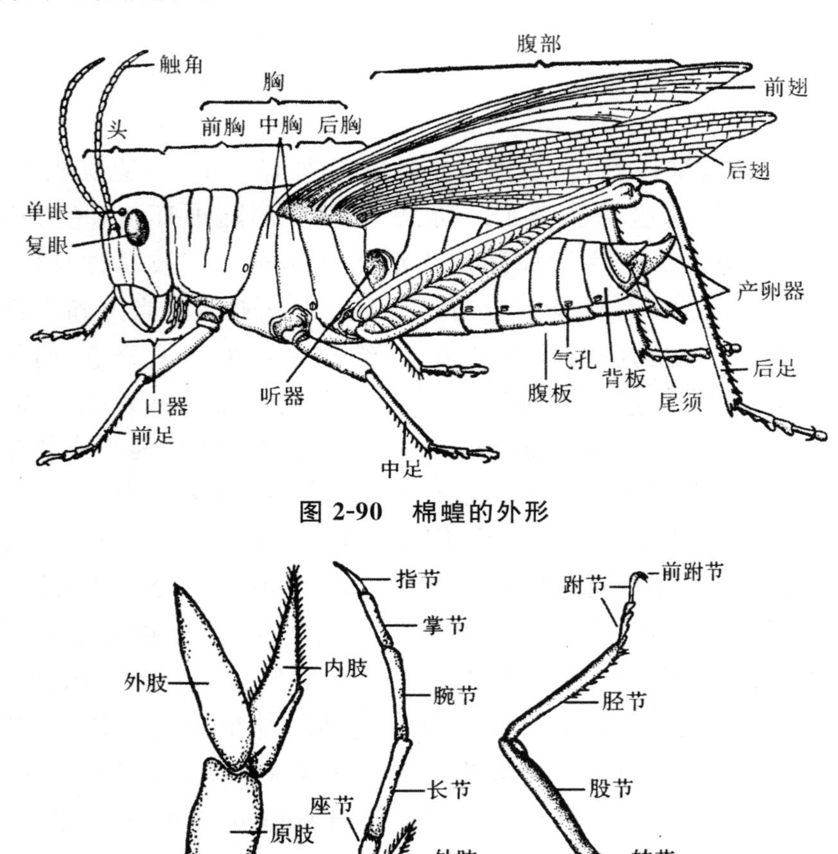

图 2-90　棉蝗的外形

图 2-91　附肢的类型

A、B. 双肢型　C. 单肢型

---

① 在附肢的基本类型外，不少节肢动物的附肢已逐步特化，发生了形态结构的变异，以适应各种生理活动的需要，如运动、抱握、搬运、捕食、咀嚼以及呼吸等等，有的还具感觉器官和交配器官的作用，使动物能够进一步适应复杂、多变的环境。

鲎(肢口纲)的头胸部有 6 对圆柱形附肢,位于口的周围(图 2-92)。第 1 对为螯肢,由 3 或 4 节构成,位于口的前方。第 2 至第 6 对为较大的步足,其中第 2 至第 5 步足具有 6 个肢节,末端为钳状,基节内侧生有小刺,特称为颚基。第 5 步足较长,分为 7 节,基节除具有颚基外,还具有上肢,称为扇叶。第 5 步足的跗节具有 4 个叶状突出物,末端不具螯。第 5 步足的作用在泥沙中钻穴和清洁身体等,其扇叶具有激动呼吸水流的作用。腹部第 1 节与头胸部愈合,具有 1 对退化的附肢,位于第 5 步足的内侧,称为唇状瓣。腹部体节愈合或分离,通常为 5、6 节或更多节不等。腹部具有 6 对附肢。第 1 腹肢(在第 8 体节上)为生殖厣,其下为生殖孔;其余 5 对腹肢扁平,双肢型,原肢短,内肢小,外肢宽阔,内侧具书鳃。

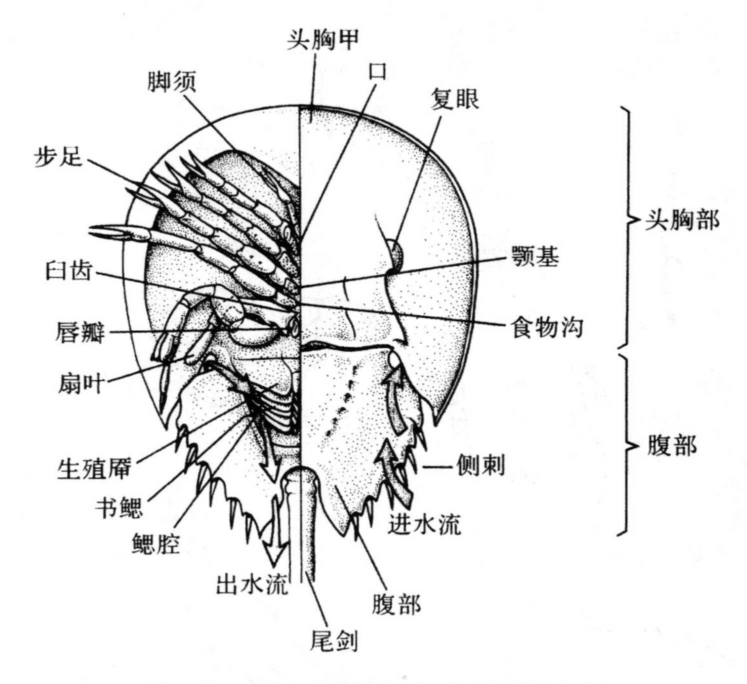

图 2-92　鲎的腹面观(左)和背面观(右)

日本沼虾(甲壳纲)共有 19 对附肢,其中第 1 对附肢为单肢型,其余都为双肢型。这些附肢具有不同的结构和功能:第 1 触角具有感觉和平衡功能,第 2 触角具有感觉功能,大颚咀爵食物,第 1 小颚摄食和感觉,第 2 小颚摄食和激动呼吸水流,第 1 至 3 颚足感觉和摄食,第 1 步足取食和清洁身体,第 2 步足取食、攻击和防卫,第 3 至 5 步足步行,第 1 至 5 腹肢游泳,尾肢和尾节一起作快速运动,雌性个体的腹肢还具有携卵的功能(图 2-93)。河蟹的第 1 步足演化为大螯,具有防卫功能，其雄性个体的第 1 和第 2 腹肢演化为交接器。卤虫胸部附肢由原肢外侧突起形成的上肢具有呼吸功能。

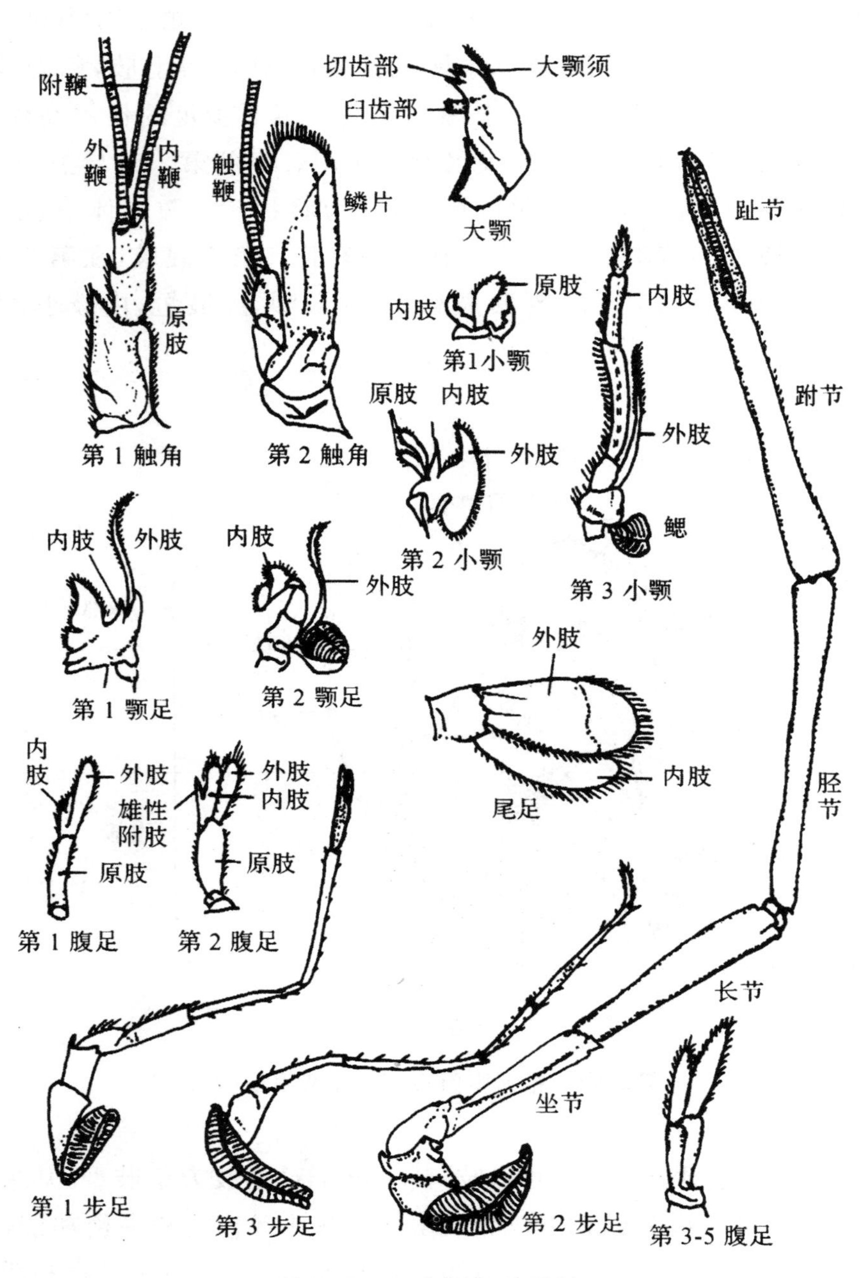

图 2-93 日本沼虾的附肢

昆虫附肢数目相对较少，头部仅保留 4 对附肢。第 1 对附肢为触角，是感觉器官。触角通常由柄节、梗节及鞭节组成（图 2-94）。柄节为基部第 1 节，通常短粗；梗节为第 2 节；鞭节是触角的端节，通常分成许多亚节。但在不同种类中，触角的大小、形态和结构十分多样，如刚毛状（蜻蜓、蝉）（图 2-94A）、丝状（蝗虫、蟋蟀）（图 2-94B）、念珠状（白蚁）（图 2-94C）、棍棒状（蝶类）（图 2-94D）、锤状（郭公虫）（图 2-94E）、锯齿状（叩头甲）（图 2-94F）、栉状（雄性豆象）（图 2-94G）、羽状（雄蚕蛾）（图 2-94H）、膝状（蜜蜂）（图 2-94I）、环毛状（雄蚊）（图 2-94J）、具芒状（蝇）（图 2-94K）、鳃叶状（金龟子）（图 2-94L）等。头部后 3 对附肢演变成 3 对口肢，即一对大颚、一对小颚和一对下唇。各种昆虫随着食性的不同，口器发生很大的变化，如蝗虫的口器为咀嚼式口器（图 2-95A）；这种口器最原始，由此演变出其他类型的口器，如蜜蜂的嚼吸式口器（图 2-95B）、蚊子的刺吸式口器（图 2-95C）、蝶类的吮吸式口器（图 2-95D）和蝇类的舐吸式口器等（图 2-95E）。

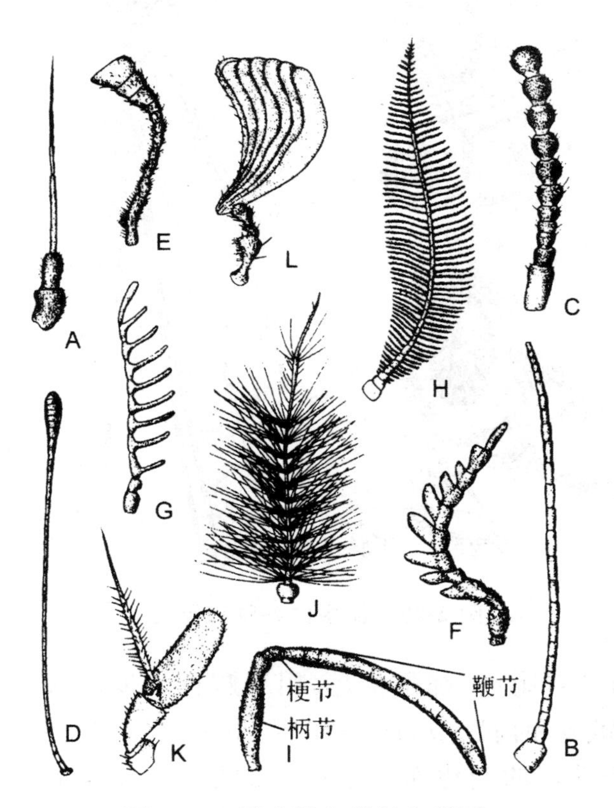

图 2-94　昆虫的各种触角类型

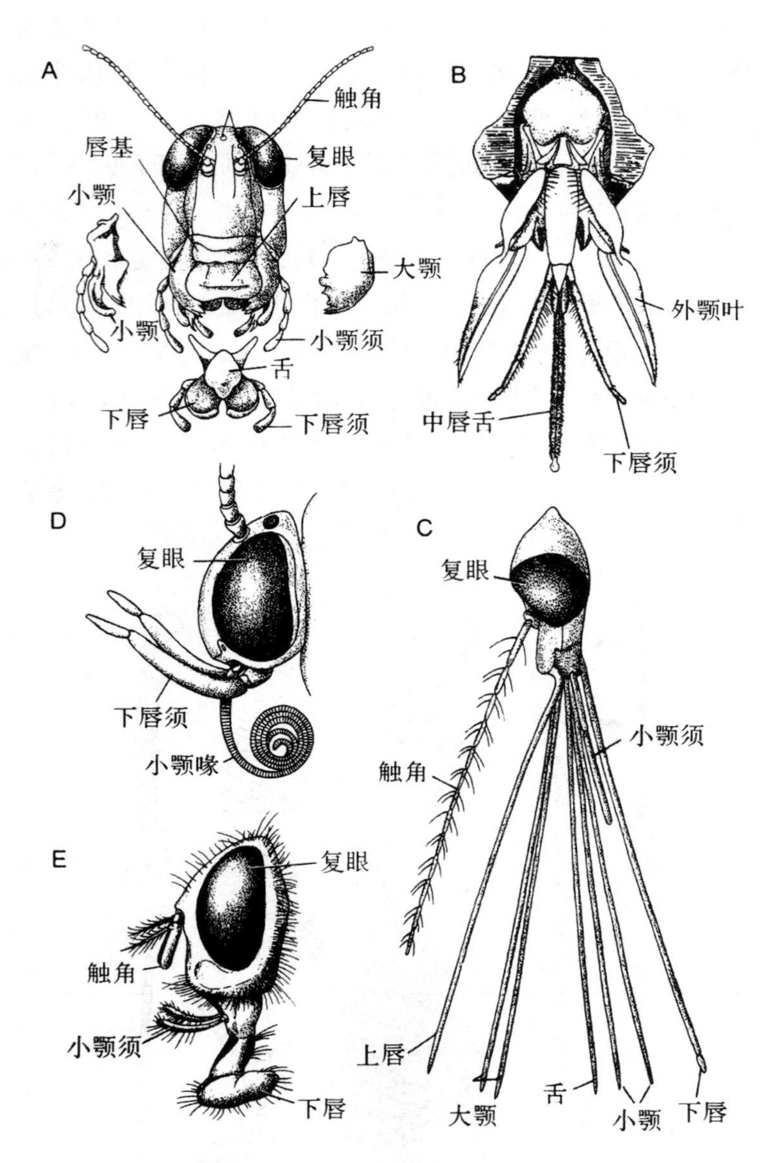

图 2-95 昆虫的各种口器类型

昆虫胸部具有3对附肢,都是步足,用于爬行。步足通常由6节组成:基节、转节、腿节、胫节、跗节和前跗节(图 2-96)。步足主要用来步行(图 2-96A),但前足和后足往往由于功能的变化而发生相应的形态变化,如蝗虫和蚤的后足变成跳跃足,其腿节特别粗壮(图 2-96B);螳螂的前足变成捕捉足,基节延长,腿节腹面有槽,胫节可回折嵌入其中(图 2-96C);蝼蛄的前足特化为开掘足,足粗短,胫节扁宽,前缘有齿,适于在泥土中挖掘(图 2-96D);龙虱的后足特化为游泳足,胫节和跗节扁平,边缘有长毛(图 2-8E);雄龙虱的前足特化为抱握足,前3个跗节膨大成吸盘状，交配时用来抱雌体（图 2-96F）；蜜蜂的后足特化成携粉足，胫节扁宽，且两边有长毛（图 2-96G）；人虱的足特化为攀缘足，跗节仅一节，前跗节为一大型的爪（图 2-96H）。

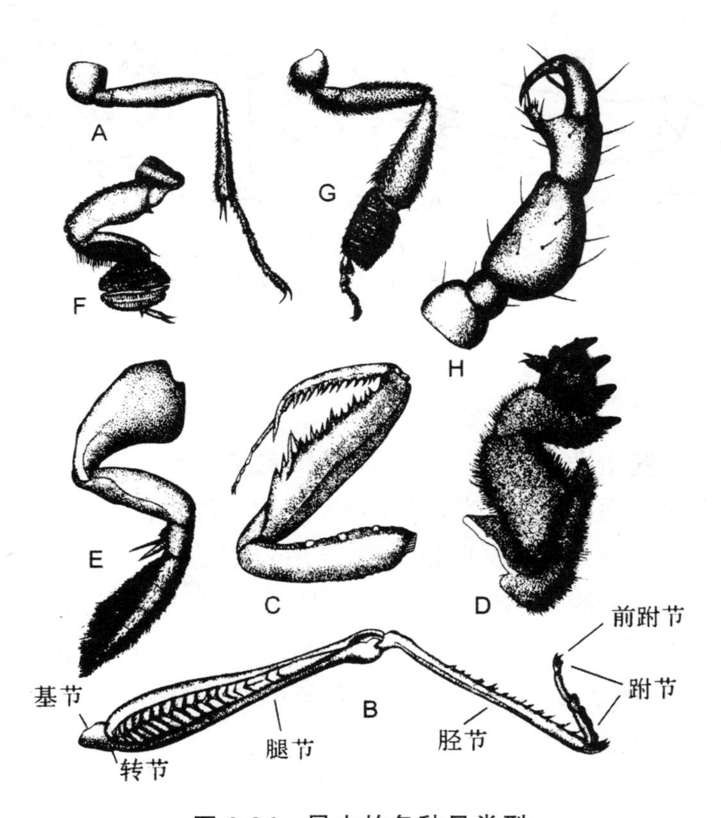

图 2-96　昆虫的各种足类型

昆虫的腹部附肢可分为与生殖无关的非生殖型附肢，和与交配或产卵等生殖活动有关的生殖型附肢两类。几乎多数昆虫的非生殖型附肢通常只有位于第 11 腹节的尾须。尾须的形态、结构变化较大，通常是一种触觉器官，但有时也成为雌性生殖器官的一部分。通常雌虫的第 8 和第 9 腹节的附肢，构成产卵器（图 2-97A）；而雄虫仅是第 9 腹节的附肢构成交配器（图 2-97B）。产卵器和交配器又统称为昆虫的外生殖器。典型的昆虫产卵器由 3 对叶片组成，即第 1、第 2、第 3 产卵瓣。蝗虫的产卵器由 2 对产卵瓣组成，即背、腹产卵瓣。

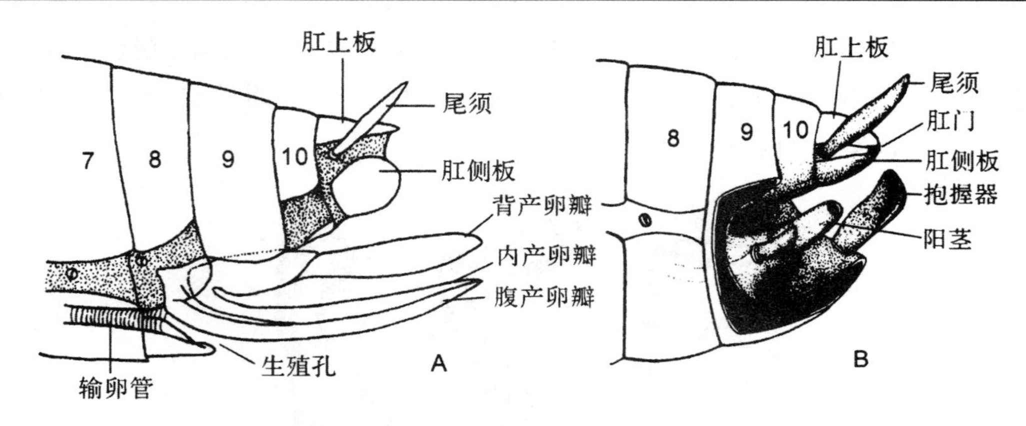

图 2-97 昆虫的外生殖器(仿各家)

A. 产卵器 B. 交配器

(三)体壁

节肢动物的体壁由角质膜、上皮细胞层和底膜三部分组成(图 2-98)。角质膜包被在整个身体的表面,坚硬厚实,具有保护身体、防止体内水分蒸发和接受刺激的功能,也称为外骨骼。角质膜可以分为三层:上表皮(上角质膜)、外表皮(外角质层)和内表皮(内角质膜)。角质膜的主要成分为几丁质和蛋白质。几丁质是复杂的含氮多糖类物质,分子式为$(C_{32}H_{54}N_4O_{21})_n$;节肢蛋白沉积在几丁质之间,使体壁变硬;而甲壳动物还在角质膜内沉积有磷酸钙。体壁和体壁向体内延伸的部位成为肌肉附着的位点。

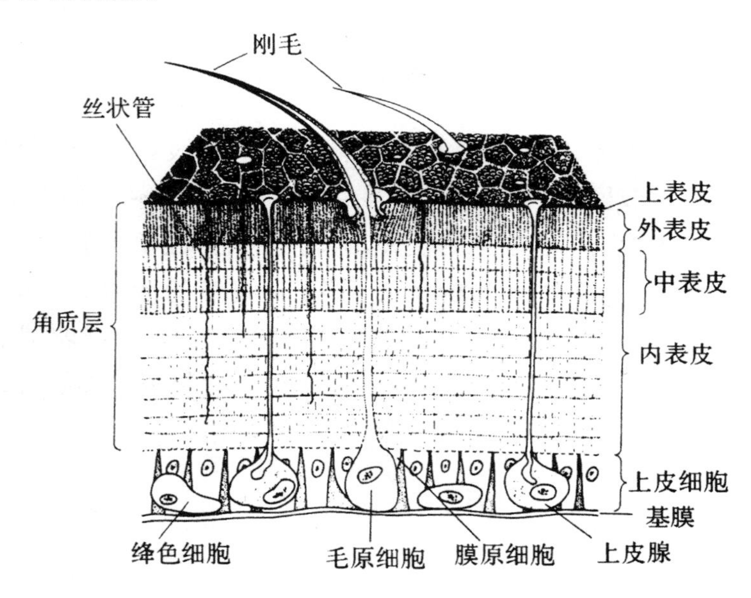

图 2-98 节肢动物体壁结构

节肢动物的角质膜形成并硬化以后，便不能继续增大，因而限制了身体的生长。于是，节肢动物在生长过程中就需要蜕皮（图 2-99）。蜕皮时，上皮细胞分泌含有几丁质酶和蛋白酶的蜕皮液，将旧的外骨骼逐渐溶化，并吸收其降解物；同时开始分泌形成新的外骨骼；待角质层变软而破裂时，动物通过运动从旧皮中钻出来。接着动物吸收水分、空气或肌肉伸张使身体体积增大，然后新的外骨骼逐渐硬化，身体体积的生长停止。因此，节肢动物身体体积和重量的生长是不连续的过程，而身体内的有机物质成分还是连续增加的。昆虫变态为成虫后绝几乎数不再蜕皮，而甲壳动物等却可以终身蜕皮。

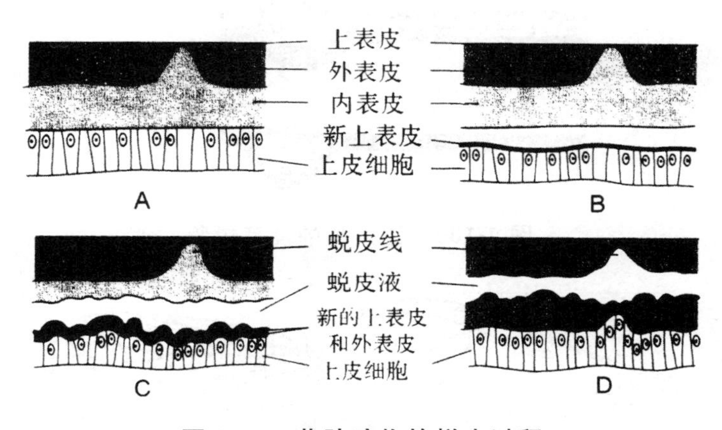

图 2-99　节肢动物的蜕皮过程

A. 蜕皮间期充分发育的外骨骼　B. 上皮细胞层分泌蜕皮液并开始形成新的上皮层
C. 老的内表皮消化，继续分泌新的上表皮　D. 蜕皮前，新老外骨骼同时存在

昆虫的翅是中胸和后胸背板向体壁外扩张形成，发展过程中上下两层体壁紧贴，表皮细胞逐渐消失而形成，其中有气管、血管和神经的管状部分体壁加厚，称为翅脉（图 2-100）。原始种类的翅不能折叠，翅脉多呈网状，如蜻蜓、蜉蝣。较高等种类的翅静止时折叠在背部，翅脉数逐渐减少。翅中翅脉的分布和数目称为脉相。昆虫翅的变异包括翅的有无或退化、形状的特化和质地的变化三个方面。如根据翅的质地和被覆物不同可以分为：薄膜状的膜翅（图 2-101A）；膜翅上覆有毛的毛翅（图 2-101B）；膜翅上覆有鳞片的鳞翅（图 2-101C）；膜翅边缘长有缨状毛的缨翅（图 2-101D）；臀前区革质，其余部分膜质的半复翅（图 2-101E）；革质的复翅（图 2-101F）；基部角质、端部膜质的半鞘翅（图 2-101G）；角质的鞘翅（图 2-101H）；双翅目昆虫的后翅退化成小棍棒状，在飞行时具有保持平衡的作用，称为平衡棒（图 2-101I）。

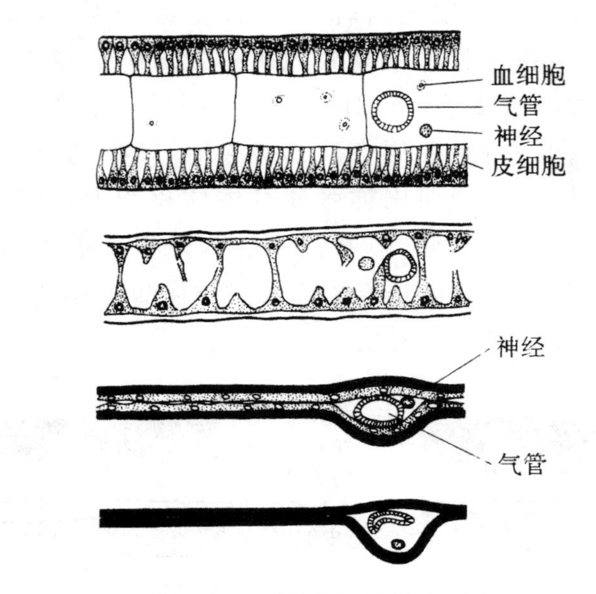

图 2-100 昆虫翅的发育过程

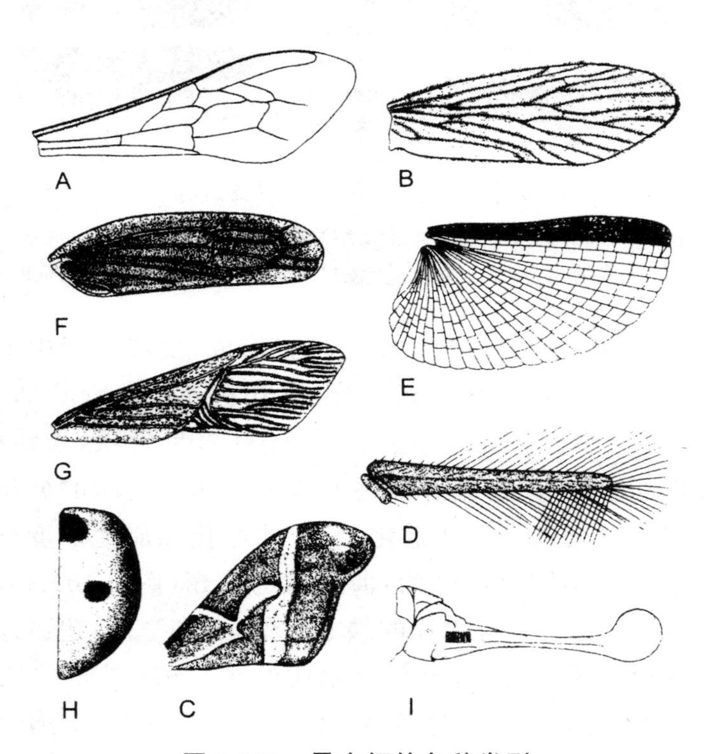

图 2-101 昆虫翅的各种类型

A. 膜翅 B. 毛翅 C. 鳞翅 D. 缨翅 E、F. 覆翅 G. 半鞘翅 H. 鞘翅 I. 平衡棒

(四)肌肉系统

节肢动物的肌肉系统都由横纹肌组成,包括体壁肌、心脏及消化道等的内脏肌肉。由肌纤维成束排列形成的肌肉附着在外骨骼上,常常按节排列,通常起始于一个体节或附肢分节的外骨骼内表面或内突,终于下一个体节或附肢分节的外骨骼内表面或内突(图 2-102)。横纹肌可以分为快肌和慢肌两种类型。快肌肌节短,收缩力量强,主要依靠糖酵解供能,易疲劳;慢肌肌节长,收缩力量小,但氧化能力高,耐疲劳。

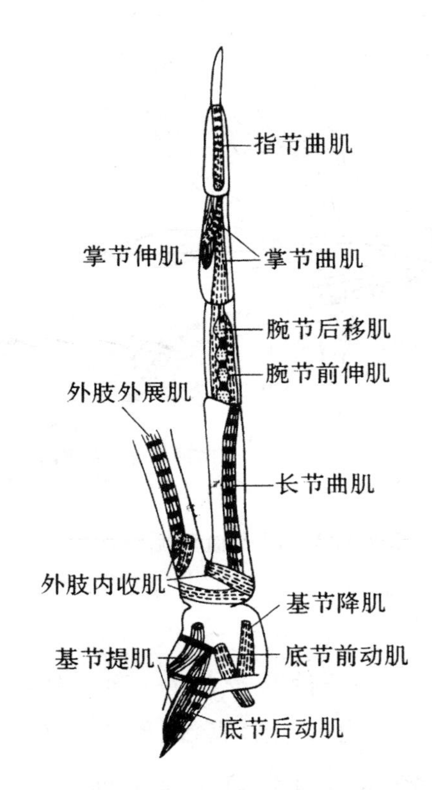

图 2-102 中国明对虾的第三颚足肌肉

(五)体腔和循环系统

节肢动物在胚胎发育早期具有按节排列的体腔囊,但孵化后真体腔退化,仅保留生殖器官和排泄器官的内腔。此时,消化道与体壁之间的空腔是由真体腔(次生体腔)和囊胚腔(原体腔)混合形成,称为混合体腔,因其中充满血液,也称为血腔或血窦。循环系统模式为开管式循环,心脏和背血管位于消化管的背面。血液循环的大致途径为:血液由心脏从后向前,经前大动脉流入血窦;血液在血窦中由前向后流动，汇入围心窦，再由心孔流回心脏。由于开管式循环，节肢动物的血压低于大气压，因而体壁破裂或附肢断裂后，体内的血液不会大量流到体外，这对节肢动物的生存十分有利。

节肢动物循环系统的复杂程度与呼吸系统有密切的关系。昆虫等是用遍布于全身的气管呼吸的种类，循环系统简单，仅具管状的心脏，而血管大致消失；在心脏和辅博器的搏动以及隔膜和肌肉的运动下，血液循环完全在血窦内进行(图 2-103)。这一类动物的血液缺少运输氧气和二氧化碳等气体的能力，主要运输营养、激素和代谢废物等物质，也具有止血、免疫、解毒、防卫和提供机械力等作用。

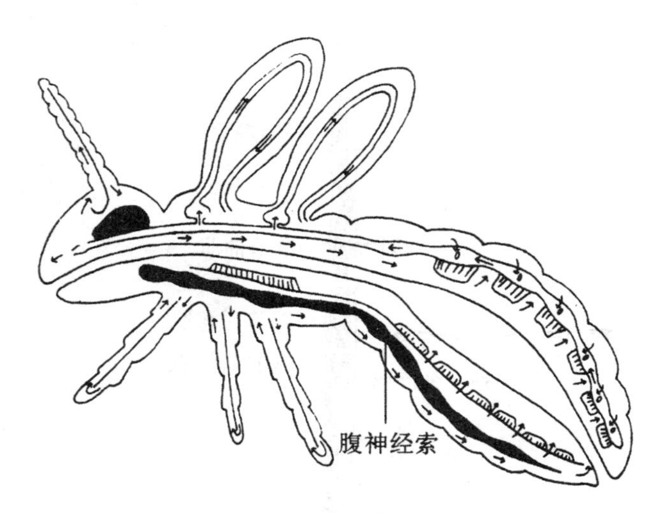

图 2-103 昆虫血液循环示意图

(六)消化系统

节肢动物的消化系统，为一条两端开口的直管，由前肠、中肠和后肠三部分组成。前肠和后肠均由外胚层向内凹陷形成，因此内壁具有几丁质的外骨骼。蜕皮时，这些外骨骼也同时脱落，然后再重新分泌形成。前肠的主要功能是取食、研磨、储存及机械消化；中肠由内胚层形成，常突出形成盲囊，其内具消化腺，分泌消化酶，并增大消化面积，是消化吸收的地方；后肠的主要功能是离子及水分的重吸收，以及暂时储存粪便。

(七)呼吸系统

小型节肢动物没有专门的呼吸器官，以全身体表直接进行呼吸，如水生的剑水蚤，陆生的蚜虫或恙螨。体表呼吸的陆生种类，也通过体表的水分进行气体交换，因而其体表必须保持一定的潮湿状态。绝大多数节肢动物具有外胚层形成的呼吸器官进行气体交换。水生种类用鳃（如虾、蟹）或书鳃（如鲎）呼吸，陆生种类用气管（如昆虫）或书肺（如蜘蛛）呼吸。

鳃是体壁向外的突起，在鳃上的皮肤很薄，其内具有鳃血管，便于血液与外界进行气体交换。甲壳动物鳃的结构可以分为三类（图 2-104）：枝状鳃，由鳃轴向两侧伸出侧支，侧支再分支长出许多平行的鳃丝，如对虾；丝状鳃，围绕鳃轴长出的鳃丝呈丝状或毛状，如克氏原螯虾；叶状鳃，沿鳃轴两侧伸出叶片状鳃叶。甲壳动物的鳃具有呼吸、调节渗透压和排泄等功能，由三种类型的细胞组成：上皮细胞、颗粒细胞和肾原细胞。鳃的肾原细胞同甲壳动物其他组织的足细胞、昆虫血窦中的足细胞及脊椎动物肾脏肾小球的足细胞结构类似，是一种具有排泄功能的细胞。甲壳动物胸肢的上肢具有辅助呼吸的功能，称为肢鳃；等足目的腹肢发达，同时具有呼吸和游泳的功能。气管是由体壁内陷而成的管状构造，管壁由螺旋形几丁质薄膜组成。昆虫的气管系统包括可以自由关闭的气门，以及不同大小的气管；

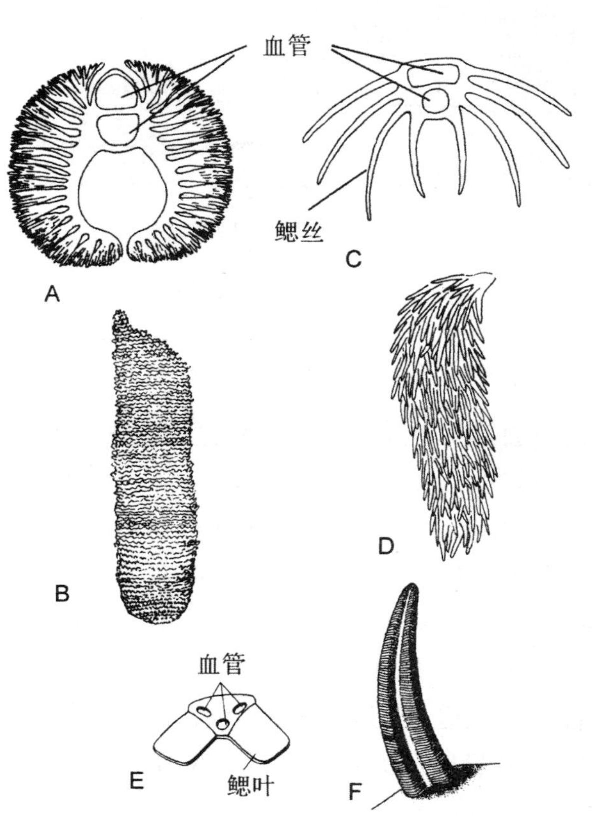

图 2-104　甲壳动物十足目鳃的类型

A、B. 枝鳃　C、D. 丝鳃　E、F. 叶鳃

两条纵走的主气管把全身的气管联系起来，然后各个气管连续分支，最后形成微气管，进入组织和细胞之间。书肺是腹部体表内陷的囊状结构，内有很薄的书页状突起，起源于书鳃(图 2-105)。由此可见，在水中的呼吸器官不论是鳃还是书鳃都是体表外突而成，以便增加和水的接触面积。在陆上生活种类的呼吸器官不论是气管还是书肺都是体表内陷而成，它除了可增加体壁与空气的接触面积之外，还可使体壁上的水分不易蒸发，因为空气在进入血液或组织以前，仍然是先溶解在体壁表面的一薄层水膜中。

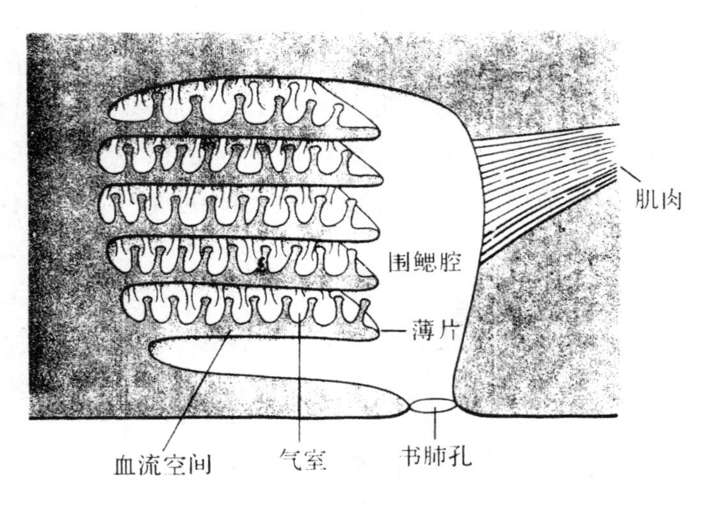

图 2-105　蜘蛛的书肺

(八)排泄系统和渗透调节

低等节肢动物没有排泄系统，其代谢废物通过蜕皮排出。几乎数节肢动物具有两种结构和起源不同的排泄器官，或其中的一种。一种是由肾管演变而成的，如肢口纲和蛛形纲的基节腺，甲壳纲的触角腺和颚腺，都属这种类型。它们的末端有端囊，另一端通过排泄管与体外相通，分别起源于退化的体腔囊与体腔管。如鲎的排泄器官为位于第 2 至第 5 步足的 4 对基节腺，通过共用的排泄管和膀胱，开口于第 5 步足的同一个排泄孔(图 2-106)。

另一种排泄器官为马氏管，它是由中肠与后肠交界处的内胚层(蜘蛛)或外胚层(昆虫)肠壁细胞向外突起形成的单层细胞的盲管，游离在血腔中。马氏管浸润在等渗的血液中，主动向管内分泌 K^+、Na^+、Cl^- 等离子，使马氏管内的 K^+ 浓度为血液的 6～30 倍，K^+ 浓度的差异使水流随之流入马氏管，同时尿酸氢钾或尿酸氢钠也随水流进入马氏管，从而形成等渗的尿。然后尿液中的水和有用的 K^+、Na^+ 等离子被马氏管基部和直肠重吸收，尿液 pH 值也下降，使尿酸沉积下来，并随粪便排出体外(图 2-107)。

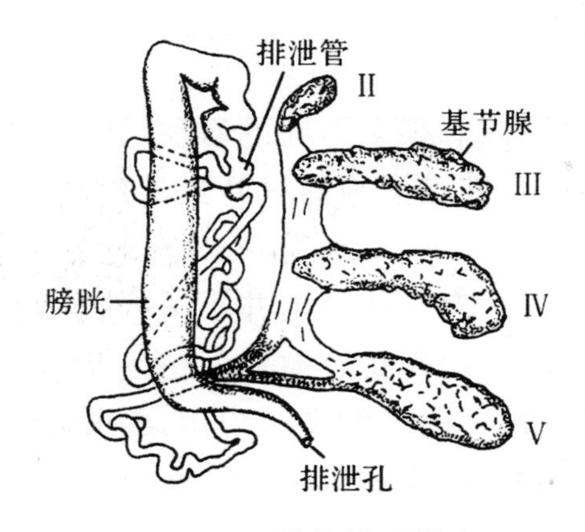

图 2-106　蛍的排泄器官

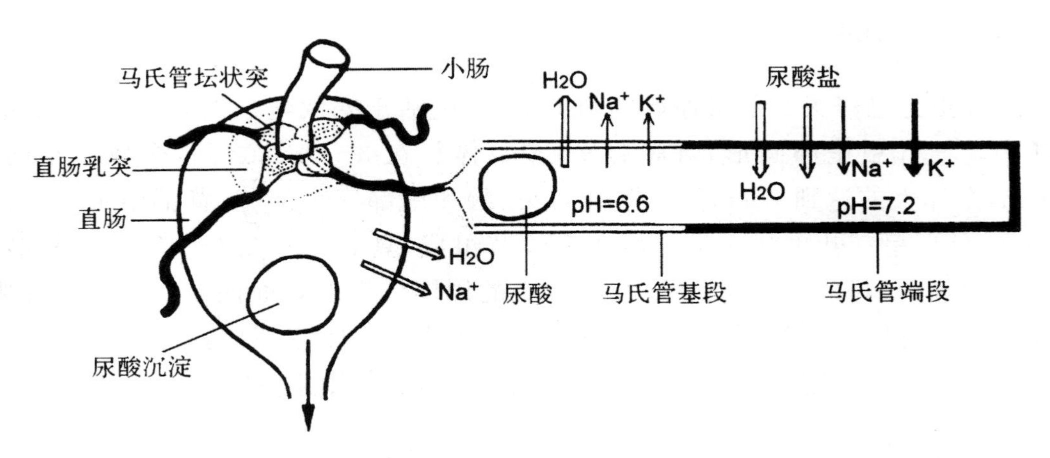

图 2-107　马氏管与直肠的排泄与渗透加调节功能

节肢动物的排泄产物因种而不同,如水生昆虫以排氨为主,几乎数陆生昆虫排出尿酸,也有些排出尿酸和部分尿素;甲壳动物的代谢产物主要是氨和少量的尿酸;多足纲蜈蚣的排泄产物也以氨为主。

(九)神经系统

节肢动物的神经系统类似于环节动物,为链状神经系统。但由于节肢动物身体为异律分节,且体节常愈合,因而其神经节也常常愈合。节肢动物神经节愈合的情况与身体外部分节的消失是密切相关的。如蜘蛛体外分节不明显,其神经节也都集中在食道的背方和腹方,形成了很大的神经团。神经节的愈合提高了神经系统传导刺激、整合信息和指令运动的能力,有利于适应复杂的环境。

三、节肢动物的分类

关于节肢动物的分类目前有很多不同的看法，还没有形成统一的观点。如有人将节肢动物分为三个亚门，即已灭绝的三叶虫亚门；没有触角、口后第一对附肢为螯肢的有螯肢亚门；以及有触角、口后第一对附肢为大颚的有颚亚门。有人认为把甲壳纲与昆虫纲合在一个有颚亚门内并不适当，因为甲壳纲动物的附肢为双肢型，而昆虫的附肢为单肢型，因而将有颚亚门进一步分为2个亚门：甲壳亚门和单肢亚门。本书的分类以触角、附肢的类型为依据，采用3个亚门的分类法，即三叶虫亚门（三叶虫纲）、有螯肢亚门（肢口纲、蛛形纲）和有颚亚门（甲壳纲、多足纲和昆虫纲）。

（一）三叶虫纲

三叶虫是已经灭绝的最原始的节肢动物，生活于寒武纪早期到二叠纪末期的海洋中。三叶虫呈卵圆形，背腹扁平，多数体长在3～9cm之间，个体最小的为0.5cm，个体大的达到70cm。身体分为头、胸和尾部三个部分，背部中央隆起，两侧扁平，外形呈三叶虫状。头部由4个体节组成，具有4对附肢。第一对附肢为单肢型的触角，其余附肢为双肢型，位于口的周围。头部背面两侧具有一对复眼，腹面中央具有口。胸部和腹部每一体节（除最后一个体节外）具有一对双肢型附肢，内肢分为7节，用于爬行；外肢不分节而具有刚毛，用于呼吸。

（二）甲壳纲

甲壳纲动物绝几乎数生活在水中。身体分为头、胸、腹三部分，或头部和躯干部，或头胸部和腹部。具头甲或头胸甲，外骨骼钙化。头部具5对附肢，分别为2对触角、1对大颚和2对小颚；胸部具8对附肢；腹部附肢或有或退化。排泄器官为触角腺或颚腺，多用鳃呼吸。甲壳纲是节肢动物的第3大纲，共约有35000种，通常分为8个亚纲。

（三）肢口纲

身体分头胸部和腹部两个部分。头胸部也称为前体部，背面被以半圆形马蹄状头胸甲；腹部的末端具有一细长的剑形尾刺，故又称为剑尾类。头胸甲背面具一条中央嵴和一对侧嵴。中央嵴前端两侧有一对中央眼（单眼），左右侧嵴两侧各具1个较大的复眼。头胸部有6对圆柱形附肢，位于口的周围。腹部体节愈合或分离，通常为5、6节或更多节不等，具有6对附肢。雌雄异形。肢口纲几乎数种类为化石，现存种类仅3属4种，属于剑尾目鲎科，都生活于浅海沙质海底，具有钻入表层泥沙中生活的习性。中国鲎分布于浙江舟山以南沿海；圆尾鲎分布于南海北部湾和东南亚。

（四）蛛形纲

蛛形纲动物身体分为头胸部和腹部，或愈合。无触角。头胸部具1对螯肢、1对脚须和4对步足。腹部无运动附肢。马氏管起源于中肠。蛛形纲动物绝几乎数适应陆地生活，少数生活于淡水或海洋中。陆生种类通常隐蔽生活，昼伏夜出，多生活于土壤、森林、草丛及各种缝隙中。陆生的蜘蛛能纺丝，有些种类织网并栖息在空中。蛛形纲已知种类约有70000种，是节肢动物的第二大纲。东亚钳蝎，属于蝎目，是一种重要的中药。体长形，螯肢较小，末端钳状；脚须很大，末端钳状，用于捕食。大腹圆蛛，属于蜘蛛目，头胸部和腹部有腹柄相连，螯肢具毒腺，腹部具纺器；常在庭院织网，网呈车轮状。棉红蜘蛛，属于蜱螨目，个体小，圆形，头胸部与腹部愈合，不分节；危害棉花等农作物。

（五）多足纲

多足纲动物身体分头部和躯干部两部分。头部具有1对触角、1对大颚和1～2对小颚。躯干部每一体节具有1～2对附肢。陆生，隐居于泥缝、石隙和落叶间，夜出活动，捕食蚯蚓、昆虫等小动物（蜈蚣）或摄取植物（马陆）。我国的现存种类分属于2个亚纲，即唇足亚纲和倍足亚纲。

（六）昆虫纲

昆虫纲是动物界中最大的一个纲，已描述的种数约90万种，占节肢动物门种数的94%以上，也占整个动物界种数的80%以上。昆虫是陆地、淡水或寄生生活的小型动物，身体分为头、胸和腹三部分。头部是昆虫的摄食和感觉中心，具有1对触角，1对复眼及3对附肢构成的口器。胸部是运动中心，由3个体节组成，具有3对足和2对翅。腹部是代谢及繁殖中心，通常具有11个体节，无运动用的附肢，但在8～9节常具有附肢特化形成的交尾或产卵的结构。

四、节肢动物的系统演化

多数学者认为节肢动物是由环节动物或类似于环节动物的祖先进化而来。

理由是两者在构造上有相似性：①身体都具体节。②神经系统大致上是相同的，都由分叶的脑、围食道神经环，食道下神经节和腹神经索组成。③发育过程中都具有体节数增加的现象，而且新增体节都在尾节前形成。④节肢动物的有些排泄器官（如绿腺和基节腺）与环节动物的体腔管（后肾管）同源。⑤循环系统都位于消化管的背方。⑥节肢动物叶状附肢的构造与多毛纲的疣足相似。而古生物等研究证据表明节肢动物和环节动物在前寒武纪就已经出现了，说明这是两个古老而又紧密联系的动物类群。

但是关于节肢动物内各类群之间的起源问题上各学者间存在多种意见。一种意见认为节肢动物起源于一个共同的环节动物祖先，即一元论。先由环节动物的祖先进化成类似三叶虫的原始节肢动物，再由此分成两支，一支演化为甲壳纲、多足纲和昆虫纲，另一支演化为肢口纲和蛛形纲。还有一些学者认为节肢动物是一个多系群，是宗谱线上的一个级别而不是一个分支，因此提出了二元论和多元论。二元论认为节肢动物是由不同的两个似环节动物的祖先沿着两条不同的进化路线发展起来的。其一是：有爪动物—多足纲—昆虫纲，这个进化方向显示了动物由海栖到陆栖的发展。其二是：三叶虫纲—甲壳纲—肢口纲—蛛形纲，这是一个海洋起源的进化路线。多元论认为节肢动物由多个不同的环节动物祖先进化而来。如伊万诺夫认为节肢动物具有三个不同的起源：一是甲壳纲，其幼虫具有 3 个体节；二是三叶虫纲、肢口纲和蛛形纲，其幼虫具有 4 个体节；三是有爪动物、多足纲、昆虫纲，其幼虫期具更多个体节。这三类各由不同的环节动物祖先进化而来。

第九节　棘皮动物门

一、棘皮动物门的主要特征

棘皮动物是动物界中形态和结构都非常独特的一个类群，身体分口面和反口面，次生性对称，真体腔发达且部分形成水管系统，具有中胚层来源的发达的内骨骼，神经和感觉器官退化。

棘皮动物成体的体形多样，有星形、球形、圆柱形或树状分枝形等，但多为五幅对称。所谓五辐对称，即通过动物体口面至反口面的中轴，有 5 个对称面把动物体分成大致互相对称的两部分。与腔肠动物的辐射对称不同，棘皮动物的幼虫是两侧对称。可见，成体的辐射对称为次生性。棘皮动物是动物界中唯一的一类幼虫是两侧对称,成体却是辐射对称的动物。棘皮动物体中部为中央盘,向周围辐射的突出结构为腕,有些种类的腕向上翻并愈合形成球形(如海胆)或圆柱形(如海参)。有口的一面为口面,另一面为反口面。口面是原来幼虫的左面,反口面为右面。

二、棘皮动物的生物学

(一)体壁与骨骼

棘皮动物的体壁由上皮和真皮组成,上皮为单层细胞,真皮包括结缔组织、肌肉层及中胚层形成的内骨骼,真皮内面为体腔上皮。肌层外为环肌纤维,内为纵肌纤维,均属平滑肌(图 2-108)。

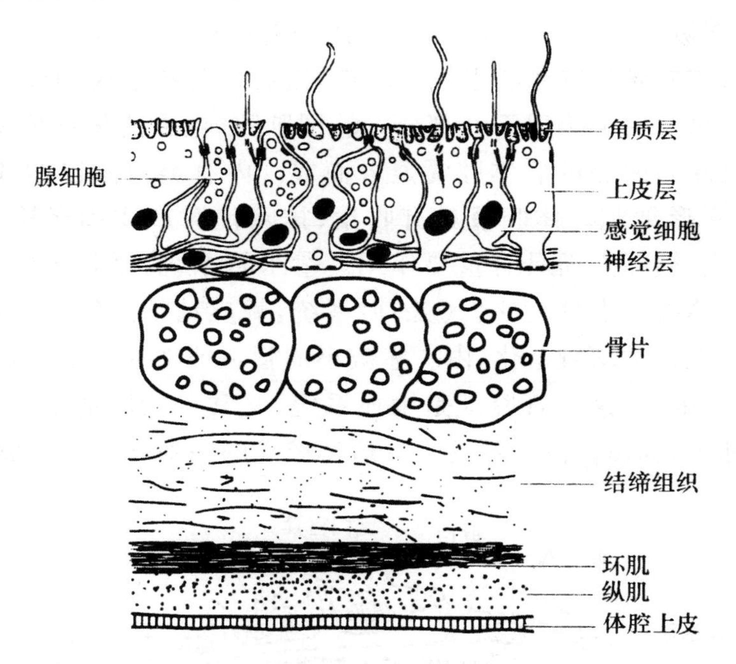

图 2-108 海星体壁切面

棘皮动物石灰质的骨骼与其他无脊椎动物由表皮形成的外骨骼不同,其由中胚层形成,为内骨骼(图 2-109)。内骨骼是钙和碳酸镁的混合物,有的极其微小,散布在体壁中,只有在显微镜下才能看到,如海参;有的形成许多骨板,骨板或互相嵌合成完整的囊,如海胆;或借肌肉及结缔组织互相连接,排成一定的形式,如海星和蛇尾;或形成可动关节,如海百合。内骨骼包埋于体壁中,互相连接形成网状,包围着动物体,起支持、保护作用。骨骼可随动物的身体长大而增大,小骨片往往形成棘或刺突出体表外，故称棘皮动物。骨片外有纤毛上皮覆盖，其下是纤毛体腔上皮。

图 2-109　海星腕横切(示骨板的横切)

（二）体腔

棘皮动物有极其发达的真体腔，是由体腔囊(分前、中、后体腔囊)发育形成，即在原肠胚期，于原肠的背侧凸出成对的囊，以后囊脱落形成中胚层，发育成真体腔(图 2-110)。体腔可分为以下 3 部分。①围脏腔，包围消化系统及生殖器官，十分宽阔，由来自左右两侧的后体腔囊愈合而成。内有类似淋巴的体腔液，其中有具吞噬作用的变形细胞。体腔液具有收集、排除代谢产物和运输营养物质的机能，在呼吸、排泄、循环方面具有重要作用。②水管系统，是棘皮动物所特有的管道系统，由左中体腔囊发展而来。③围血系统，棘皮动物的循环系统除海胆和海参较明显外，其他种类均较退化，由一些微小的管道或血窦组成，其外往往有一相应的管状体腔包围着，这套管腔就是围血系统，又常称为围血窦。它位于水管系统的下方，有环窦、辐窦。围血系统由左后体腔囊的一部分分离形成。

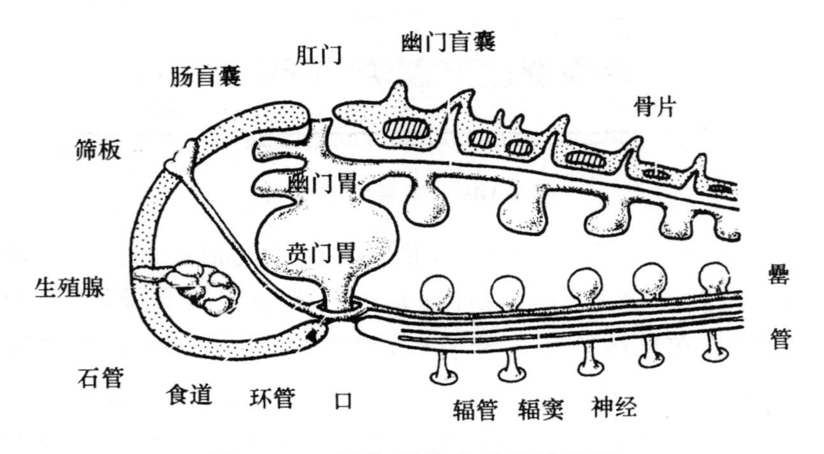

图 2-110　过海星体盘及腕的纵切

(三)消化系统

消化管短而直,自口面伸向反口面。口位于体盘正中,周围是围口膜,四周围有括约肌和辐射肌纤维控制口的开闭。经短的食道进入宽大的充满体盘的胃。胃分为近于口面的贲门胃和近于反口面的幽门胃两部分,幽门胃沿腕延伸出相应两倍数量的幽门盲囊,盲囊的上皮有纤毛,具有丰富的腺细胞、储存细胞和黏液细胞。腺细胞能分泌消化酶,储存细胞内充满类脂小滴、少量糖原和某些多糖——蛋白质复合物。当动物饥饿时,储存的食物即消失。胃后为很短的肠,末端开。口为肛门(已无肛门作用)或无肛门(图 2-111)。

棘皮动物为肉食性,以软体动物、棘皮动物、蠕虫等为食,先由围口膜包住,口能扩张,胃翻出,消化道内分泌消化液,在体外杀死猎物和初步消化后将动物吞入胃内,胃缩回体内。消化主要在幽门胃中进行,已消化的营养物质为幽门盲囊吸收储存,养分可透过盲囊转入体腔液内,运送至身体各部分。不能消化的食物残渣仍由口排出。

(四)水管系统

水管系统是一个相对封闭的管状系统,为棘皮动物的特有结构,担负着棘皮动物的运动功能。从发生上看,由次生体腔的一部分特化形成,由筛板、石管、环管、辐管、侧管、罍、管足、吸盘组成(图 2-111)。筛板和体外海水或围脏腔中的体腔液相通。筛板上有许多小孔,通过其下一条钙质石管和围绕口的环管相连。环管位口面口的周围,自此向每个腕辐射出一条辐管,辐管两侧各伸出侧管,其端部连接管足。管足上部为一囊状的罍,下有一管,末端具吸盘。管足为内外交错排列,外观上每辐管一侧犹如两排。借罍的伸缩使管足吸附外物,可捕食,并利用腕的弯曲以管足支撑外物而推动身体向前完成运动。管足除运动外,通常还有呼吸和排泄的功能。环水管上有帖氏体,可能有产生体腔细胞的作用。水管系统的内壁是体腔上皮,里面充满液体,与海水等渗。管足的外壁是纤毛上皮,与内壁的体腔上皮之间有肌肉层。肌肉与海水共同作用控制管足的运动,水管系统的其他部分协助管足完成运动。现在实验证明水管系统内的液体是不与外界交换的。

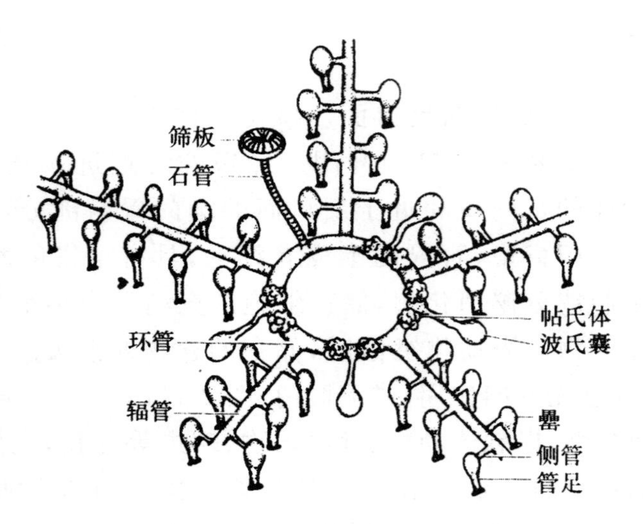

图 2-111　棘皮动物水管系统

（五）血系统

棘皮动物没有专门的循环结构，但有与其他动物不同的血系统，且此系统很退化，只有在切片上方可看清（图 2-112）。棘皮动物发达的体腔内充满体腔液，靠体腔上皮细胞的纤毛打动，体腔液完成物质的运输。血系统包括一套与水管系统相应的管道，有与辐水管平行的辐血管，与环水管平行的环血管，位于反口面的胃血管和分支，以及与石管平行的轴窦，与生殖窦内的反口环血管相连，此处有分支到生殖腺称生殖血管。

（六）围血系统

围血系统来自体腔，围绕血系统，形成血窦，使各血管均位于其中，因此称为围血系统（图 2-112）。其包括生殖窦、环窦和轴窦 3 部分。生殖窦位于反口面体盘的体壁下方，为一五边形管，向每一生殖腺伸出一分支，后膨大形成包围生殖腺的囊。环窦位于口面，口的周围，环管之下，为一圆形管。

轴窦为一薄壁管状的囊，位于体盘有筛板的间步带，包括石管和轴腺两部分，二者的壁由系膜紧紧结在一起。轴窦和轴腺合成轴器。轴腺是由许多小血窦组成的海绵状结缔组织，外被体腔上皮。轴窦在反口面与生殖窦相通，此处还伸出一能收缩的背囊。内腔有轴腺突入。轴窦在口面连于环窦。

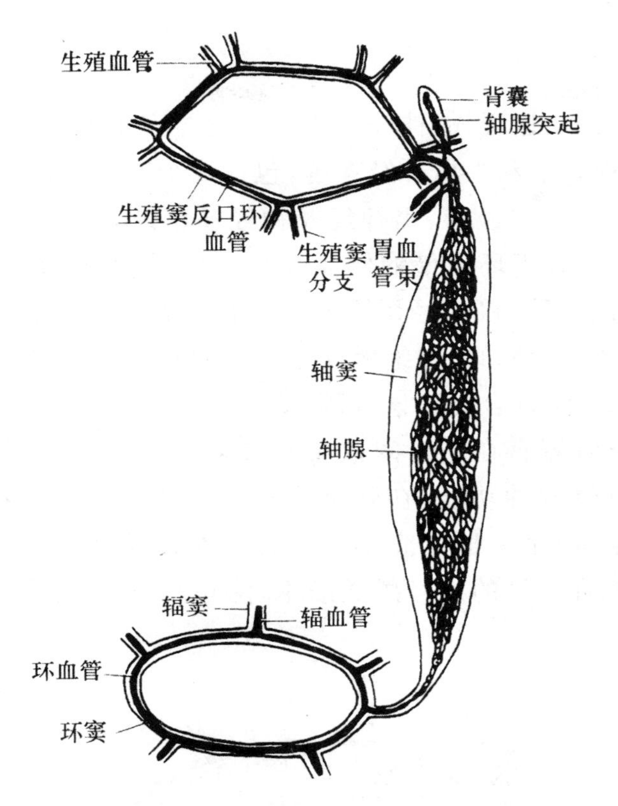

图 2-112 棘皮动物的血系统和围血系统

(七)呼吸与排泄

棘皮动物气体交换主要通过皮鳃(图 2-113)、"呼吸树"进行,海星和海胆的围口鳃可增加呼吸的能力和面积,管足也起着一定作用。棘皮动物没有明显的排泄器官,排泄功能由变形游走细胞和呼吸器官负责。代谢产物主要是氮和尿素。

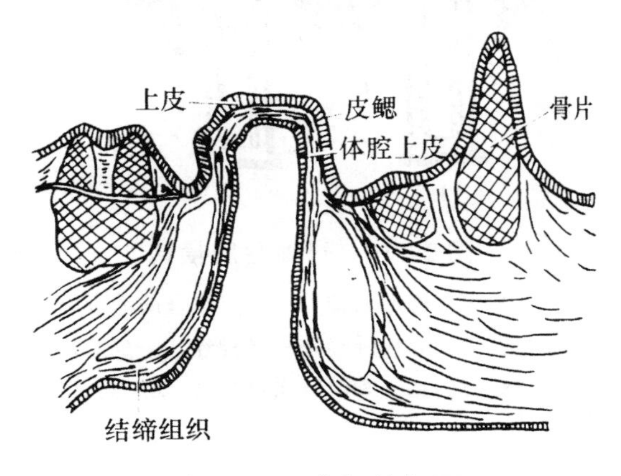

图 2-113 皮鳃的切面

(八)神经系统和感觉器官

棘皮动物通常运动迟缓,故神经系统和感觉器官不发达。棘皮动物的神经系统是分散的,没有神经节和中枢神经系统,包括3个有联系的系统(图2-113)。口神经系(或外神经系)为神经环、辐神经及神经丛组成,正位于上皮之下。口神经系司感觉。下神经系位于环窦壁的侧面部分,由一神经环及5条辐神经组成,由真皮的一薄层结缔组织与口神经系隔开。下神经系可运动。反口神经系位于反口面,由体腔上皮产生,是动物界绝无仅有的。此神经系无神经环,只有5条辐神经,在海星类不显著,海百合类明显,可运动。

棘皮动物的感觉器官在上皮间散布着许多呈棱形的神经感觉细胞,可能有触觉器和化学感觉器两种功能,在管足的吸盘处数目最多。在各腕的顶端触手的基部口面有一眼点,由一群感光细胞和色素细胞构成,可感光。另外,在棘皮动物的整个表皮中有大量的神经感觉细胞,除司触觉外,不能对光和化学刺激做出反应。

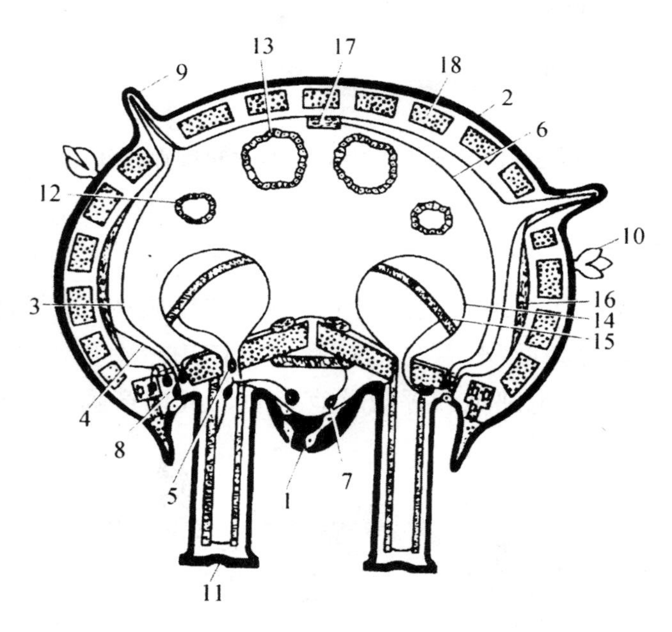

图2-114 过海星腕横切

1—辐神经;2—神经丛;3—去皮鳃的动神经;4—去体壁的动神经;5—去罍的动神经;6—去反口面肌肉的动神经;7—郎氏神经;8—缘神经;9—皮鳃;10—叉棘;11—管足;12—生殖腺;13—幽门盲囊;14—罍;15—罍的肌肉;16—体壁肌肉;17—反口面肌肉;18—骨板

（九）生殖和个体发育

除少数海蛇尾和海参外，棘皮动物大多数为雌雄异体，个体发生中有各型的幼虫，但大致结构相似。以海盘车为例：非生殖季节期，生殖腺不发达，当生殖季节时，可充满腕内，伸至腕端。精卵在海水中受精，经完全均等卵裂，有腔囊胚，以内陷法形成原肠胚，以体腔囊法形成中胚层和3对体腔囊，即前体腔囊、中体腔囊和后体腔囊。胚胎继续发育，逐渐延长，原口移至腹面成为肛门，在胚的另端形成口，这是后口动物的特征。消化管已形成，呈"U"形。体表出现纤毛，可在水中游泳并摄食，称纤毛幼体。此后继续发育，椭圆形的幼体产生腕，体表纤毛退化，只在腕周围形成纤毛带，此为羽腕幼虫。后在背面基部产生二突起，进入短腕幼虫期，体两侧对称，前端具有3个小腕及一个吸盘（图2-115）。短腕幼虫在海水中游泳一时期后，沉入水底营固着生活，进入变态期。幼虫的口、食道、肛门、肠等退化，只消化管中间一段发达。随着水管系的发育，逐渐由两侧对称变成辐射对称，原来胚的左侧成为身体的口面，右侧成为反口面，退化的器官重新形成。变态结束，最后发育成为辐射对称的小海星（图2-116）。这说明棘皮动物的辐射对称是次生的。

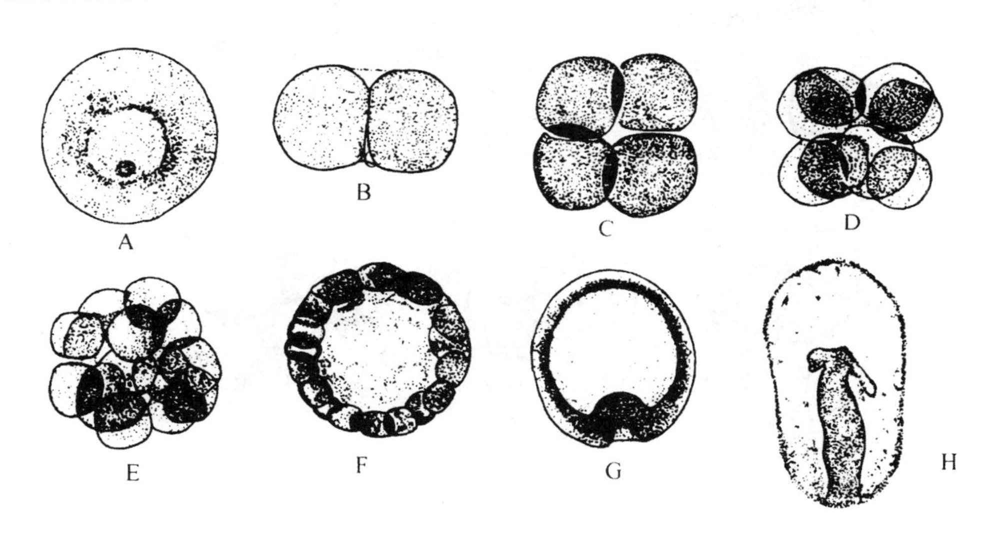

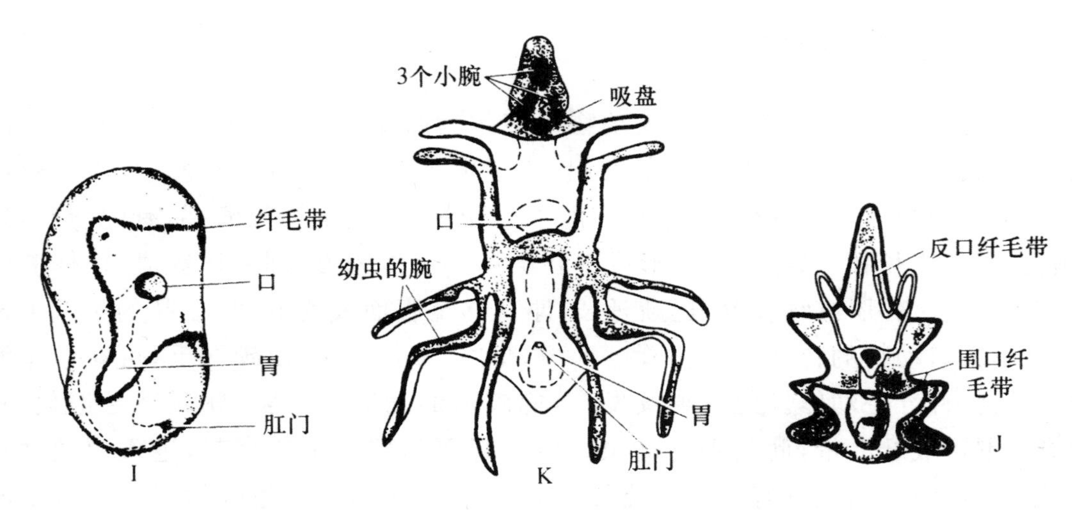

图 2-115　海星的个体发育

A. 受精卵　B. 2 细胞期　C. 细胞期　D. 8 细胞期　E、F. 囊胚　G、H. 原肠胚　I. 纤毛幼体　J. 羽腕幼虫　K. 短腕幼虫

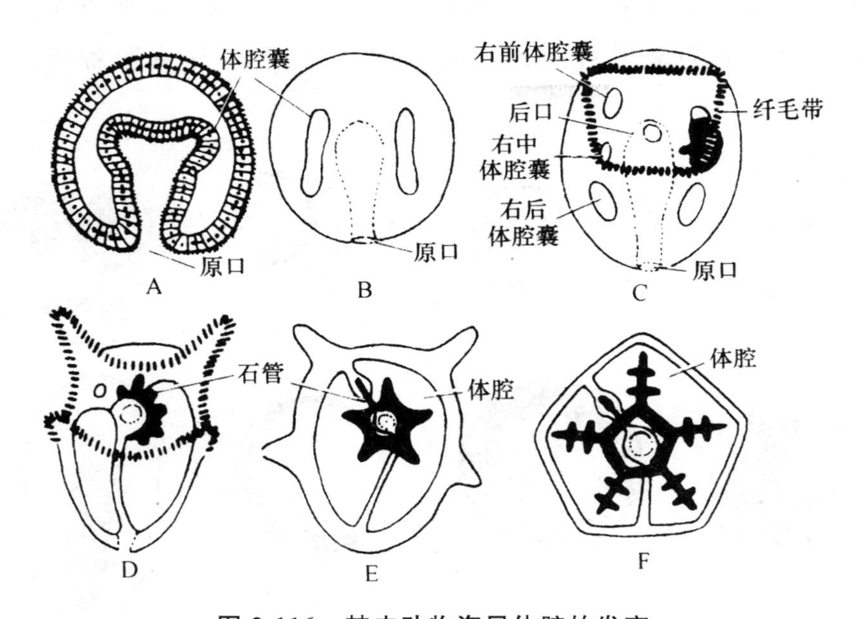

图 2-116　棘皮动物海星体腔的发育

A. 体腔囊突起　B. 成对的体腔囊形成　C. 每侧的体腔囊分成 3 个体腔囊　D. 左中体腔囊形成辐水管雏形(黑色部分),左右后体腔囊扩大　E. 体腔形成　F. 辐水管、侧水管形成

三、棘皮动物门的分类

棘皮动物为古老的类群,始于古生代寒武纪,到志留纪、石炭纪、泥盆纪最繁

盛。现存的棘皮动物有 6000 多种,我国约 300 种。根据柄的有无,腕的形状、数目,步带沟的开合,骨骼的形状,管足的结构等特征,分为 2 个亚门 5 个纲。

(一)有柄亚门

有柄亚门营附着或固着生活,生活史中至少有一个时期具固着的柄,故口和肛门均位于口面,口面向上。骨骼发达,骨板愈合成一完整的壳。现存种类仅海百合一纲,约 630 种,另有 4 纲全为化石种类。

海百合纲多生活在深海中,底栖,营固着生活,是棘皮动物中最原始的一类(图 2-117)。现存种类有两种类型,一种终生有柄,营固着生活,称有柄海百合类;另一种无柄,营自由生活,称海羊齿。它们的外形酷似植物,多栖息于沿岸浅海岩礁底,可附着外物或自由游泳生活。

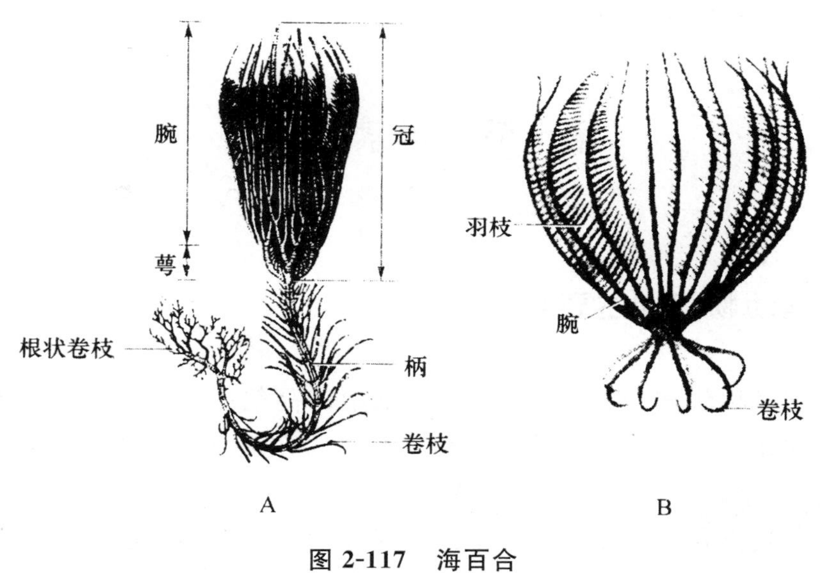

图 2-117 海百合

A. 海洋齿 B. 模式图

(二)游移亚门(Eleutherzoa)

游移亚门营自由生活,无柄。口面向下,口位于口面或身体前端,肛门位于反口面或身体后端,骨骼发达或不发达,主要神经系统在口面。分海星纲、海胆纲、蛇尾纲和海参纲 4 个纲。

四、棘皮动物的演化

在现存动物中,尚未发现与棘皮动物有直接联系的类群。因为棘皮动物的幼虫都是两侧对称，在已绝灭的化石种类中，也发现有两侧对称的类型，故通常认为棘皮动物很可能从两侧对称的祖先起源，因受固着生活或不太活动的生活方式的长期影响而演化成次生性辐射对称的体制。

棘皮动物中海百合纲是最古老的类群；海星纲与蛇尾纲体形一致，均为辐射对称，这两者的演化关系较为接近；海胆纲与蛇尾纲的幼虫均具长臂，在结构上相似，二者关系较近。但海胆纲心形目动物，肛门位于体后端，两侧对称，与海参纲相同，因此海胆纲是介于蛇尾纲和海参纲之间的类群；海参纲的樽形幼虫与海百合纲的樽形幼虫很相似，故与海百合纲有着较近的亲缘关系。海参只有一个生殖腺，是较原始的性状，它可能是在演化中较早分出的一支。

棘皮动物与脊索动物同属于后口动物，次生体腔均由体腔囊法形成，中胚层产生内骨骼，其海参纲的短腕幼虫与半索动物的柱头幼虫很相似，因此认为棘皮动物与脊索动物可能来自共同的相先。

第十节　半索动物门

一、半索动物门的主要特征

半索动物又称隐索动物，是无脊椎动物中的高等类群，与脊索动物门有密切联系。半索动物门分布在浅海和潮间带，多穴居在泥沙中，体长 2～250cm，呈蠕虫形或瓮状，营个体自由生活或群体固着生活。

半索动物具有背神经索，索的最前端变为中空的管状神经索，相当于脊索动物的背神经管。消化管的前端有鳃裂，为呼吸器官。有口索，为半索动物特有的结构，是口腔背面向前伸出的一条短盲管状结构。半索、隐索动物由此得名。口索的功能认为可能有两种，一是最初出现的脊索，具有支持身体的作用；二是相当于脑垂体，与内分泌有关。

半索动物典型的就是柱头虫，成体呈蠕虫状，两侧对称。身体由吻①、领②、

① 吻位于身体前端，短圆锥形，富肌肉。吻背中线的基部有吻孔，海水由此出入吻腔。吻后部以较细的吻柄与领相连。羽鳃纲种类吻呈盾状。

② 圆柱状围领形，后部腹面具口，并以一环形收缩与躯干部分开。领表面常具高低不平的环沟。羽鳃纲种类领部有数对具触手的触手冠。

躯干[①] 3 部分组成(图 2-118)。

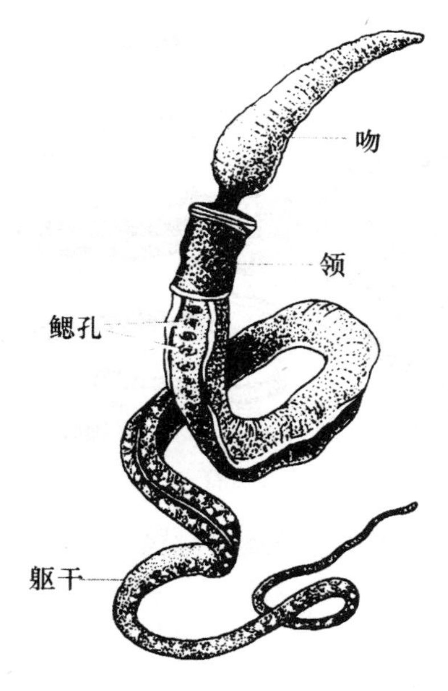

图 2-118　柱头虫外形

二、半索动物门生物学

(一)体壁和体腔

体壁由 3 层组成:单层纤毛上皮细胞层,主要是柱状细胞,此外还有形状各异的多种腺细胞,分泌黏液和碘,上皮细胞层基部为神经细胞体及神经纤维交织而成的神经层,底部则为薄而无结构的基膜;肌肉层,中层是环肌、纵肌和结缔组织合成的平滑肌层;内层为体腔膜构成。

① 躯干最长,为虫体主要部分,可分为鳃裂区、生殖区、肝囊区和肠区,末端为肛门。鳃裂在躯干部的前部,背中脊两侧,薄而扁平的生殖翼常向背中部弯曲,并将鳃孔隐蔽在躯干部的中部,背侧具许多成对的肝盲囊突起,肛门开口于后端背面。

虫体内的各部均有空腔，即由体腔分化而成的吻腔①、领腔②和躯干腔③（图 2-119）。

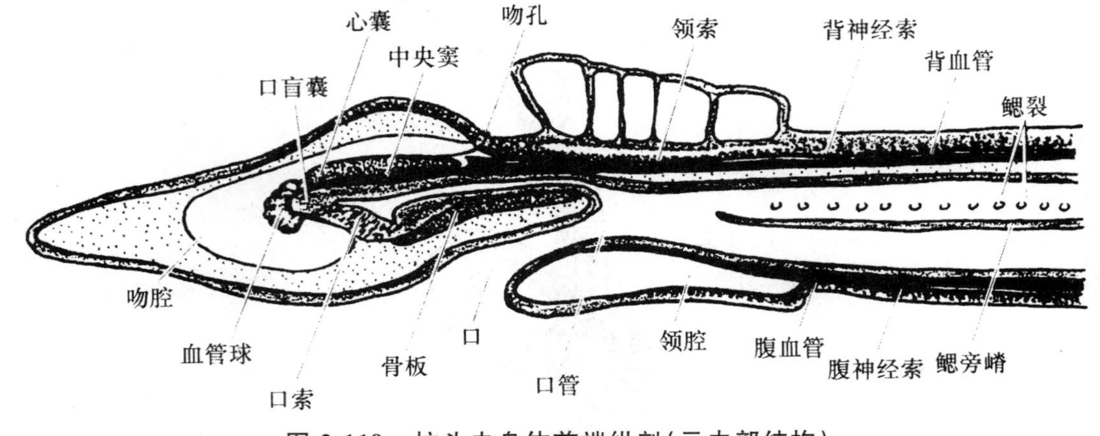

图 2-119　柱头虫身体前端纵剖（示内部结构）

（二）消化和呼吸

柱头虫的消化道是从前往后纵贯于领和躯干末端之间的一条直管。口位于吻、领的腹面交界处，肛门开口于躯干部的后端。口和肛门之间的消化管又可分为口管（腔）④、咽⑤、食道⑥和肠⑦ 4 部分。

（三）循环和排泄

半索动物循环系统属于原始的开管式循环，主要由背血管、腹血管和中央窦组成（图 2-120）。血液循环方式与蚯蚓类似，背血管的血液向前流动，经静脉窦到

---

① 吻腔一个，以吻孔与外界相通，可容水流进入和废液排出，当吻腔充水时，吻部变得坚挺有力，形似柱头，可用于穿洞凿穴，柱头虫即因此而得名。

② 领腔一对，位于口腔两侧，被背腹系膜分开。领腔与吻腔相通，具孔，通入第 1 鳃囊。

③ 躯干腔一对，位于躯干体壁与肠之间，也被背腹系膜分开。在躯干部的前部，每侧体腔又被侧隔分为背侧室和腹侧室。躯干腔以隔膜与领腔分开，而且常为躯干肌所替代。

④ 口管位于领区，其背壁形成一短硬而中空的盲囊，突入吻腔。

⑤ 咽位于躯干部的鳃区，其背侧具成对的“U”形鳃裂和鳃孔。咽同时又是呼吸器官，咽的背侧排列着许多（7～700）成对的外鳃裂，每个外鳃裂各与一内鳃裂相通，然后再由此通向体表。彼此相邻的鳃裂间布有丰富的微血管，虫体在泥沙掘进过程中，水和富含有机物质的泥沙被摄入口内，水经内鳃裂从外鳃裂排出时，就完成了气体交换的呼吸作用。

⑥ 食道背部管壁加厚并呈皱褶状，称鳃后管。

⑦ 肠始于躯干部的肝盲囊，肝盲囊是柱头虫的主要消化腺。

达中央窦。腹血管的流向往后。中央窦内的血液通过心囊(位于中央窦上方,具肌肉,可以有节律地收缩)搏动,注入前方的血管球,由此过滤排出新陈代谢废物至吻腔,再从吻孔流出体外。

自血管球导出 4 条血管,其中有 2 条分布到吻部,另 2 条为后行的动脉血管,在领部腹面两者汇合成腹血管,将血管球中的大部分血液输送到身体各部。

(四)神经

除身体表皮基部满布神经感觉细胞外,还有 2 条紧连表皮的神经索,即沿着背中线的一条背神经索和沿着腹中线的一条腹神经索。背、腹神经索在领部相连成环。背神经索在伸入领部处出现有狭窄的空隙,由此发出的神经纤维聚集成丛,这种结构曾被认为是雏形的背神经管,该特点表明它们似与更高等的脊索动物具有一定亲缘关系。

(五)生殖

半索动物雌雄异体。生殖腺的外形相似,均呈小囊状,成对地排列于躯干前半部至肝囊区之间的背侧。性成熟时卵巢呈现灰褐色,精巢呈黄色。体外受精,卵和精子由鳃裂外侧的生殖孔排至海水中。

柱头虫的卵小,卵黄含量也少,受精卵为均等全裂,胚体先发育成柱头幼虫,然后经变态为柱头虫。柱头幼虫体小而透明,体表布有粗细不等的纤毛带,营自由游泳生活,它们不论在形态或生活习性方面均酷似棘皮动物海参的短腕幼虫。变态时期,幼虫沉至海底,身体逐渐转为黄色,纤毛带也相继消失,前后两端分别延伸成吻部和躯干部,最终发育成柱头虫。

三、半索动物门的分类

(一)肠鳃纲

俗称柱头虫,蠕虫状动物,体长 2～250cm,营个体生活,雌雄异体。多为穴栖,以藻类、原生动物等为食。以潮间带或潮下带种类较多。约有 70 种,中国已报道 6 种。

(二)羽鳃纲

是群小形的半索动物。营聚生或群体生活,通常体长 1～7mm,躯干呈囊状,具“U”形消化管，具1对触手腕（杆壁虫）或4～9对触手腕（头盘虫）。无吻骨骼。雌雄异体或无性生殖。这类动物较为罕见，在中国尚未发现。本纲代表动物有头盘虫和杆壁虫等（图2-120）。

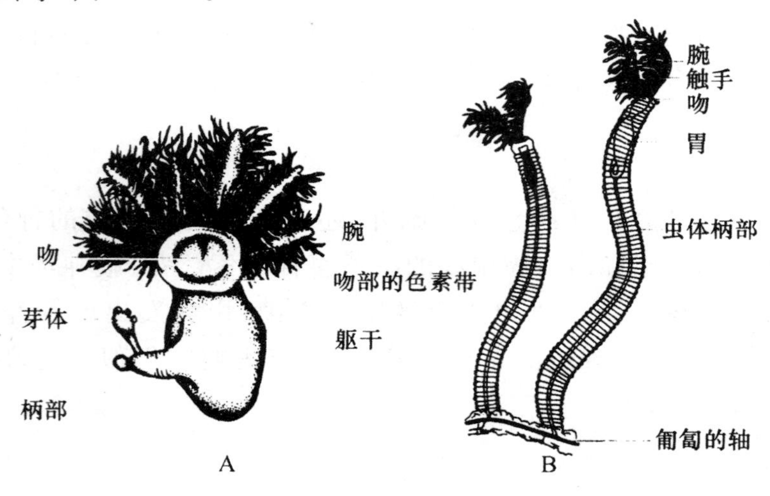

图 2-120　头盘虫（A）和杆壁虫（B）

四、半索动物门的演化

半索动物的分类目前有争议，有的人认为半索动物应列入脊索动物，是脊索动物中的原始类群，因为它的主要特征与脊索动物的主要特征大致相符，即口索相当于脊索，背神经索前端有空腔相当于背神经管，咽部有鳃裂。也有人认为半索动物是非脊索动物和脊索动物之间的一种过渡类型，应该是一个独立的门。一方面口索与脊索构造上有差别，功能上可能也有区别。另一方面半索动物具有非脊索动物的结构：腹神经索、开管式循环、肛门位于身体末端等。棘皮动物、半索动物和脊索动物可能是由一类共同的原始祖先分支进化而来，半索动物和棘皮动物都是后口动物。两者的中胚层都是由原肠凸出形成。柱头幼虫与短腕幼虫形态结构非常相似。同时，半索动物又有脊索动物的主要特征：有雏形的脊索（口索）、背神经管和咽鳃裂。生化方面的证据有脊索动物肌肉中的磷肌酸为含肌酸的化合物，非脊索动物肌肉中的磷肌酸为含精氨酸的化合物，海胆、柱头虫肌肉中的磷肌酸同时含有肌酸和精氨酸。

凡是分类位置很近的动物由于分别适应各种生活环境，经长期改变，终于在形态结构上造成明显差异的现象，称为适应辐射。例如，肠鳃纲似蚯蚓，自由生活，羽鳃纲似苔藓虫，固着生活。这些是各自适应不同的生活环境而产生的结果。

第三章　脊索动物门综述

脊索动物门是动物界最高等的动物，是与人类关系最密切的动物类群。根据脊索存在的情况，与无脊索动物相比主要具有两大亚门：尾索动物亚门、头索动物亚门。本章除了介绍这两类亚门之外，还介绍了六大纲动物，分别是圆口纲、鱼纲、两栖纲、爬行纲、鸟纲和哺乳纲等。

第一节　尾索动物亚门

尾索动物是脊索动物中最低级的类群之一，一般为雌雄共体，又因尾索动物体外均披有近似植物纤维质的囊包，故称被囊动物(tunicata)，但总称为原索动物(Protochordata)。如图 3-1 至图 3-3 所示。

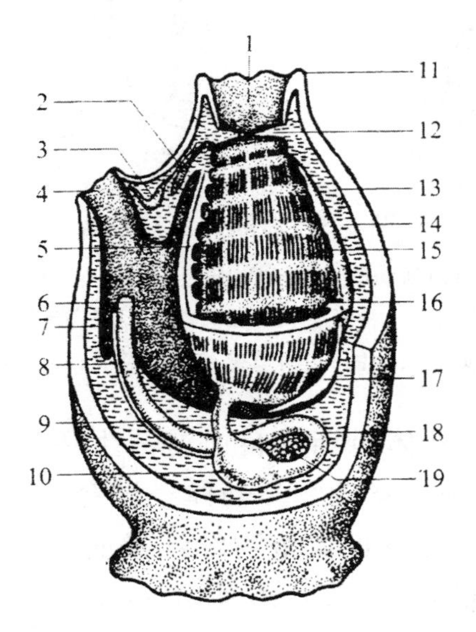

图 3-1　海鞘的内部构造

1—口；2—"神经"腺；3—神经索；4—围鳃腔吸管；5—背板；6—肛门；7—围鳃腔；8—生殖管；9—食管；10—胃；11—口吸管；12—缘膜；13—外套膜；14—被囊；15—鳃裂；16—内柱；17—心脏；18—肠；19—生殖腺

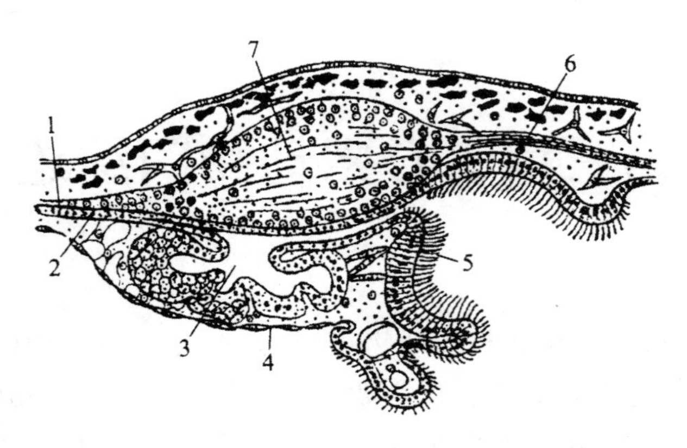

图 3-2　海鞘的神经节和脑下腺

1—后神经；2—背沟；3—脑下腺；4—咽；
5—纤毛；6—前神经；7—神经节

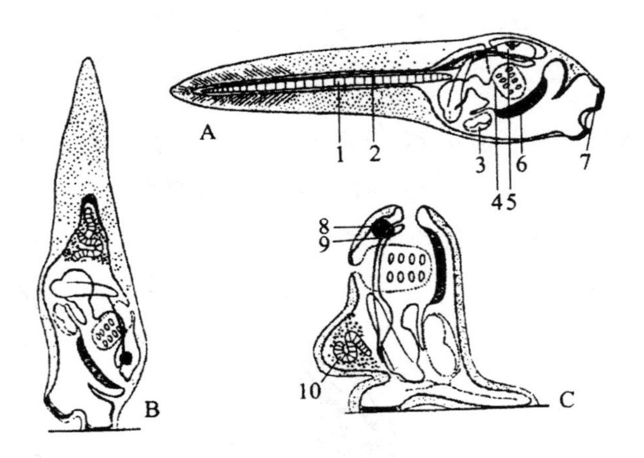

图 3-3　海鞘的变态过程

A. 自由活动的幼体　B. 变态初期　C. 变态后期
1—脊索；2—神经管；3—肠管；4—心脏；5—围鳃腔；
6—脑泡；7—内柱；8—附着突；9—神经节；10—神经下腺

本亚门的动物多数在幼体时期是自由游泳生活的，具有脊索动物特征但脊索只在尾部存在，所以称为尾索动物。幼体经过变态尾部消失，营固着生活。因身体外包在胶质（gelatinous）或近似植物纤维素成分的被囊（tunic）中，又被称为被囊动物（tunicate）。全世界有 2000 多种，常见种类有柄海鞘（Styela clava）、樽海鞘（Doliolum）、玻璃海鞘（Ciona）、菊花海鞘（Botryllus）等，分布遍及世界各地的海洋。

二、代表动物——柄海鞘(Styela clava)

(一)成体形态结构

1. 外形

海鞘的成体形似囊袋,基部以长柄附生在海底或被海水淹没的物体上,顶部有两个相距不远的孔:顶端的是入水孔(incurrent siphon),位置略低的是出水孔(excurrent siphon)(图 3-4),水流从入水孔进入而由出水孔排出。受惊扰时可引起体壁骤然收缩,体内的水分别从两个孔中似乳汁般喷射而出,待缓解后会逐渐恢复原状。

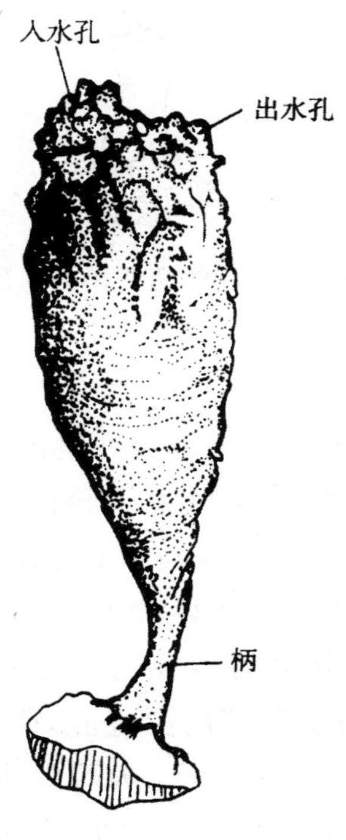

图 3-4　柄海鞘

2. 外套膜(mantle)和被囊

外套膜构成柄海鞘的体壁。外套膜由表面一层外胚层的上皮细胞和中胚层的肌肉纤维及结缔组织组成。动物体外的被囊由外套膜分泌而来。在整个动物界中具有被囊的动物仅见于尾索动物和少数原生动物。外套膜在入水孔和出水孔的边缘处与被囊汇合，并有环行括约肌控制管孔的启闭(图 3-5)。

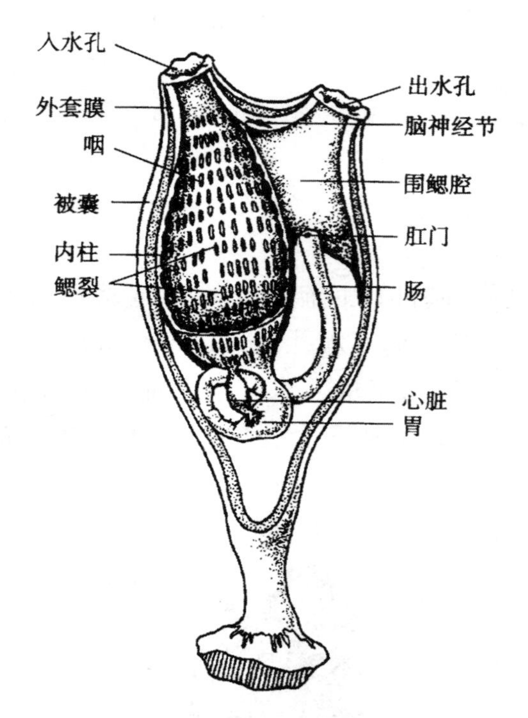

图 3-5　成体柄海鞘的内部结构

(二)幼体及变态

幼体形似蝌蚪，自由游泳，长 1～5mm，尾内有发达的脊索，脊索背方有中空的背神经管，神经管的前端甚至还膨大成脑泡(cerebral vesicle)；具有眼点和平衡器官等。幼体经过几小时至一天的自由生活后，用体前端的附着突(adhesive papillae)黏着在其他水中物体上，开始变态。幼体的尾连同内部的脊索和尾肌逐渐被吸收而消失，神经管退化而残存为一个神经节，感觉器官消失。与此相反，咽部却大为扩张，形成围绕咽部的围鳃腔，附着突背面生长迅速，于是造成内部器官的位置也随之转动了 90°～180°。随后由体壁分泌形成被囊，变为营固着生活的柄海鞘(图 3-6)。柄海鞘经过变态，失去了一些重要的构造，形体变得更为简单，柄海鞘成体的形态结构与典型的脊索动物有很大差异，这种变态称为逆行变态(retrogressive metamorphosis)。

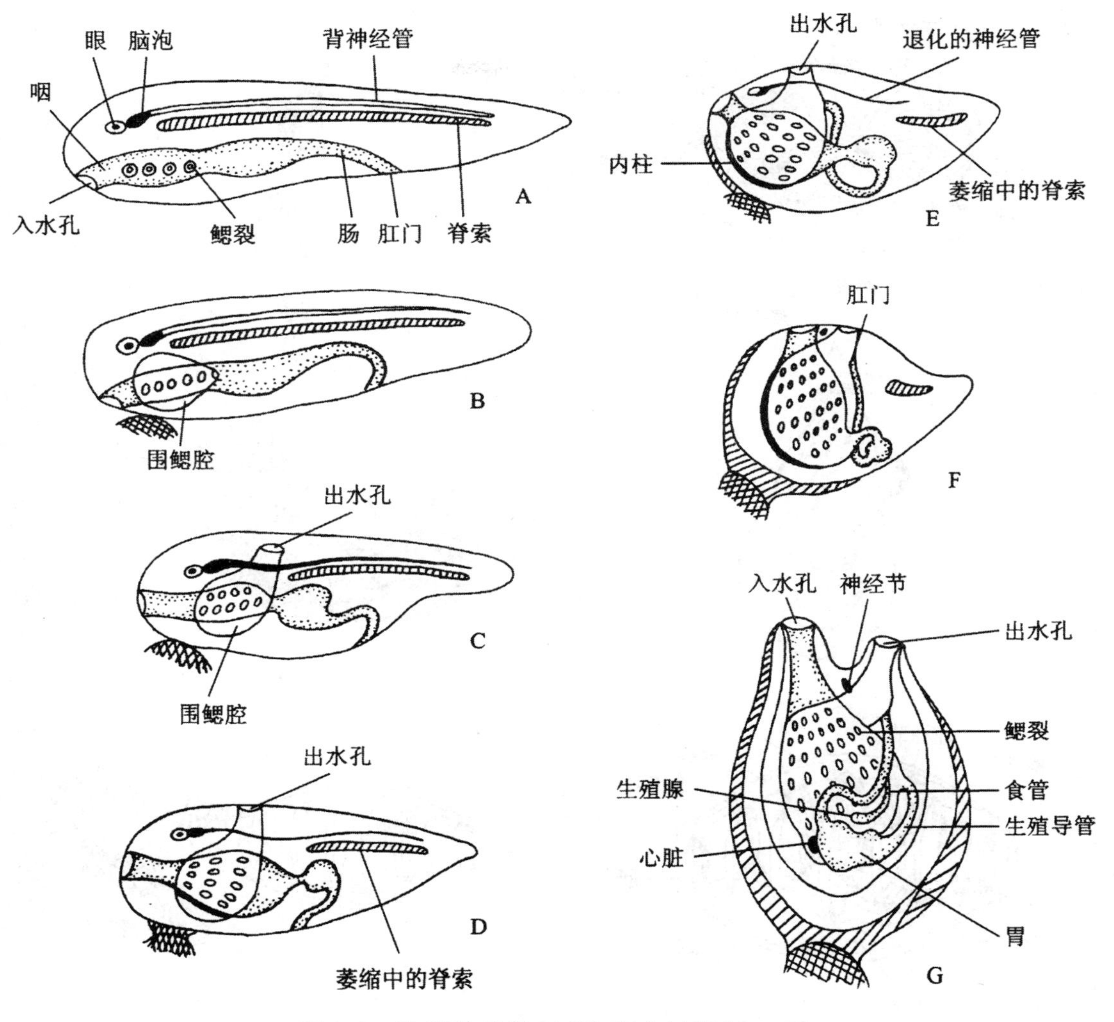

图 3-6 海鞘的幼体(A)和变态过程(B—G)

三、尾索动物的分类

本亚门有 2000 多种，分为 3 个纲(图 3-7)，我国已知有 14 种左右。体呈袋形或桶状，包括单体或群体两个类型，绝大多数无尾种类只在幼体时期自由生活，成体于浅海潮间带营底栖固着生活，少数终生有尾种类在海面上营漂浮式的自由游泳生活。

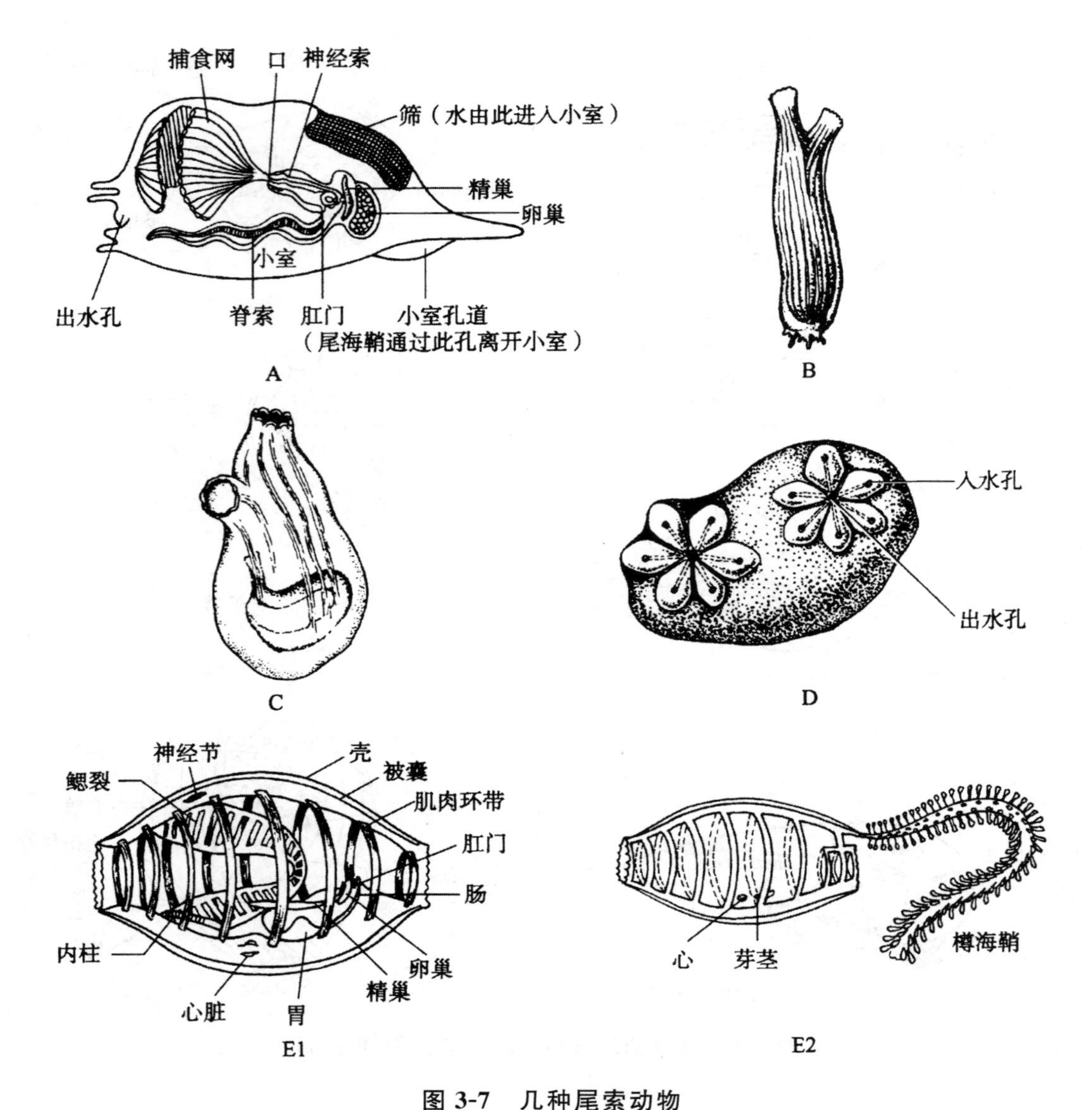

图 3-7 几种尾索动物

A. 住囊虫 B. 玻璃海鞘 C. 长条海鞘 D. 菊花海鞘

E1. 樽海鞘有性世代 E2. 樽海鞘无性世代

海鞘是尾索动物亚门中最主要的类群，占全部种数的 90%以上，有 1250 多种。单体或群体，附着于水下物体营固着生活。单体种类最大体长可达 200mm，群体全长可超过 0.5m。柄海鞘是海鞘类中的优势种，经常与盘管虫(Hydroides)、藤壶(Balanus)及苔藓虫(Bugula)等一起固着在码头、船坞以及海带筏和扇贝笼上，是沿海污染的重要生物指标钟。

第二节　头索动物亚门

一、主要特征

头索动物栖息在热带和亚热带的浅海中，体呈鱼形。头索动物(图 3-8)的构造虽然简单原始，但是脊索动物的三大特征都以简单的形式终生保留着，因而被称为一个典型的脊索动物的简化缩影，在动物学研究中占有重要地位。

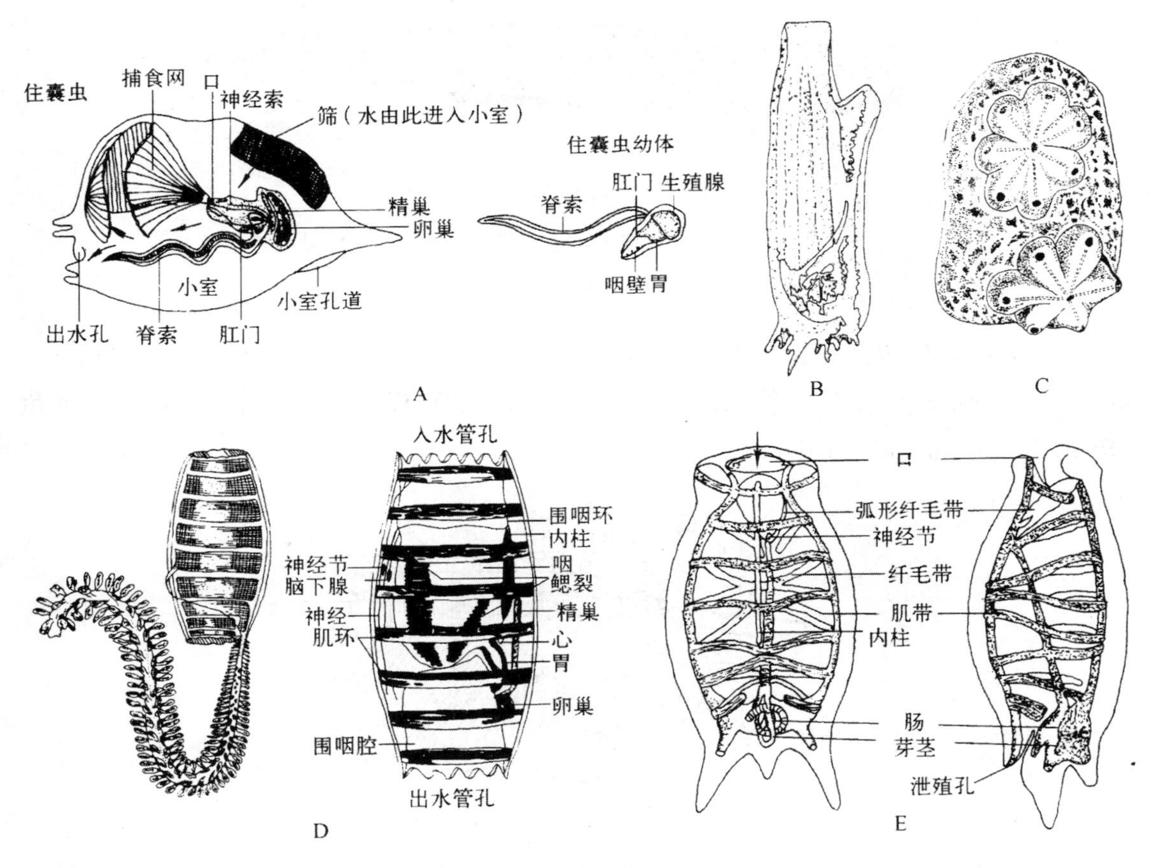

图 3-8　几种尾索动物

A. 住囊虫及其幼体　B. 玻璃海鞘　C. 菊芳海鞘
D. 樽海鞘　E. 萨尔帕

二、代表动物——文昌鱼

(一)外形

文昌鱼的外形略似小鱼，身体两端尖出，又称双尖鱼(Amphioxus)，因其尾形很像矛头常被称为海矛(图 3-9)。

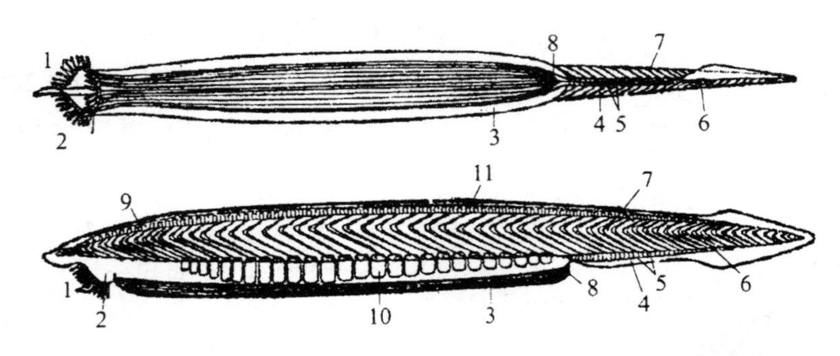

图 3-9 文昌鱼的外形

1—触须；2—口笠；3—腹褶；4—臀鳍；5—鳍条；6—肛门；
7—肌节；8—腹孔；9—脊索；10—生殖腺；11—背鳍

文昌鱼左右侧扁，无明显的头部(图 3-10)，半透明，可见皮下的肌节(myomere)和腹侧块状的生殖腺；体长约 50mm，最大可超过 100mm，如加州文昌鱼(Branchiostoma californise)。

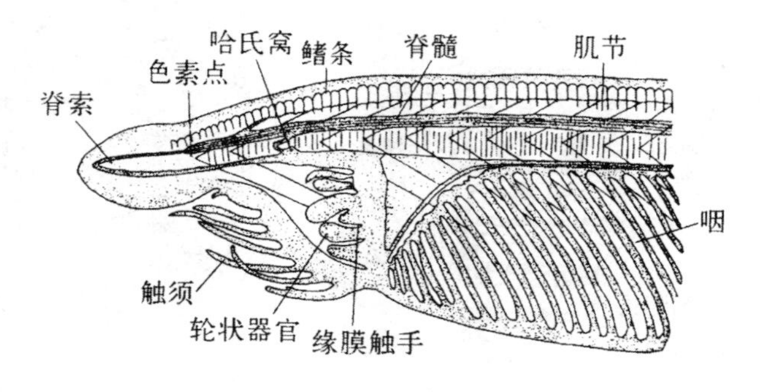

图 3-10 文昌鱼的头部

文昌鱼的腹面前端为一漏斗状的口笠(oral hood)，如图 3-11 所示，口笠内为前庭(vestibule)，前庭内壁有轮器(wheel organ)，前庭底部中央为口，口周围有环形缘膜(velum)(图 3-12)。

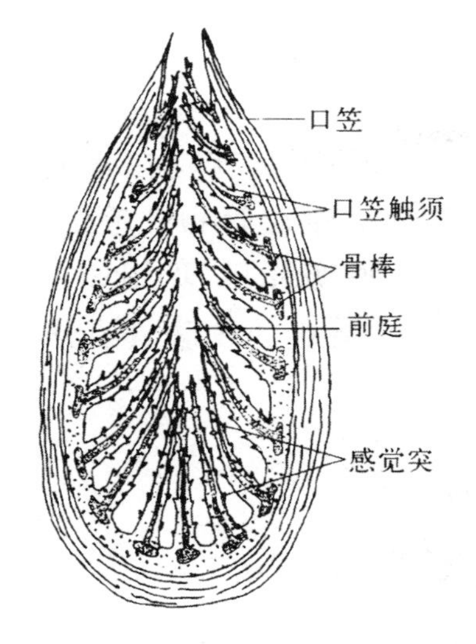

图 3-11　文昌鱼的口笠

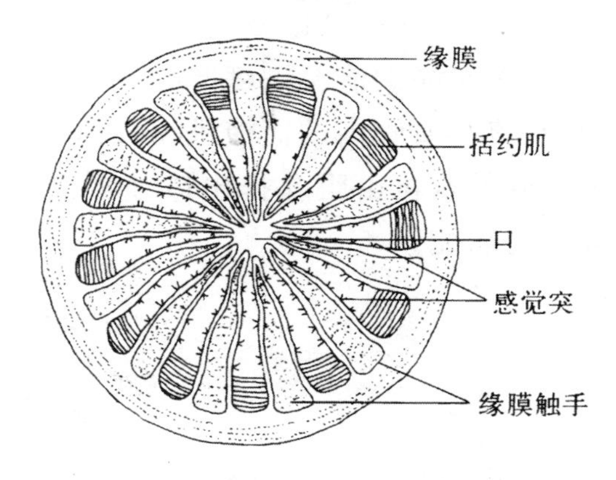

图 3-12　文昌鱼的口与缘膜

（二）皮肤

文昌鱼的皮肤薄而半透明，最外面是角皮层（cuticle），紧挨的是单层柱形细胞的表皮和冻胶状结缔组织的真皮。幼体期在表皮外生有纤毛，成体则消失。文昌鱼以纵贯全身的脊索作为支持动物体的中轴支架，无骨质的骨骼。脊索外围有脊索鞘膜，脊索细胞呈扁盘状，收缩时可增加脊索的硬度。在口笠触须、缘膜触手、轮器内部都有角质物支持，奇鳍的鳍条（fin rays）和鳃裂的鳃条（gill bar）由结缔组织支持。文昌鱼的肌肉背部厚实而腹部比较单薄，全身主要的肌肉是 60 多对肌节（myomere），呈“V”字形，按节排列于体侧，尖端朝前，肌节间为结缔组织的肌隔（myocomma）。为在水平方向做弯曲运动，文昌鱼两侧的肌节互不对称。围鳃腔腹面的横肌和口缘膜上的括约肌等可控制围鳃腔的排水及口孔的大小（图 3-13）。

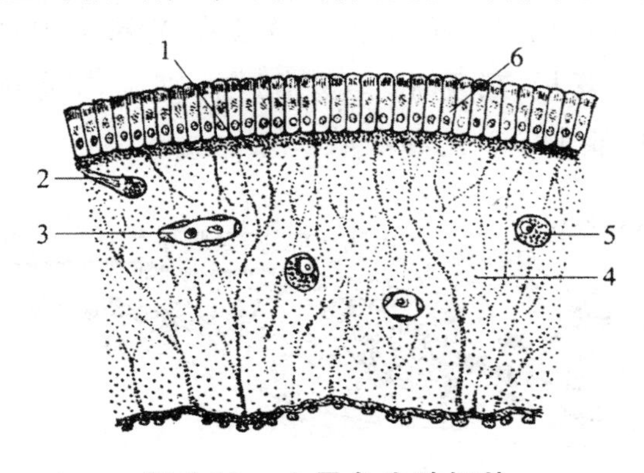

图 3-13　文昌鱼皮肤切片

1—真皮；2—神经；3—血管；4—皮下层；5—神经；6—表皮

(三)消化和呼吸器官

气体交换在咽部以及身体表面进行。文昌鱼的呼吸就是在水流通过咽壁两侧的60多对鳃裂流至围鳃腔时,鳃裂内壁布满有大量血管和纤毛细胞,借助纤毛运动,水流与血管内的血液进行气体交换,完成了呼吸作用(见图3-14)。最后,流入围鳃腔的水再由腹孔排出体外。也有人认为文昌鱼的皮肤具有从水中直接摄取氧气的功能。

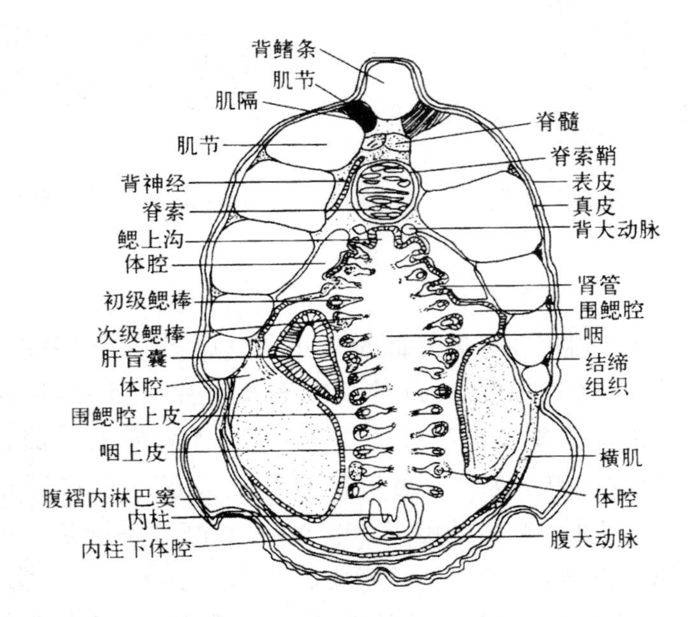

图3-14 文昌鱼过咽部的横切结构模式图

文昌鱼取食时,经口入咽,被滤下留在咽内,咽内的食物微粒被内柱细胞的分泌物黏结成团,如图3-15所示。通常食物微粒在腹部的内柱由后向前,再经围咽纤毛由沟下到上背侧的背板,转到肝盲囊中进行细胞内消化,未消化的食物由肝盲囊重返肠中,在后肠部进行消化和吸收。

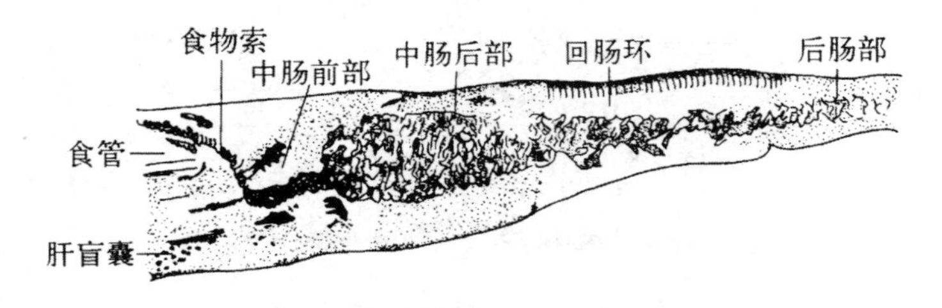

图3-15 食物在文昌鱼肠道内流经的途径

肠的末端开口于身体左侧的肛门，不能被消化的食物残渣由肛门排出体外。文昌鱼的咽部极度扩大，几乎占据身体全长的1/2，咽腔内具有内柱、咽上沟和围咽沟等。咽壁两侧有60多对鳃裂，彼此以鳃条分开，鳃裂内壁有纤毛上皮细胞和血管。水流进入口和咽时，凭借纤毛上皮细胞的纤毛运动，通过鳃裂，并使之与血管内的血液进行气体交换。最后，水再由围鳃腔经腹孔排出体外。咽是收集食物和呼吸的场所（图3-16）。

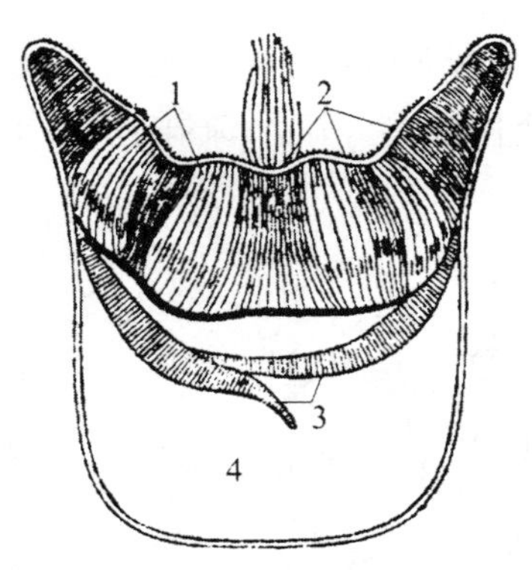

图3-16　文昌鱼内柱

1—腺细胞；2—纤毛细胞；3—鳃棒；4—围鳃腔

（四）循环系统

文昌鱼无心脏，但具有搏动能力的腹大动脉（ventral aorta），故又称为狭心动物。由腹大动脉往两侧分出许多成对的鳃动脉（branchial arteries）进入鳃隔，鳃动脉不再分为毛细血管，直接完成气体交换，之后在咽鳃裂背部汇入左、右2条背大动脉根，故背大动脉根内含很多氧血。背大动脉根内的血液往前流向身体前端，向后则由左、右背大动脉根合成背大动脉（dorsal aorta），由此分出血管到身体各部（图3-17）。

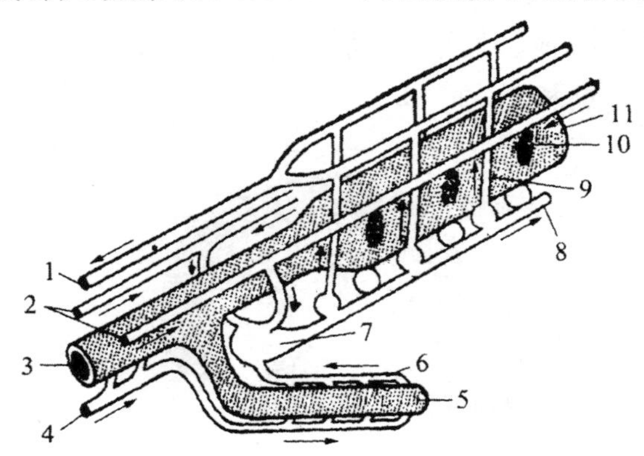

图3-17　文昌鱼血液循环示意图

1—背主动脉；2—主静脉；3—肠；4—肠下静脉；5—中肠盲囊；6—肝静脉；7—静脉窦；8—腹主动脉；9—鳃动脉；10—鳃裂；11—咽

（五）排泄器官

排泄器官由肾管（nephridium）组成，肾管数10对，按节排列，位于咽壁背方的两侧。每个肾管是一短而弯曲的小管，弯管的背侧连接着5～6束管细胞（solenocytes），弯曲的腹侧有单个开口于围鳃腔的肾孔（nephrostome），其结构和功能与原管肾比较相似。管细胞远端呈盲端膨大，紧贴体腔，内有一长鞭毛，由体腔上皮细胞特化而成。代谢废物通过体腔液渗透进入管细胞，在鞭毛摆动的推动下到达肾管，再由肾孔送至围鳃腔，随水流排出体外（图3-18）。

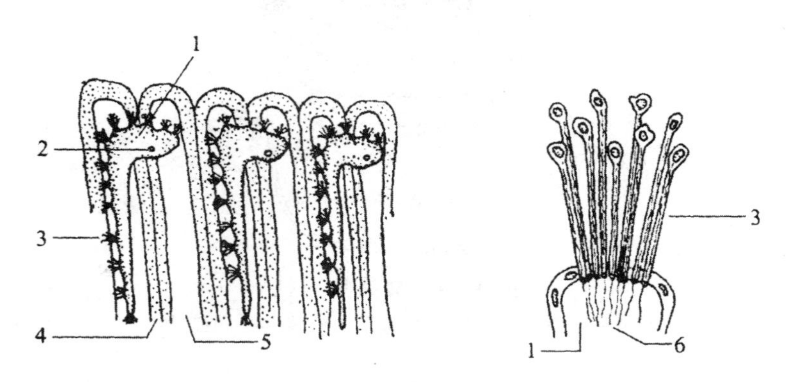

图3-18 文昌鱼的肾管（左）和文昌鱼的有管细胞（右）

1—肾管腔；2—肾孔；3—肾管细胞；4—鳃棒；5—鳃裂；6—纤毛

（六）神经系统

文昌鱼的感觉器官很不发达，仅有分布于背神经管两侧的黑色小点称为脑眼（图3-19），是由一个感光细胞和一个色素细胞构成的光线感受器，能通过半透明的体壁起到感光作用。口笠、触须和缘膜触手等分布有少量感觉细胞。这与文昌鱼很少运动的生活方式是相关的。

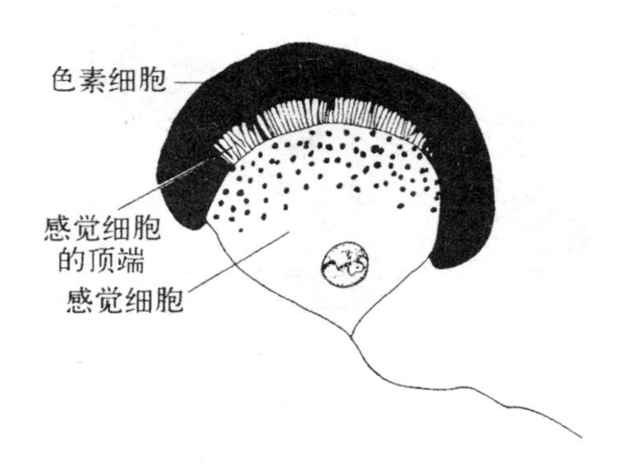

图3-19 文昌鱼的脑眼

文昌鱼的眼点是神经管前端的单个大于脑眼的色素点(pigment spot)。有人认为此是退化的平衡器官,有人则认为此有遮挡阳光使脑眼免受阳光直射的作用,但无视觉作用。此外,全身皮肤中特别是口笠、触须和缘膜触手等处还散布着零星的感觉细胞(图3-20)。

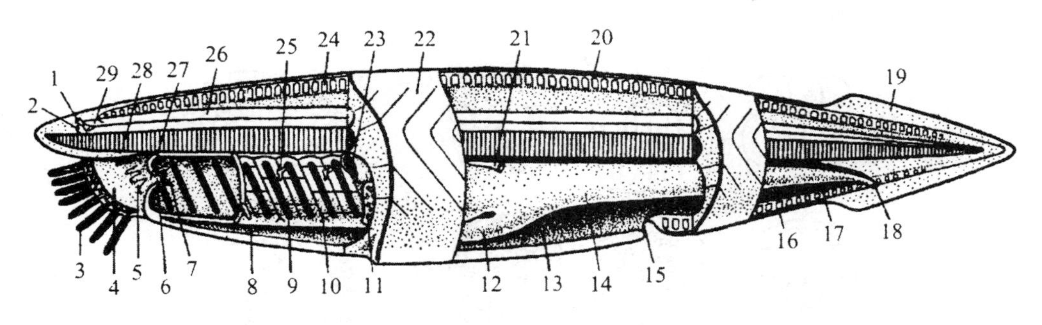

图3-20　文昌鱼的纵切面

1—嗅窝;2—色素点;3—口触须;4—口笠;5—轮器;6—缘膜;7—缘膜触手;8—围鳃腔;9—鳃裂;10—鳃条;11—生殖腺;12—肝盲囊;13—围鳃腔;14—肠;15—围鳃腔孔;16—臀鳍;17—体腔;18—肛门;19—尾鳍;20—背鳍;21—褐漏斗;22—肌节;23—体腔;24—背鳍条;25—肾管;26—神经管;27—口;28—脊索;29—脑

(七)胚胎发育和变态

文昌鱼为雌雄异体,在6～7月份产卵,卵为均黄卵(isolecithal egg),小且含卵黄少,卵径0.1～0.2mm,后经历受精卵、卵裂、桑葚胚、囊胚、原肠胚、神经胚各个时期,孵化成幼体(图3-21)。

(八)幼体期和围鳃腔的形成

经过20多个小时后,文昌鱼的胚胎发育基本结束。全身被纤毛的幼体就能突破卵膜,到海水中活动。此时的生活规律是:白天游至海底,夜间升上海面,进行垂直洄游。幼体期约3个月,然后沉落海底进行变态。幼体在生长发育和变态的过程中,身体日益长大,出现前庭,鳃裂的数目因发生次生鳃棒而增加,并由原来直接开口体外而变为通入后来发生的围鳃腔中(图3-22)。一龄的文昌鱼体长约40mm,性腺发育成熟,可参与当年的繁殖。

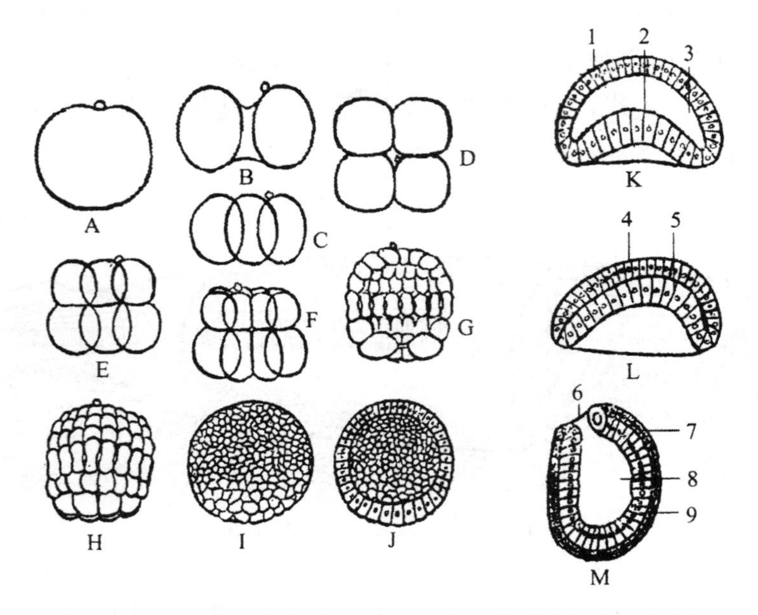

图 3-21　文昌鱼的胚胎发生(由受精卵至原肠胚形成)

A. 受精卵　B. 2 细胞　C. 4 细胞　D. 4 细胞顶面观　E. 8 细胞　F. 16 细胞　G. 桑葚期切面
H. 桑葚期　I. 囊胚期；　J. 囊胚期剖面　K. 原肠期　L. 原肠期　M. 原肠期
1—外胚层；2—内胚层；3—囊胚腔；4—外胚层
5—内胚层；6—原口；7—外胚层；8—原肠腔；9—内胚层

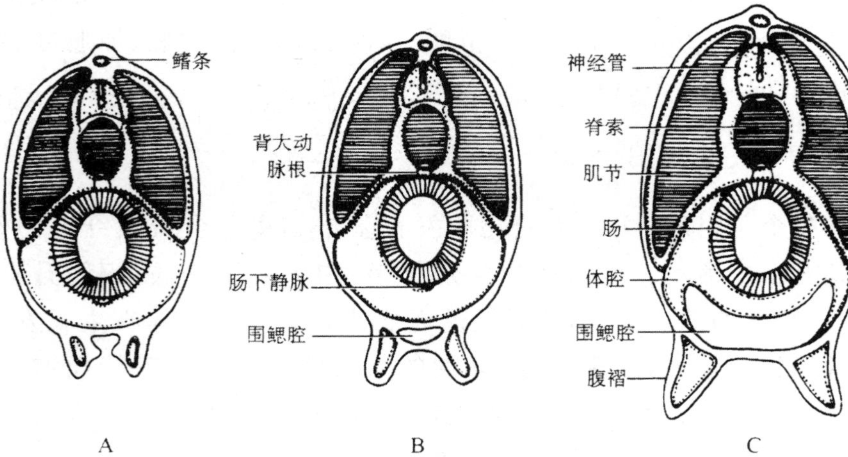

鳍条
背大动脉根
肠下静脉
围鳃腔
神经管
脊索
肌节
肠
体腔
围鳃腔
腹褶
A　B　C

图 3-22　文昌鱼围鳃腔的形成

A. 腹褶开始出现　B. 左右腹褶相连形成围鳃腔　C. 围鳃腔扩大

第三节　圆口纲

圆口纲是一类营寄生生活并发生高度特化的脊椎动物，是一类具有特殊结构的水栖动物。因营寄生生活而产生了一个圆形的口吸盘，故称圆口类。

圆口纲动物都生活于海洋或淡水中，营半寄生生活或寄生生活。从距今5亿多年古生代奥陶纪地层中发现的古代——甲胄鱼化石，与圆口类现存种类非常相似，因而，圆口纲在动物学和解剖学上具有不可替代的地位，现存圆口纲动物被誉为“活化石”之称。七鳃鳗和盲鳗为圆口纲的代表动物(图3-23)。

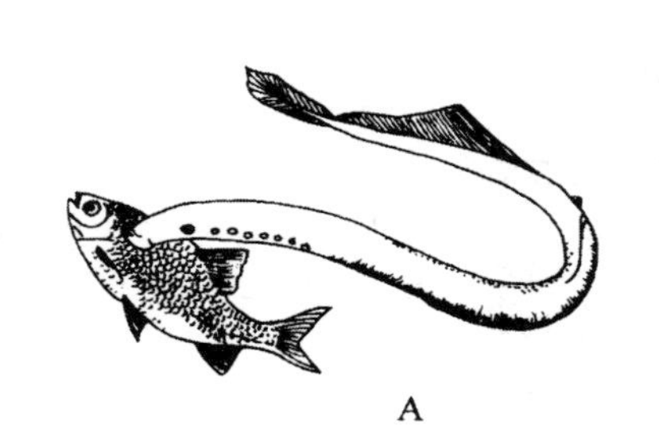

A

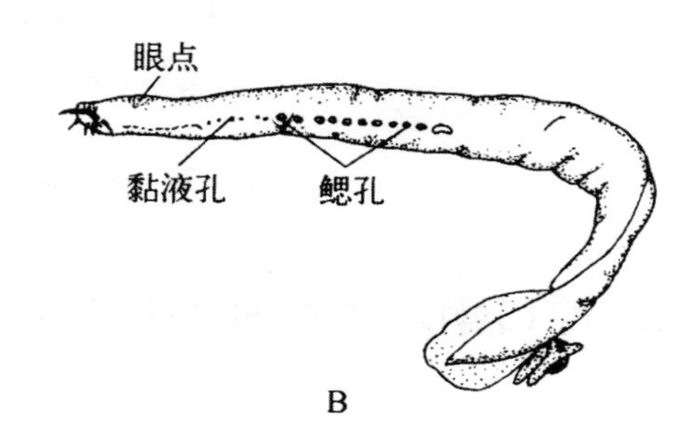

B

图3-23　圆口纲动物

A. 七鳃鳗　B. 盲鳗

一、圆口纲的主要特征

圆口纲动物常以鱼类和龟类为寄主，营寄生或半寄生生活，是一类因寄生生活而引起显著特化的动物，其具有漏斗状的口吸盘，不能启闭。舌位于漏斗的底部，由环肌和纵肌构成，因而能做“活塞”状的活动；舌长有可再生的角质齿(称锉舌)，与漏斗内壁形成锉刀式的摄食器(图3-24)。

圆口纲动物的特化性特征表现出对寄生生活方式的高度适应性。也正是由于其产生了对寄生生活方式的特化，圆口纲动物才得以在动物进化过程中保存至今。

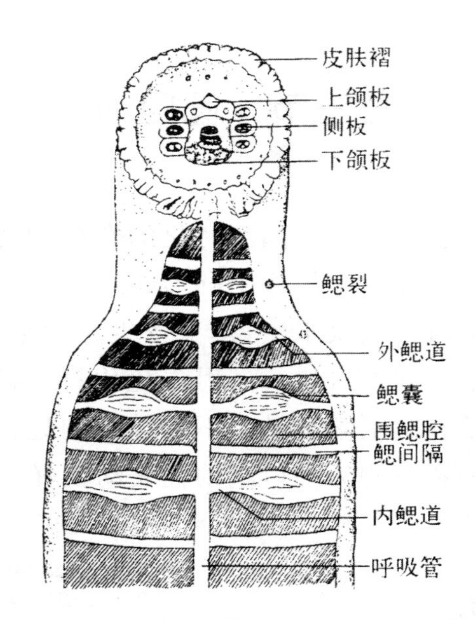

图 3-24　七鳃鳗的口吸盘及呼吸系统

二、圆口纲动物的形态结构和功能

(一)生活方式

东北七鳃鳗生活在淡水中，营半寄生生活。常用口吸盘吸附在鱼类身上，并用长有角质齿的锉舌刺破鱼类进行寄生。海水产的如海七鳃鳗(Petromyzon marinus)。

(二)外部形态

体呈鳗形，长约 30cm，分头、躯干和尾三部分，头部前端腹面有一个漏斗状的口吸盘，它四周边缘有乳头突起，可以吸附在其他鱼类上，口漏斗的内面有角质齿(锉舌)，可以刺破鱼的皮肤获取食物。头部中央有单个鼻孔，其后方的皮下有 1 个松果眼，头两侧有 1 对无眼睑的眼，眼后方各有 7 个圆形的鳃裂孔(故名七鳃鳗)。无偶鳍，只有奇鳍，2 个背鳍，1 个尾鳍，雌体另有 1 臀鳍，七鳃鳗尾鳍通常在外形和内部骨骼上都是对称的，被称为原尾型。躯干部和尾部交界处的腹面有一肛门，后方有一乳头状突起为泄殖突，泄殖孔开口于此(图 3-25)。

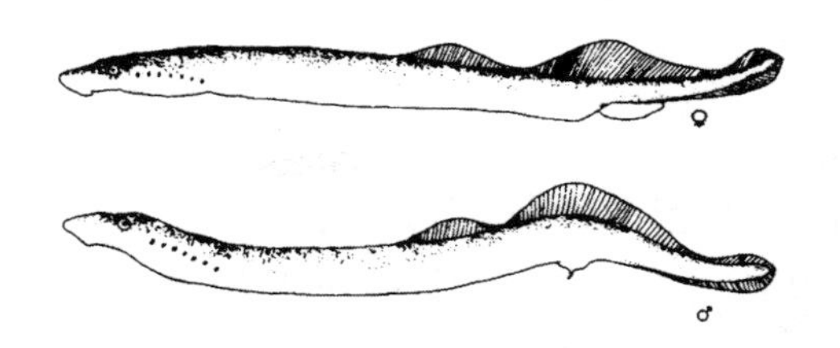

图 3-25　七鳃鳗的外形

(三)内部结构

1. 骨骼系统

七鳃鳗的骨骼结构原始,有软骨和结缔组织组成,没有硬骨。身体主要支持结构仍为终生保留的脊索。脊索鞘不仅包围了脊索,还包围了脊髓。脊索背方背神经管两侧有许多小软骨质弓片,代表了雏形脊椎骨的开始(图 3-26)。

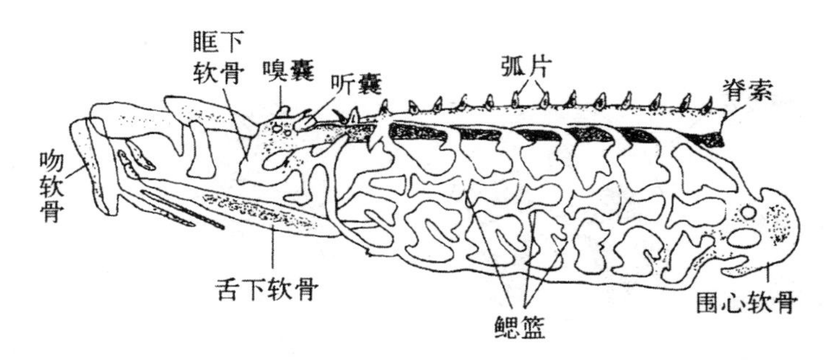

图 3-26　七鳃鳗的内部结构

2. 肌肉系统

七鳃鳗的肌肉仍相当原始,基本上与文昌鱼相似。体壁肌肉分化少,由一系列原始的肌节组成,成∑形分布,没有水平隔。但也产生与鳃笼、口吸盘和舌结构和功能相适应的复杂肌肉(图 3-27)。

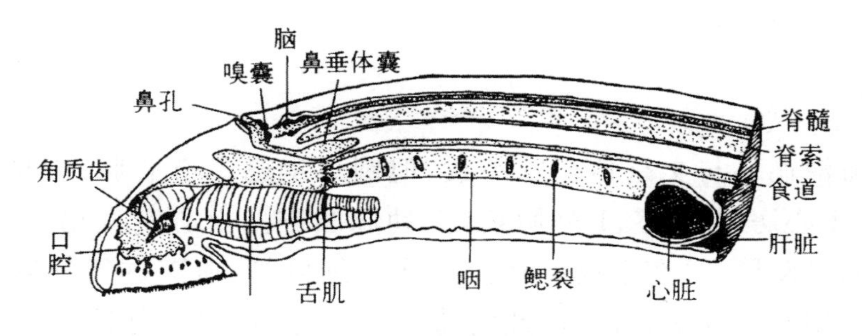

图 3-27　七鳃鳗的骨骼系统

3. 呼吸系统

七鳃鳗咽部腹面的呼吸管为盲管,其两侧各有 7 个内鳃孔,每个内鳃孔各与 1 个鳃囊相通,每个鳃囊也各与 1 个外鳃孔同外界相通。鳃孔周围有强大的括约肌和缩肌可控制鳃孔的启闭。鳃位于鳃囊中,鳃囊背、腹及侧壁均为内胚层演变而来的皱褶状鳃丝,有丰富的毛细血管,是呼吸器官的主体(图 3-28)。

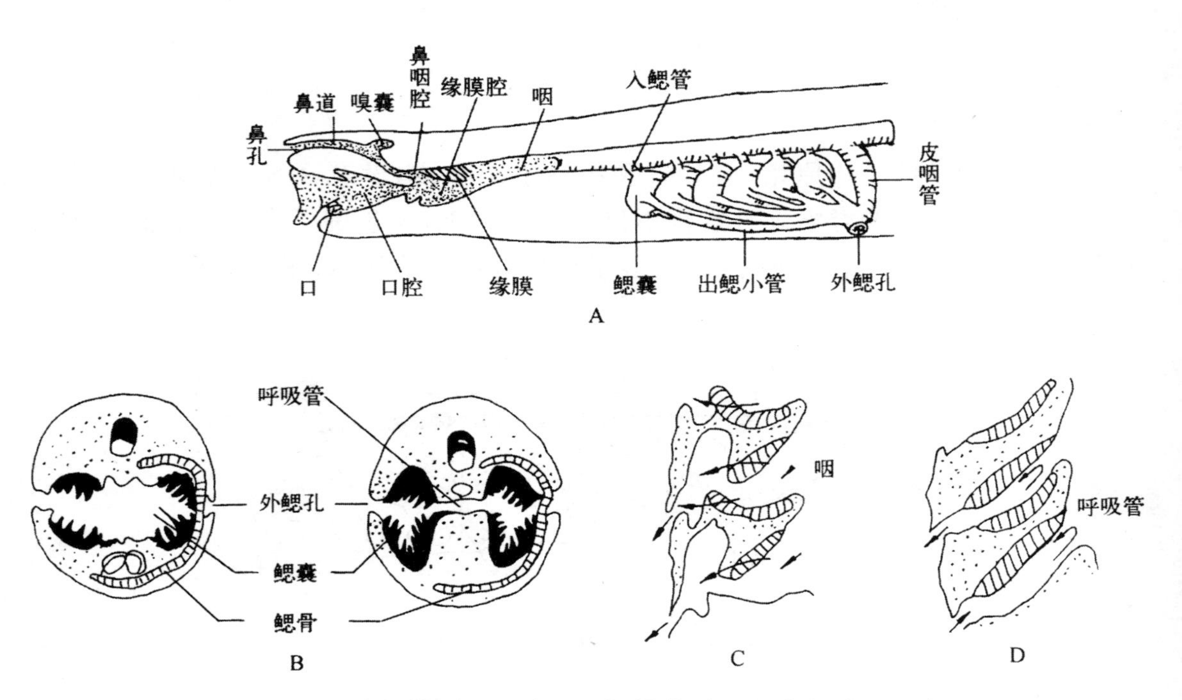

图 3-28 盲鳗的呼吸系统及七鳃鳗的呼吸系统和呼吸运动

A. 盲鳗的呼吸系统 B. 七鳃鳗的呼吸系统 C、D. 七鳃鳗的呼吸运动

盲鳗无呼吸管,内鳃孔直接开口于咽部,各鳃囊不直接从外鳃孔通向外界,而是分别由出鳃管往后汇总到一条总鳃管内,在远离头部的后方开口于体外,所以体外只能见到一对鳃孔。

4. 循环系统

七鳃鳗血液循环与文昌鱼基本一致,但圆口纲已具有心脏,常位于鳃囊后的围心囊内,有 1 心房、1 心室、1 静脉窦,无动脉圆锥。由心室发出 1 条腹大动脉,再发出 8 对入鳃动脉,分布于鳃囊壁上形成毛细血管,血液进行气体交换,尔后 8 对出鳃动脉集中到背动脉根内,由此向前发出 1 条颈动脉,向后汇合成背大动脉,分支到体壁和内脏器官中(图 3-29)。

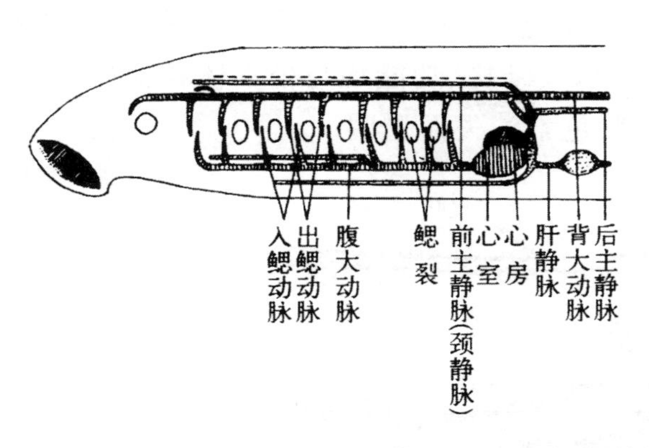

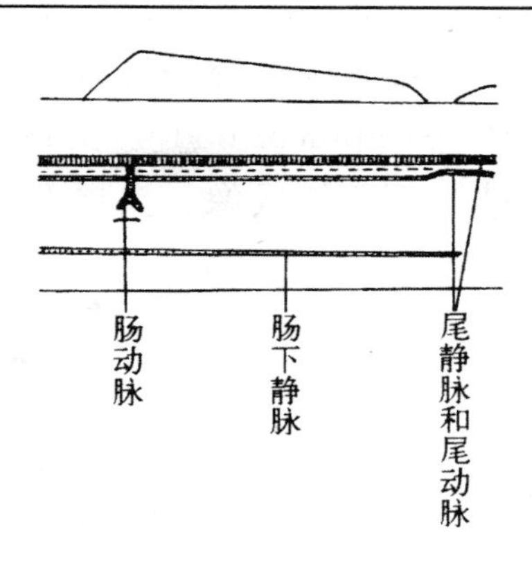

图 3-29　七鳃鳗的循环系统

5. 神经系统和感觉器官

七鳃鳗神经系统相当原始，虽然已有脑，且脑已分化成大脑、间脑、中脑、小脑和延脑五部分(图 3-30)。脑体积小，排列在一个平面上，未发生其他脊椎动物的脑弯曲现象。大脑与前端嗅叶相连，无神经细胞；中脑只有一对视叶，顶上有脉络丛；间脑顶上有松果体、顶器及脑副体，底部有漏斗体和脑下垂体；小脑不发达，与延脑还未分离。脑神经 10 对，与文昌鱼一样，脊神经的背根与腹根未愈合。

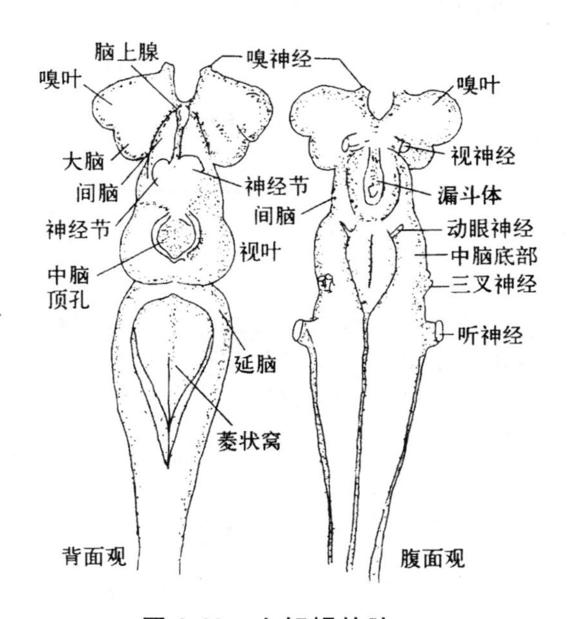

图 3-30　七鳃鳗的脑

七鳃鳗间脑顶部有松果体，即松果眼(pineal eye)，位于鼻孔后方的皮下。松果体中空，上壁结构似晶体(lens)，下壁似视网膜(retina)，含有感光细胞及节细胞。节细胞发出神经纤维束通过松果体柄连系间脑右侧。松果体的腹面为松果旁体(parapineal body),又称顶器或顶眼,其结构、功能均与松果体相似(图3-31),能感光而不能成像。头顶部中央的皮肤色素消失而透明。

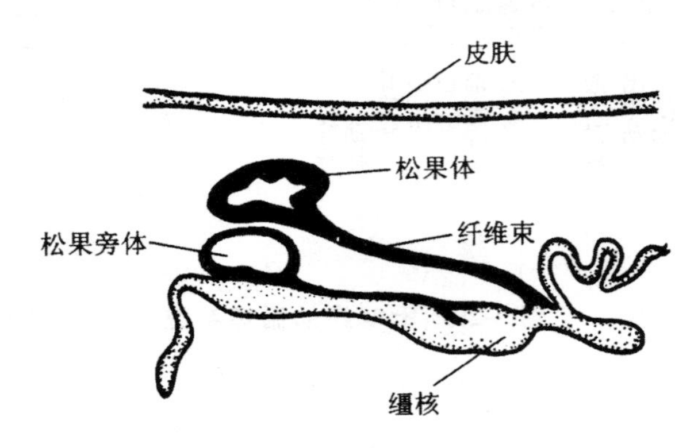

图 3-31　七鳃鳗的松果体和松果旁体

6. 排泄系统

七鳃鳗有狭长的肾脏1对,由腹膜固着在体腔壁上,两条输尿管沿体腔后行,开口于泄殖窦内,由泄殖孔通向体外(图3-32)。肛门开口于泄殖孔的前方。七鳃鳗的肾脏属中肾,幼体时前肾和中肾同时存在;盲鳗的前肾终生保留,中肾分节排列。

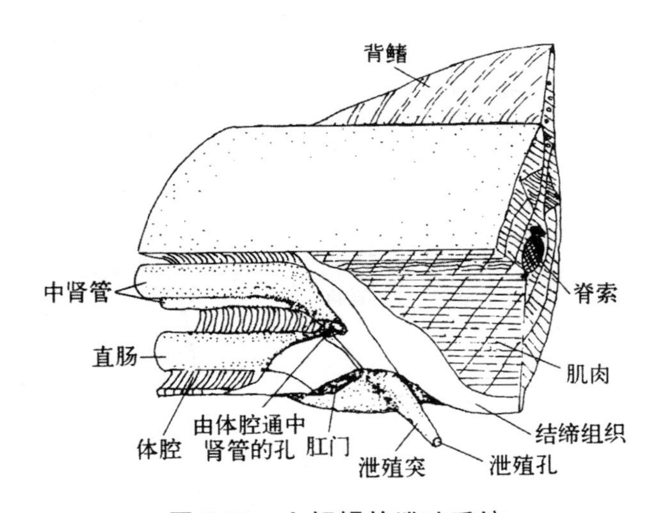

图 3-32　七鳃鳗的泄殖系统

三、圆口纲的分类

现存圆口纲动物约有70种,通常分为两个目:七鳃鳗目和盲鳗目。七鳃鳗目是有漏斗状的口吸盘和角质齿，口位于漏斗底部，鼻孔在两眼中间。而盲鳗目主要是营寄生生活。无背鳍和口漏斗，口位于身体最前端，有 4 对口缘触手，鼻孔开口于吻端。与七鳃鳗相比，盲鳗向寄生方向的特化更为明显，而且是唯一一支行体内寄生的脊椎动物。常见种类盲鳗（Myxine glutinosa）分布于大西洋和黏盲鳗（Bdallostoma slouti）（图 3-33）。

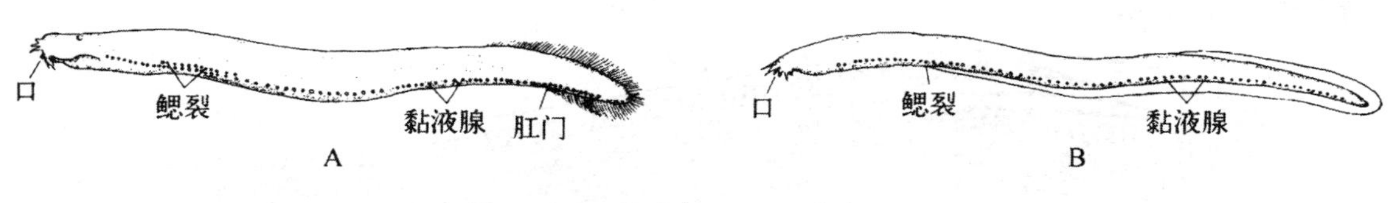

图 3-33　黏盲鳗（A）和盲鳗（B）

四、圆口纲动物的生态学

以圆口纲七鳃鳗的繁殖生态为例，七鳃鳗生活在江河（东北七鳃鳗和雷氏七鳃鳗）和海洋（日本七鳃鳗）中，雌雄七鳃鳗在繁殖季节往往成群结队地来到水质清澈的有粗砂砾石的河床，用口吸盘先营造一个浅窝（图 3-34），而后雌鳗吸附在砾石，雄鳗吸附在雌鳗的头背上，相互卷绕，摆尾排精和排卵，卵在水中受精。因此七鳃鳗有时又称石吸鳗。七鳃鳗在 2～3 天的产卵期内，多次交尾和产卵，数量达 14000～20000 个，繁殖后大都筋疲力尽，相继死去。

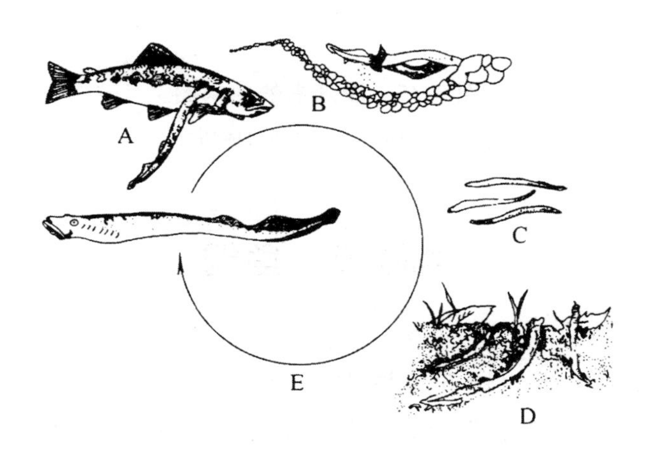

图 3-34　七鳃鳗的生活史（A—E）

受精卵进行不均等的全分裂。一个月后孵出体长 10～15mm 的幼体。幼鳗的形态结构均与成体相差很大，曾被误认是一种原索动物而命名为沙隐虫（Ammocoete），与文昌鱼有很多相近之处（图 3-35）：眼被皮肤遮蔽，背鳍和尾鳍为一条连续的鳍褶，口前有马蹄形的上唇和横列的下唇，合围成口笠，不具口吸盘，也无角质齿。从沙隐虫所呈现的原始结构和生活习性，显示了它们与原索动物之间存在着一定的亲缘关系，因此，研究七鳃鳗的生活史，对于研究脊椎动物的演化来说，具有重要的意义。

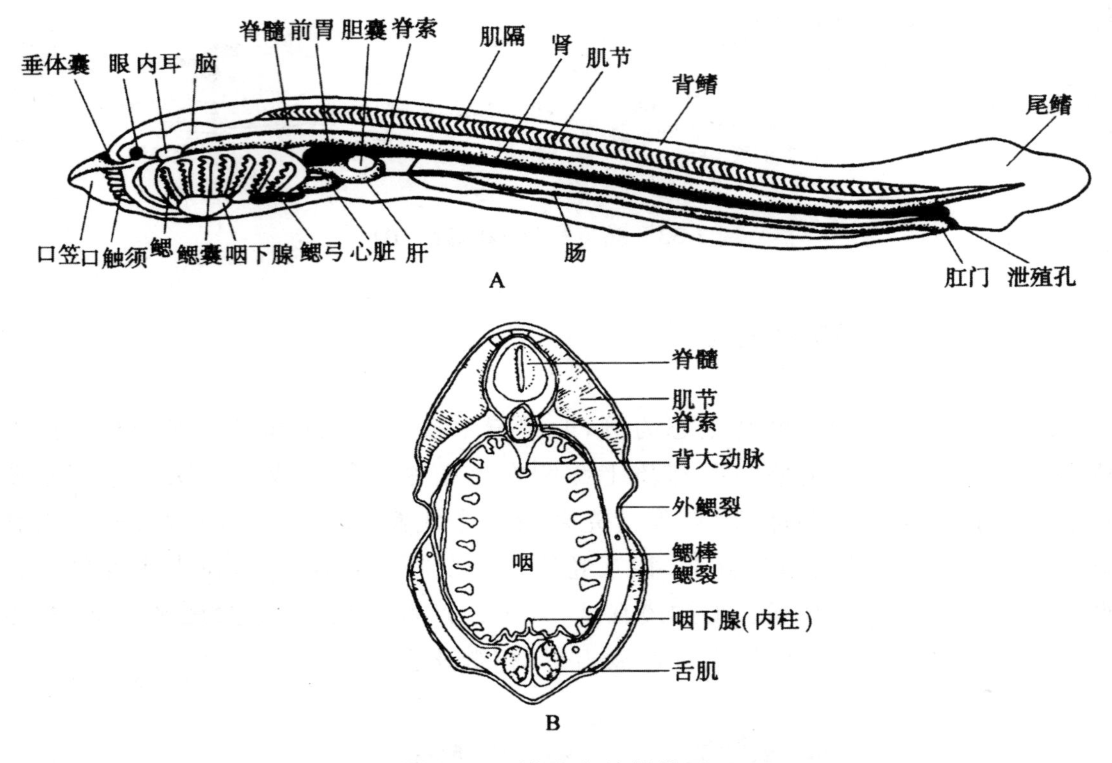

图 3-35　沙隐虫的结构图

A. 纵切面　B. 咽部的横切面

第四节　鱼纲

鱼类是能在水中生活的较低等脊椎动物，也是动物中最为繁盛的一个类群。鱼纲是体被鳞片，以鳃呼吸、鳍为运动器官和具上下颌的一系列适应水生环境的形态特征的动物。鱼类种数超过脊椎动物总数的 50％以上，其中软骨鱼类就达 600 多种，而硬骨鱼类多达 3 万多种。

一、鱼纲的主要特征

(一)外形

鱼类由于生活习性和栖息环境不同,形成各种不同的体型。

1. 软骨鱼类

以白斑角鲨(Squalus acanthias)为代表。海生,体长约70cm,呈纺锤形。头部扁平,躯体向后逐渐变细。身体两侧各有一条白色的侧线。体分为头、躯干和尾,最后一个鳃裂为头和躯干的分界,泄殖腔孔为躯干和尾的分界(图3-36)。

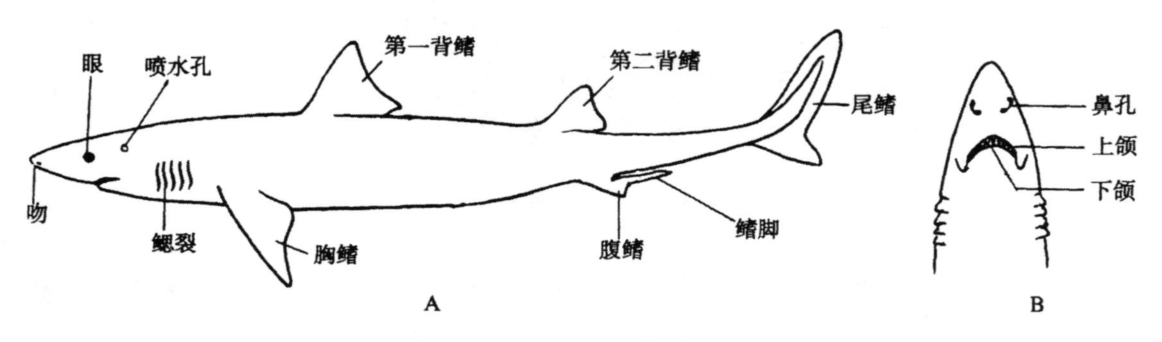

图3-36 白斑角鲨外形

A. 身体侧面观 B. 头部腹面观,示鼻孔和口

软骨鱼类的尾部侧扁,尾鳍两叶,上叶大下叶小,上叶内有尾椎骨支持,称歪尾型(heterocercal tail)(图3-37)。

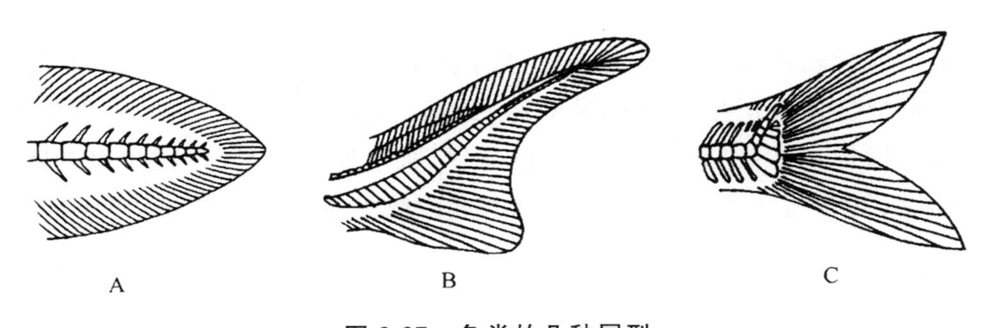

图3-37 鱼类的几种尾型

A. 原尾型 B. 歪尾型 C. 正尾型

2. 硬骨鱼类

以鲤鱼(Cyprinus carpio)为代表,栖于淡水,体梭形,侧扁,体长可达50cm。分为头、躯干和尾3部分,头和躯干之间以鳃盖后缘为界,躯干与尾的分界线是肛门和泄殖孔,臀鳍在此后方。

口位于头的前端,口侧有一对触须。一对鼻孔,在吻背面,由瓣膜分隔为前鼻孔和后鼻孔。眼侧生。头的后侧有一骨质鳃盖(opercular),鳃盖下方为容纳鳃的鳃腔(branchial cavity),进入口中的水流通过鳃腔,由鳃盖后缘排出体外(图3-38)。

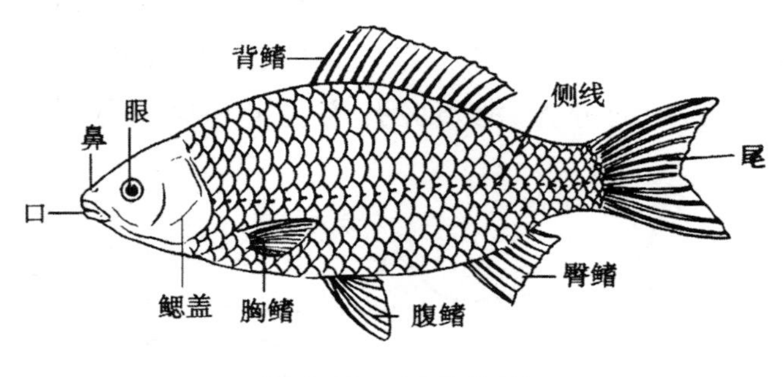

图 3-38 鲤鱼外形

硬骨鱼类躯干两侧各有一条侧线,由埋在皮肤内的侧线管开口在体表的小孔组成。被侧线孔穿过的鳞片为侧线鳞。在分类学上用鳞式表示鳞片的排列方式。鳞式为:

$$\text{侧线鳞数}\frac{\text{侧线上鳞数(侧线值背鳍前端横列鳞)}}{\text{侧向下鳞数(侧线至臀鳍起点基部的横列鳍)}}$$

(二)皮肤及其衍生物

鱼类皮肤比较薄,由表皮和真皮组成,表皮由外胚层形成,真皮是结缔组织,由中胚层形成。皮肤衍生物包括黏液腺、毒腺、鳞片和色素细胞等。鱼类皮肤的主要功能是保护身体,也有一些鱼类的皮肤与肌肉连接很紧,可减少水的阻力,加快游泳速度,具有辅助呼吸、感受外界刺激和吸收少量营养物质的功能(图3-39)。

1. 软骨鱼类

软骨鱼类表皮内分布大量单细胞的黏液腺,能分泌黏液以润滑体表,减少游泳时与水的摩擦阻力。黏液还能保护鱼体使之免遭病菌、寄生物和病毒的侵袭,并能迅速凝结和沉淀泥沙等污物。

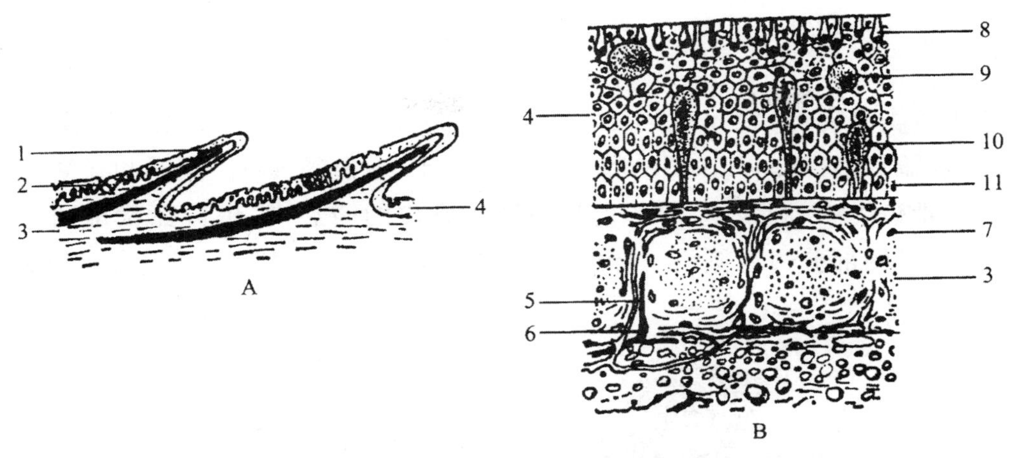

图 3-39　硬骨鱼皮肤结构模式图

A. 鳞片　B. 表皮和真皮主要显微结构

1—鳞；2—皮蕾；3—真皮；4—表皮；5—血管；6—神经；7—色素细胞；

8—杯状细胞；9—球状细胞；10—瓶状细胞；11—表皮基层

鲨鱼体表被有盾鳞(placoid scale)，是由菱形的基板和其上的棘突组成，代表这个原始牙齿的出现(图 3-40)。棘突向后伸出皮肤，基板埋在真皮内，内有髓腔，血管、神经进入髓腔内。盾鳞的外层为釉质(enamel)，由表皮形成，内层为齿质(dentine)，由真皮形成。盾鳞的这种结构与牙齿相似，是同源器官。

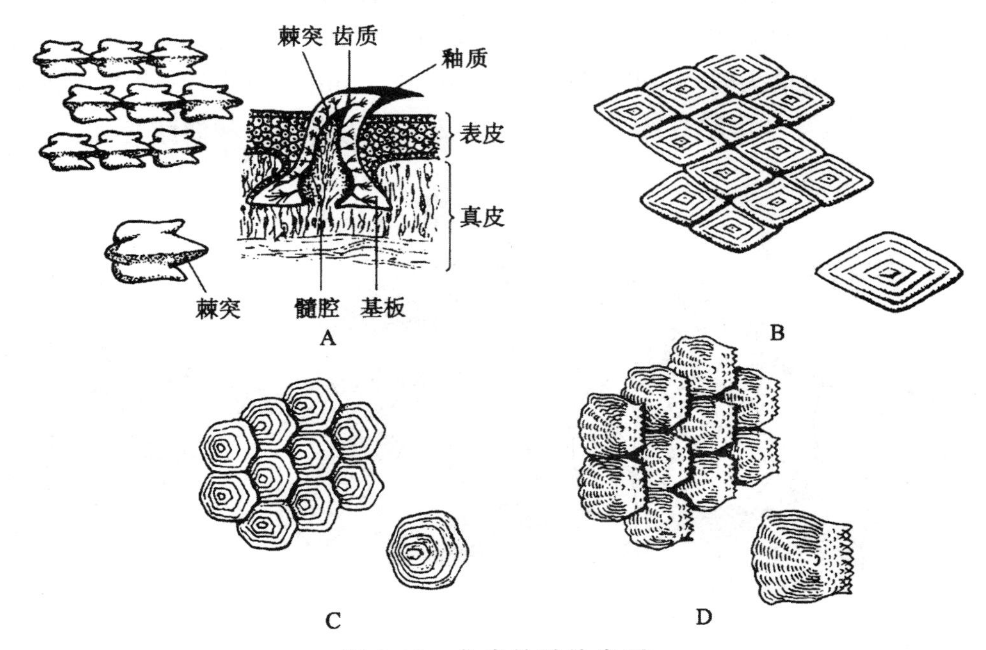

图 3-40　鱼类的鳞片类型

A. 盾鳞(鲨鱼)　B. 硬鳞(雀鳝)　C. 圆鳞(鲤鱼)　D. 栉鳞(黄鲈)

2. 硬骨鱼类

硬骨鱼类具有骨鳞(bony scale),属于真皮衍生物。骨鳞根据顶区鳞嵴的结构分 2 种,即圆鳞(cycloid scale)和栉鳞(ctenoid scale)(3-41)。圆鳞和栉鳞存在于较高等硬骨鱼类中,圆鳞呈圆形,前端斜埋在真皮的鳞袋内,呈覆瓦状排列于表皮下,后端游离的部分边缘圆滑。栉鳞位置和排列与圆鳞相似,游离端带有齿突。

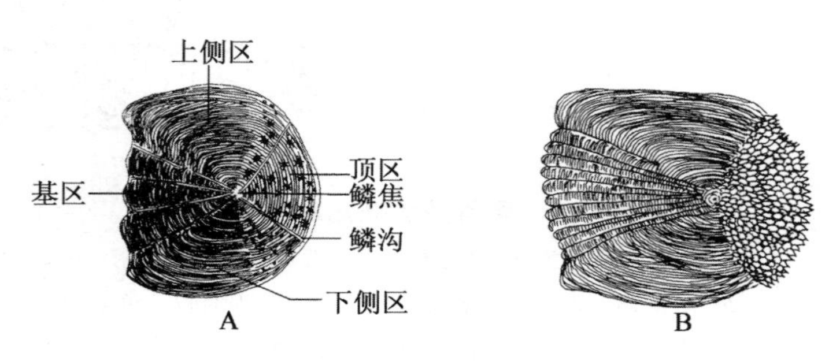

图 3-41　骨鳞的结构和类型

A. 圆鳞及分区　B. 栉鳞

(三)骨骼系统

鱼类具有发达的内骨骼,具有支持身体,保护体内柔软器官的功能。按照功能和位置骨骼系统分为中轴骨骼(axial skeleton)和附肢骨骼(appendicular skeleton)两部分。中轴骨骼包括头骨(skull)、脊柱(vertebral column)和肋骨(rib),附肢骨骼包括鳍骨(fin bone)及悬挂鳍骨的带骨,而鳍骨又可分为奇鳍骨和偶鳍骨(图 3-42)。

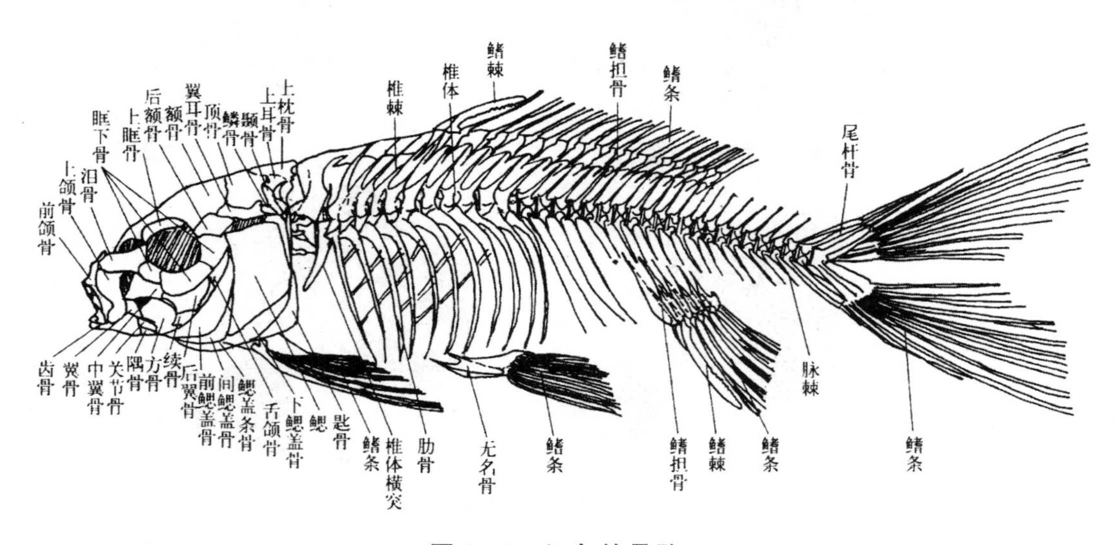

图 3-42　鲤鱼的骨骼

1. 软骨鱼类

骨骼系统完全由软骨组成(图 3-43)。主要有脊柱和肋骨、头骨、带骨和鳍骨组成。脊柱是一条由许多脊椎骨彼此前后连接而成的骨柱，构成强有力的支持及保护脊髓的结构。带骨是直接或间接地将偶鳍悬挂到中轴骨上的骨骼，悬挂胸鳍的带骨为肩带，悬挂腹鳍的带骨为腰。脑颅是一个发育良好的软骨盒，主要是将感觉器官包围保护起来。

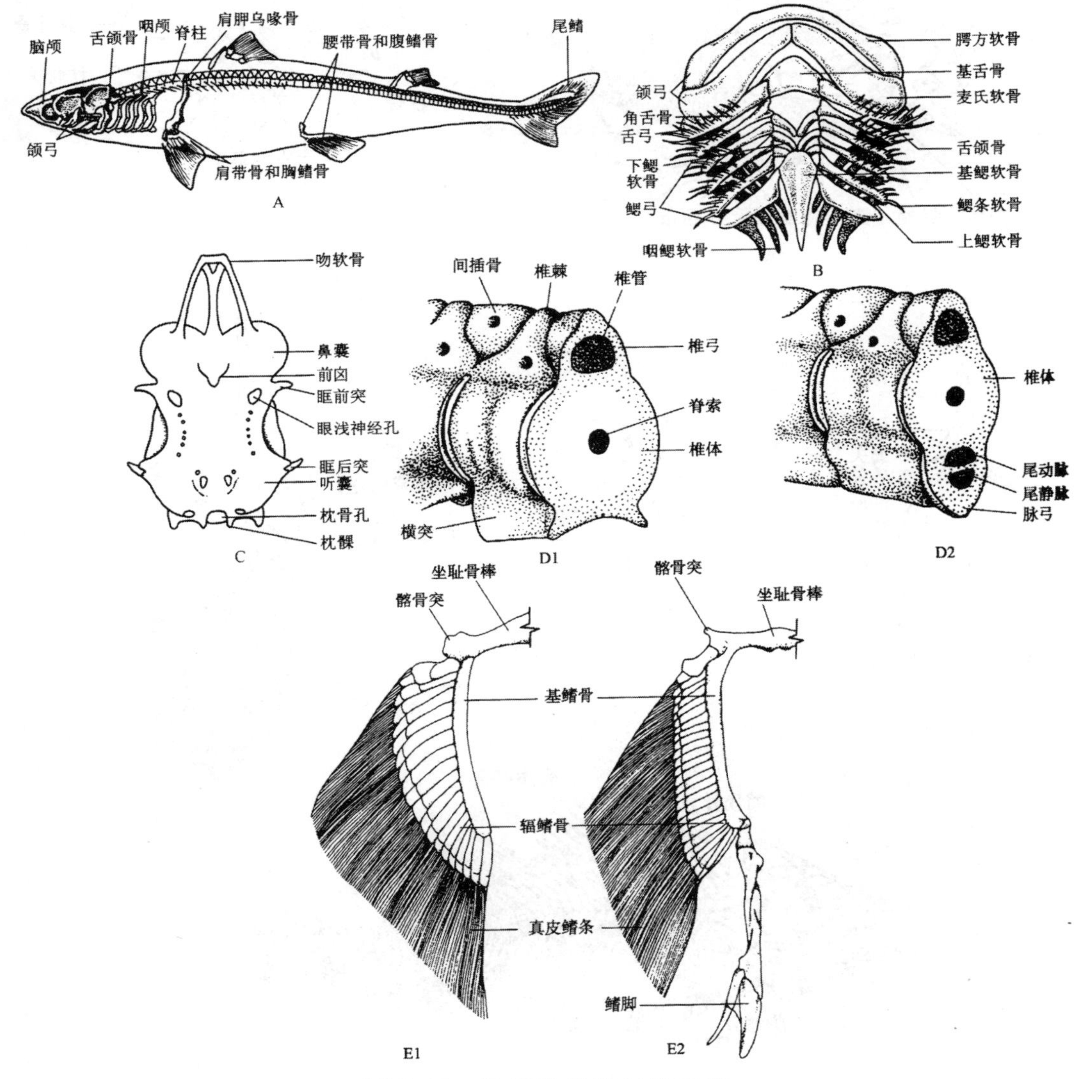

图 3-43　软骨鱼类的骨骼系统

A. 全身骨骼侧面观　B. 咽颅腹面观　C. 脑颅背面观　D1. 躯干椎
D2. 尾椎横切面　E1. 雌性腰带骨和辐鳍骨　E2. 雄性腰带骨和辐鳍骨

2. 硬骨鱼类

多数种类骨骼完全硬骨化(图 3-44)。基本结构与软骨鱼类相似。肋骨发达,弯刀形,与躯干椎的横突相关节,以保护内脏。尾椎具有典型脊椎骨的结构,但无肋骨。

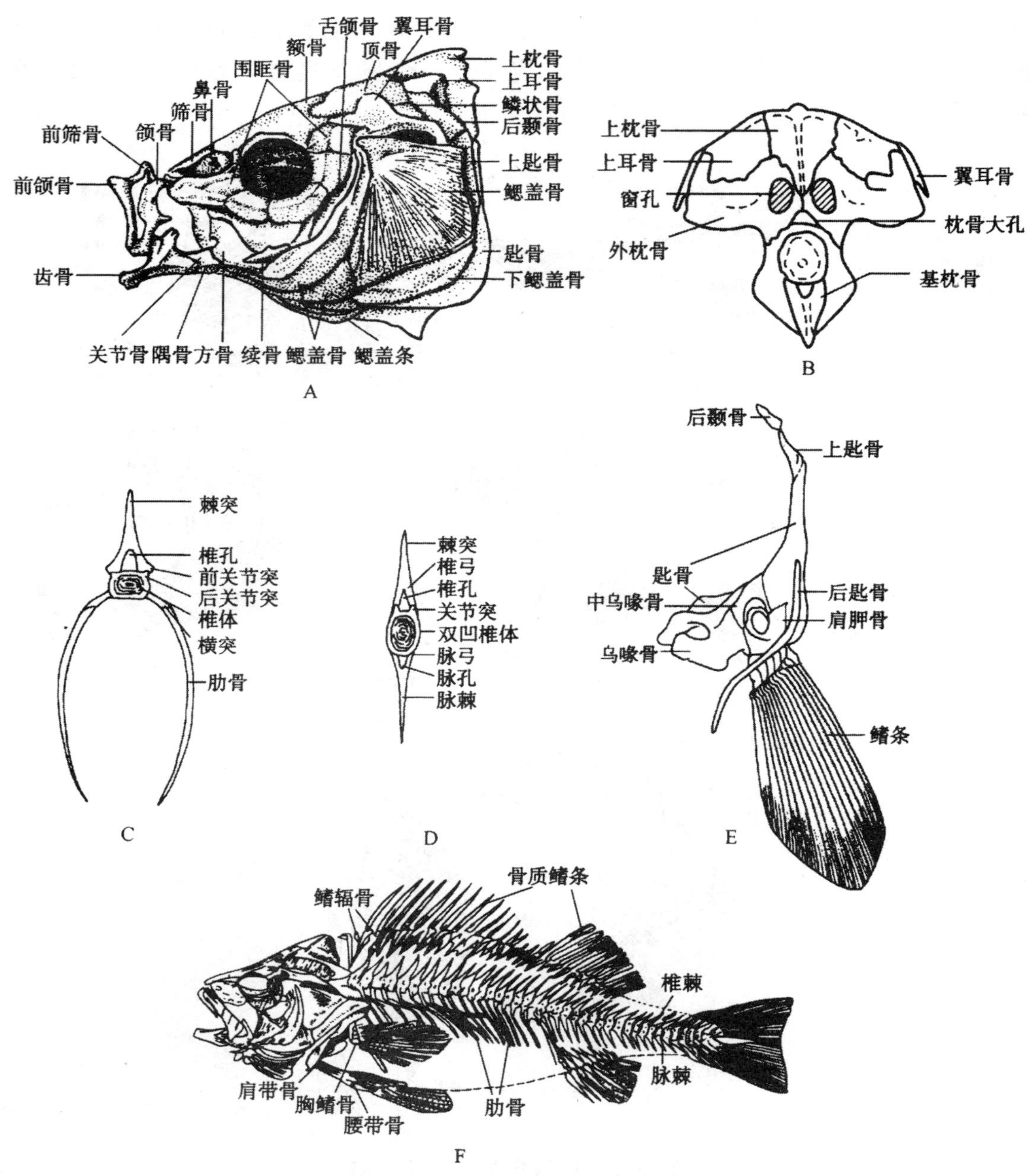

图 3-44　硬骨鱼类的骨骼系统

A. 鲤鱼头骨侧面观　B. 鲤鱼头骨后面观　C. 躯干椎　D. 尾椎　E. 肩带和胸鳍　F. 鲈鱼全身骨骼

硬骨鱼的头骨大部分都是硬骨。硬骨含有 2 种不同来源的成分：①软骨鱼类的软颅骨化，如枕骨、耳骨、蝶骨及筛骨；②膜性硬骨来源，如鼻骨、额骨、顶骨及梨骨等膜颅的部分。一些原始的硬骨鱼类，头骨骨片多达 180 块，现代硬骨鱼一般为 130 块左右。脑颅具有鳃盖骨及围眶骨，数目多，各自成为一组（图 3-45）。

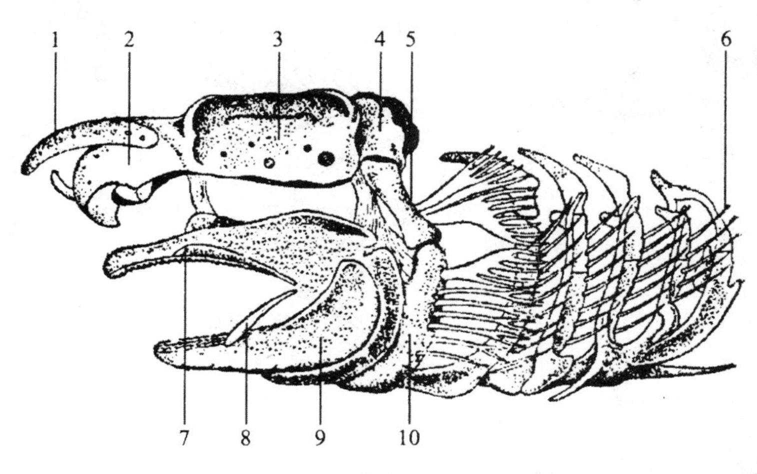

图 3-45　鲨鱼的咽颅侧面观

1—吻突；2—嗅囊；3—眼窝；4—听软骨囊；5—舌颌骨；6—鳃弓；7—腭方软骨；8—舌软骨；9—麦氏软骨；10—角舌骨

（四）肌肉系统

1. 躯干肌和鳍肌

躯干肌位于躯干两侧，由体节肌分化而来，保留原始肌节形态。由水平生骨隔把躯干肌分隔为背部的轴上肌（epaxial muscle）和腹部的轴下肌（hypaxial muscle）。鱼类的轴上肌发达，轴下肌较薄（图 3-46）。借助于连续的肌节收缩与舒张，尾部将收缩的力传给水，这个力被水以同等大小但方向相反的反作用力作用于尾部，是鱼类向前运动的主要推进力。

2. 眼肌

鱼类头部的体节肌由于头骨的发达，每个眼球上附有 6 条眼肌，由胚胎期头部最前面的 3 对耳前肌节分化而成（图 3-47），图中的前后示眼眶的前后或内外位置，可根据此分左右眼）。眼肌在脊椎动物各纲中均很稳定。

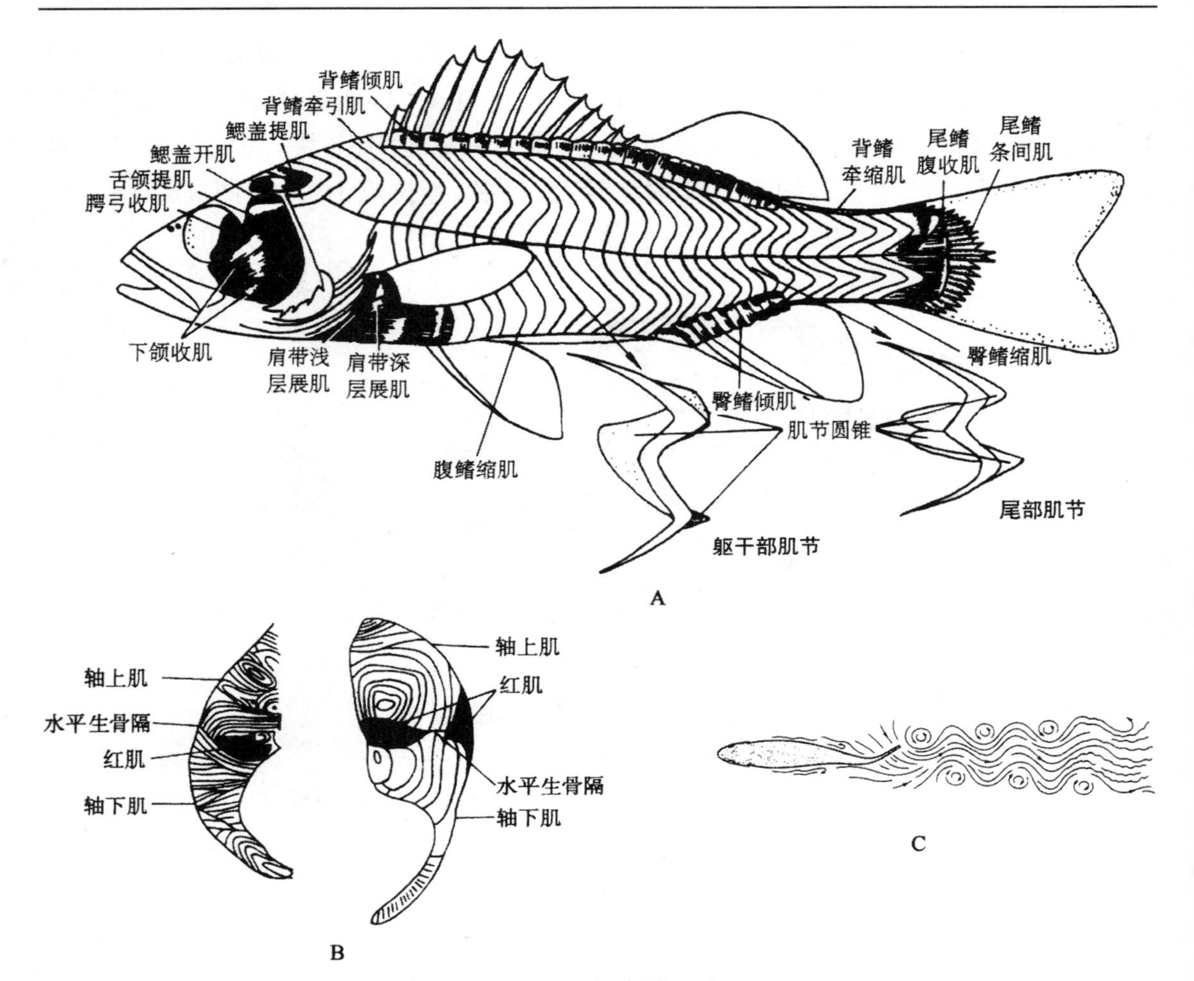

图 3-46　鱼类的肌肉

A. 鲈鱼的肌肉系统　B. 躯干部红肌位置　C. 鲤鱼的运功

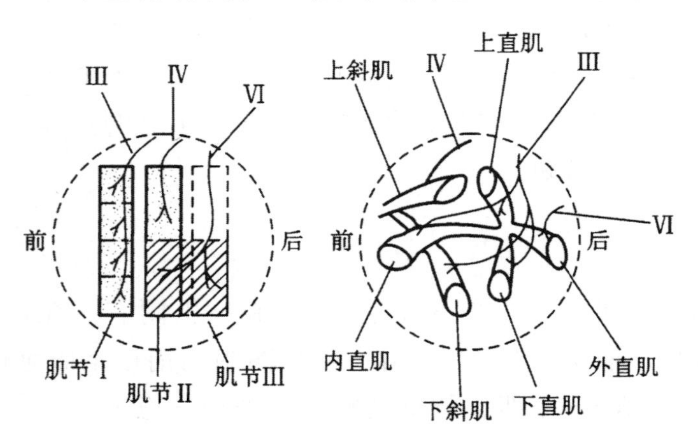

图 3-47　鱼类左眼眼眶中的动眼肌的发育及其神经支配

A. 3 个耳前肌节　B. 6 条眼肌及其神经支配

3. 发电器官

有些鱼类的轴下肌或鳃节肌演变为发电器官(electric organ),能储存和放出电,与防御、攻击、定位及求偶等活动有关。发电器官一般由许多电细胞组成,每一个电板是一个特化的多核肌细胞。例如电鳐的发电器官位于胸鳍内侧,由鳃节肌演变,放电量为100V。电鳗的发电器官位于尾部,来自轴下肌,电压可达500～600V(图3-48)。

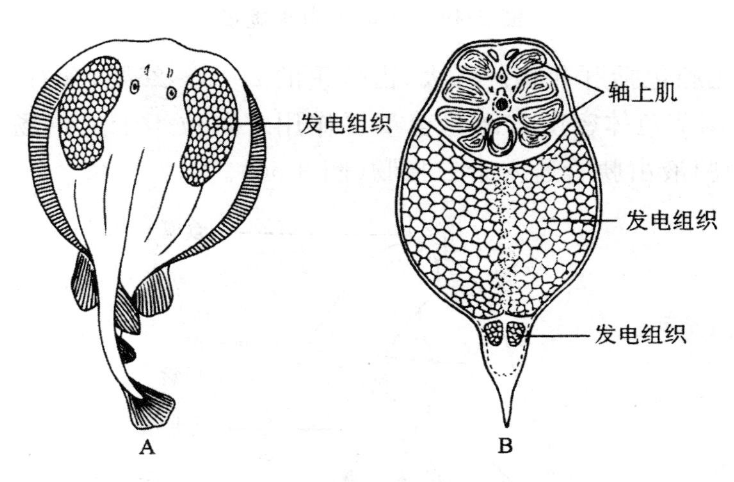

图3-48 几种鱼类的发电器官

A. 电鳐背面,皮肤已移去 B. 南美电鳗每部横切面

(五)消化系统

鱼类的消化系统包括消化管和消化腺。消化管由4层组成,即浆膜(serosa)、肌层(muscular layer)、黏膜下层(submucosa)、黏膜(mucous layer)。

1. 软骨鱼类

软骨鱼的肠分为小肠(small intestine)和大肠(large intestine),小肠分十二指肠(duodenum)和回肠(ileurn)。十二指肠和胃相连,肠管较细,有胰管的开口,回肠管径较粗,肠壁向肠管腔内突出螺旋状的褶膜,称螺旋瓣(spiral valve),如图3-49所示。它可以减缓食物的通过以及增加消化吸收面积。泄殖腔接纳直肠、输尿管和生殖管的开口,是排遗、排尿和生殖管道的共同通道,以泄殖腔孔开口体外。

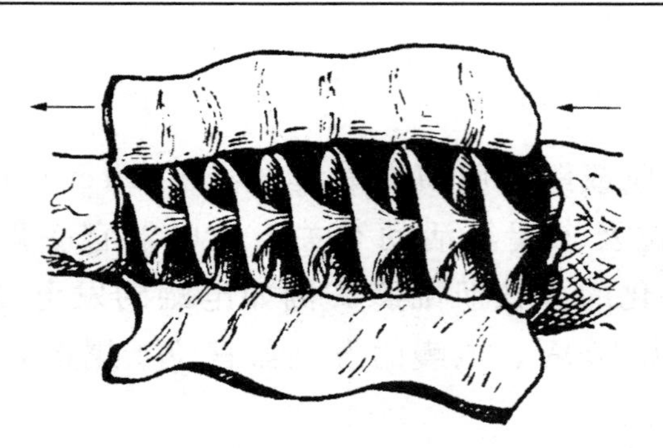

图 3-49　鲨鱼肠内螺旋瓣

鲨鱼的消化腺包括肝和胰。肝大，占体重的 20%～25%，含有大量油脂(占肝重的 75%)，在调节鱼体密度方面起着重要作用。胰位于十二指肠与胃之间的肠系膜上，分泌的胰液由胰管通入十二指肠(图 3-50)。

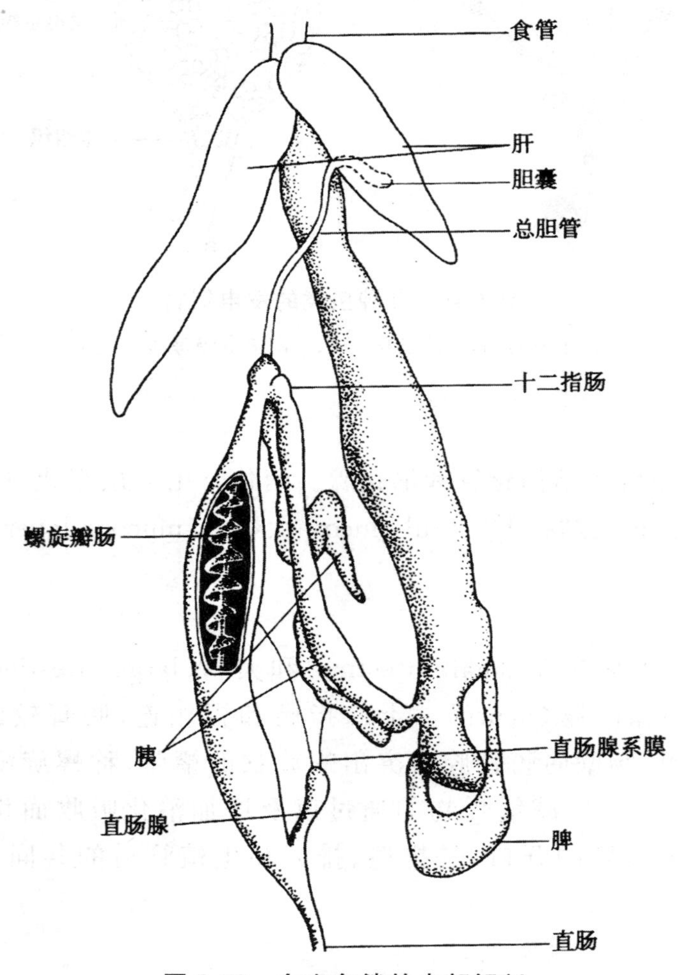

图 3-50　白斑角鲨的内部解剖

2. 硬骨鱼类

硬骨鱼的消化管包括口腔、咽、食管、肠和肛门(图 3-51)。鲤鱼的上下颌及口腔内无齿,但是许多硬骨鱼类具有颌齿。舌不能活动。咽部被 5 对鳃裂洞穿而通到鳃腔。鳃弓内侧有两排并列的骨质突起,称鳃耙(gill raker),是阻拦食物和沙粒随水流出鳃裂的滤食结构,也有保护作用。鲤科鱼类在最后一对鳃弓的下咽骨上着生的咽喉齿,在不同种类中的形状、数目和排列方式各异,也与食性有关,如肉食性青鱼为臼状,以水草为食的草鱼为梳状等,常用于鲤科鱼类分类。

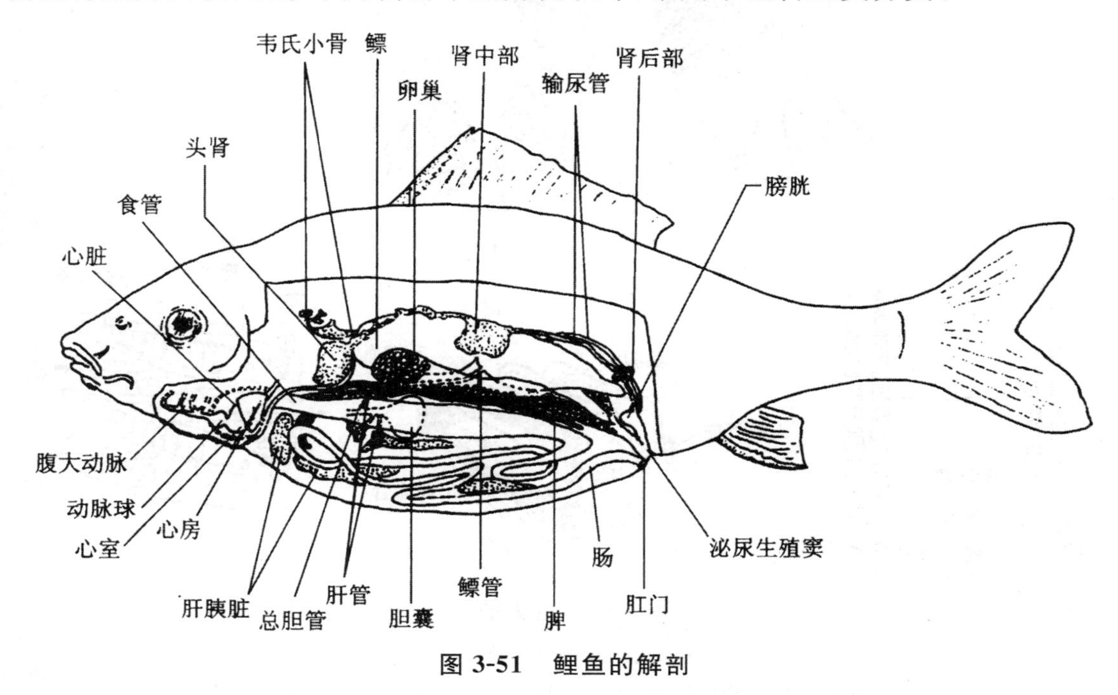

图 3-51　鲤鱼的解剖

(六)呼吸系统

鱼类的呼吸器官是鳃,对称排列于咽部两侧,是由外胚层形成的。鳃具有壁薄、气体交换面积大、毛细血管分布丰富等特点。鳃瓣着生在鳃间隔(软骨鱼类)或鳃弓(硬骨鱼类)上(图 3-52)。

1. 软骨鱼类

软骨鱼咽部两侧有 5 对鳃裂,直接开口于体表,无鳃盖保护,另在两眼后各有一个与咽相通的小孔,为喷水孔。鳃间隔极发达,与体表皮肤相连。鲨鱼的第 5 对鳃弓的后壁上无鳃瓣,故鳃的总数是每侧有 4 个全鳃和 1 个半鳃。鲨鱼的呼吸依靠鳃节肌的扩张和收缩,造成口的开闭,鳃弓的扩张和收缩以促使水的通入流出。水由口和喷水孔进入咽，由鳃裂流出体外，当水流经过鳃瓣时，水中的氧气渗透进入血管，与血液中血红蛋白结合，血液中的二氧化碳渗出到水中排出，完成呼吸(图 3-53)。

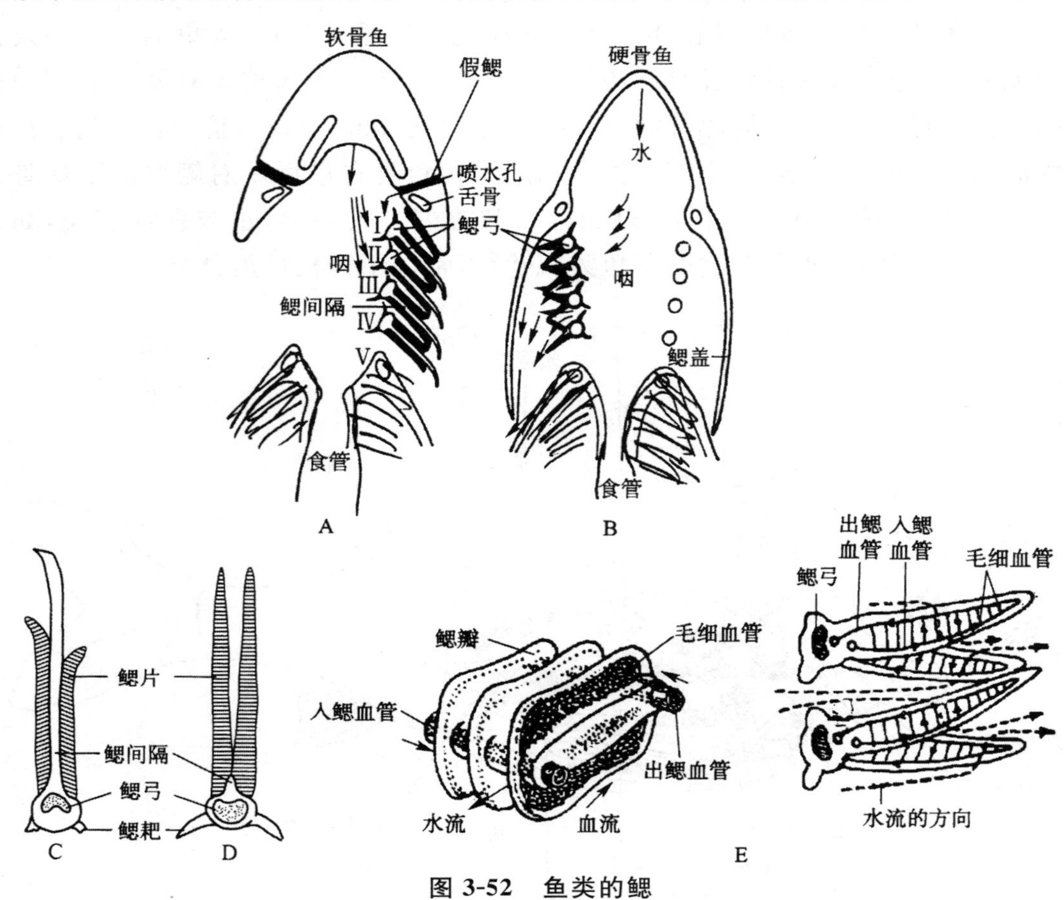

图 3-52　鱼类的鳃

软骨鱼(A)和硬骨鱼(B)头部水平切面示鳃的区别；鲨鱼(C)和鲤鱼(D)鳃的结构比较；E. 鳃结构中血流和水流构成逆流系统

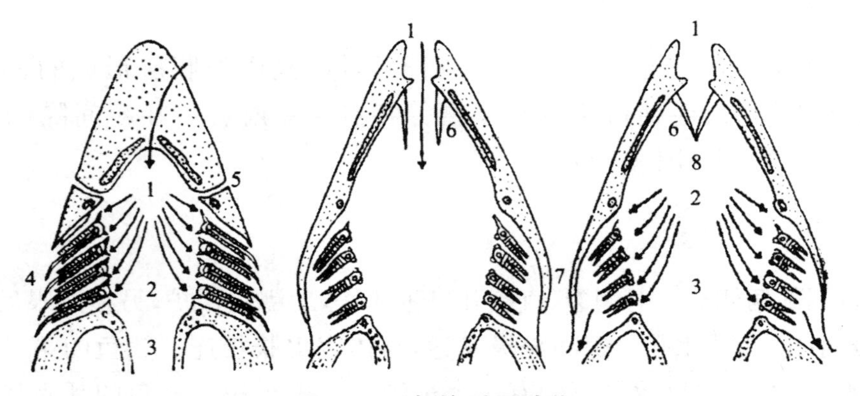

图 3-53　鱼的呼吸动作

1—口；2—咽；3—食管；4—鳃裂；5—喷水孔；6—口瓣；7—鳃盖；8—口腔

2. 硬骨鱼类

绝大多数硬骨鱼类有鳔(swim bladder),快速游泳的金枪鱼以及底栖生活的鲼鲸等无鳔。鳔是位于肠管背面的囊状器官,内壁为黏膜层,有许多血管和毛细血管,中间是平滑肌层,外壁为纤维膜层。鳔的腹面伸出一条鳔管(pneumatic duct)通入食管背面。根据鳔管的有无可将有鳔鱼类分为开鳔类(例如鲤形目、鲱形目等)和闭鳔类(例如鲈形目等)(图 3-54)。鳔内的气体中主要含氮、氧和二氧化碳。一般情况下,生活在浅水水域的鱼类鳔内的含氧量甚低,以鲤鱼为例,氧含量仅占鳔内气体总量的 2.42%,相当于它在 4min 内生活所需的氧气量。鱼鳔内的含氧量随同鱼的活动水层下降而逐渐升高,例如鲂鮄鱼在 1m 水深时,鳔的含氧量为 16%,降至 16m 水深时,含氧量增高至 50%,而在水深 175m 处活动的康吉鳗,鳔内的含氧量可高达 87%。

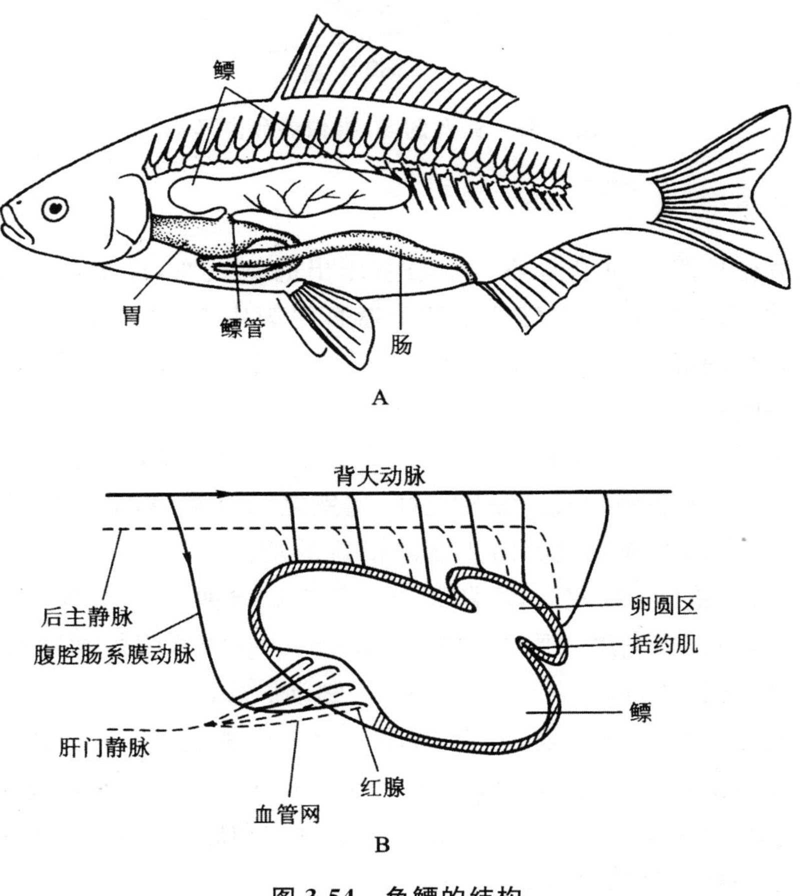

图 3-54 鱼鳔的结构

A. 开鳔类的鳔及鳔管 B. 闭鳔类的鳔(示红腺及卵圆区结构)

鳔内的气体主要是 O_2 和 N_2，还有少量的 CO_2 及微量的 H_2、Ar、Ne、He 等气体，气体成分的比例因种类和环境而不同，一般海水鱼鳔内 O_2 含量高于淡水鱼，深海鱼高于浅海鱼，如分布于175m深处的康吉鳗（Conger vulgar）鳔内 O_2 的含量为87.7%，鲤鱼为3.4%，狗鱼（Esox reicherti）为19%。

鲤形目鱼类的鳔借韦伯器（Weberian organ）与内耳联系（图3-55）。水中的声波能引起鳔内气体的同样振幅的振动，通过韦伯器传到内耳，产生类似陆生脊椎动物的听觉。

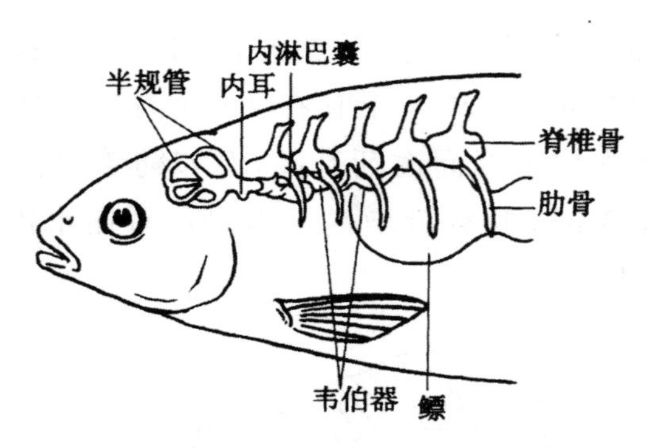

图3-55　鲤鱼的鳔、韦伯器和内耳

（七）循环系统

鱼类血液循环路线为单循环。从心室压出的缺氧血，经鳃部交换气体后，汇合成背大动脉，将多氧血运送至身体各个器官组织中去；离开器官组织的缺氧血最终返回至心脏的静脉窦内，然后再开始重复新一轮血液循环（图3-56C）。

鱼类的心脏位于围心腔（pericardium cavity）内，围心腔后方以横隔与侧腹腔分开。软骨鱼类的心脏占体重的0.6%～2.2%，由静脉窦、心房、心室、动脉圆锥（conus arteriosus）4部分构成。窦房之间、房室之间有瓣膜，动脉圆锥基部有半月瓣（semilunar valve）。瓣膜具有防止血液倒流的功能（图3-56A）。硬骨鱼体内的血量很少，仅为体重的2%左右，心跳频率一般为每分钟18～24次（图3-56B）。

血液离开心脏，首先进入腹大动脉（aorta nemtralis），前行到鳃弓下方向左右鳃发出4对（硬骨鱼类）或5对（软骨鱼类）入鳃动脉（arteria branchialis afferens），入鳃动脉进入鳃片后一再分支，在鳃小片上形成微血管网，是气体交换的场所。然后微血管逐渐汇合成出鳃动脉（arteria branchialis efferens），由鳃上动脉（arteria epioranchialis）（软骨鱼类）或头动脉环汇入背大动脉（aorta dorsalis），再发出分支进入身体各部和内脏器官（图3-57）。

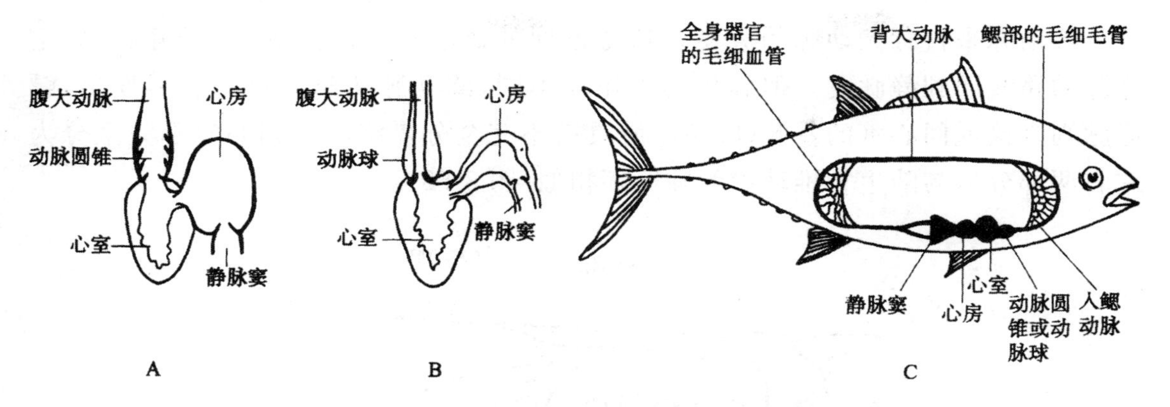

图 3-56　鱼类的心脏和单循环路线

A. 鲨鱼心脏　B. 鲤鱼心脏　C. 鱼类的单循环路线

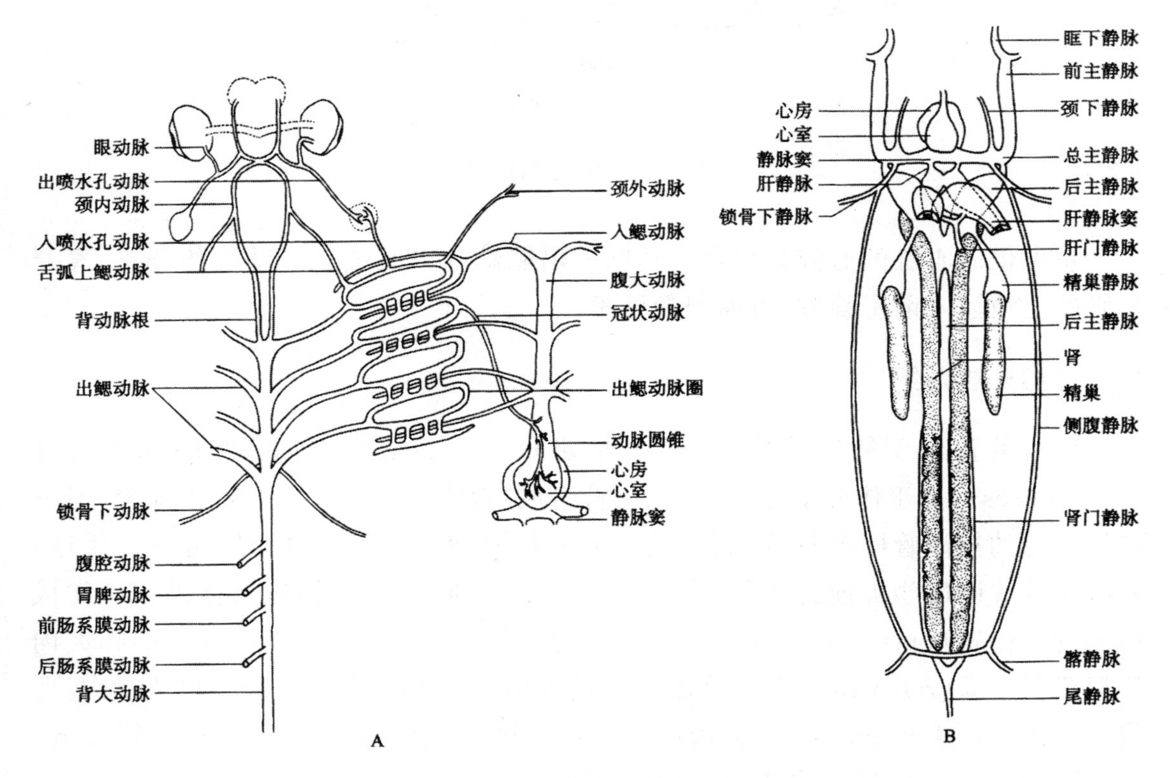

图 3-57　鲨鱼血液循环

A. 动脉　B. 静脉

4. 鳔循环

鳔动脉来自背大动脉的分支。从鳔返回的血液经过肝门静脉、肝静脉、后主静脉的路线回到静脉窦。但肺鱼的鳔循环不同,鳔动脉从第 6 对动脉弓发出,鳔静脉则直接返回心脏的左侧(肺鱼心脏具有不完全分隔将心房和心室不完全分为左右两部分),与陆生脊椎动物的肺循环相似(图 3-58)。

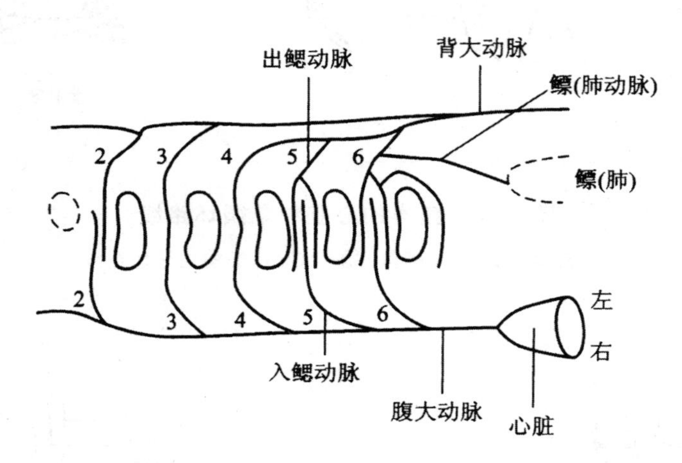

图 3-58 肺鱼的动脉

鱼类供应心脏的血液来自背大动脉或出鳃动脉以及锁骨下动脉的分支;离开心脏的血液注入前主静脉,再返回静脉窦。

(八)排泄系统

鱼类的肾位于体腔背中线,但胚胎期和成体的结构不同。胚胎期为前肾(pronephros),位于体腔前端,由前肾小管组成,管的一端以肾口开口于体腔,另一端汇入总的排泄管即前肾管,其后端通入泄殖腔或泄殖窦。肾口附近有血管球,所排出的代谢废物被前肾小管的肾口收集,汇入前肾管,最终排出体外。鱼类成体肾为后位肾(opisthonephros)。后位肾位于体腔中后部,其肾小管一端膨大内陷形成肾小囊(renal capsule),将血管球或肾小球(renal glomerulus)包在囊内,形成肾小体(renal corpuscle)。血液中的废物直接进入肾小囊滤出,经肾小管(renal tubule)进入输尿管排出体外。

(1)软骨鱼类。雄性肾的前部较狭小退化,其输尿管功能改为输送精液。肾后部内侧发出数条细的副输尿管,在后端汇合并开口于泄殖腔。雌性的输尿管专司输尿。软骨鱼类无膀胱(图 3-59)。

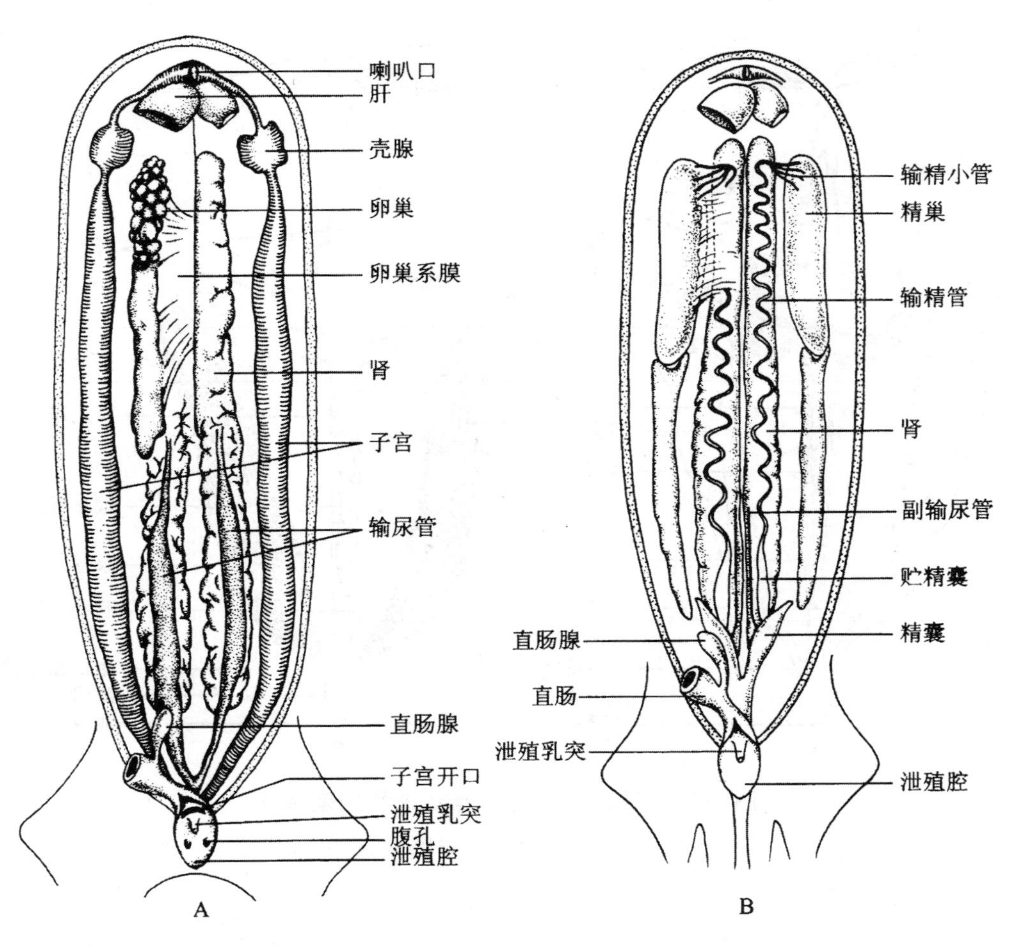

图 3-59　软骨鱼类的排泄系统和生殖系统

A. 雌性　B. 雄性

(2)硬骨鱼类。胸腹腔背前端有头肾(head kidney),可能是淋巴器官。后端为肾,左右有部分相连。输尿管沿胸腹腔背壁后行合并,膨大成膀胱,最后通入泄殖窦,以泄殖孔开口于肛门后方(图 3-60)。

(九)生殖系统

生殖系统由性腺(精巢和卵巢)及输送生殖细胞的生殖导管组成。一般是体外受精;体内受精的鱼类,雄性有特殊的交配器。在生殖季节,性腺发育很快,呈左右对称,通过生殖系膜连于腹腔背壁,占据体腔绝大部分体积,如图 3-61 所示。

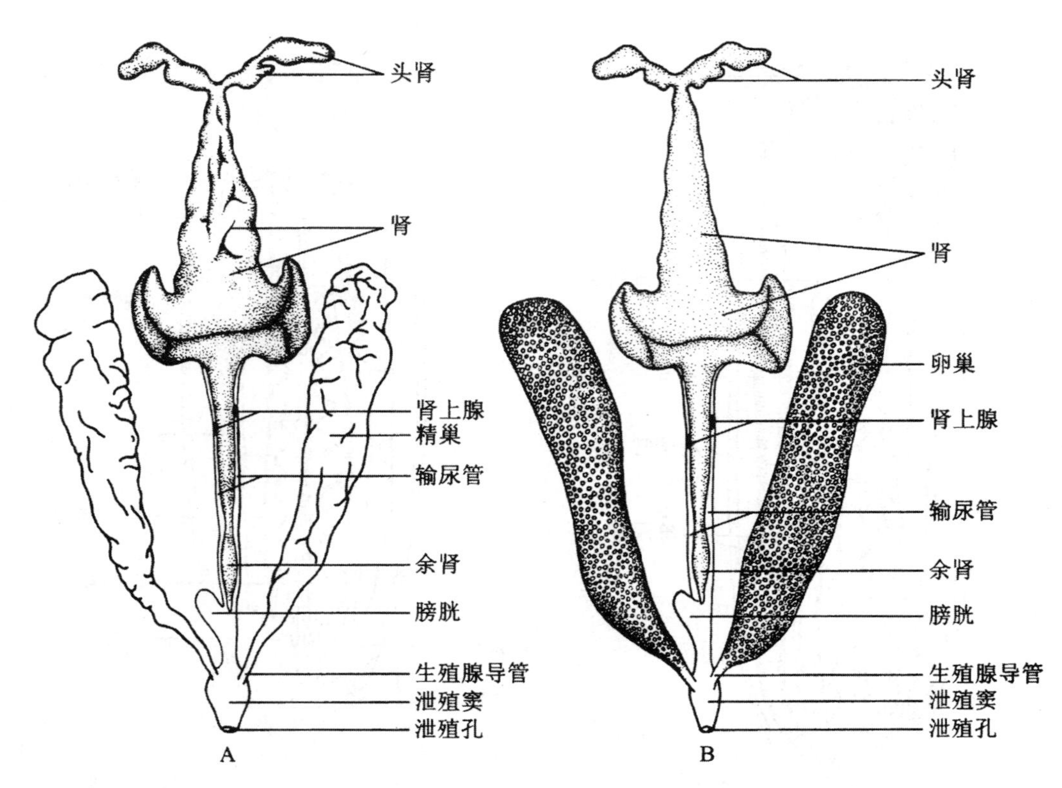

图 3-60　硬骨鱼类的排泄系统和生殖系统

A. 雄性　B. 雌性

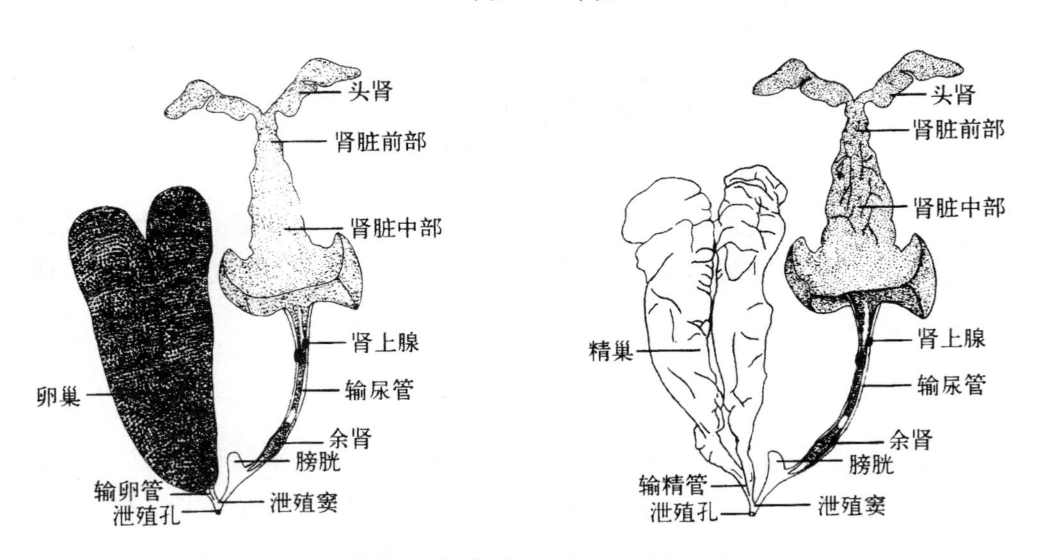

图 3-61　鲤鱼的排泄和生殖系统

雄鲨有一对精巢(testis),雌性鲨鱼有一对卵巢(ovary)。由精巢发出许多输精小管(vasa efferentia),通入肾前部的输精管(vas deferens)。输精管后端膨大为贮精囊(seminal vesicle),精子自此导入尿殖窦(urogenital sinus),经尿殖乳头入泄殖腔,以泄殖腔孔通体外。雄性的腹鳍内侧骨骼延伸形成特有的鳍脚,是交配器官。鱼类的几种交配器如图 3-62 所示。

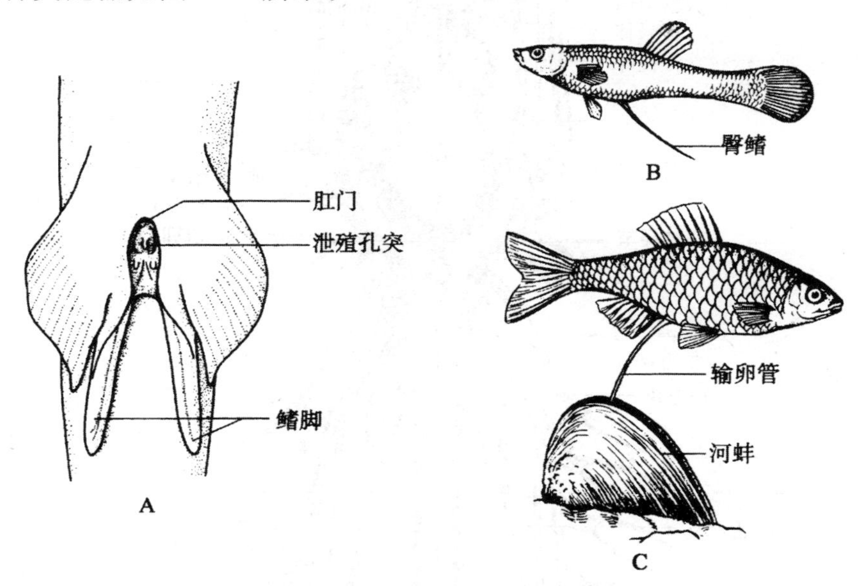

图 3-62 鱼类的几种交配器

A. 鲨鱼(雄) B. 食蚊鱼(雄) C. 鳑鲏鱼(雌)

(十)神经系统

神经系统由中枢神经系统和周围神经系统组成。中枢神经系统由脑和脊髓组成,分别位于脑颅及脊柱的椎管内。周围神经系统由脑和脊髓发出的脑神经、脊神经以及自主神经系统组成。

1. 脑

(1)软骨鱼类。鲨鱼的脑比七鳃鳗的脑大得多并且发达。脑已经明显分化为大脑、间脑、中脑、小脑和延脑 5 部分(图 3-63)。

大脑半球(cerebral hemisphere)较明显,但还没有完全分开,左右半球内各有一侧脑室。神经物质(神经细胞、神经胶质细胞、神经纤维)不仅出现在大脑的底部、侧面,也出现在了大脑的顶部。大脑前端有嗅球、嗅束和嗅叶。

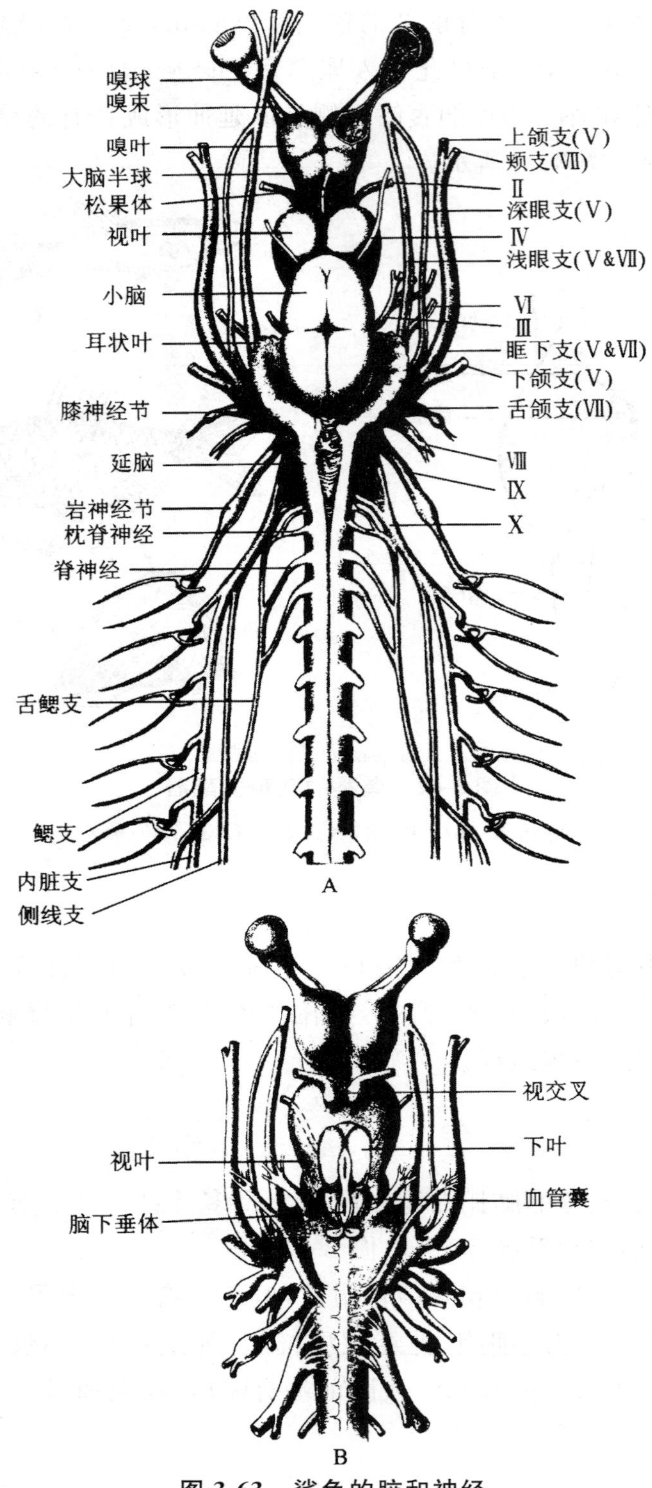

图 3-63 鲨鱼的脑和神经

A. 背面观 B. 腹面观

(2)硬骨鱼类。基本结构与软骨鱼的脑相似,但简单得多。据测定,鳗鲡的脑仅占体重的 1/2000,江鳕的脑为体重的 1/720,而大多数鸟类和哺乳动物则为 0.5%～2.0%。其中大脑尤其小,顶部很薄,只有上皮组织而无神经细胞。延脑的前部有面叶,两侧与小脑相接之处有一对迷走叶(图 3-64)。

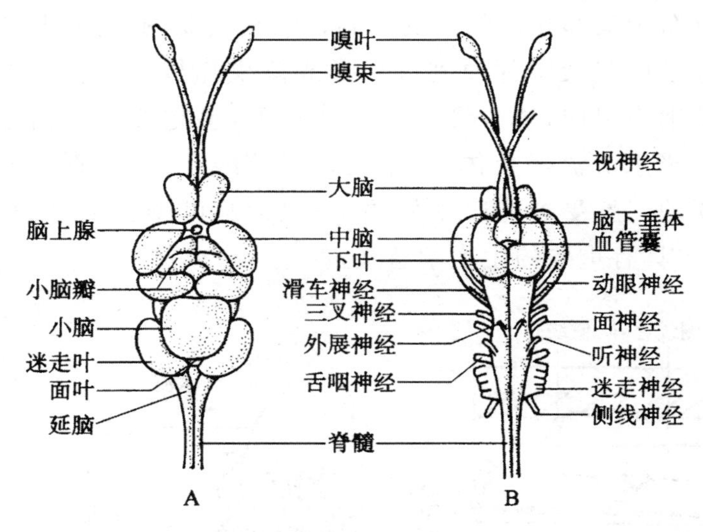

图 3-64　鲤鱼的脑和脑神经

A. 背面观　B. 腹面观

2. 脑神经

鱼类有脑神经(cranial nerves)10 对,其名称、发出部位及分布在脊椎动物中大致相同,见表 3-1。

表 3-1　鱼类脑神经的名称、发出部位及分布

对数	名称	发出部位	分布	功能
0	端神经	端脑嗅叶	嗅囊的黏膜	感觉神经
Ⅰ	嗅神经	端脑嗅叶	嗅囊的黏膜	专司嗅觉
Ⅱ	视神经	中脑视叶	眼球的视网膜	专司视觉
Ⅲ	动眼神经	中脑腹面	上直肌、下直肌、内直肌和下斜肌	运动神经
Ⅳ	滑车神经	中脑侧背面	眼球的上斜肌	运动神经
Ⅴ	三叉神经	延脑的前侧面	吻部、唇部、鼻部及颌部	混合神经
Ⅵ	外展神经	延脑腹面	眼球的外直肌	支配运动
Ⅶ	面神经	延脑侧面	皮肤、触须、舌部、咽鳃部和侧线等	支配舌弓肌肉的运动
Ⅷ	听神经	延脑腹侧	内耳	感知听觉和平衡觉
Ⅸ	舌咽神经	脑腹侧面	鳃裂前支、咽支和鳃裂后支	混合神经
Ⅹ	迷走神经	延脑侧面	鳃支、脏支及侧线支	混合神经

(十一)感觉器官

1. 侧线系统(lateral line system)

侧线器官分布于头部和体侧。侧线器官陷在皮肤内,呈管状或沟状。侧线管以一系列小管穿过皮肤及鳞片通到体表形成侧线孔与外界相通。感受器由一群感觉细胞和支持细胞组成,感觉细胞具有感觉毛,感觉神经末梢分布于感觉细胞之间(图 3-65)。当水流流经鱼体时,水压通过侧线孔,影响管内的黏液并使感受器内的感觉毛摆动。感受器能感受低频率的振动,可感觉水流的大小、速度和方向,在鱼类生活中具有重要的生物学意义。

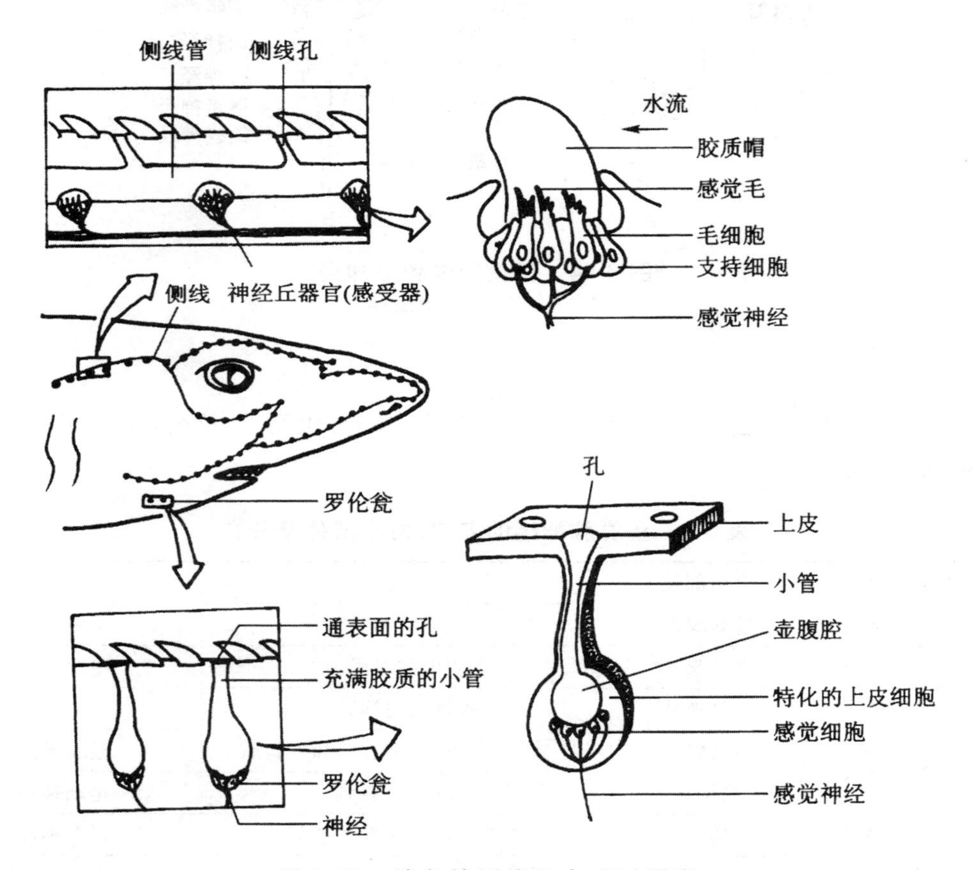

图 3-65　鲨鱼的侧线和电感受器官

2. 耳

鱼类有一对内耳，主要为感觉平衡的器官。骨鱼的内耳已具有脊椎动物的基本结构。每侧内耳由 3 个半规管（semi-circular canal）、椭圆囊（utriculus）和球囊（sacculus）组成，彼此连通（图 3-66A、B）。膜迷路（membrane labryinth）位于软颅的耳软骨囊内，其内充满内淋巴液。

3. 眼

镰状突（falciforme process）是硬骨鱼类移动晶状体的特有结构，是脉络膜的一个膜质突起，富含血管和肌肉，其前缘伸出一条晶状体缩肌连到晶状体腹面，在远视时通过该肌的收缩能向后移动晶状体（图 3-66C）。硬骨鱼类眼内的反光层称银膜（argentea），位于巩膜和脉络膜之间。

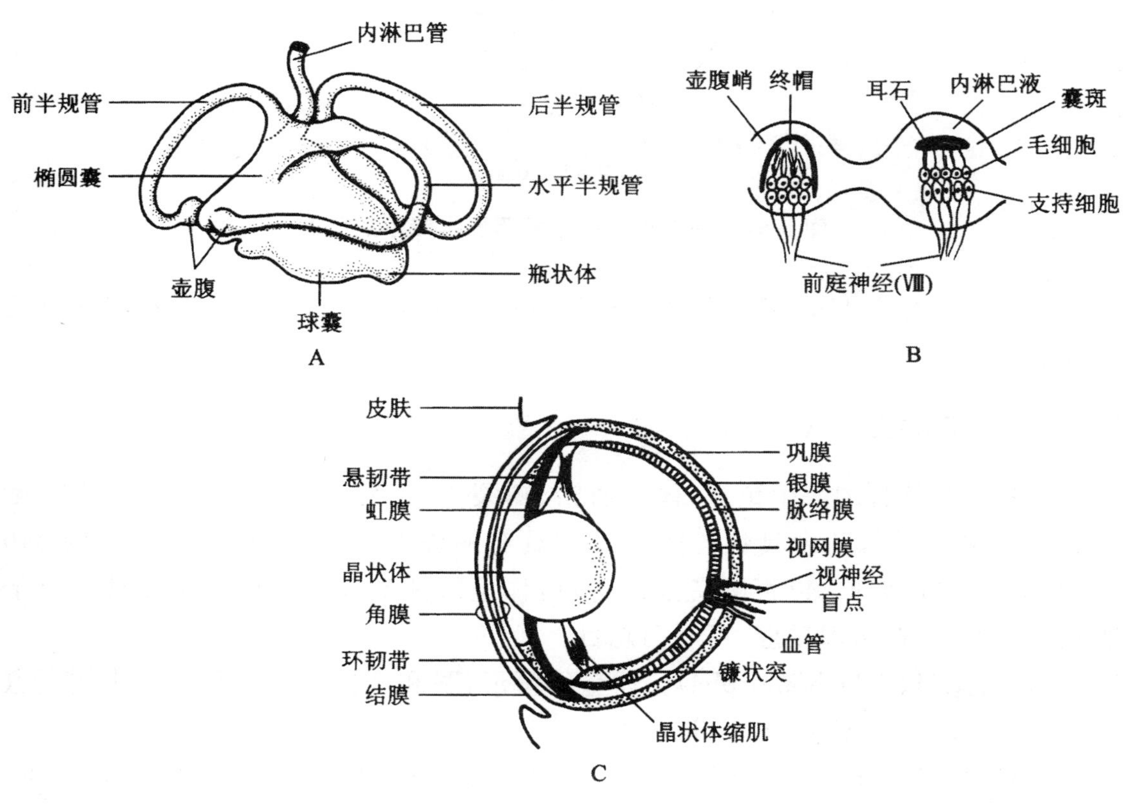

图 3-66　鱼类的内耳和眼

A. 内耳的半规管及椭圆囊、球囊　B. 壶腹内的听嵴和椭圆囊及球囊内的囊斑放大　C. 硬骨鱼类眼的结构

二、鱼纲的分类

除极少数地区外，由海拔 6000m 的高原溪流到洋面以下的万米深海，都有鱼类的存在。它们在长期的进化过程中，经历了辐射适应阶段，演变成种类繁多、生活方式迥异的 24000 多种，成为脊椎动物中种类最多的一个类群(图 3-67)，这一现状与海洋的面积辽阔及复杂的环境条件有关。

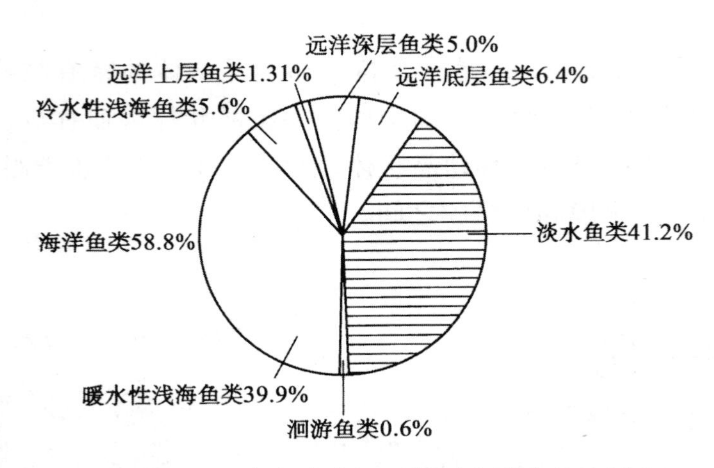

图 3-67　现存鱼类在不同栖居水域中的比例

现存鱼纲有 24400 多种，分为软骨鱼和硬骨鱼两大类群。分布在我国的鱼类有 3000 多种。

(一)软骨鱼类(Chondrichthyes)

内骨骼为软骨的海生鱼类；体被盾鳞；鳃裂 4～7 对，多直接开口于体表。尾常为歪型尾，无鳔，肠内具螺旋瓣。雄性具有鳍脚，营体内受精。全世界约 846 种，我国产 260 多种。以板鳃鱼亚纲为例，体呈纺锤形或扁平形。雄性具有位于腹鳍内侧的鳍脚，有泄殖腔，可分两总目。

(1)鲨总目(Selachomorpha)。体呈纺锤形，眼和鳃裂侧位。胸鳍与头侧不愈合；臀鳍有或无；歪型尾(图 3-68B～I)。

(2)鳐总目(Batoidei)。体形背腹扁平，鳃裂腹位，胸鳍前缘与头侧相连(图 3-69)。

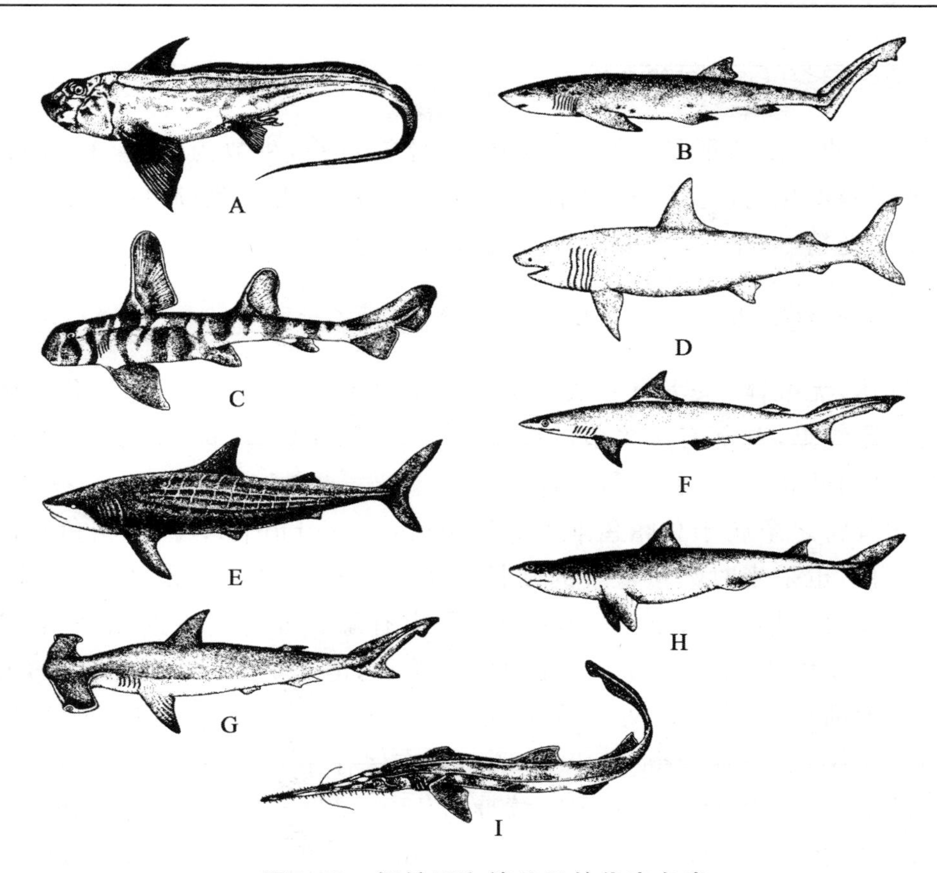

图 3-68 银鲛目和鲨总目的代表鱼类

A. 黑线银鲛 B. 扁头哈那鲨 C. 宽纹虎鲨 D. 姥鲨 E. 鲸鲨
F. 尖头斜齿鲨 G. 锤头双髻鲨 H. 短吻角鲨 I. 日本锯鲨

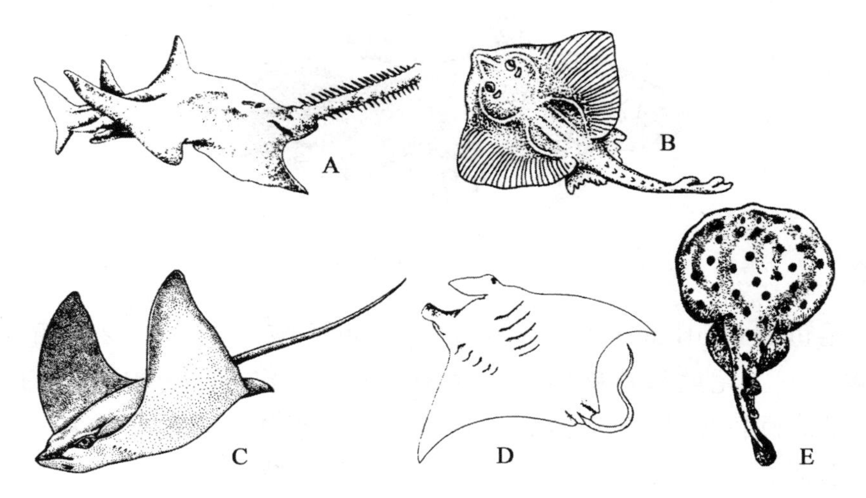

图 3-69 鳐总目的代表鱼类

A. 尖齿锯鳐 B. 孔鳐 C. 鸢鲼 D. 日本蝠鲼 E. 电鳐

(二)硬骨鱼类(Osteichthyes)

硬骨鱼类的主要特征是:骨骼多为硬骨;体被骨鳞,少数为硬鳞,有的无鳞;口在头端;鳃间隔退化,具鳃盖,鳃裂不直通体外;多数种类有鳔;肠内大多数无螺旋瓣;多为体外受精,卵生,少数变态发育;正尾偶鳍呈垂直位。

1. 腔棘鱼亚纲(Coelacanthimorpha)

脊索发达,无椎体,头下有一块喉板(gular plate),无内鼻孔,鳔退化。体被圆鳞。偶鳍为原鳍型,基部有一多节的中轴骨支持,且在鳍基部有较发达的肌肉,外被有鳞片,呈肉叶状,分一目一科两属。

有些学者将之隶属于总鳍鱼亚纲(Crossopterygiomorpha)。总鳍鱼是出现于泥盆纪的古鱼,也是当时数量最多的硬骨鱼类。具有一系列原始特征:脊索发达,脊椎骨还未发育出椎体,头下有一块喉板,肠内有螺旋瓣等。长期以来,总鳍鱼类一直被认为已于中生代末期的白垩纪时完全绝灭,但是1938年12月22日却在南非沿海哈隆河河口水深70m处首次捕获一条体长1.8m体重95kg的鱼,依据其尾形定名为矛尾鱼(Latimeria chalumnae),标本保存于东伦敦博物馆内(图3-70)。以后又在科摩罗群岛附近的海域中陆续捕得150～200条矛尾鱼,为动物界最珍贵的活化石之一;隶属于腔棘鱼目(Coelacanthiformes)腔棘鱼科(Coelacanthidae);身体粗大,头部每侧有3个鼻孔,一个前鼻孔,两个后鼻孔,有喷水孔。尾鳍圆尾,背鳍两个。

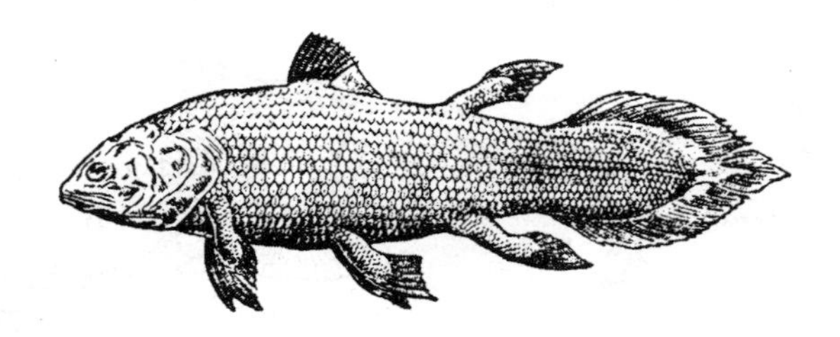

图3-70 矛尾鱼

(1)矛尾鱼属(Latimeria)。矛尾鱼(L. chalumnae)体长1～2m,重13～80kg。肉叶状偶鳍较长。尾鳍呈特殊的三叶式矛头形,无内鼻孔,无鳃盖,鳔退化。肠内具螺旋瓣,动脉圆锥发达,无泄殖腔,卵胎生,肉食性。生活在水深70～400m的海洋中,游泳迅捷。

(2)马兰鱼属(Malania)。马兰鱼体长1.38m,背鳍2个,后背鳍较大,尾鳍无矛形副叶,无中轴,全部为鳍条。体表被齿鳞,脊索粗大。

2. 肺鱼亚纲(Dipnoi)

大部分骨骼为软骨;无次生颌;终生保留发达的脊索,脊椎骨无椎体,仅有椎弓和脉弓。肺鱼有内鼻孔通口腔;鳔有鳔管与食管相通,有丰富的血管供应,能执行肺的功能。偶鳍内具双列式排列的鳍骨;有高度特化而适应于压碎无脊椎动物甲壳的齿板。肠内具螺旋瓣。尾鳍为原型尾。

本亚纲在世界各地曾广泛分布,最早出现在早泥盆纪,但现生种类仅有2目3科5种,并被隔离分布于南美洲、非洲和大洋洲(图3-71)。我国四川省境内曾出土肺鱼化石。

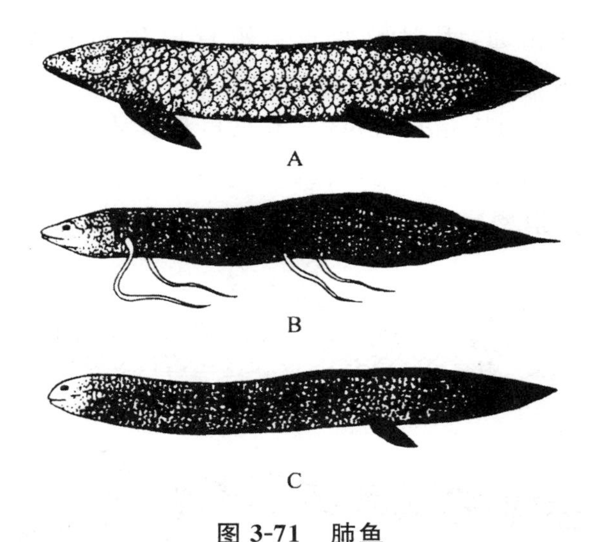

图3-71　肺鱼

A. 澳洲肺鱼　B. 非洲肺鱼　C. 美洲肺鱼

(1)单鳔肺鱼目(Ceratodontiformes)。分布于澳大利亚昆士兰的淡水河流中。体形侧扁,胸、腹鳍粗壮,成桡状;体鳞大;鳔(肺)不成对;具相等的角质齿板。幼鱼无外鳃,成体不休眠。仅澳洲肺鱼(Neoceratodus forsteri)一种。

(2)双鳔肺鱼目(Lepiosireniformes)。体呈鳗形,胸鳍鞭状或较狭短;体鳞小,埋于皮下。鳔(肺)成对。旱季或枯水期钻入水底淤泥中,以皮肤分泌的黏液黏起泥土包住自己的身体形成特殊的鱼茧,进入休眠,此时仅用鳔进行呼吸。雨季来临时,水位升高,肺鱼即苏醒,破茧而出进行活动,并行鳃呼吸。幼鱼具外鳃。本目包括两科。

1)美洲肺鱼科(Lepidosirenidae):鳃弓 5 对。偶鳍细小而短,奇鳍低矮。幼鱼的外鳃存在期短,仅一种,美洲肺鱼(Lepidosiren paradoxa),产于南美洲淡水流域。

2)非洲肺鱼科(Protopteridae):鳃弓 6 对。偶鳍细长成鞭状,奇鳍高。外鳃保留于整个幼鱼期。本科 3 种,较常见的是非洲肺鱼(Protopterus annectens),分布于非洲中部淡水流域。

上述 2 个亚纲动物因偶鳍多呈肉叶状,又合称为肉鳍鱼类(Sarcopterygii)。

3. 辐鳍亚纲(Actinopteryii)

本亚纲占现生鱼类总数的 90%以上。体被硬鳞、圆鳞或栉鳞,或裸露无鳞。各鳍由真皮性辐射状鳍条支持。无内鼻孔。多数种类骨化程度高。身体后部有肛门和泄殖孔与外界相通,无泄殖腔。生殖管由生殖腺壁延伸而成。分 3 个总目。

(1)软骨硬鳞鱼总目(Chondrostei)。本总目是在古生代占主要地位的原始鱼类,只有少数种类残留到现代。骨骼大部分为软骨,体被硬鳞;心脏具动脉圆锥;肠内有螺旋瓣;尾鳍为歪型尾或原尾型。包括两目(图 3-72)。

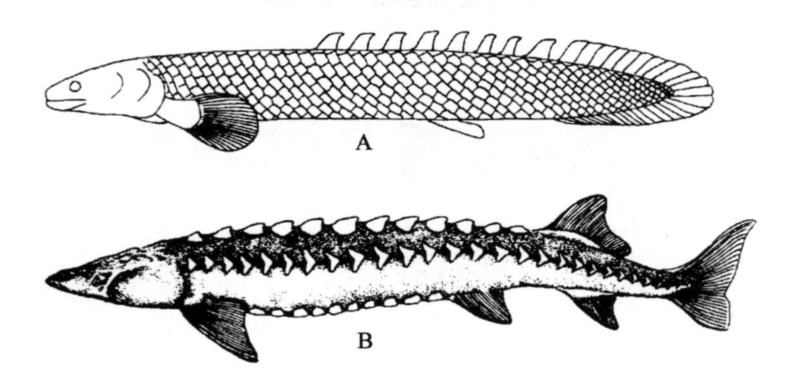

图 3-72　软骨硬鳞鱼总目的代表鱼类

A. 多鳍鱼　B. 中华鲟

1)多鳍鱼目(Polypteriformes):背鳍 5～18 个小鳍,故名多鳍鱼。偶鳍基部有肉质的基叶;尾鳍为原尾型。鳔开口于食管腹面,可用于呼吸。头骨和偶鳍骨有部分软骨,脊椎骨完全骨化。幼鱼有外鳃。本目鱼类全产于非洲淡水河流中,代表种类有多鳍鱼(Polypterus bichir)。

2)鲟形目(Acipenseriformes):为古老的大型鱼类。现生存的鲟鱼类有鲟科(Acipenseridae)和匙吻鲟科(Polyodontidae)2 科,有 6 属、25 种,其中纯淡水种类

15种。我国现存3属,8种。具有许多与软骨鱼相似的特征,如体形似鲨、吻长、口腹位、歪形尾、骨骼大部为软骨、脊索发达且终身存在、肠内有螺旋瓣。现仅存少数几种,仅分布于北半球。为溯河产卵洄游性或淡水定居性鱼类,健游。春或秋季产卵。常见的有中华鲟(A. sinensis)。

3)多鳍鱼目(Polypteriformes):具硬鳞、喷水孔以及其他原始性状。体长,近圆筒形,略宽;口大,颌具细齿;有较长的鼻管;眼小;鳃孔大;背鳍由5～18个分离的特殊小鳍组成。仅1科,2属,11种,主要种类为具有腹鳍的多鳍鱼和芦鳗。栖息于温暖的浅湾和沼泽地带。耐受力强,可用鳔直接呼吸空气。性凶猛,成鱼主要捕食鱼类、甲壳动物、昆虫等。

4)弓鳍鱼目(Amiiformes):为较古老的淡水鱼。体多被圆形硬鳞。一般体长30～60cm,最长可达90cm,雄鱼略小;体圆筒形;口大,具齿;尾鳍近歪尾型。仅1科,1属,1种。1种即弓鳍鱼(Amia calva),分布于北美缓流和静水区。常栖息于水草丛生的水域,以鱼、虾和软体动物为食,春季在沿岸淡水区繁殖。

(2)真骨鱼总目(Teleostei)。体被圆鳞或栉鳞,骨化程度高。鳃间隔消失,具动脉球,无肠螺旋瓣,正型尾。此总目鱼类包括约96%的现存鱼类,常见种类有:

1)海鲢目(Elopiformes):是硬骨鱼类中的低等类群。体被圆鳞,腹鳍腹位,喉板发达,代表种类有海鲢(Elops saurus)(图3-73)。

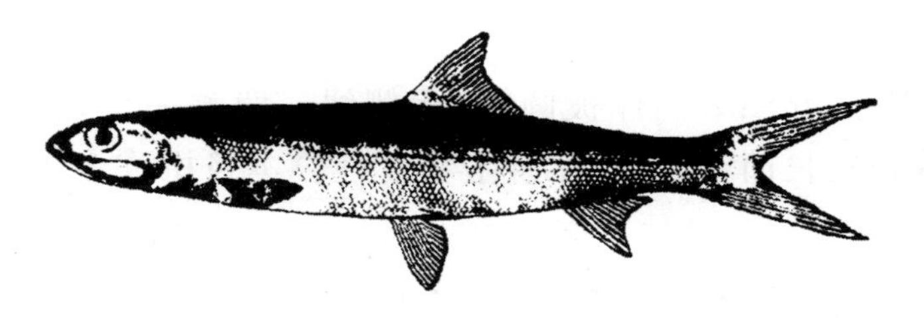

图3-73　海鲢

2)鳗鲡目(Anguilliformes):体为长圆筒形;无腹鳍;背鳍、臀鳍和尾鳍相连;各鳍均无棘。体被圆鳞或无鳞。脊椎骨数目多,可达260个。幼鱼发育有变态。几乎所有种类栖息于热带和亚热带水域,多在太平洋海域。平时在沿岸浅海内生活,生殖期游离海岸,将卵产到很深的海水中。幼鳗经变态后再游向近海(图3-74)。

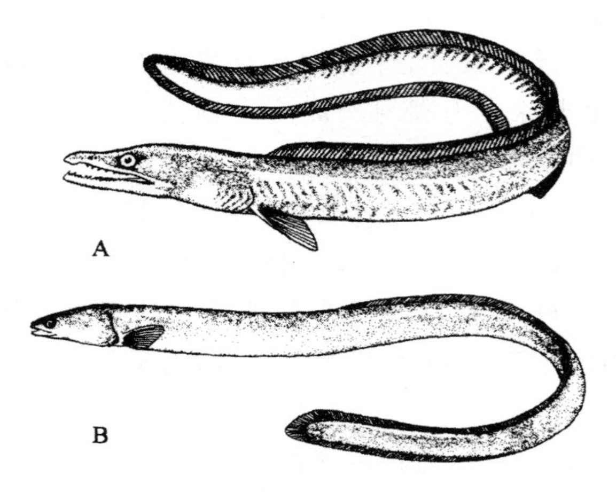

图 3-74　鳗鲡目代表

A. 海鳗　B. 鳗鲡

鳗鲡科(Anguillidae):鳞小,埋于皮下呈铺席状排列。头每侧有两个鼻孔。前孔短管状,后孔裂缝状。鳃孔位于胸鳍前下方,肛门位于身体前半部。一般在淡水生活,可自由出入咸淡水。皮肤可辅助呼吸,因此可短时间离水。我国常见种类有日本鳗鲡,为降河性洄游鱼类。在淡水中生活到 6 龄左右,鳗鲡开始降河入海,进行产卵、受精活动,以后亲鱼全部死亡。幼鳗为透明柳叶状小鱼,经过生长变态后发育为鳗形,又称线鳗。每年春季大批幼鳗自海洋上溯进入江河,在淡水河湖中长大。

3)鲱形目(Clupeiformes):体被圆鳞,无侧线。背鳍一个,腹鳍腹位。各鳍均无棘,有鳔管,鳃耙较长而密,多为浮游生物食性。本目中许多种类是世界重要经济鱼类(图 3-75)。

鲱科(Clupeidae):体侧扁。口前位,较小,口裂达眼的前方或下方。臀鳍长,腹部通常有锯齿状棱鳞。无侧线或仅见于前 2～5 个鳞片上。本科大部分生活在热带水域,大多分布在印度—太平洋地区,在世界渔业中占据重要地位。其中最具代表性的鱼有鲱鱼(Clupea pallasi)、鲥鱼(Maccrura reevesii)等。

4)鲤形目(Cypriniformes):腹鳍腹位;鳔有管与食管相通;具韦伯器。体被圆鳞或裸露。广泛分布于世界各地,包括许多重要的经济鱼类和养殖鱼类,我国有 700 多种,一些重要的科和种类见图 3-76。

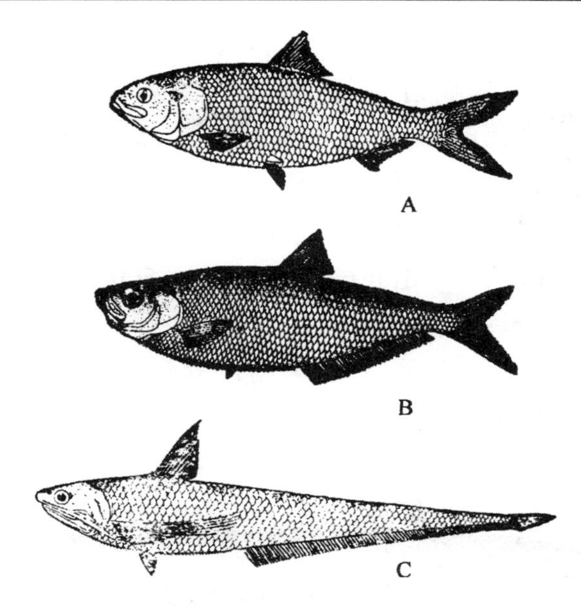

图 3-75 鲱形目代表

A. 鲥鱼 B. 鳓鱼 C. 凤鲚

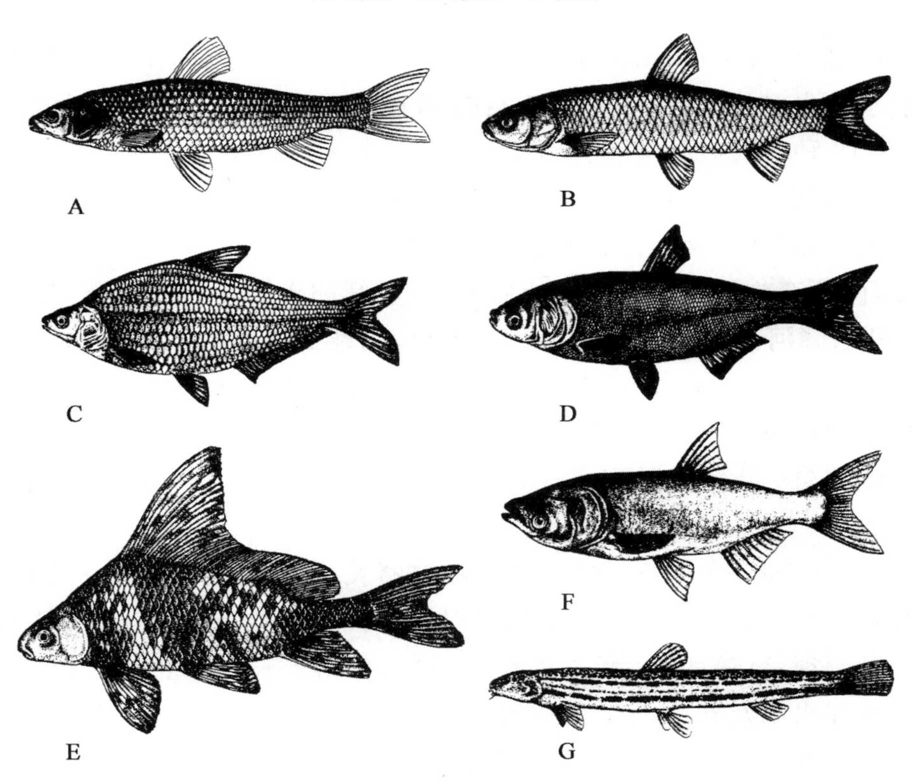

图 3-76 鲤形目代表

A. 青鱼 B. 草鱼 C. 鳊鱼 D. 鲢鱼 E. 胭脂鱼 F. 鳙鱼 G. 花鳅

胭脂鱼科(Catostomidae):体侧扁而高,背鳍高;上颌由前颌骨和上颌骨组成;口小,下位或亚前位;咽喉齿一行;唇厚。多见于美洲,我国仅一种胭脂鱼(Myxocyprinus asiaticus),分布在长江上游和闽江、嘉陵江等流域。中下层鱼,以无脊椎动物为食。生长快,已有人工繁殖。

鲤科(Cyprinidae):上颌的骨块仅由前颌骨组成;咽喉齿 1～3 行。口内无牙;无脂鳍。在我国分布约 500 种,是我国淡水以及池塘养殖和捕捞的主要对象。

5)鲇形目(Siluriformes):体裸露或被骨板;口须 1～4 对;颌骨退化,有颌齿,咽骨有细齿;有韦伯器;口大,常具脂鳍,胸鳍位置较低,并与背鳍均有一强大的骨质鳍棘。我国常见种类有鲇鱼(Silurus asotus)(图 3-77)、黄颡鱼(Peheobagrus fulvidraco)。

图 3-77　鲇鱼

6)鲑形目(Salmoniformes):具脂鳍;具颌齿;幽门盲囊发达。主要分布于北半球高纬度水域内,经济价值很高。本目包括在世界渔业中占重要地位的鲑、鳟鱼类,我国有 16 种。代表种类有大麻哈鱼(Oncorhynchus keta),分布于太平洋沿岸水域,为溯河洄游性鱼。每年秋季生殖鱼群由太平洋上溯至黑龙江、乌苏里江、松花江等河流产卵,在此期间停止摄食,体色由银色转变成暗灰色,雄鱼身上出现红棕色斑点,两颌变为钩状。亲鱼产卵后死亡,受精卵于翌年春季孵化,仔鱼生长到 50mm 时开始降河入海,在海中生活 3～5 年,到性成熟时成群洄游至江河中原处产卵。哲罗鱼(Hucho taimen)是栖于黑龙江、乌苏里江、松花江及新疆额尔齐斯河的冷水性大型鱼类,最重可达 50kg,性凶猛,以鱼类、青蛙及水生昆虫为食。繁殖期间体色变红,溯河上游到水质清澈的砾质河床掘穴产卵,新疆地区俗称大红鱼。

7)鳕形目(Gadiformes):体长,背鳍和臀鳍长,腹鳍喉位或颏位;无鳍棘;身体多被圆鳞;闭鳔类;为世界渔业重要捕捞对象。代表种类有:江鳕(Lota lota),下颏中央有一条颏须;背鳍两个,第 2 背鳍长,并与臀鳍等长;尾鳍圆形;以鱼类为食;分布于黑龙江水系及新疆额尔齐斯河水系。大头鳕有背鳍 3 个,臀鳍 2 个,均不长;有颏须;肉食性底栖鱼类,在我国分布于黄海、渤海和东海北部(图 3-78)。

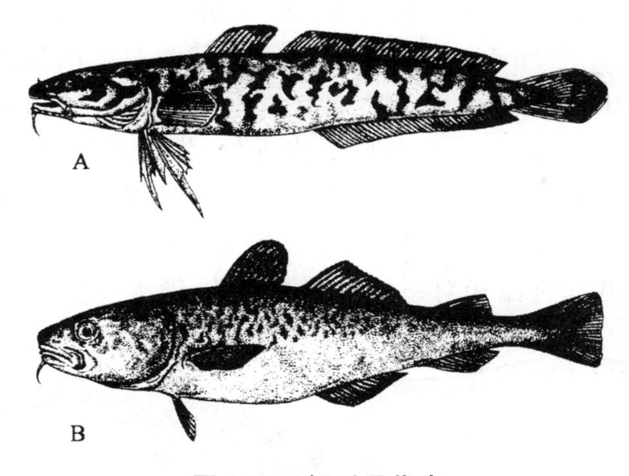

图 3-78　鳕形目代表

A. 江鳕　B. 大头鳕

8)鮟鱇目(Lophiiformes):为底栖海鱼类。体粗短,背腹扁或侧扁。身体无鳞。眼位于头背面或侧面。胸鳍适应海底爬行而呈足状。腹鳍喉位。背鳍的鳍棘移至头额部,末端常形成肉质的瓣膜状、叶片状或球状的吻触手,作为诱饵器官诱捕小鱼为食。代表种类如黄鮟鱇(Lophius litulon)(图 3-79)。

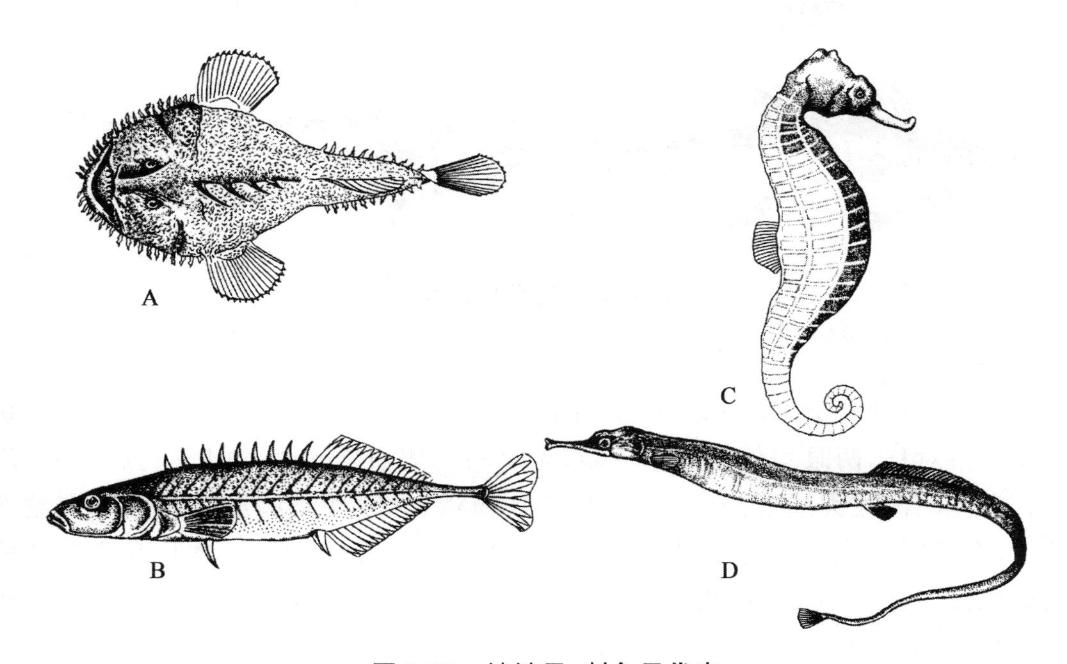

图 3-79　鮟鱇目,刺鱼目代表

A. 黄鮟鱇　B. 中华多刺鱼　C. 日本海马　D. 尖海龙

9)刺鱼目(Gasterosteiformes):体长,侧扁或呈管状,许多种类体表有骨板。吻大多呈管状,口小。背鳍1～2个,有时第1背鳍为游离的棘组成。常见种类有中华多刺鱼(Pungitius sinensis),产卵期有筑巢并护卫鱼卵和幼鱼的习性。日本海马(Hippocampus japonicus),头与躯干成直角,分布于我国台湾、黄海等地。

10)鲈形目(Perciformes):是真骨鱼类中种类最多的一个目,全世界有9300多种,我国有1685种。腹鳍胸位或喉位,有鳍条1～5枚;背鳍两个,前一个为鳍棘,后一个为鳍条,并与臀鳍相对。体大多被栉鳞,鳔无鳔管(图3-80)。

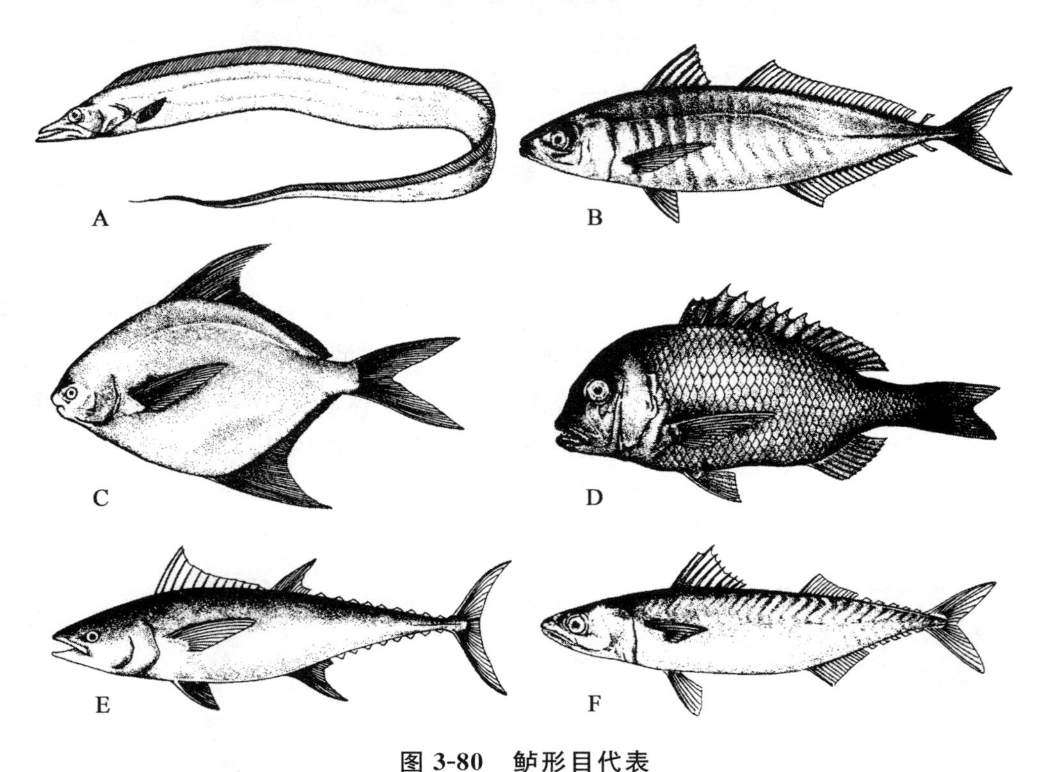

图3-80 鲈形目代表

A. 带鱼 B. 蓝圆鲹 C. 银鲳 D. 真鲷 E. 黄背金枪鱼 F. 鲐鱼

11)鲽形目(P1euronectiformes):即通常所说的比目鱼类。体形侧扁平,成鱼身体左右不对称,两眼均位于身体一侧,无眼的一侧通常无色,并以此侧平卧海底生活。身体两侧被圆鳞或栉鳞,或有眼侧被栉鳞,无眼侧被圆鳞。背鳍和臀鳍的基底长,腹鳍胸位或喉位。肛门常不在腹面正中线。成鱼无鳔。本目是重要的海洋经济鱼类。主要代表有:褐牙鲆(Paralichthvs Dlivaceus)(图3-81)、半滑舌鳎(Cynoglossus semilaevis)。

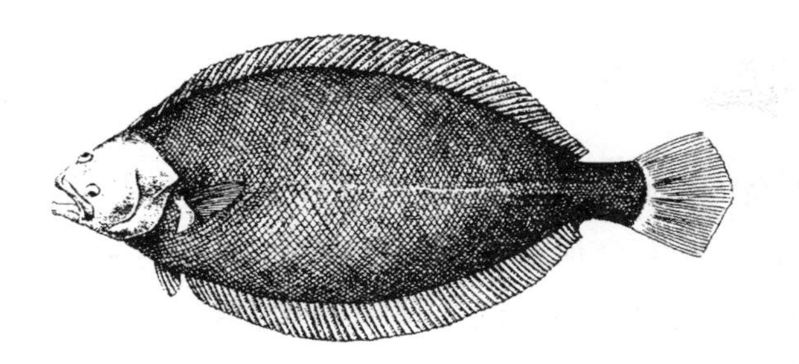

图 3-81 褐牙鲆

12)鲀形目(Tetrodontiformes):体短粗,皮肤裸露或被有小刺、骨板、粒鳞等。颌骨与前颌骨愈合,牙齿锥形或门齿状,或愈合为喙状牙板。鳃孔小。有些种类具气囊,能使胸腹部充气和膨胀,用以自卫或漂浮水面。大多为海洋鱼类,少数种类定居淡水或在一定季节进入淡水。河鲀的生殖腺、内脏及血液等有剧毒。代表种类有:绿鳍马面鲀(Thamnaconus septentrionalis)、虫纹东方鲀(Takifugu vermicularis)和翻车鱼(Mola mola)等(图 3-82)。

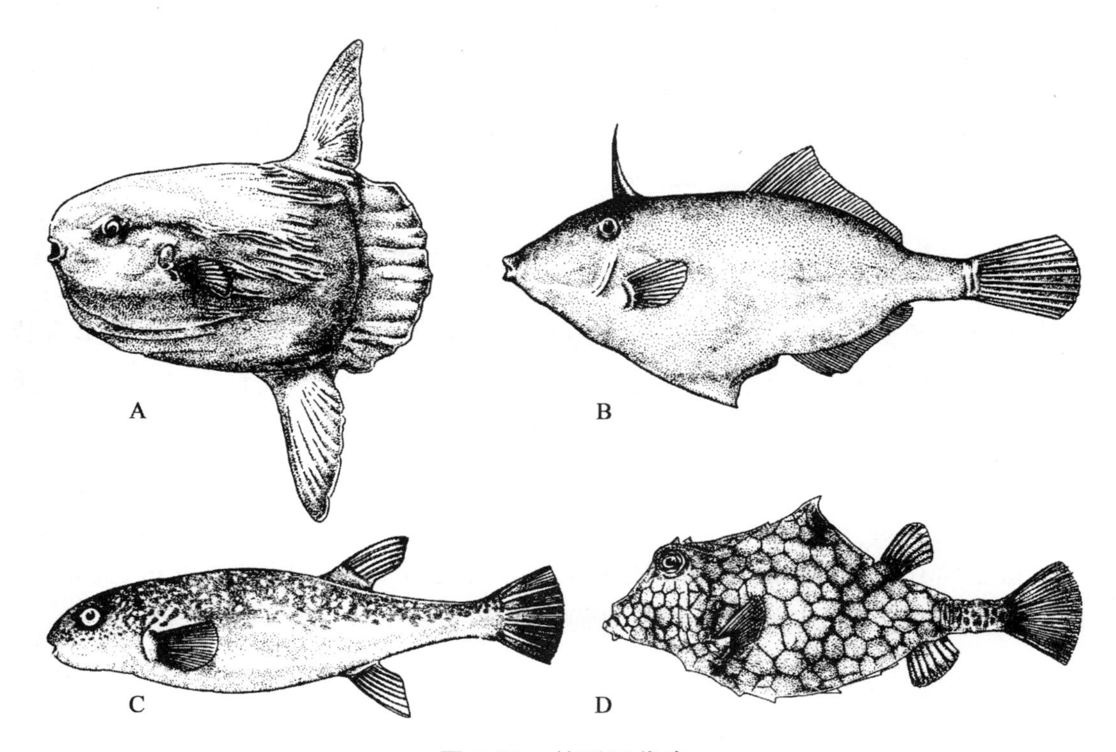

图 3-82 鲀形目代表

A. 翻车鱼 B. 绿鳍马面鲀 C. 虫纹东方鲀 D. 三棱箱鲀

三、鱼类的洄游

某些鱼类在生命周期的一定时期会有规律地集群，并沿一定路线作距离不等的迁移活动，以满足重要生命活动中生殖、索饵、越冬等需要的特殊的适宜条件，并在经过一段时期后又重返原地，这种现象叫做洄游(migration)。

依据鱼类洄游的不同类型，可分为生殖洄游(breeding migration)、索饵洄游(feeding migration)和越冬洄游(overwintering migration)。它们三者间的关系如图3-83所示。

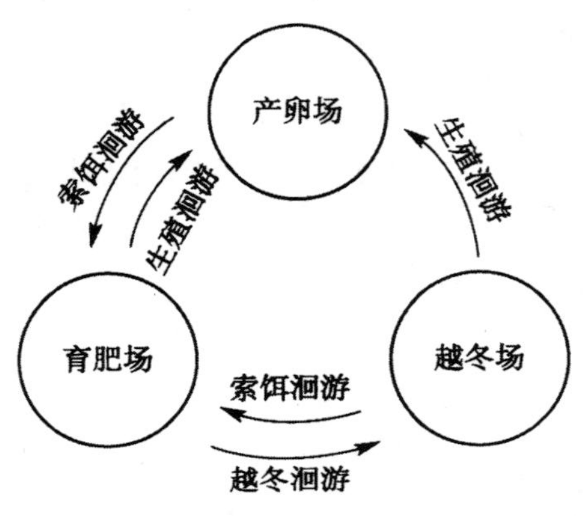

图3-83　鱼类的洄游

(一)生殖洄游

当鱼类生殖腺发育成熟时，脑下垂体和性腺分泌的性激素会促使鱼类集合成群而向产卵场所迁移，称为生殖洄游。由于它们是从越冬场或育肥场来的，生殖洄游具有集群大、肥育程度高、游速快和目的地远等特点。

1. 由远洋向近海

成鱼生活在海洋，其生殖洄游是从海洋游向近海浅海。例如小黄鱼、大黄鱼、带鱼、鰳鱼、鲷鱼等，其中的大黄鱼从渤海湾外的黄海游至渤海湾内产卵。

2. 降河产卵洄游

成鱼生活在淡水水域，生殖期沿江河顺流而下到深海产卵。产于我国的鳗鲡是降河产卵洄游的著名例子。鳗鲡性成熟后，在河口集群游向深海进行产卵，亲鳗产卵后疲累而死。幼鳗周身透明，身体似柳叶状，经过生长和变态成为鳗形

(图 3-84)并开始向亲鳗栖息的江河进行溯河洄游,进入适合它们的淡水水域生长。

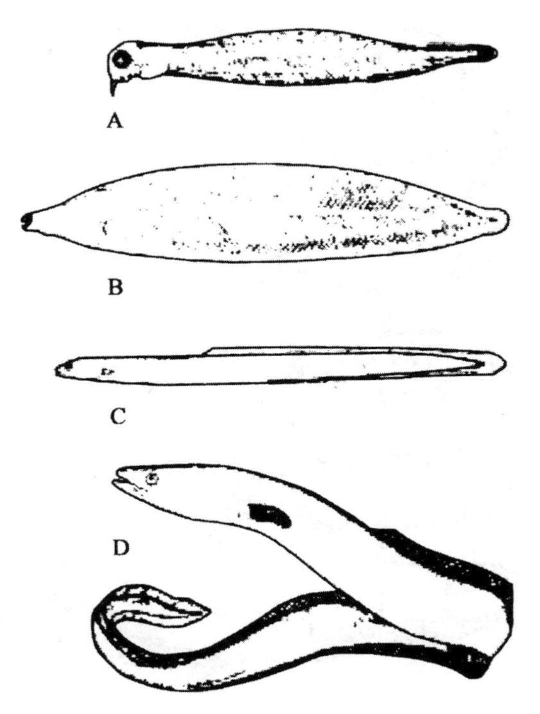

图 3-84 不同生长时期的鳗鲡

A. 稚鳗(7mm) B. 柳叶鳗(1.5 岁,75mm)
C. 线鳗(3 岁,65mm) D. 成鳗

3. 溯河产卵洄游

成鱼生活在海洋,产卵季节溯江河而上到淡水水域产卵。例如鲥鱼、大麻哈鱼、鲟鱼、鲚鱼和大银鱼等。大麻哈鱼在溯河洄游中一天可溯游 30~50km,历尽艰难险阻,繁殖活动结束后几乎全部死亡(图 3-85)。

另一种溯河产卵洄游是从淡水的下游至上游,例如青鱼、草鱼、鲢鱼和鳙鱼等鱼类一直生活在淡水的江河中,它们从江河下游及其支流上溯到中、上游产卵,其行程可长达 1000~2000km。

(二)鱼类的起源和演化

盾皮鱼类(Placodermi)是大约 3.95 亿年前出现于泥盆纪早期的另一有颌鱼类,为典型的底栖鱼类,例如胴甲鱼类(Antiarchi)和节颈鱼类(Arthrodira)。体小而扁平,体被盾甲,具偶鳍、歪型尾和软骨骨骼;上颌与头骨牢固愈合;具有成对外鼻孔;被认为是软骨鱼类的祖先。盾皮鱼类绝灭于 3.45 亿年前的泥盆纪晚期,极少数延续到石炭纪(图 3-86)。

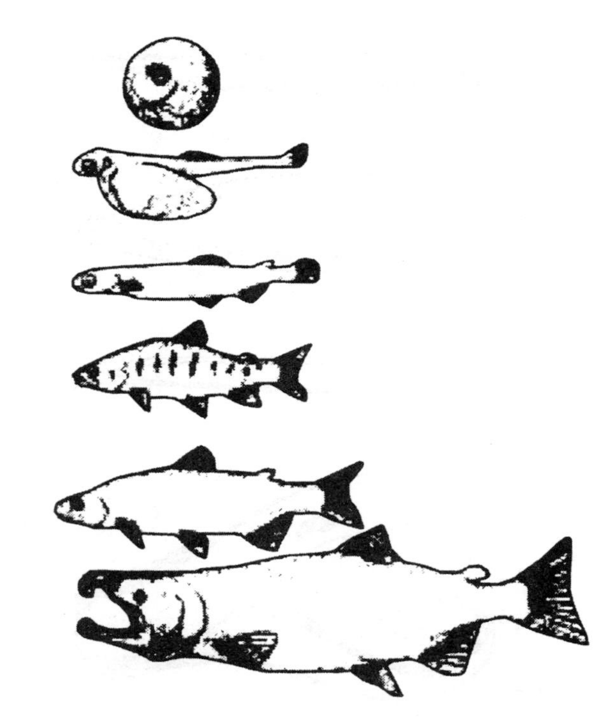

图 3-85　大麻哈鱼在生活史中不同时期的形态

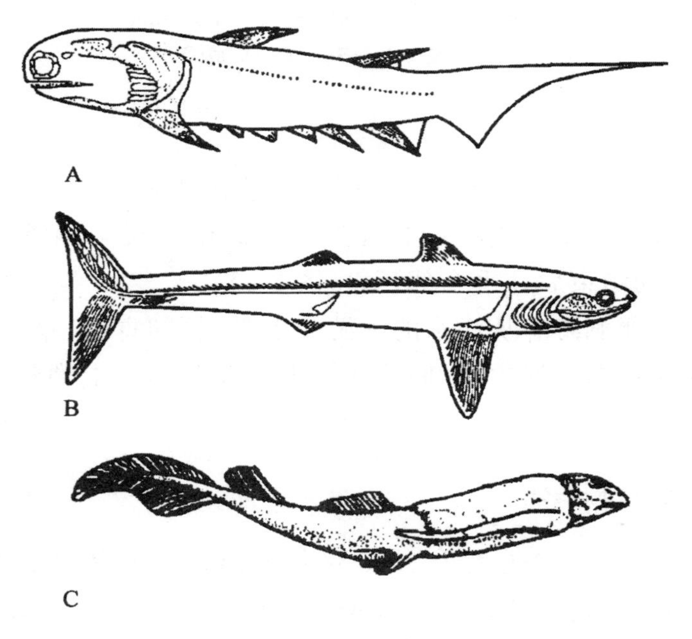

图 3-86　泥盆纪的几种鱼

A. 梯棘鱼　B. 裂口鲨　C. 盾皮鱼

第五节　两栖纲

一、两栖动物的结构与功能概述

(一)外形与运动

现存两栖类动物体长16.2～1800mm。由于适应不同的生活条件,体型发生了较大改变,大致可分为蠕虫型、蝾螈型和蛙蟾型三种类型(图3-87),分别代表现存两栖类动物的三个发展方向。

图3-87　两栖类动物的三种体型

从总体上看,两栖类动物的身体分为头、躯干、尾和四肢四部分,无明显颈部。吻端至颅骨后缘为头部,颅骨后缘至泄殖腔孔为较发达的躯干部,泄殖腔孔之后为尾部。附肢两对。但在不同的类型,这四部分会发生相应变化。

蛙蟾型的种类是适于陆栖爬行和跳跃生活的特化分支,是两栖类动物中发展最繁盛和种类最多的类群。体形短宽,四肢强健,幼体具尾,但成体尾部消失,故成体仅包括头、躯干和四肢三部分(图3-88)。

头形扁平而略尖,游泳时可减少阻力,便于破水前进;口裂宽阔,颌缘是否有齿视种类不同而异,口咽腔有许多孔,结构复杂;吻端两侧有外鼻孔1对,具鼻瓣,可随意开闭,以控制气体吸入和呼出,外鼻孔经鼻腔以内鼻孔开口于口咽腔前部;内鼻孔1对,位于犁骨的外侧;耳咽管(咽鼓管)孔(eustachin tube)1对,由中耳腔通入颚部的两侧附近;有声囊的无尾类有1个或1对声囊孔。消化道的食管口和呼吸道的喉(声)门(glottis)也开口于口咽腔(图3-89)。

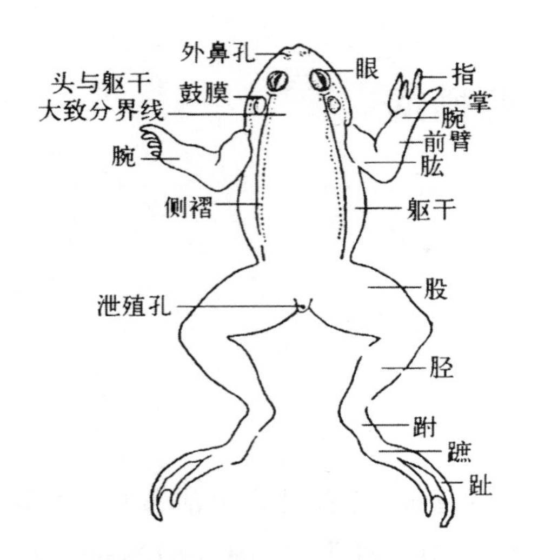

图 3-88　无尾目动物的身体

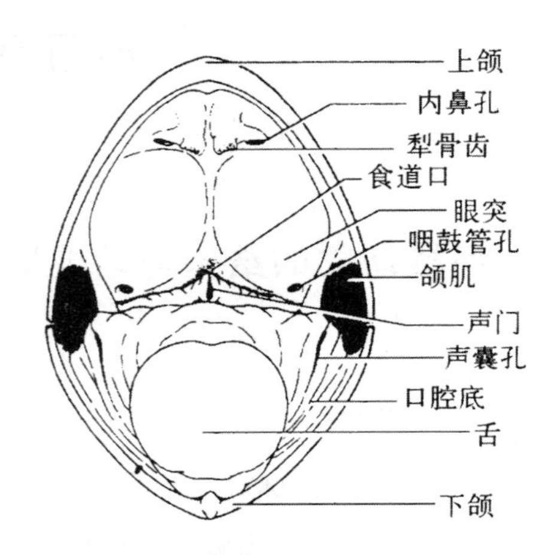

图 3-89　蛙类的口咽腔结构

大多数陆栖种类具 1 对大而突出的眼，具活动性眼睑，下眼睑连有半透明的瞬膜，当蛙、蟾等潜水时，瞬膜会自动上移遮蔽和保护眼球。眼后常有一圆形的鼓膜（tympanic membrane），覆盖在中耳（middle ear 或称鼓室 tympanic cavity）外壁，或隐于皮下。有些族类无鼓膜，但有耳柱骨，如沙坪角蟾（Megophrys shapingensis）；有的无鼓膜亦无耳柱骨，如乡城齿突蟾德钦亚种（Scutiger xiangchengensis deqinensis）。蟾蜍头部眼后具较发达的耳后（旁）腺（parotid）（图 3-90）。

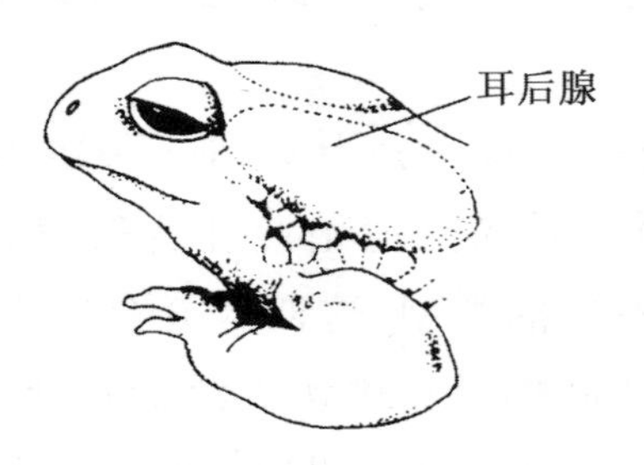

图 3-90　蟾蜍的耳后腺

雄体的咽部或口角有 1～2 个内声囊（internal vocal sac，如花背蟾蜍）或外声囊（external vocal sac，如黑斑蛙）（图 3-91）。躯干背面光滑（如黑斑蛙）或粗糙而具瘰粒（如蟾蜍）；一些种类常有 2 条隆起的背褶（dermal plicae，如金线蛙）；另一些种类却只有长短不一的纵行肤褶（skin fold 或肤嵴 skin ridge，如虎纹蛙）。四肢强健，但发展不平衡。前肢短小，4 指，指间一般无蹼（web），主要用作撑起身体前部，便于举首远眺，观察周围环境；后肢长大而强健，5 趾，趾间多有蹼，适于游泳和在陆地上跳跃前进。树栖蛙类的指、趾末端膨大成吸盘,并能往高处攀爬,吸附在草木的叶和树干上。代表动物为各种蛙类和蟾蜍。

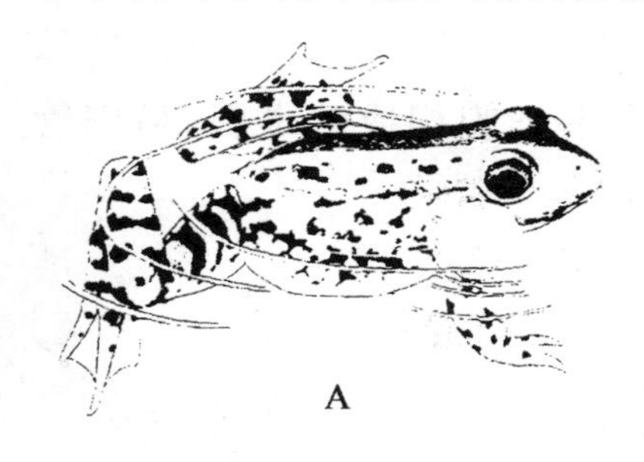

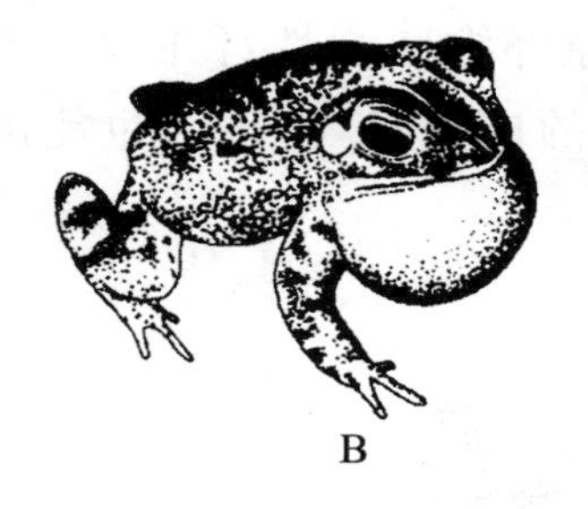

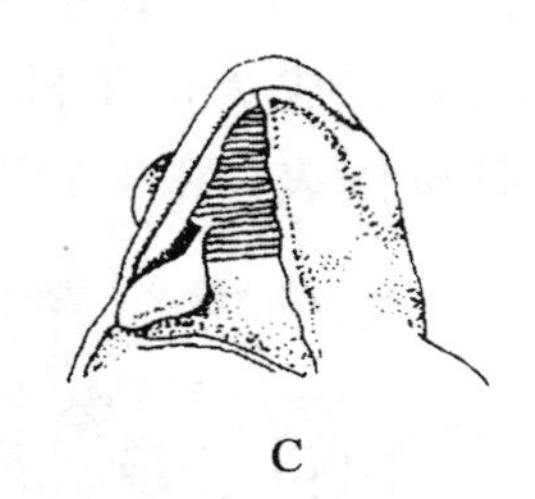

图 3-91　几种蛙的声囊

A. 成对的外声囊(黑斑蛙)　B. 单个外声囊(泽蛙)　C. 内声囊(中国林蛙)

(二)皮肤系统

两栖类皮肤由表皮和真皮组成,柔软、光滑和湿润。表皮轻微角质化,没有形成羊膜动物那样复杂的角质结构。富于黏液腺,容易透水、透气。最早的两栖类动物中的坚头类体表具骨质板,现代两栖类动物的皮肤表面已失去了骨质鳞,皮肤骨质残余常存在于原始两栖类,如无足类(如蚓螈皮肤还保留残余的骨质鳞)和少数无尾类有少量的骨质结构,但不是在表面,而是在皮肤深部,其他保护结构还未出现,皮肤处于裸露状态。由于皮肤角质化轻微,皮肤透水、透气,使呼吸成为可能,皮肤的呼吸量约占总呼吸量的 1/3;另一方面,体内的水分可经皮肤蒸发而丧失,同时能降低体温。

两栖类动物的皮肤与皮下肌肉组织连接疏松,其间分布大量淋巴间隙和皮下血管,与皮肤呼吸功能有关。

1. 表皮

表皮为复层上皮细胞,最内层由柱状细胞构成生发层,能不断地产生新细胞向上推移,由此向外,细胞逐渐变为宽扁形,最外层 1～2 层细胞有不同程度的轻微角质化,称为角质层(stratum corneum),仍属活细胞。但蟾蜍等的表皮角质化程度较高,较耐旱,因此其成体可在离水源较远的区域生活。角质层细胞可从皮肤表面脱落,再由生发层产生新细胞予以补充。

2. 真皮

真皮底部有皮下结缔组织,并以此与体肌疏松地相连。真皮较厚而致密,表现出陆生动物真皮的特征。真皮位于表皮下方,也分为 2 层:外层由疏松结缔组织构成，称为疏松层(straturn spongosum)，疏松层紧贴表皮层，其间分布着大量的黏液腺、神经末梢和血管；内层由致密结缔组织构成，称为致密层(stratum compactum)，其中的胶原纤维和弹性纤维呈横形或垂直排列。有些蝾螈在幼体经变态成为能上陆活动的成螈时，真皮内也能出现由多细胞构成的毒腺，借细管通至体表(图 3-92A)。

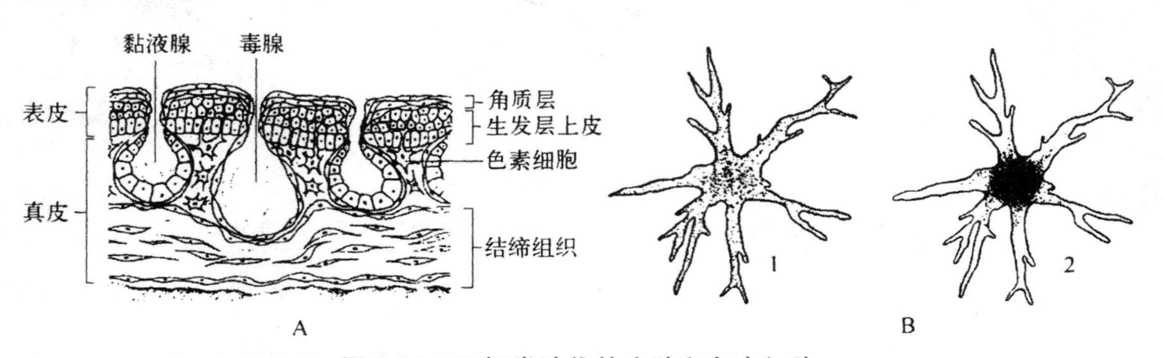

图 3-92　两栖类动物的皮肤和色素细胞

A. 蟾蜍皮肤切面　B. 色素细胞(1. 扩散；2. 集中)

(三)骨骼系统

在由水生过渡到陆生的进化中，由于上陆后的重力作用及陆上运动，两栖类动物身体的支持和运动系统发生了深刻的演变，其中骨骼系统发生了巨大的变化。两栖类动物的成体已具有典型的陆栖脊椎动物的骨骼系统，较鱼类获得更大的坚韧性、活动性和对身体及四肢的支持作用(图 3-93)。

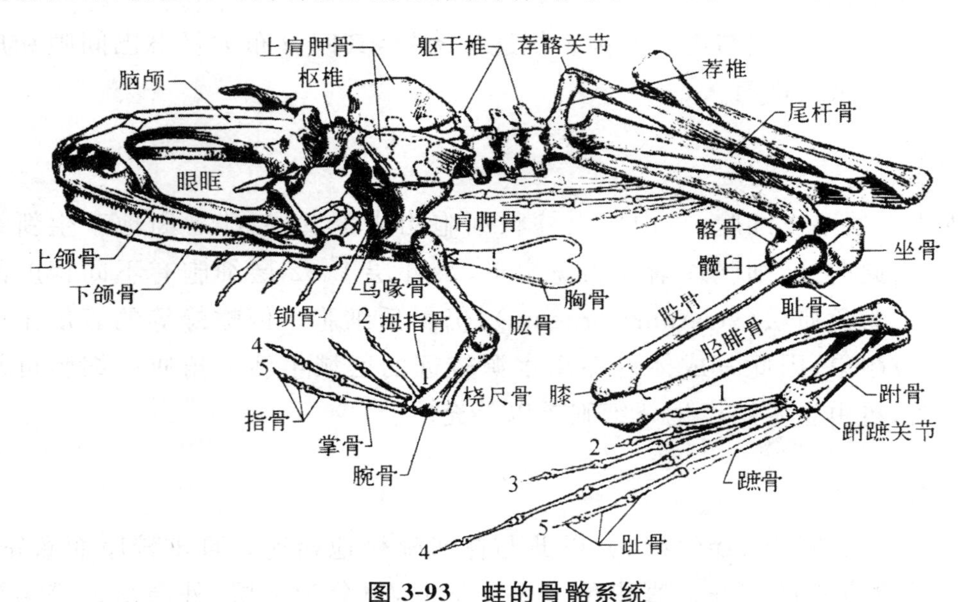

图 3-93　蛙的骨骼系统

1. 头骨

两栖动物的头骨摆脱了肩带的束缚，宽而扁平，有了灵活转动的可能性。软骨性硬骨骨化不良，膜性硬骨大量消失。同时，初生上、下颌（分别为腭方软骨和麦氏软骨）趋于退化，舌弓背部的舌颌骨移至中耳内，转化成听骨——耳柱骨（columella）。两栖动物在幼体时期的鳃弓退化，其残余部分在成体中转变为支持舌、喉部和气管的软骨。

2. 脊柱

两栖动物的脊柱向四肢传递体重而进一步分化，整个脊柱分化为颈椎（cervical vertebra）、躯干椎、荐椎（sacral vertebra）和尾椎。具有劲椎和荐椎是陆生脊椎动物的特征，但两栖类的劲椎和荐椎均只有 1 枚出现。对于首次出现陆生脊椎动物所具有的胸骨（sternum）的两栖动物，由于肋骨发育不良或融合在椎体的横突上，所以胸骨与躯干椎的横突或肋骨互不连接，故未能形成胸廓。

3. 带骨和肢骨

两栖类动物的肩带脱离了和头骨的联系，而腰带借荐椎与脊椎的联结，这是陆生四足动物与硬骨鱼类的重要区别。但两栖类动物的四肢位于身体躯干部的两侧，四肢的这种着生方式，决定了不能使身体完全抬离地面，因而限制了其在陆地上的运动速度。

（1）肩带。

由于肩带脱离了与头骨的联系后，不但使头部的活动有了可能，而且使前肢多样的活动同样有了可能。无尾目动物的肩带加固，由肩胛骨（scapula）、乌喙骨（coracoid）、上乌喙骨（epicoracoid）和锁骨（clavicle）等构成（图 3-94）。

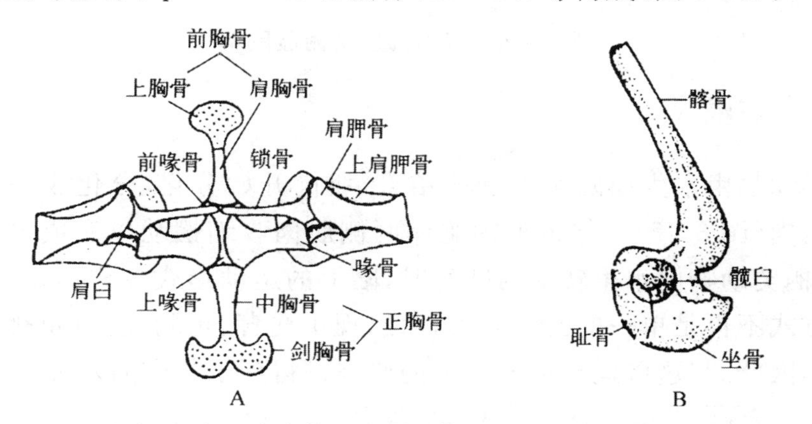

图 3-94　两栖类动物的肩带及胸骨（腹面观）（A）和腰带（侧面观）（B）

肩胛骨通过肌肉与脊柱相连；1对上乌喙骨构成肩带的腹面，蛙类的左右上乌喙骨在腹中线互相平行愈合，形成了固胸型肩带（firmisterny）；蟾蜍的上乌喙骨则彼此重叠，形成弧胸型肩带（arcifery）（图3-95）。肩带的类型是两栖纲分类的重要特征之一。组成肩带的诸骨交汇处形成肩臼（glenoid fossa），与前肢的肱骨形成肩关节。

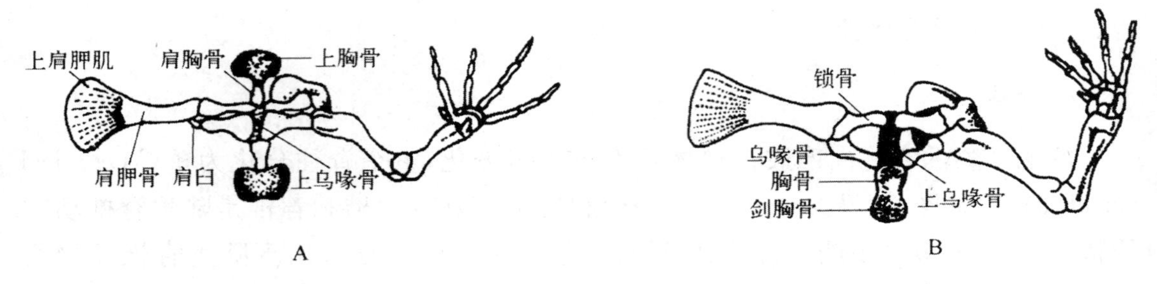

图3-95　固胸型肩带（蛙）（A）和弧胸型肩带（蟾蜍）（B）

（2）五趾型附肢。

两栖类动物已具有五趾型附肢，包括前肢和后肢。典型的前肢包括上臂（brachium）、前臂（antibrachium）、腕（wrist）、掌（palm）和指（digits）等五部分。如图3-96所示。此外，无尾目动物的拇趾（hallux）内侧还有一个距（calcar）。

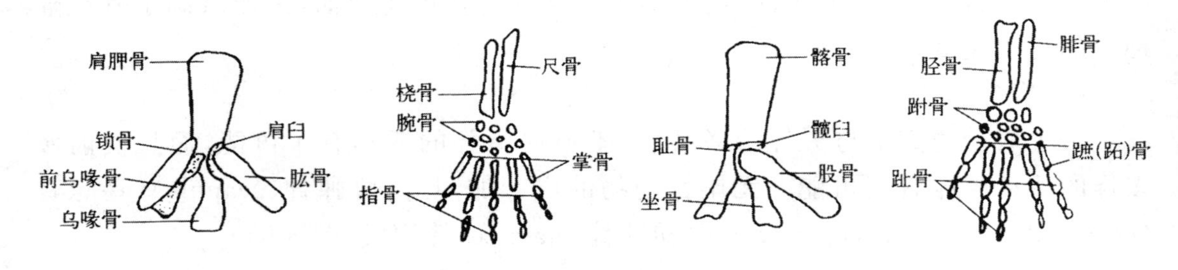

图3-96　五指（趾）型附肢图解

（四）肌肉系统

两栖类动物由水生向陆生发展的结果，肌肉开始分化，分化成许多形状和功能各异的肌肉（图3-97）。与鱼类的躯体两侧肌肉收缩摆动以完成单一的游泳运动相比，两栖类动物由水生转变为陆生时，陆上的运动形式多样而复杂，身体和四肢的运动方式不再是单一的游泳运动，而出现了屈背、扩胸、爬行及跳跃等不同形式的运动。因此，与这些运动形式有关的肌肉都得到了相应的发展。

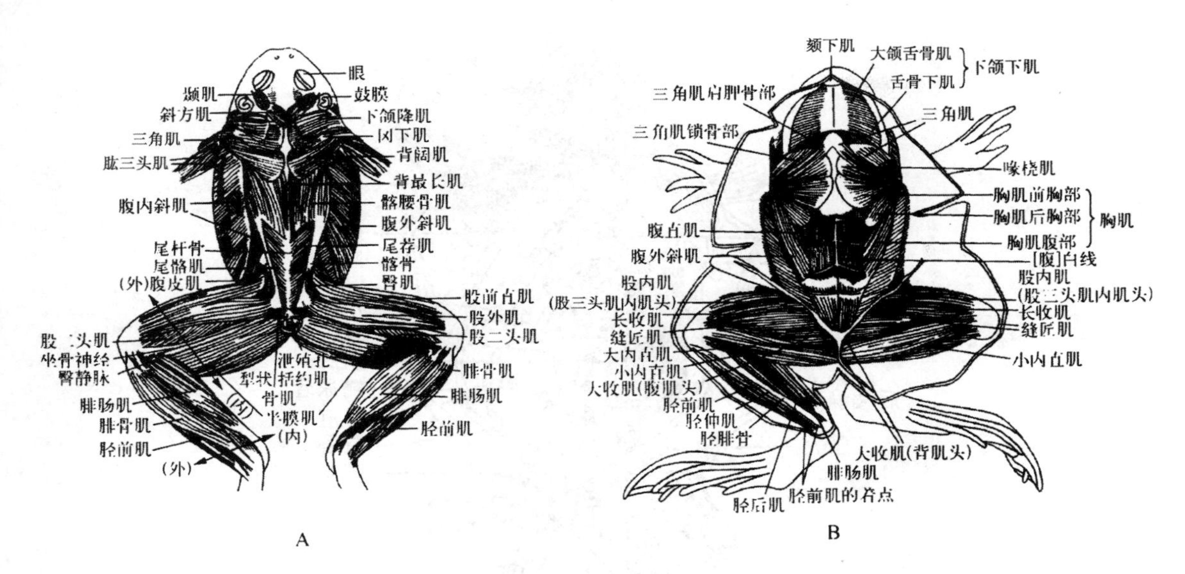

图 3-97　蛙的肌肉系统

A. 背面　B. 腹面

(五)消化系统

两栖类动物的消化系统包括消化道和消化腺两部分(图 3-98)。

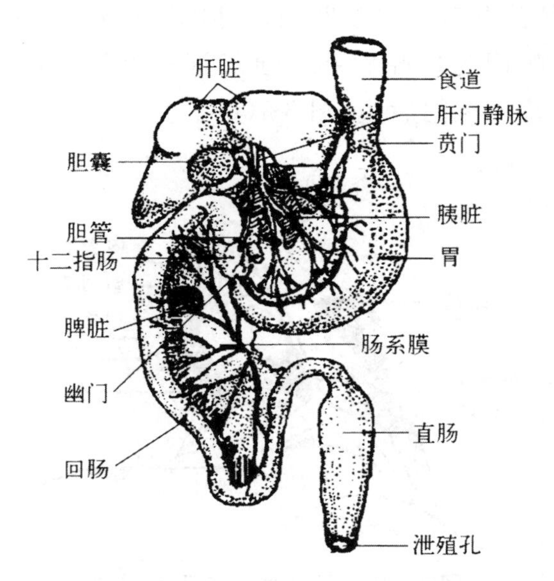

图 3-98　两栖类动物的消化系统

两栖动物的消化道包括口、口咽腔、食管、胃、小肠、大肠和泄殖腔。口裂宽阔。口腔与咽部无明显界限,称为口咽腔(Bucco-Phryngeal Cavity),如图 3-99 所示。

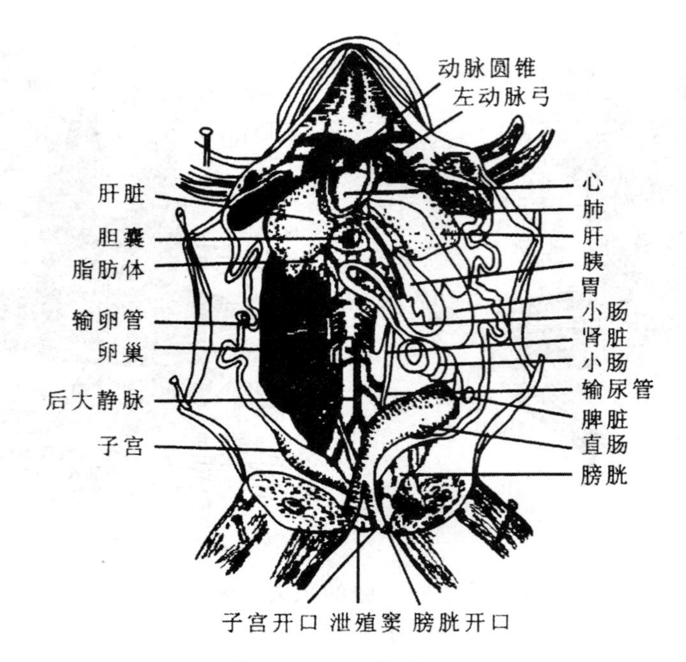

图 3-99 蛙的内脏解剖图

口咽腔结构复杂,有齿和舌及耳咽管孔、内鼻孔、食管和喉门等开口。颌间腺位于鼻囊和前颌骨之间,开口在口咽腔前。耳咽管孔位口咽腔顶部近口角处。内鼻孔位于犁骨外侧。喉门为口腔后部下通气管一纵裂开口。雄黑斑蛙近口角处有声囊孔。食管开口位于喉门后边(图 3-100)。

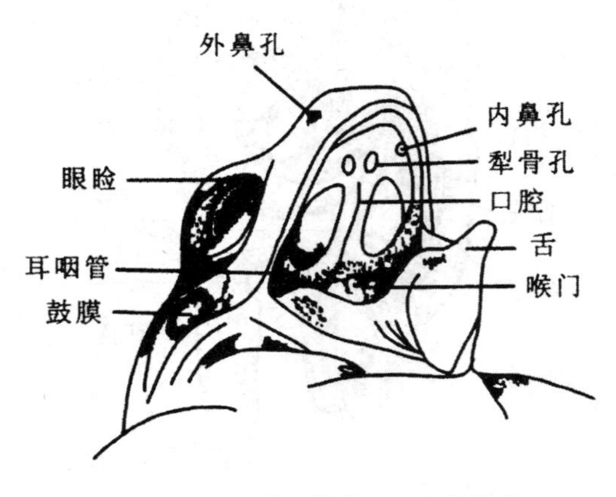

图 3-100 两栖类的口咽腔结构

从两栖类动物开始有真正的肌性舌,并利用鱼类祖先的部分鳃弓,组成四足类特有的舌骨(舌器)以支持舌。有尾目动物的舌呈垫状,贴于口腔底,活动性较差，舌的后部黏膜内有黏液腺和味蕾；大多数无尾目动物的舌根附着于下颌前部，舌尖游离且大多分叉，并朝向咽喉部，捕食时能迅速翻出口外，由舌所分泌的黏液粘捕飞行或爬动的昆虫为食（图 3-101）。

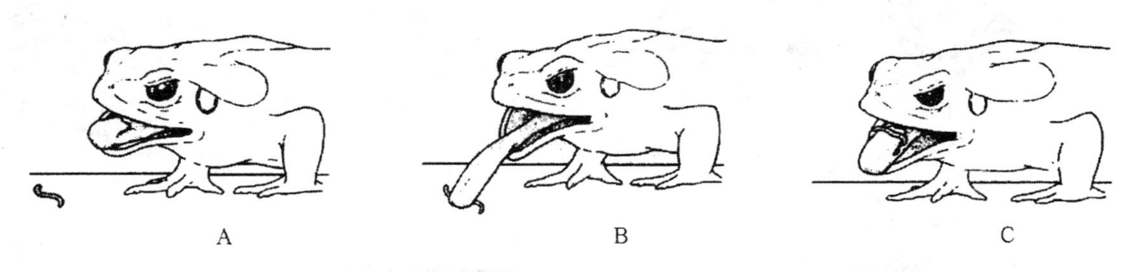

图 3-101　两栖类动物的捕食过程（A—C）

（六）呼吸系统

1. 呼吸器官

两栖类动物的呼吸器官其过渡性十分明显。幼体用鳃呼吸，通常成体的“肺囊”是主要的呼吸器官，而皮肤是重要的辅助呼吸器官；口腔黏膜也能呼吸（约占 1/10）。但有些现生的种类，特别是水居种类，“肺囊”常退化甚至消失，而全用皮肤呼吸。现生两栖类没有羊膜类的胸廓，用“肺囊”呼吸时，空气主要是“吞”入，而不是吸入。有相当多的有尾类终生保持全部或部分外鳃（咽鳃裂）。

成体呼吸系统包括呼吸道和“肺囊”。呼吸道由外鼻孔、鼻腔、内鼻孔、口咽腔（为空气和食物的共同通道）、喉门、喉气管室（喉头）（laryngotracheal chamber）和气管构成，两栖类动物无支气管。外鼻孔开口于头部吻端，与外界空气相通，内鼻孔则开口于口咽腔。喉门为一纵向的狭小裂缝，开口于咽部。喉气管室由一块环状软骨（cricoid cartilage）和一对杓状软骨（arytenoid cartilage）所支持（图 3-102A），通过喉门与口咽腔相通。无尾目动物在喉门内侧大都附生着一对声带（vocal cord），是 2 片水平状的弹性纤维带，当空气从“肺囊”里呼出时，就会振动声带而发出鸣声（图 3-102B）。雄性的声带比雌体的发达，并通过声囊使鸣声产生共鸣的效果，故其鸣声较雌体更为响亮。但有尾目动物一般不能发声。气管由“C”形软骨环支持，这对保证气体在呼吸管中畅通出入具有重要意义。

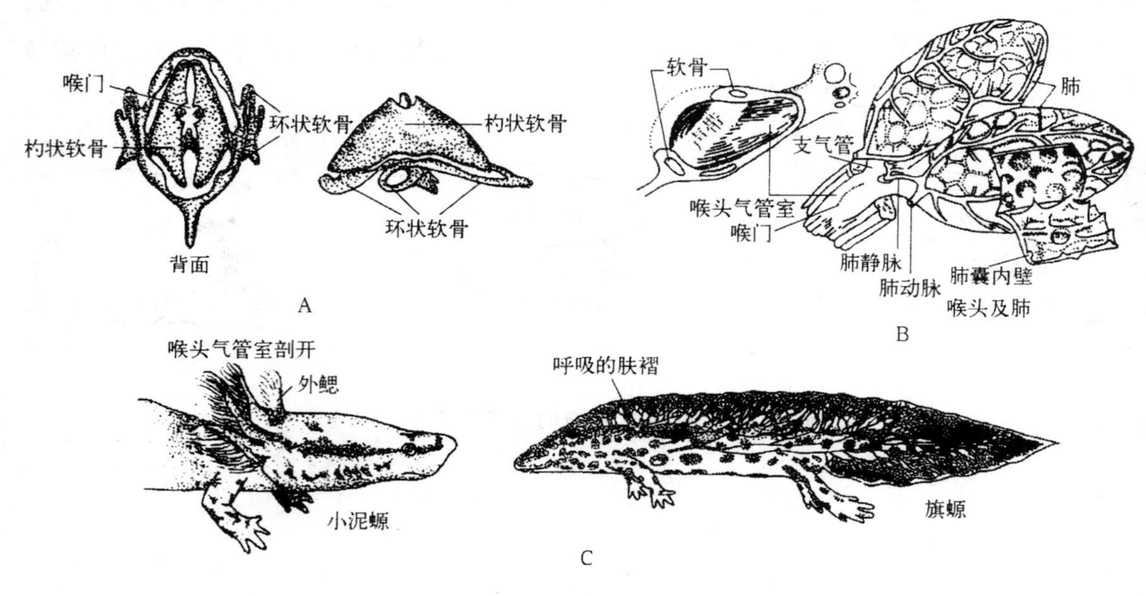

图 3-102　两栖类动物的呼吸系统

A. 无尾目动物支持喉头的软骨　B. 蛙的声带　C. 有尾目动物的外鳃和呼吸肤褶

"肺囊"位于心脏和肝脏的背侧，是一对中空半透明和富有弹性的薄壁囊状结构。结构较为简单，"肺囊"内被网状隔膜分隔成许多小室（也称为"肺泡"），呈蜂窝状，以此增大肺脏与空气的接触面积；壁上密布毛细血管，以利于在肺内顺利完成气体交换（图 3-102B）。

2. 呼吸方式

由于两栖类动物尚未形成胸廓，故不能进行胸腹式呼吸，其呼吸方式为特有的口咽式呼吸（bueco-phryngeal respiration），即呼吸时主要依靠口腔底部的颤动升降来完成，并通过口咽腔黏膜进行气体交换。吸气时，外鼻孔的瓣膜张开，口裂和喉门紧闭，口底下降而将空气吸入，经内鼻孔到达口咽腔内。呼气时，口底抬升，将空气循原路由外鼻孔呼出，此时因喉门始终紧闭而空气不能进入"肺囊"，只能由口咽腔黏膜执行气体交换机能。经过口底多次升降颤动后，外鼻孔的瓣膜关闭，喉门开启，随着口底上举，迫使吸入的空气从口咽腔进入"肺囊"，在"肺泡"的毛细血管处完成气体交换。由于腹壁肌肉收缩和"肺囊"本身的弹性回缩及口底下降，压迫空气从肺内呼出至口咽腔，但此时并不立即排出口外，而是又将空气压入"肺囊"中，如此反复多次后，气体即排出体外（图 3-103）。

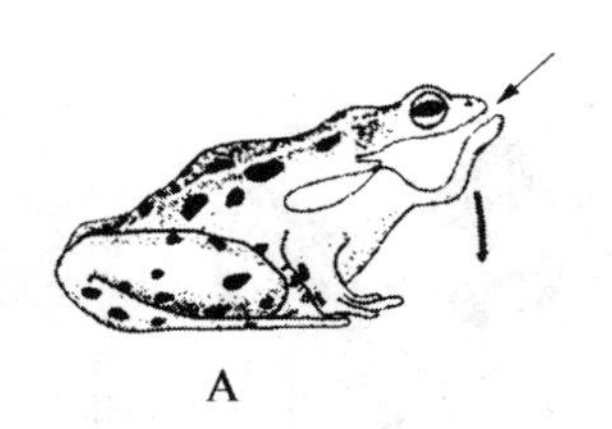
A
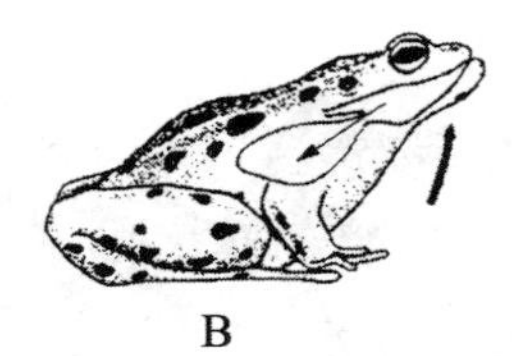
B
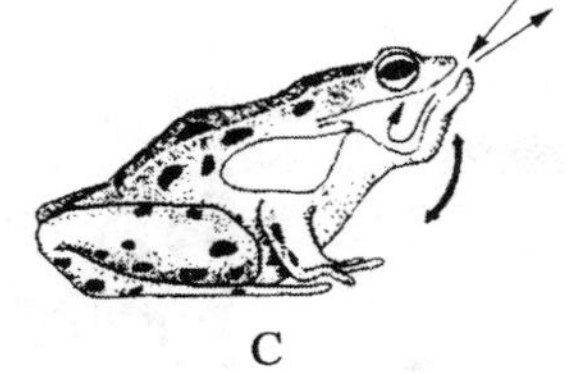
C
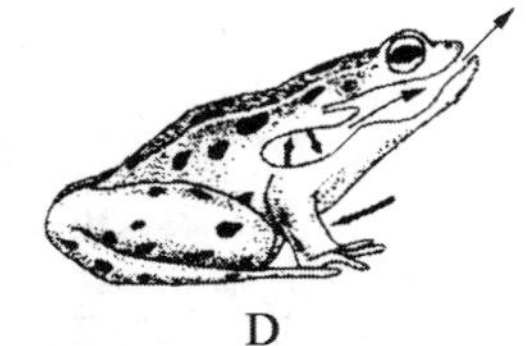
D

图 3-103 无尾目动物的呼吸动作

A. 吸气 B. 空气入肺 C. 咽呼吸 D. 呼气

(七)循环系统

两栖类动物的幼体水生,用鳃呼吸,心脏结构和血液循环方式和鱼类相似。成体由"肺囊"代替了鳃,血液循环方式由单循环发展为包括肺循环和体循环的不完全双循环,体动脉弓中含有混合血,这是两栖类动物血液循环中最为显著的特点。

循环系统包括血管系统和淋巴系统两部分。

1. 血管系统

(1)心脏。

幼体时期的心脏和鱼类相似,只含有 1 个心房和 1 个心室。变态后,由于"肺囊"呼吸的出现,循环系统发生相应的显著变化,心脏由 1 心房和 1 心室演变为 2 心房和 1 心室。成体的心脏由静脉窦、心房、心室和动脉圆锥 4 部分组成。静脉窦是一个呈三角形的薄壁囊,位于心脏的背面,是 2 条前大静脉(precava)和 1 条后大静脉(postcava)内的血液流回心脏之前的汇合处,汇集全身回流的缺氧血,再注入右心房。心房位居心室之前,壁薄而色深,内腔被新发生的房间隔分成左、右心房。右心房以窦房孔与静脉窦相通,孔的前、后各有一瓣膜,心房收缩可引起两个瓣膜同时关闭,以防血液发生逆流。右心房接受来自静脉窦的血液,再注入心室右侧。左心房的背壁有一孔与肺静脉(pulmonary vien)相通,在肺脏经气体交换后的多氧血,即由此孔进入左心房,再注入心室左侧。因此,心室的右侧为缺氧血,心室的左侧为多氧血,而心室的中间为混合血。左、右两心房分别以房室孔与心室相通,孔的周围有房室瓣(或称三尖瓣),用于阻止血液的逆流。动脉圆锥的前段为腹大动脉,分左右 2 支动脉干,每支动脉干各以 2 个隔膜分隔为 3 支,由此导出左右共 3 对动脉弓:由内而外分别为颈动脉弓(carotid arch)、体动脉弓(systemic arch)和肺皮动脉弓(pulmo-cutaneous arch)(图 3-104)。蛙蟾类的动脉圆锥中有一纵形的螺旋瓣,起血液分流的作用。

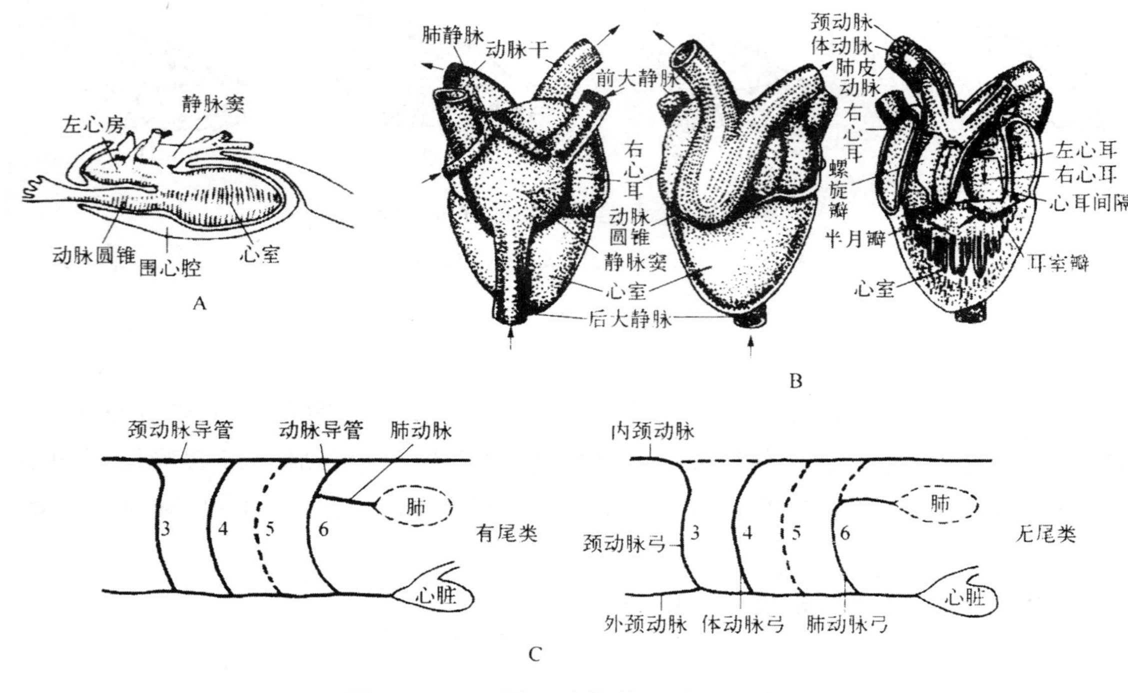

图 3-104　无尾目动物的心脏及动脉弓

A. 心脏侧面观　B. 心脏构造　C. 动脉弓

(2)动脉系统。

肺循环的出现使原来鱼类中的 6 对动脉弓发生了很大的变化，第 1、2、5 对动脉弓消失，仅保留第 3、4、6 对动脉弓，分别演变为颈动脉弓、体动脉弓和肺皮动脉弓。颈动脉弓又分为内颈动脉(internal carotid artery)及外颈动脉(external carotid artery)，前者供应血液至脑、眼及上颌等处，后者供应血液到下颌、舌和口腔壁。

左、右肺皮动脉弓各分为 2 支：肺动脉(pulmonary artery)，通至“肺囊”，在肺壁上分散成毛细血管网；皮动脉(cutaneous artery)，行至背部皮下，也分散成毛细血管网。

(3)静脉系统。

成蛙有前大静脉 1 对，代替了鱼类的前主静脉，接受来自外颈静脉(external jugular vein)、内颈静脉(internal jugular vein)、锁骨下静脉(subclavian vein)和肌皮静脉(musculocutaneous vein)等的血液。心脏以静脉窦接受前大静脉的血液。后大静脉 1 条，代替了鱼类的后主静脉，接受来自肾静脉(renal vein)、生殖腺静脉(genital vein)、肝静脉等的血液。尾和后肢的静脉在前行中分为 2 对：肾门静脉(renal portal vein)和盆骨静脉(pelvic vein)。肾门静脉发达，进入肾脏后分成许多细小血管，再次汇集成数条肾静脉，由两肾之间通出，与来自生殖腺的生殖腺静脉一起，将血液送入后大静脉；盆骨静脉在腹壁中央合并成一条腹静脉（abdominal vein），其血液往前注入发达的肝门静脉（vena portal vein）。从胃、肠、脾、胰等器官来的静脉汇合成肝门静脉，进入肝脏，再由肝脏发出1对肝静脉通入后大静脉，最后将血液汇入静脉窦。肺静脉中多氧血经左心房进入心室（图3-105）。

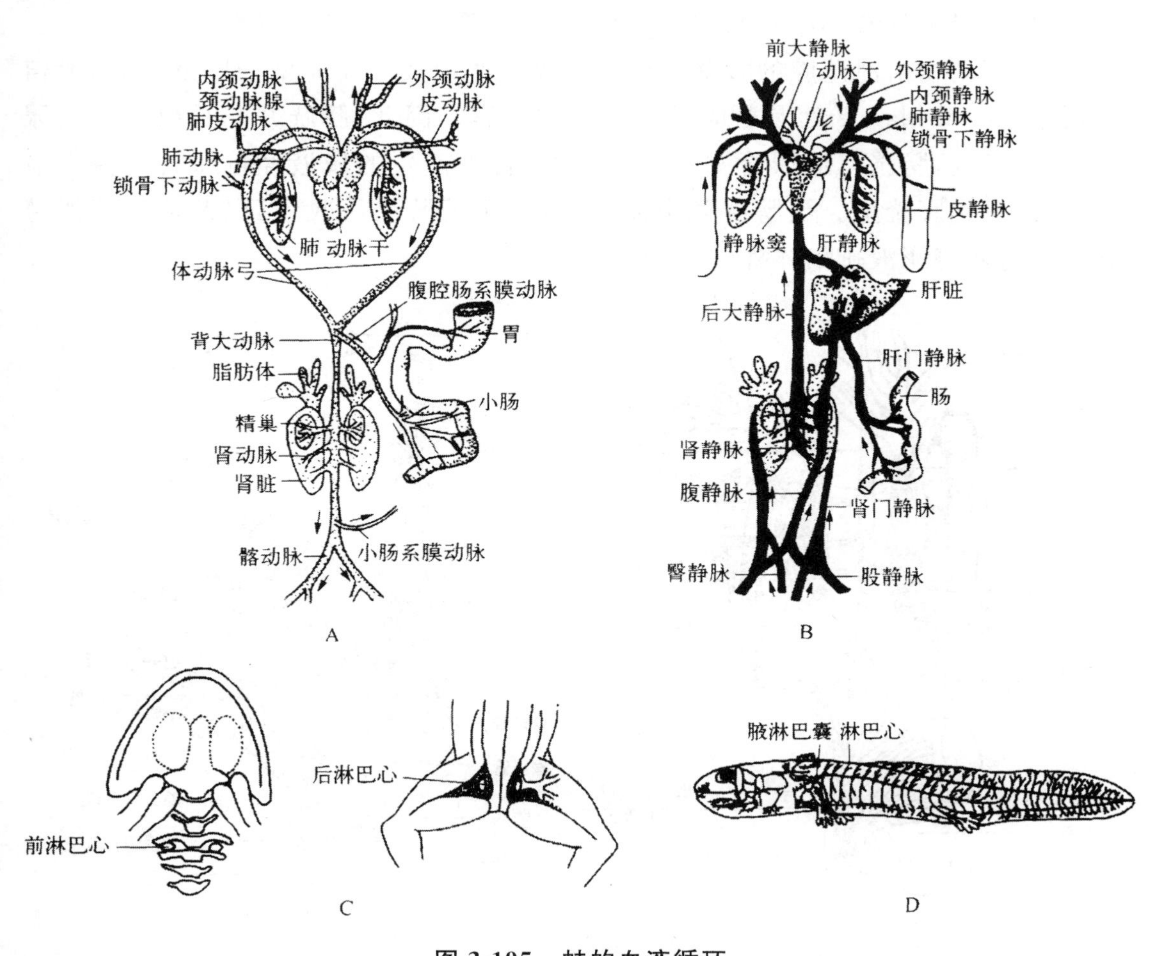

图3-105　蛙的血液循环

A. 动脉系统　B. 静脉系统　C. 淋巴心　D. 蝾螈的淋巴系统

2. 淋巴系统

从两栖类动物开始出现比较完整的淋巴系统，与防止皮肤干燥和进行皮肤呼吸有关。两栖类动物的淋巴系统在皮下扩展成淋巴间隙，几乎遍布皮下组织，但无淋巴结。无尾目动物有2对淋巴心，能搏动，有推动淋巴液流回心脏的作用。

(八)泌尿生殖系统

两栖类动物的排泄器官包括肾脏、皮肤和“肺囊”等,但主要为肾脏。肾脏位于体腔后部脊柱两侧,为暗红色中肾。鲵螈类的肾脏是1对长扁形的带状器官,无尾目动物是1对结实的椭圆形分叶器官。肾脏中肾单位的结构较原始,但滤过能力较强。肾脏具有泌尿和调节体内水分,维持渗透压平衡的作用。

无尾目动物由泄殖腔的腹壁突出而形成一体积较大而薄壁的膀胱,称为泄殖腔膀胱(cloacal bladder),是暂时贮存尿液的器官。因此,膀胱并非是由2条输尿管汇合而形成,膀胱与输尿管并不直接相通,肾脏产生的尿液经输尿管先流入泄殖腔再倒流到膀胱里。当膀胱充满尿液后,由于膀胱受压收缩,以及伴随着泄殖孔的张开,才将尿液排出体外(图3-106)。

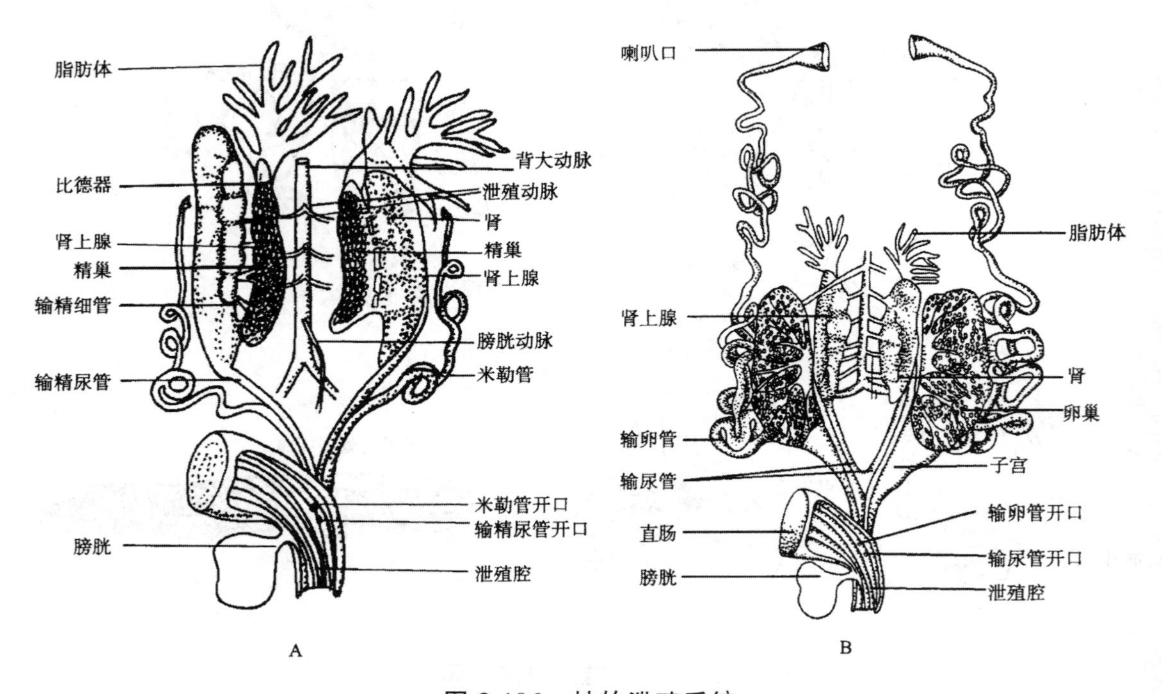

图3-106　蛙的泄殖系统

两栖类动物皮肤裸露,对水分蒸发几乎没有任何屏障,体表的蒸发率同水的自由面上的蒸发率几乎相同,所以只能在潮湿的环境中生活。当处于水中时体内渗透压高于体外,大量水分渗入体内,并从淡水中吸收离子,肾脏肾小球的滤过机能强,每天从血液中滤出的水分可达动物自身体重的1/3,排泄器官通过排出大量的低渗尿,以排出体内多余水分,维持体内水分平衡,因而对于水栖种类维持动物体的内环境恒定,具有十分重要的意义(图3-107)。

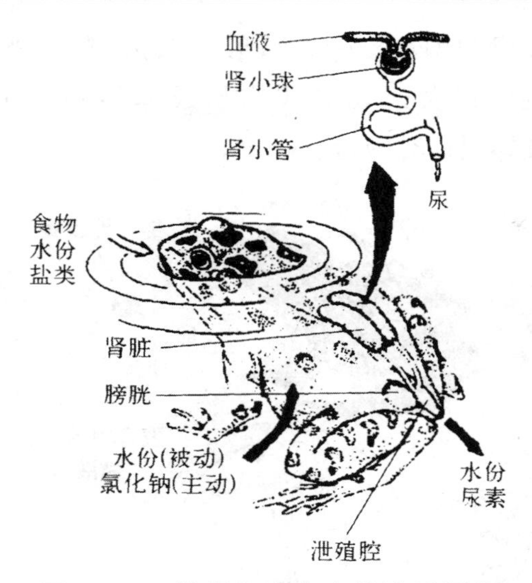

图 3-107　蛙类在淡水中的渗透调节

绝大多数两栖类为体外受精，受精卵在水中发育。两栖类动物的卵属于多黄卵类型，卵粒外周包被有透明的胶原卵膜，许多种类的卵更以胶质囊联结成不同形式的卵带或卵团；卵在水中受精。但是无足目以及有尾目的蝾螈中的绝大多数种类为体内受精，雄性借泄殖腔的突起将精液输送到雌体内，或以精包将精子纳入雌体泄殖腔内；受精卵在输卵管内发育（图 3-108）。

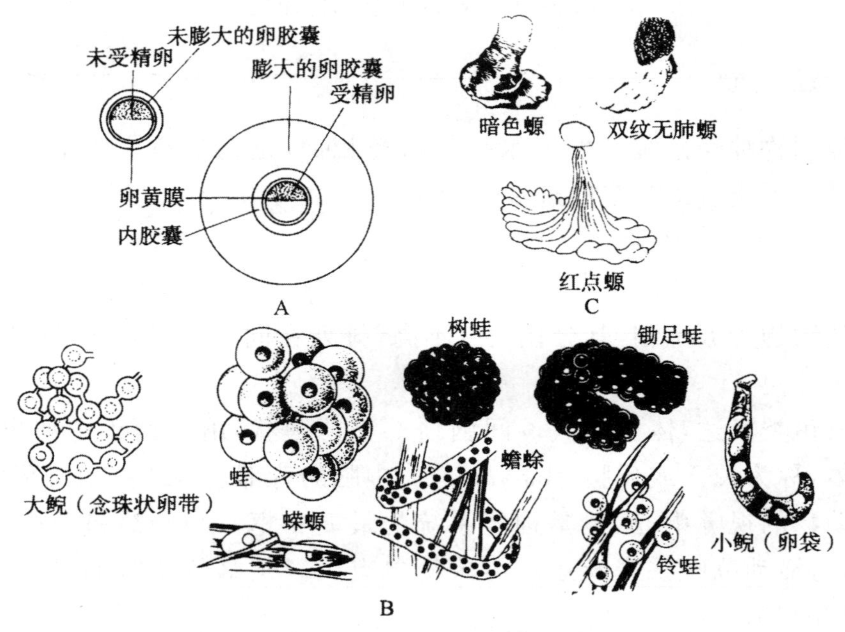

图 3-108　两栖类的卵带和精包

A. 卵在受精前、后的比较　B. 卵带及卵块　C. 3 种蝾螈的精包受精卵在水中发育成蝌蚪(tadpole),形态似鱼,具有外鳃、尾鳍,其呼吸、循环和消化系统的结构和机能以及运动方式均与成体不同。在发育中经过变态转变成初步适应于陆生的成体(图 3-109)。

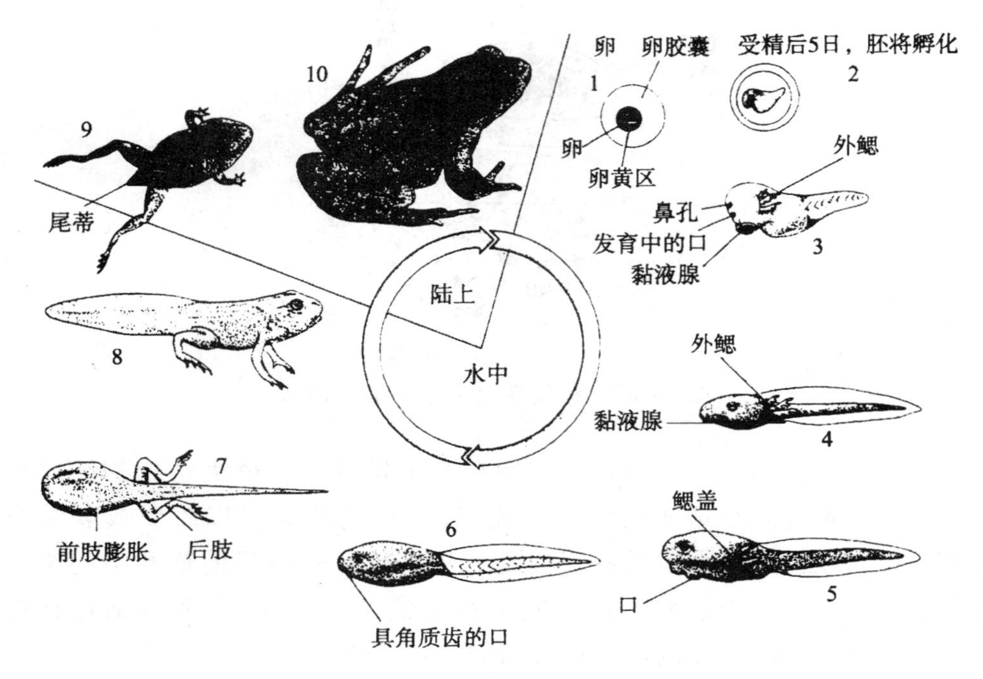

图 3-109　蛙的变态和生活史

(九)神经系统

两栖类动物神经系统的发展水平与鱼类相似,是初步适应陆上生活的结果,使它们的神经系统有了一定的进步性变化。

1. 脑

两栖类动物为五部脑,其分化程度不高,排列在同一个平面上,未形成明显的弯曲。

大脑较鱼类发达,体积增大。间脑顶部呈薄膜状,由背面正中伸出一个不发达的松果体,称为视丘或丘脑(thalamus)。中脑的背部发育成一对圆形的视叶,既是两栖类动物的视觉中心,也是神经系统的最高中枢。小脑略呈狭带状,紧贴在视叶之后,与活动范围狭窄及运动方式简单有关。延脑位于脑的最后部,后与脊髓相通(图 3-110)。

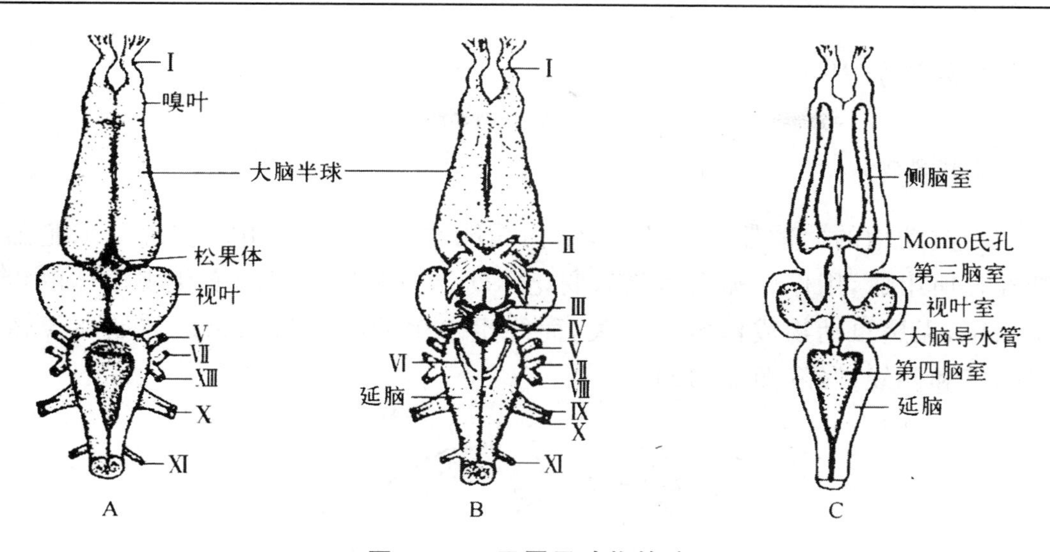

图 3-110 无尾目动物的脑

A. 背面观 B. 腹面观 C. 冠状面示脑室

2. 植物性神经系统

两栖类动物的交感神经的主体是1对纵行于脊柱两侧较发达的交感神经干，呈链状，其上的交感神经节以交通支与脊神经相连，并有分支分布到血管、腺体及各内脏器官。副交感神经则不发达，分布到眼、口腔腺、血管和各内脏器官(图3-111)。

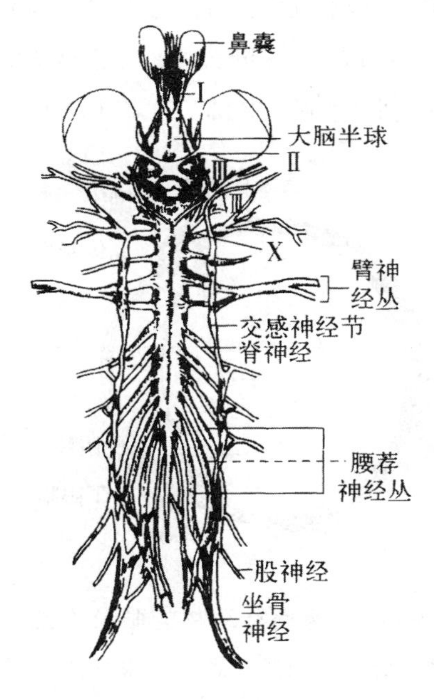

图 3-111 蛙的脊神经及植物性神经系统

(十)感觉器官

1. 侧线器官

两栖类动物的幼体都具有侧线,结构功能与鱼类相似,由许多感觉细胞形成的神经丘所组成,用作感知水压等的变化。幼体变态后侧线的变化视成体的生活环境而定,无尾目动物成体侧线消失,而终生水生的有尾目动物成体始终保留着侧线器官和侧线神经(图 3-112)。

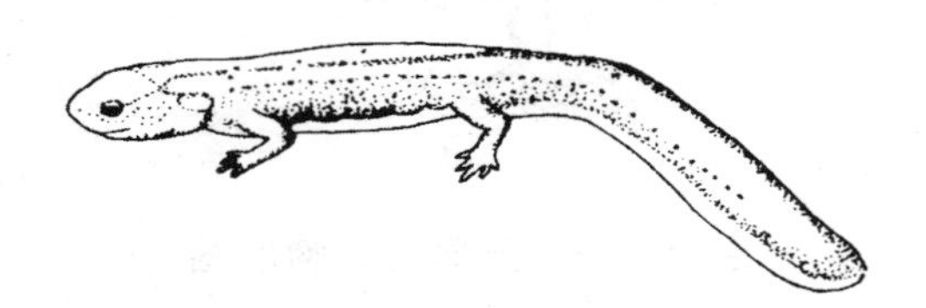

图 3-112 肥螈体表的侧线感受器

2. 视觉器官

大多数种类的两栖类动物眼球具有凸出的角膜,晶体近似圆形而稍扁平,与角膜的间距较鱼类远,因而适于远视。晶体牵引肌收缩时又能将晶体前移及改变其弧度,进行聚光,调整视觉的成像焦距,使之由远视转变成适于近视。虹膜有环肌和辐射肌,调节瞳孔的大小,以控制进光量。这些结构及腺体分泌物都能使眼球润滑,免遭干燥和伤害,有利于陆生生活(图 3-113)。

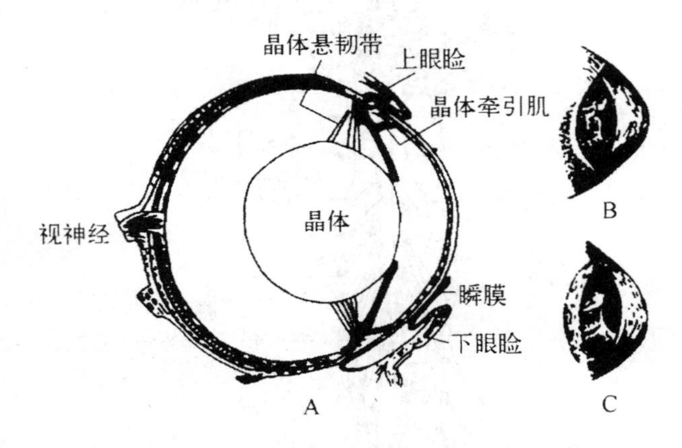

图 3-113 两栖类动物的眼及视觉调节

A. 眼球纵切 B. 眼肌松弛 C. 眼肌收缩,晶体前移

3. 听觉器官

两栖类动物在由水生到陆生的转变过程中，听觉器官发生了极其深刻的变化。除内耳外，出现了中耳（middleear），用于传导声波。中耳由鼓膜、中耳腔（鼓室）（tympanic cavity）和耳柱骨组成。耳柱骨外连鼓膜，内连内耳的卵圆窗（图 3-114）。内耳结构与鱼类相似，但其球状囊的后壁已开始分化出雏形的瓶状囊（听壶）（lagena），具有感受音波的作用。因此，两栖类动物的内耳除有平衡感觉外，首次出现了听觉机能。

二、两栖纲分类

现生两栖类动物约有 4200 种，分布较广泛，但其多样性远不如其他陆生脊椎动物，分为无足目（Apoda）、有尾目（Caudata）和无尾目（Anura）3 个目，34 科，398 属。我国产两栖类动物约有 295 余种。其中无尾目种类最繁多，分布最广泛。每个目的成员大体有着类似的生活方式。两栖类动物虽然也能适应多种生活环境，但是其适应能力远不如更高等的其他陆生脊椎动物，既不能适应海洋的生活环境，也不能生活在极端干旱的环境中，在寒冷和酷热的季节则需要冬眠或者夏眠。

（一）无足目（Apoda）

本目共 5 科、34 属、160 多种，分布于非洲、美洲和亚洲的热带地区，其中尤以中、南美洲的种类最多。我国仅产 1 种，即版纳鱼螈（Ichthyophis bannanicus），属鱼螈科（Ichthyophidae），最早于 1974 年采自云南省勐腊县，于 1983 年和 1985 年又先后在广西壮族自治区十万大山和广东省鼎湖山等地发现了该螈（图 3-115）。

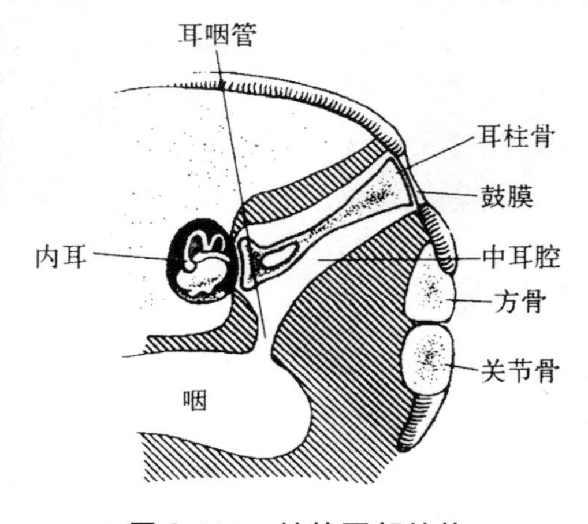

图 3-114　蛙的耳部结构

图 3-115　版纳鱼螈

无足目动物为原始而特化的一类，保留着一系列原始特征和特化特征：身体细长形似蚯蚓，四肢及带骨均退化，尾短或无尾，是营钻土穴居生活的类型。皮肤裸露，但皮下具真皮鳞，用于加固体壁并抵抗洞穴中泥土的压力，皮肤腺丰富，分泌物既能减少水分蒸发，又可降低体表与洞壁的摩擦。雄性的泄殖腔能翻出体外，用作交配。体内受精，卵生或卵胎生。雌体常抱卵孵化，以皮肤表面的黏液保护卵免致干燥。

（二）有尾目（Caudata）

有尾目共 9 科、60 属、约 358 种，我国产约 37 种。主要分布在北半球，少数渗入热带地区，非洲大陆、南美洲南部和大洋洲无本目动物（图 3-116）。

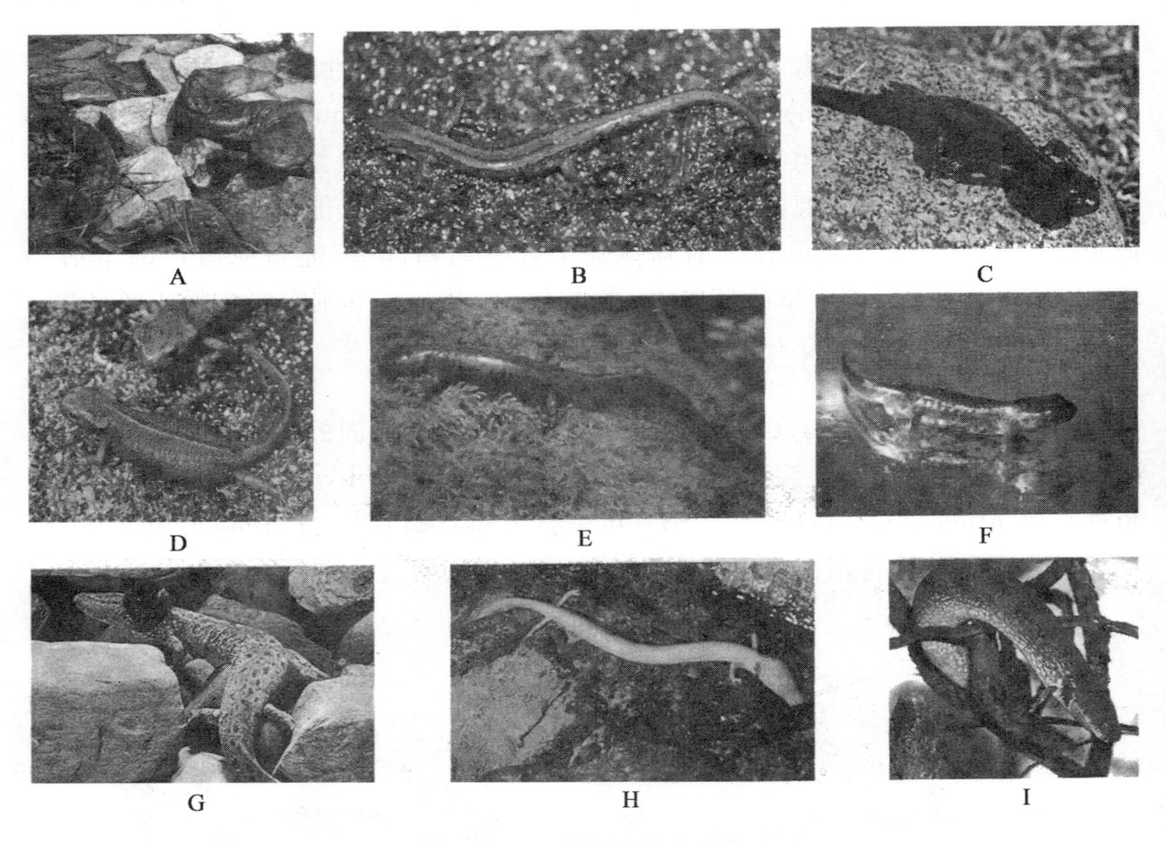

图 3-116　有尾目代表动物

A. 大鲵　B. 极北小鲵　C. 新疆北鲵　D. 棕黑疣螈
E. 肥螈　F. 东方蝾螈　G. 泥螈　H. 洞螈　I. 鳗螈

有尾目动物体多呈圆柱状，终生具长尾，并有发达厚实的尾褶。一般有 2 对较细弱而均等发达的附肢，少数种类仅有前肢（鳗螈）。皮肤裸露，光滑无鳞，皮肤表皮角质层薄并定期蜕皮。除爬行外，主要以四肢后伸贴体和尾部左右摆动的方式在水中游泳前进。再生力强，肢、尾损残后可重新长出再生肢或再生尾。

（三）无尾目（Antwa）

本目现有 20 科、303 属，约 3500 种，我国有 240 多种。几乎遍布热带、亚热带地区，极少数种分布在北极圈内（图 3-117）。

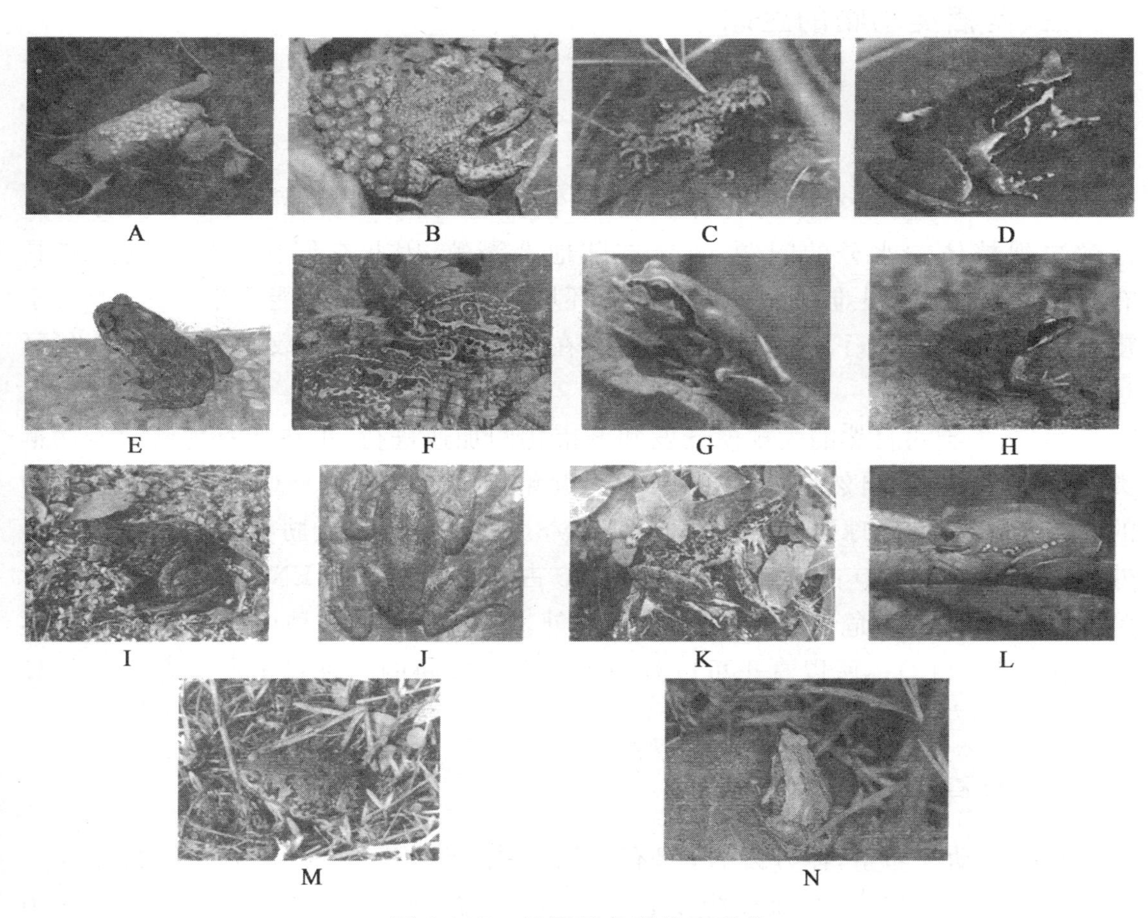

图 3-117 无尾目各科代表动物

A. 负子蟾 B. 产婆蛙 C. 东方铃蟾 D. 白额大角蟾 E. 黑眶蟾蜍
F. 花背蟾蜍 G. 日本雨蛙 H. 中国林蛙 I. 虎纹蛙 J. 棘胸蛙
K. 绿臭蛙 L. 大树蛙 M. 北方狭口蛙 N. 饰纹姬蛙

无尾目动物是现生两栖纲动物中结构最高等、种类最繁多及分布最广泛的类群。成体体形短而宽，无尾。四肢强健，尤其是后肢，适于跳跃和游泳。皮肤裸露，富含黏液腺，有些种类在不同部位集中形成毒腺、腺褶、疣粒等。有活动性下眼睑和瞬膜；多数种类具鼓膜。椎体前凹型、后凹型等；荐椎后的椎骨愈合成尾杆骨；一般不具肋骨或肋骨发育不良，但胸骨发达。肩带弧胸型或固胸型。桡骨和尺骨、胫骨和腓骨分别愈合成桡尺骨（radioulna）及胫腓骨（tibiofibula）。幼体水栖，用鳃呼吸，发育有明显的变态。成体以"肺囊"呼吸为主，营水陆两栖生活。

三、两栖类动物的生态

（一）分布与生境

在平原、丘陵和高原的各种生境中均有两栖类动物分布，但由于没有很好地解决保持体内水分的问题，不能在陆地上繁殖，因此它们在陆地上的分布具有很大的局限性，很难在干旱与寒冷的环境中生存。个别种能耐半咸水，但由于皮肤的透水性限制了绝大多数种不能在海水中生存。少数种的垂直分布可达 5000m。

其次，人类对自然的大规模开发和城市化的加速进行，正在严重地威胁着两栖类的生存。据国际自然保护联盟（IUCN）近年对世界受胁物种（threatened species）的调查结果显示，全球两栖类物种中超过 1/3（39.1%）处于受胁状态。其中已在野外灭绝（EX 和 EW）占 0.9%，极危（CR）占 7.7%，濒危（EN）占 13.0%，易危（VU）占 11.3%，近危（NT）占 6.2%。此外，还有 23.4%物种由于资料缺乏而不能评估（图 3-118）。所以真正可以判断为未受到威胁的物种只占所有两栖类物种数的 37.0%左右。

（二）繁殖

两栖类动物卵生，体外发育，偶有卵胎生或"胎生"。绝大多数无尾目动物的产卵都在春末夏初，产卵前有持续数小时至数天的雌雄个体抱对现象，少数如中国林蛙于破冰初期的 3 月即开始抱对，而崇安髭蟾和绿臭蛙则可迟至深秋 11 月或冬季进行产卵。抱对现象是无尾目动物在产卵前必不可缺的繁殖行为，当雄性一旦追逐到雌体后，鸣声便戛然而止，用前肢紧紧抱住异性的腋下而蹲伏于其背上。其生物学意义是使两性性器官的发育和性行为的发展趋于同步，抱对可刺激雌体产卵，雌体产卵的同时雄体排精，并提高卵细胞的受精率（图 3-119）。

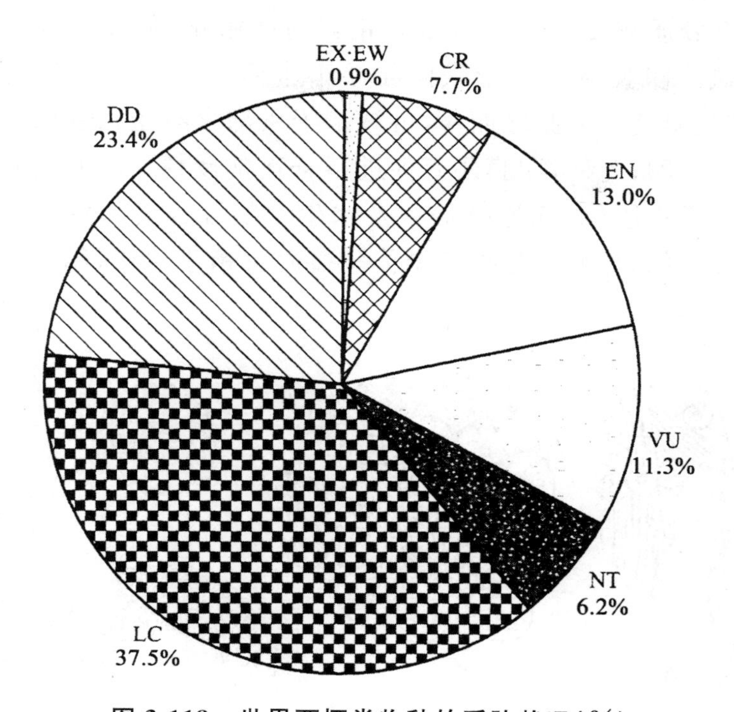

图 3-118 世界两栖类物种的受胁状况(%)

EX. 灭绝;EW. 野生灭绝;CR. 极危;EN. 濒危;VU. 易危;
NT. 近危;LC. 极少关注;DD. 资料缺乏

图 3-119 两栖类动物的繁殖行为

A. 无尾目动物的抱对 B. 有尾目动物的求偶行为

多数两栖类动物均以产卵方式进行繁殖。通常雌体都是一次性将所怀的成熟卵全部产出。卵的大小、颜色和形状都因动物种类而异:如念珠状(大鲵)、圆筒状(小鲵)、长条状(蟾蜍)、团块状(黑斑蛙)及片状(锄足蟾)等,而蝾螈和铃蟾则产单生卵。两栖类动物的卵为多黄卵,动物极含有丰富的细胞质,表层内有黑色素微粒而呈现深褐色或黑色,有利于吸收日光,植物极主要包含卵黄,但无色素,故成灰白或浅黄色。产卵数一般为 400～1000 枚不等,也有多达 20000 枚以上,卵径为 0.8～5.0mm 不等,因种类不同而异。

卵外一般有胶质卵膜2～3层，可阻止卵与卵密贴，使卵间有较大的空间，从而获得较多的氧。卵膜吸水后膨胀而漂浮于水面上，以利于充分接受并聚集阳光，从而升高孵化温度。卵膜轻而薄，可被精子头部含有蛋白酸酶所分解和穿透，与卵子结合成受精卵；此外，卵膜还有促进精子正常授精、保护受精卵和免使胚胎污染、机械刺激、低渗影响、病原体侵入及水生动物吞食等作用（图3-120）。两栖类动物多数体外受精，即雌体先排卵雄体紧接着排精于水中，精、卵细胞在水中完成结合过程。

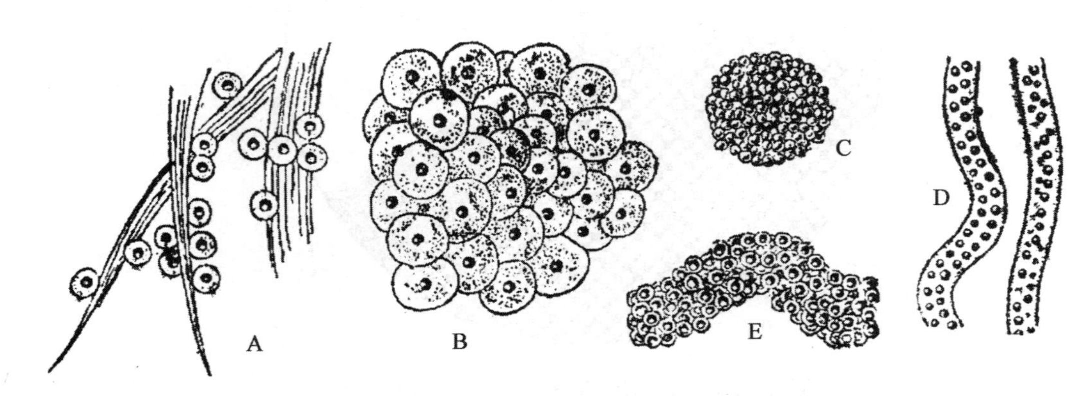

图 3-120　两栖类动物的卵和精包

A. 铃蟾　B. 青蛙　C. 雨蛙　D. 蟾蜍　E. 锄足蟾

（三）发育与变态

随着细胞不断分裂，较小而数量多的动物极细胞开始向下外包到植物极细胞的表面。同时，植物极细胞也相应地移动和内陷，最后围成原肠腔（archenteron），取代囊胚腔。这时胚胎发育进入原肠期，胚胎称为原肠胚（gastrula）。原肠期开始出现三胚层。那些内陷的植物极细胞为内胚层细胞，外包在胚体表面的动物极细胞为外胚层细胞。发生外包的动物极细胞后来也由原口处向胚内卷入，即中胚层细胞。

原肠期结束时，原口缩小成裂缝状，同时胚胎背面的外胚层细胞又形成神经管，接着下沉至胚内，并为皮肤所覆盖，而其他器官也随之相继分化，即神经期，此时的胚胎称神经胚（neurula）（图3-121）。

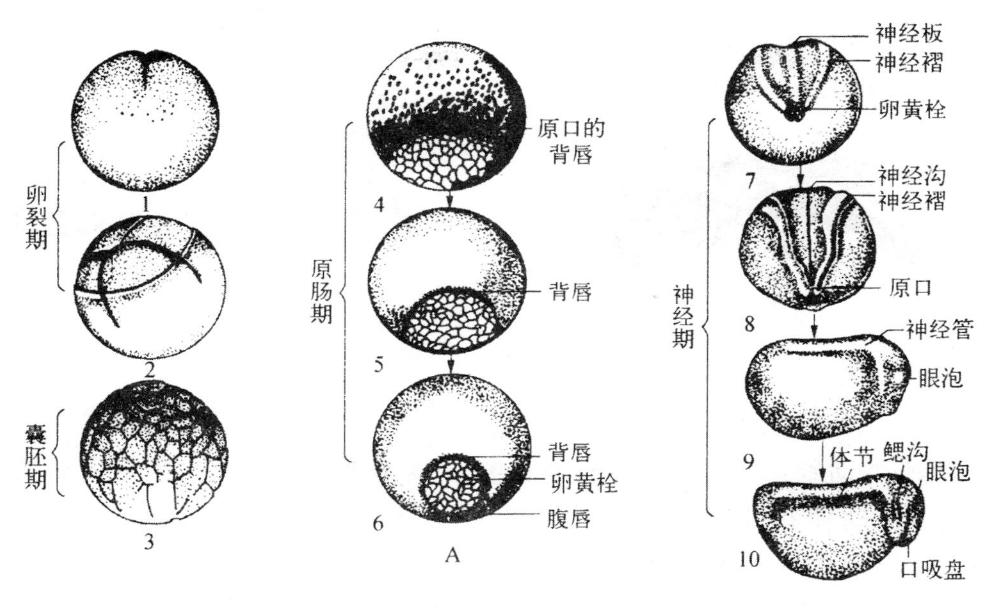

图 3-121　两栖类动物的胚胎发育

两栖类动物的卵从受精到发育成幼体所需的时间，可因时、因地、因水温和种类不同而异，通常在水温 12～23℃的条件下，蛙类约经 4～5 天(极北小鲵则需 17～19 天)即发育成 6mm 左右的幼体——蝌蚪。刚出卵膜的蝌蚪似幼鱼，已出现 3 对外鳃、侧线感受器、口、尾鳍、心脏跳动和血液循环，此时可冲破卵膜或卵袋进入水中，靠口后面能分泌黏液的吸盘吸附在水草上静止不动，2～3 天后吸盘退化即可在水中自由游泳。不久外鳃消失，而代之 4 对内鳃，并出现鳃裂，外有鳃盖褶以一个鳃孔与体外相通。蝌蚪内部结构似鱼，单循环，1 心房，1 心室；以前肾为排泄器官；消化道分化不明显，肠长而盘曲，植食性等。蝌蚪口的结构复杂。口有上、下唇，唇周围有唇乳突，可能是味觉器。口腔前端有角质板，板的游离缘呈锯齿状。唇的内面是成行的角质唇齿。唇乳突、角质板、唇齿的有无、形状、数量因种类而不同，是分类的依据。

有些有尾目动物在性成熟和具有生殖能力时，仍保留着幼体时期的某些特征，这种现象称为幼态成熟(幼期延长)(neoteny)。处于幼态时期的动物就能进行生殖的现象，称为幼体生殖(paedogensis)。例如巴尔干半岛地区的洞螈、北美的泥螈、中国的山溪鲵和滇池蝾螈(Cynopus wolterstorffi)及斑螈(Trion puntatus)等。斑螈一般在 40mm 长时即进行变态，但有时长达 80mm 时仍保持幼体状态。分布在墨西哥的虎螈(Ambystoma tigrinum)是幼体生殖的典型实例，其幼体名为美西螈(Axolote)，多数情况下能进行变态，但生活在高海拔地区时，由于寒冷影响其甲状腺素的分泌而不能变态，生活水中永久保留外鳃而生长，并能生殖（图 3-122）。若将其移至温暖地区或喂以甲状腺素，即能激发变态，外鳃和尾鳍消失，成为可在陆生活的成体。

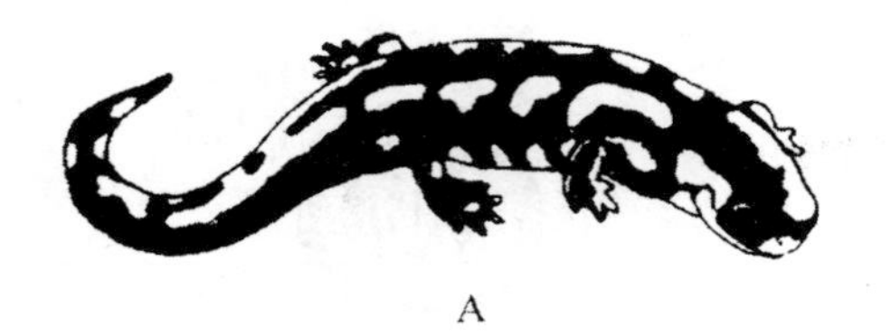
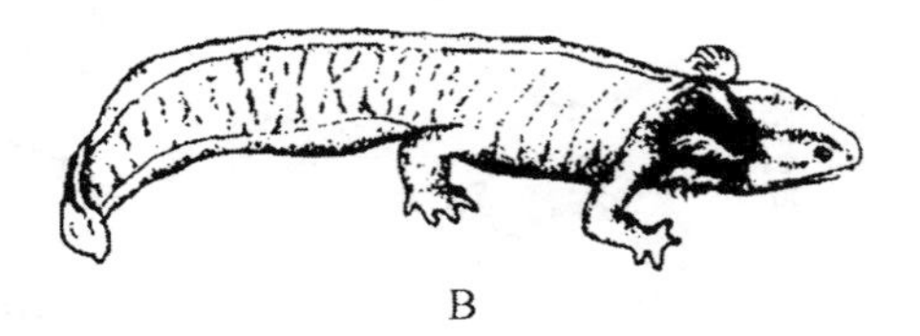

A　　B

图 3-122　虎螈

A. 成螈　B. 幼螈

在两栖类动物的生活史中，幼体必须经变态才形成成体（有尾目动物的变态不明显）。幼体有外鳃，无肺，具尾。无尾类的幼体称为蝌蚪。变态期间蝌蚪体内、外出现的一系列变化，实质上是各种器官由适应水栖转变为适应陆生的改造过程。最显著的外形变化是成对附肢的出现（无尾目动物先出现后肢、有尾目动物则先出现前肢）、无尾目动物尾部的萎缩消失等。同时，内部器官也有相应变化，当蝌蚪还在以鳃进行呼吸期间，咽部食管向腹面突出 2 个盲囊，形成肺芽，进而发展成左、右 2 个"肺囊"，其前端则合并成气管，最终完全代替了鳃。随着肺的形成，心脏发展成 2 心房 1 心室，而血液循环方式也由单循环相应地改造成不完全的双循环，6 对动脉弓发生了很大的变化，第 1、2、5 对动脉弓消失，第 3、4、6 对动脉弓分别演变为颈动脉弓、体动脉弓和肺皮动脉弓。完成变态后的幼体已能离水登陆营两栖生活，并且食性由植食性为主演变为以肉食性为主、消化道相应地由长而盘曲转变成短而粗，同时胃、肠的分化也趋于明显。中肾代替了前肾。由孵化到变态完成一般需 3 个月，3 年后达性成熟（图 3-123）。

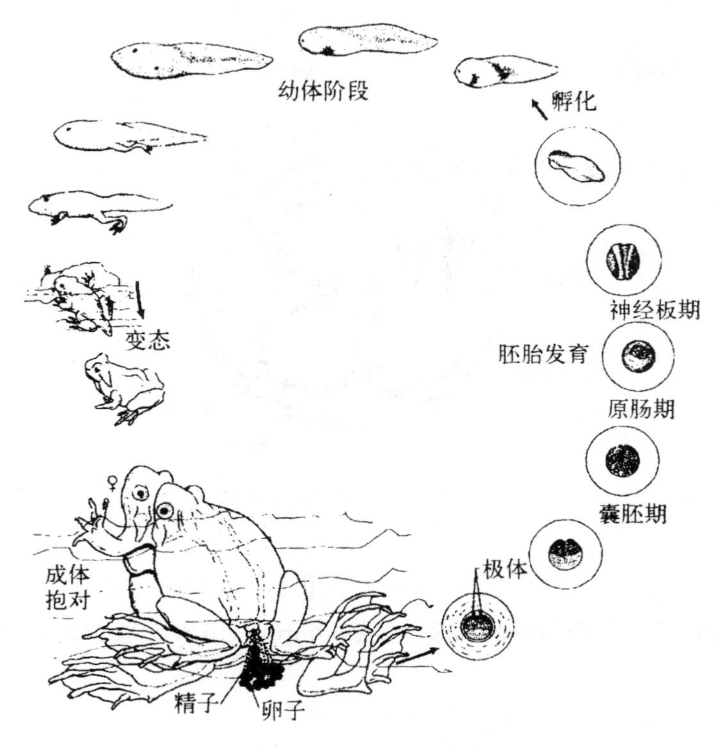

图 3-123　蛙的生活

第六节　爬行纲

一、羊膜及其在动物进化上的意义

从两栖类到爬行类的转变发生于地史中的石炭纪，这个转变最后跨过的一个关口是羊膜卵(amniotic egg)的完成。羊膜卵的出现是脊椎动物进化史上一个很大的跃进，它可以与前面讲过的“上下颌的出现”，或者是“从水到陆”这些重大的跃进相比拟。羊膜卵的出现，完全解除了脊椎动物在个体发育中对外界环境水的依赖，这才确立了脊椎动物完全陆生的可能性。

羊膜卵的特点是卵外包有一层石灰质的硬壳或不透水的纤维质卵膜(图 3-124)，能防止卵内水分的蒸发，避免机械损伤和减少细菌的侵袭。卵壳仍能透气，可使氧气进来和二氧化碳排出，保证胚胎发育时的气体代谢正常进行。

卵内有一个很大的卵黄囊(yolk sac),贮藏有大量营养物质,以保证胚胎不经过变态而直接发育的可能性。

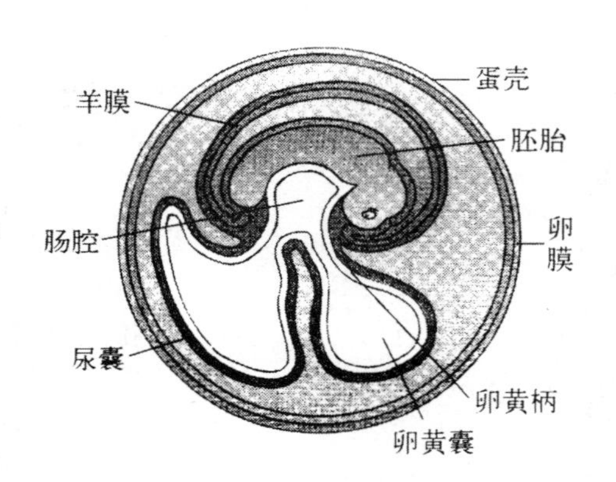

图 3-124　羊膜卵的结构

胚胎发育期间,胚胎本身还发生一系列保证能在陆地上完成发育的适应过程,即产生三种重要的胚膜:羊膜(amnion)、绒毛膜(chorion)和尿囊膜(allantois)(图 3-125)。

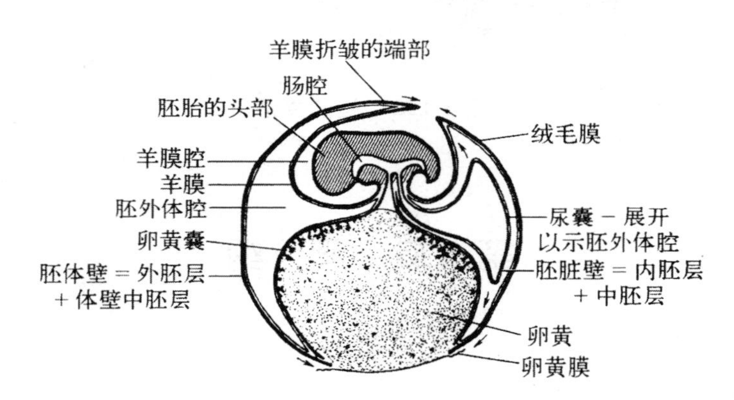

图 3-125　羊膜动物的胚胎发育

当胚胎发育到原肠期后,在胚胎周围开始突起环状褶皱,环状褶不断生长,逐渐向中间相互愈合成围绕着胚胎的两层保护膜:内层为羊膜,外层为绒毛膜。羊膜腔(amniotic cavity)中充满液体,称为羊水。胚胎浸在羊水中,实际上,相当于胚胎处在一个专用的小水池中,使胚胎免于干燥和各种机械损伤。但是,胚胎在这个密闭的羊膜腔内不能像无羊膜动物在水的环境一样进行呼吸,也不能将代谢废物排到外界。因此,在形成羊膜的同时,还形成了适应这方面需要的特殊器官——尿囊。尿囊是从胚胎原肠的后部突出的一个囊,位于羊膜和绒毛膜中间的空腔中,尿囊内的腔称尿囊腔(allantoic cavity)。胚胎代谢所产生的尿酸即排到尿囊腔中，此外，尿囊还充当胚胎的呼吸器官，由于尿囊膜上有着丰富的毛细血管，胚胎可以通过多孔的卵膜或卵壳，与外界进行气体交换。

爬行类是最早有羊膜卵的动物，有了这样的卵，爬行类就可以在陆地上生殖，不需要如两栖类那样在生殖时必须再回到水中。

二、爬行纲动物的形态结构与功能概述

（一）外形

爬行动物身体的基本形态有 3 种：蜥蜴型（如蜥蜴、鳄、楔齿蜥等）、蛇型（如蛇和蛇蜥）和龟鳖型（如龟和鳖等）（图 3-126），分别适应于地栖、树栖、水栖和穴居等不同的生活方式。龟鳖型和蜥蜴型身体可明显分为头、颈、躯干、四肢和尾部，蛇型种类因适应穴居生活而四肢退化。爬行动物颈部增长，使头部转动更加灵活，增强了感觉、捕食、攻击和防卫等的功能。四肢强健有力，趾端具爪，有利于爬行。

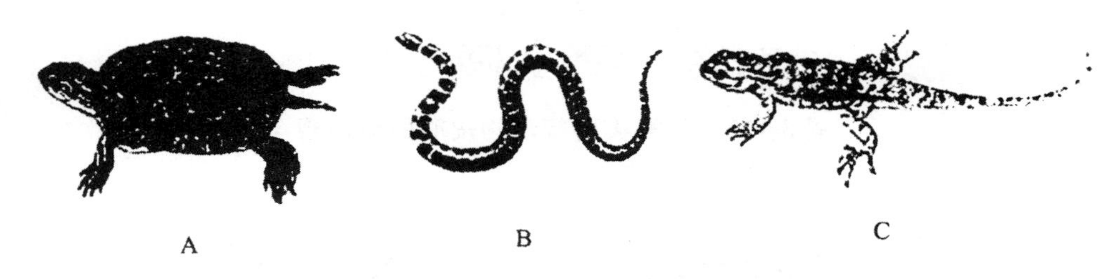

图 3-126　爬行类的体形

A. 龟　B. 蛇　C. 蜥蜴

（二）皮肤系统

爬行类皮肤（图 3-127）的主要特点是表皮角质化程度深，外被角质鳞，皮肤干燥，缺少腺体。这样的皮肤已失去呼吸的机能，有利于防止体内水分的散失。角质鳞的形成和鱼类的骨质鳞不同，它们是由表皮细胞角质化形成的。鳞片与鳞片之间以薄的角质层相连。

爬行类一般缺少皮肤腺，因而皮肤干燥，减少体内水分的蒸发。但有不同类型的味腺（scent gland）如麻蜥类，雄性有股腺（femoral gland），位于大腿基部内侧，排成一列，所分泌的胶液干后形成临时性的短刺，在交配时有助于把持雌体；草蜥类，大腿基部各有 1～2 个鼠鼷腺（preanal gland）（图 3-128）；一些蛇、龟和鳄在下颌或泄殖腔附近有腺体，分泌物产生特殊气味影响其社会行为或借以引诱异性。

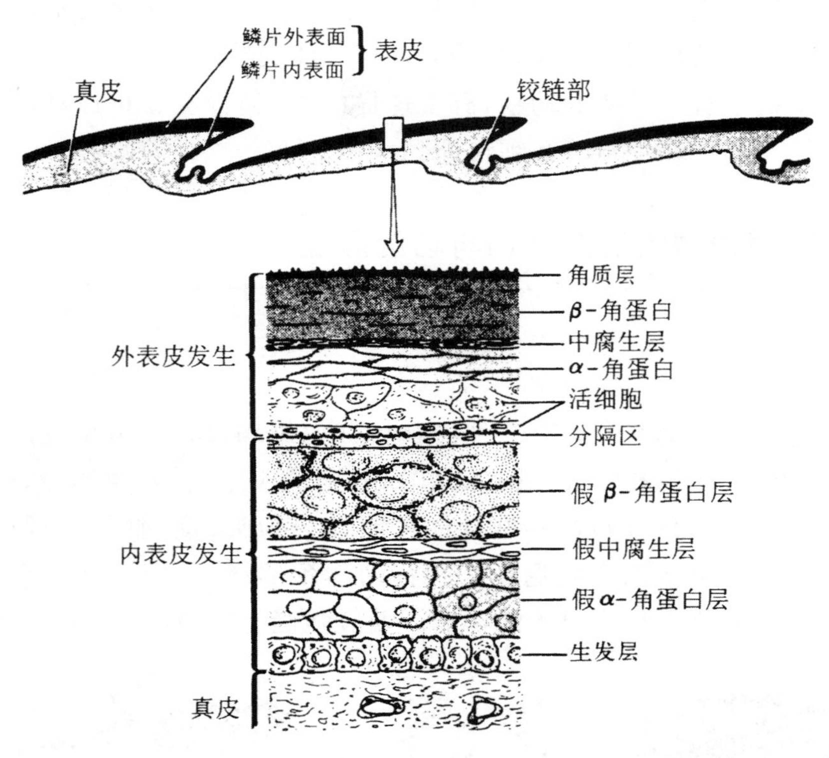

图 3-127 有鳞类爬行动物皮肤的切面观

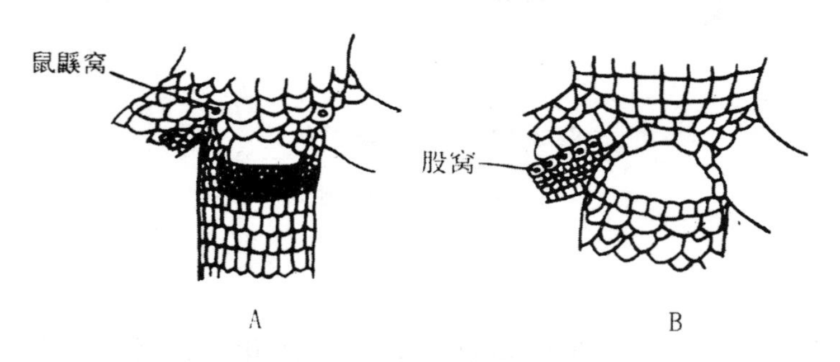

图 3-128 爬行动物的皮肤腺开口

A. 草蜥 B. 麻蜥

有些爬行动物还会长刚毛,诸如,壁虎的每只脚底部长着大约 100 万根极细的刚毛,而每根刚毛末端又有约 400～1000 个更细的分支(图 3-129)。这种精细结构使得刚毛与物体表面分子间的距离非常近,从而产生很强的黏着力。根据计算,一只大壁虎的四只脚产生的总压强相当于十个大气压。

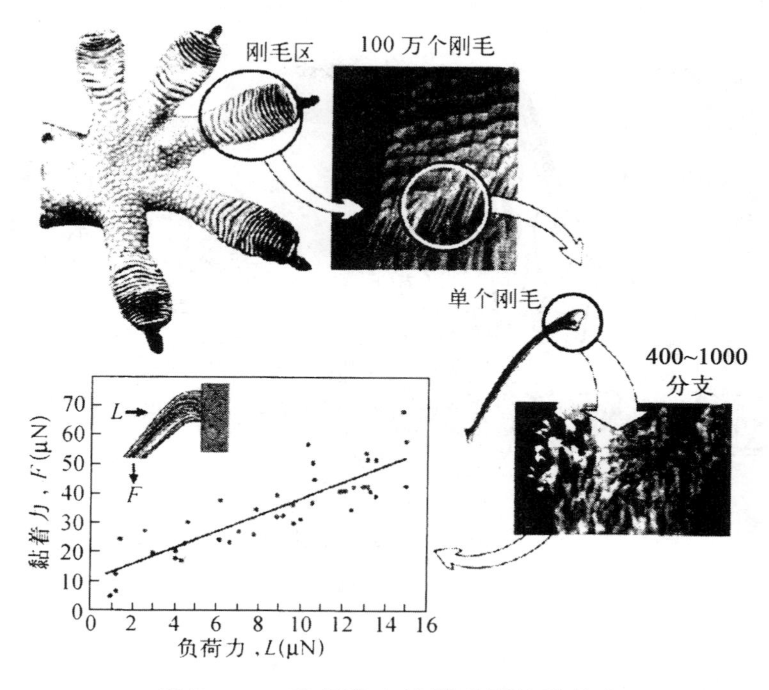

图 3-129 壁虎脚底的刚毛及其黏着力

（三）骨骼系统

爬行类的骨骼比较坚强，大多数都是硬骨的。由于身体局部活动的加强，脊柱除加固外，还具有很大的灵活性，分化程度更高。在脊椎动物中，爬行类首次出现胸廓(thorax)。除保护内脏外，加强了肺呼吸。头骨具单一的枕髁，并有颞窝出现。

1. 头骨

爬行类的头骨(图 3-130)具有下列特点。

(1)头骨的骨化更为完全，软骨性脑颅几乎完全骨化，只有在筛区仍保留一些软骨。膜原骨的数目很多，覆盖在软颅的顶部、侧部和底部。

(2)头骨的形状较高而隆起，属于高颅型(tropibasic type)，反映了脑腔的扩大，不像两栖类头骨那样扁平，两栖类的头骨属于平颅型(platybasic type)。

(3)头骨具单一的枕髁。

(4)次生腭(secondary palate)形成(图 3-131)。鳄类的次生腭最为完整，由前颌骨、上颌骨、腭骨的腭突和翼骨愈合而成(图 3-132)。完整的次生腭使内鼻孔的位置后移，口腔和鼻腔完全隔开(气体通道与食物通道分开)，气体通道延长有利于空气加温、净化。其他多数爬行类的次生腭并不完整。

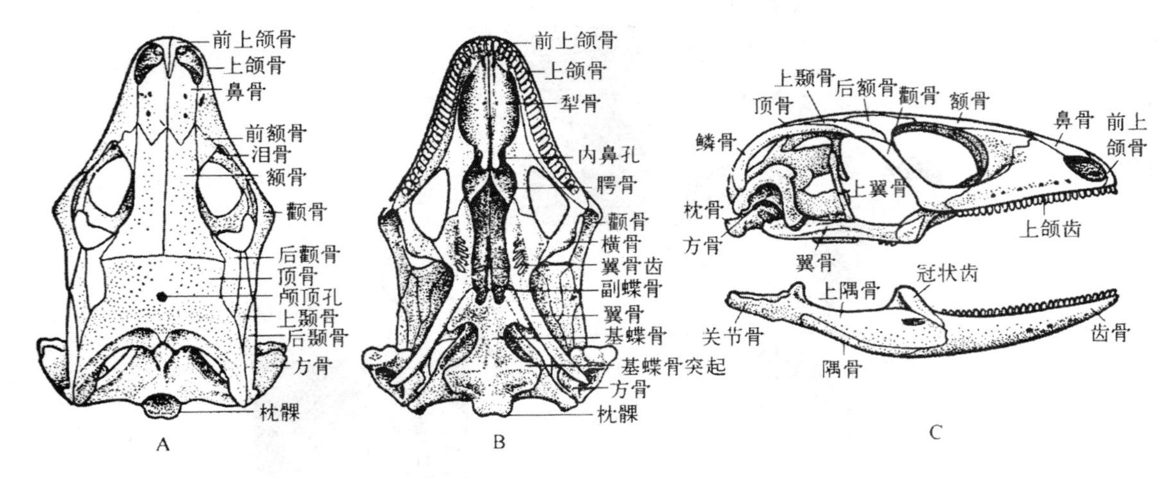

图 3-130　石龙子头骨

A. 正面观　B. 腹面观　C. 侧面观

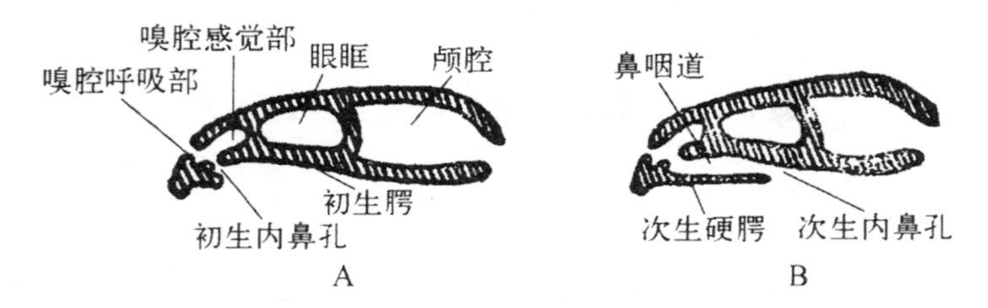

图 3-131　次生腭的形成

A. 初生腭　B. 次生腭

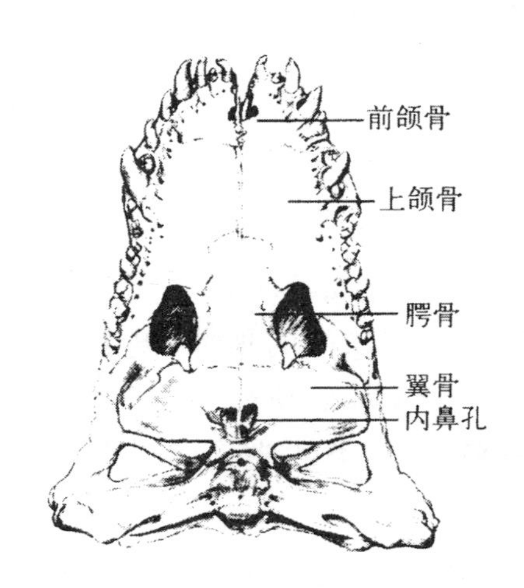

图 3-132　扬子鳄的次生腭

(5)具有颞窝(temporal fossa)。颞窝是爬行类头骨最重要的特点。它是头骨两侧眼眶后面的一个或两个孔洞,颞窝周围的骨片形成骨弓,称颞弓。颞窝是颞肌所附着的部位,它的出现与颞肌收缩时的牵引有关。颞窝是爬行类分类的重要依据,而且对追溯古代爬行类的进化也提供了线索。根据颞窝的有无和颞窝的位置,爬行类可分为四大类(图 3-133)。

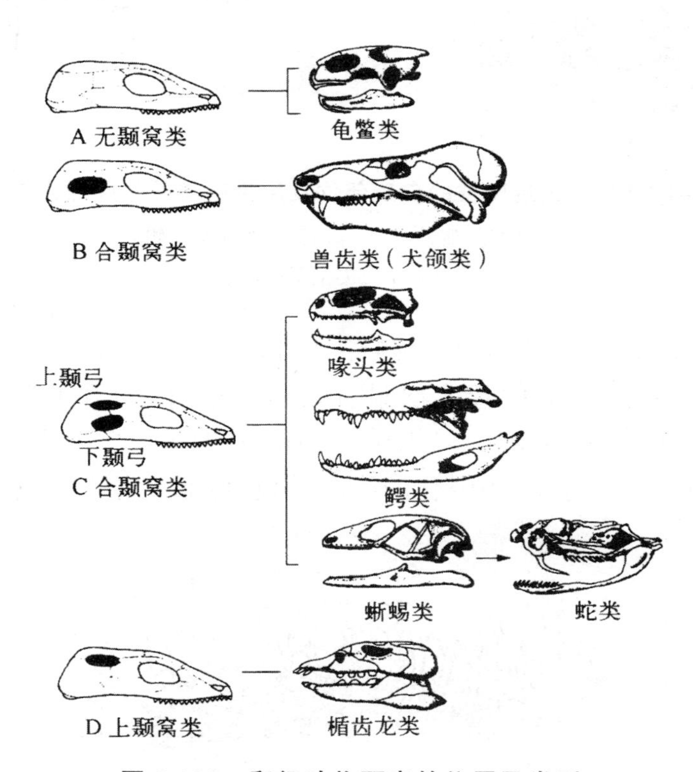

图 3-133　爬行动物颞窝的位置及类型

2. 脊柱、肋骨和胸骨

爬行类动物的脊柱分化为颈椎、胸椎、腰椎、荐椎和尾椎 5 个部分。颈椎能保证爬行动物的头部能仰俯及自由转动,使头部的感觉器官能获得更充分的利用。而有些爬行类动物的尾椎有一个能引起断尾行为的自残部分,诸如蜥蜴、壁虎等,一旦尾部受到拉、压、挤等机械刺激,就会在尾椎骨的某个自残部位处断裂。自残部位的细胞有增殖分化能力,因此,断尾面可重新长出再生尾,如图 3-134 所示。

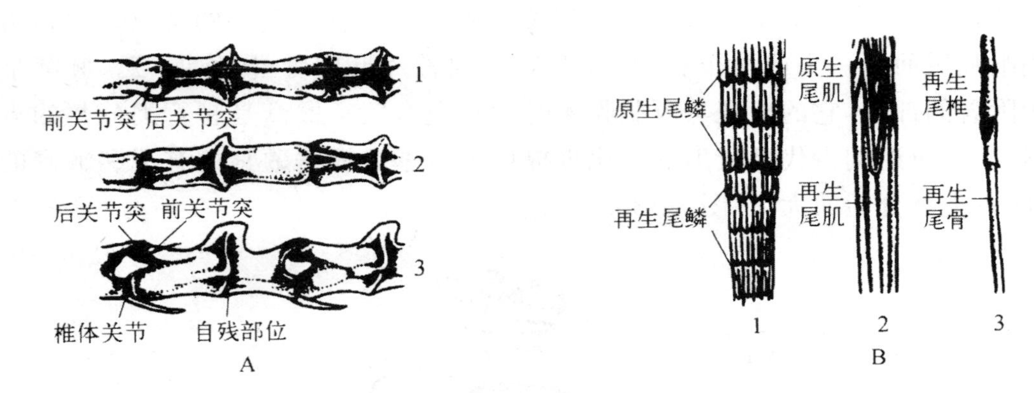

图 3-134　蜥蜴尾椎的自残部位及原生尾与再生尾的比较

A. 北草蜥的尾椎骨(1. 前面;2. 腹面;3. 侧面)

B. 原生尾与再生尾的比较

爬行动物的颈椎、胸椎及腰椎两侧皆具肋骨。颈肋一般为双头式,胸肋多为单头式。除寰椎外,尾前椎椎骨上都附有发达的肋骨,肋骨为单头。诸如,楔齿蜥、鳄等在身体腹面还有腹壁肋(abdominal ribs)(图 3-135)。腹壁肋实际上是腹壁中央肌肉中的薄片状骨块,为退化的膜原骨板,可能起源于真皮鳞。

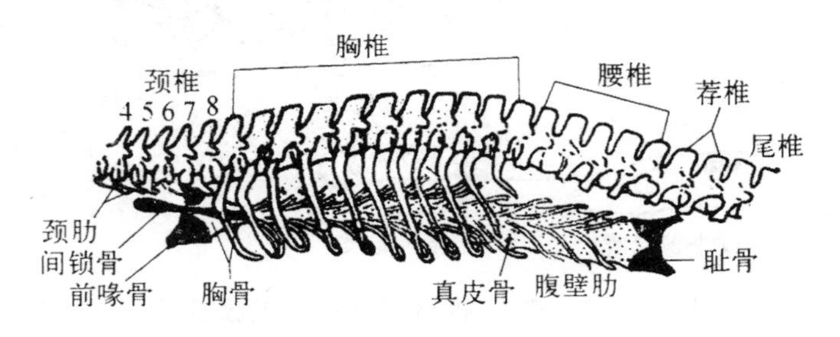

图 3-135　鳄的脊柱、肋骨及腹膜肋

3. 带骨及附肢骨

爬行动物的肩带基本上和两栖类相似,但是更为坚强,反映进一步适应陆地生活。肩带包括乌喙骨、前乌喙骨、肩胛骨、上肩胛骨(见图 3-136)。爬行类的腰带也是由髂骨、坐骨、耻骨组成。爬行动物的耻骨和坐骨之间分开,形成一个大孔,称耻坐孔(obturator foramen)。左右耻骨在中线处结合,称耻骨连合(symphysis pubis);左右坐骨在中线处结合,称坐骨连合(symphysis ischialis)。这样的腰带结构可以减轻骨块的重量,而支持身体的力量并不减小。

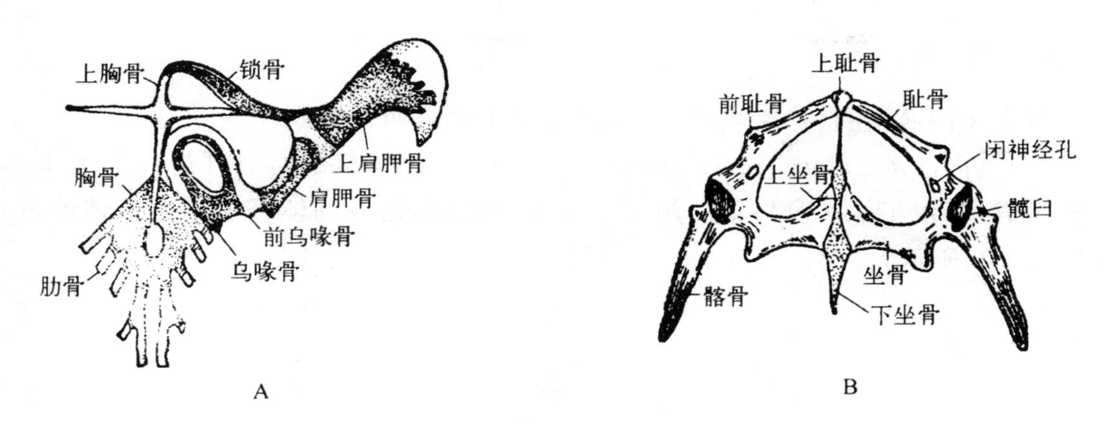

图 3-136　蜥蜴的肩带(A)和腰带(B)

(四)肌肉系统与运动

爬行类的肌肉比两栖动物进一步复杂化,由于五趾型四肢的发达、颈部的发达以及脊柱的加强,躯干肌更趋于复杂分化,特别是发展了陆栖动物所特有的肋间肌和皮肤肌。

1. 肌肉特点

爬行动物一般起自躯干肌、附肢肌或咽部肌肉而止于皮肤。蛇是爬行动物中皮肌最发达的类群,皮肌收缩可引起皮肤及其附属的鳞片产生活动。肋骨具有较大的活动性,其远端和中段各附生着两对肋皮肌(cotocutaneous),分别与紧贴皮肌的前、后腹鳞相连。收缩时能使腹鳞运动借反作用的推力,使蛇体蜿蜒爬行前进(图 3-137)。

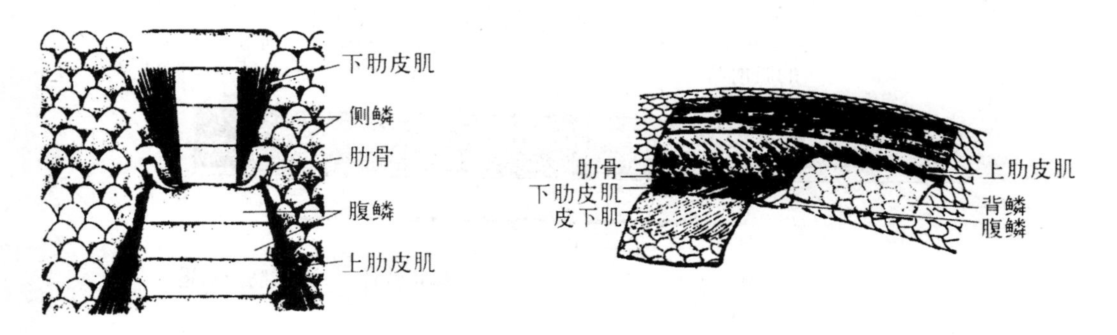

图 3-137　蛇的皮肌与运动

2. 蛇的运动

蛇类无四肢，在自然生境中，蛇类的运动主要有四种方式：

(1)侧向波动(lateral undulation)。这种运动时所有蛇类都可进行的最基本的运送方式，由于蛇的身体不断施压于地面的物体，这些物体将会推进蛇体前进，如图 3-138 所示。

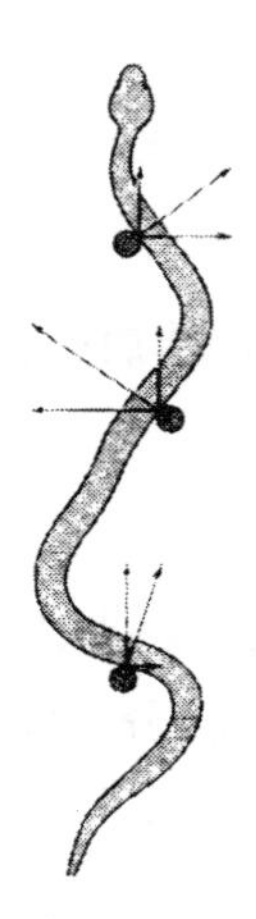

图 3-138 侧向波动或蜿蜒运动

(2)直线运动(rectilinear movement)。该运动是蛇在脊椎动物中独一无二的运动。躯体较粗如蟒蛇和蝰科蛇常采取直线运动。直线爬行是腹下及身体两侧下部的鳞片做齿轮式活动的结果，而要成功地做到这一点，这类蛇的特点是腹鳞与其下的组织之间较疏松，由于肋骨与腹鳞间的肋皮肌有节奏地收缩，使宽大的腹鳞依次竖立，支持于地面，于是蛇体就不停顿地呈一直线向前运动(图 3-139)。

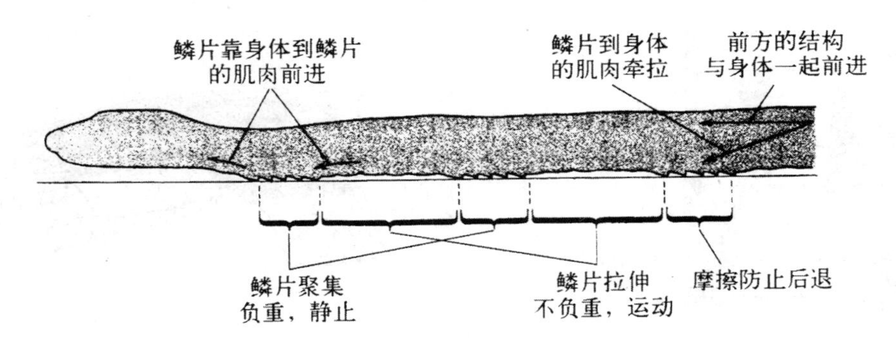

图 3-139 直线运动

(3)伸缩运动(rectilinear movement)。这是蛇在较光滑的表面或在狭窄空间(如钻洞等)内的一种运动方式，如图 3-140 所示。

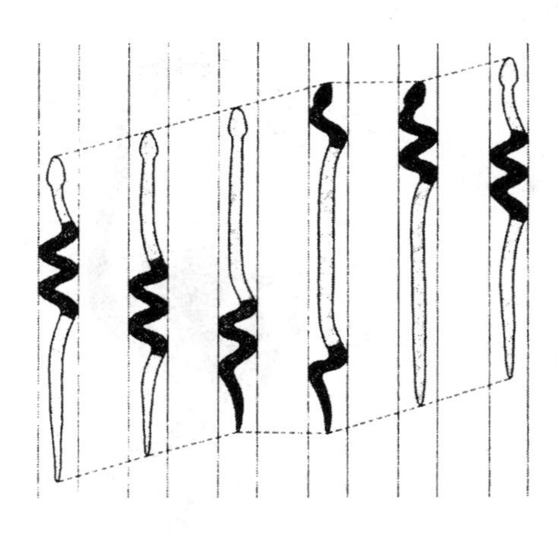

图 3-140　伸缩运动

(4)侧进运动(sidewinding)。适于在疏松的沙地上前进,前进的方向与蛇体的主轴略呈垂直,仅有两点或两部分与地面接触,所以在地面上留下一条条长度与蛇相等,彼此平行的“J”形痕迹(图 3-141)。

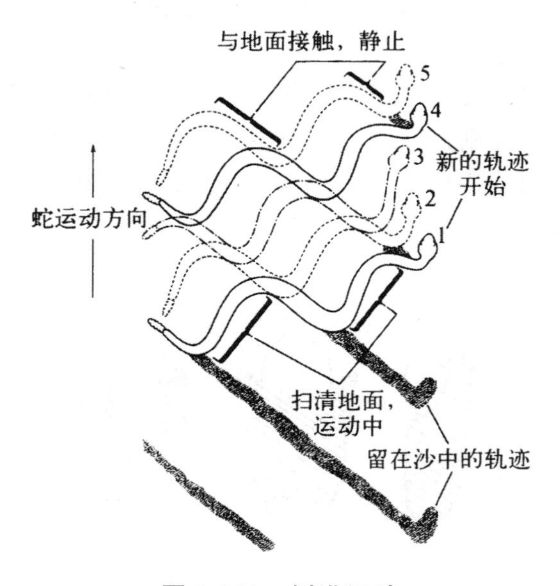

图 3-141　侧进运动

(五)消化系统

与两栖类相比,爬行类的消化道有更多的分化;口腔中的齿、舌、口腔腺等结构均进一步复杂化。消化道各部的基本结构和一般四足类基本相同(图 3-142)。由于爬行动物颈部延长,其食管也趋于延长。大多数爬行动物的胃仍然是简单而直或稍有弯曲，但鳄类的胃则是趋于圆形且富有肌肉。

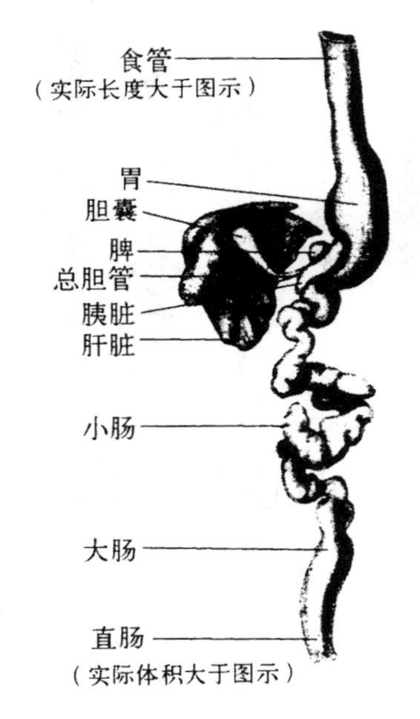

图 3-142　爬行动物的消化系统

两栖类的口腔与咽无分界，称口咽腔。爬行类的牙齿着生在上下颌缘，其依着的位置分为 3 种类型，见图 3-143。牙齿依形状的相同或相异可分为同型齿(homodont)和异型齿(heterodont)。绝大多数爬行动物是把食物整个吞咽下去而并不咀嚼，牙齿为圆形齿。

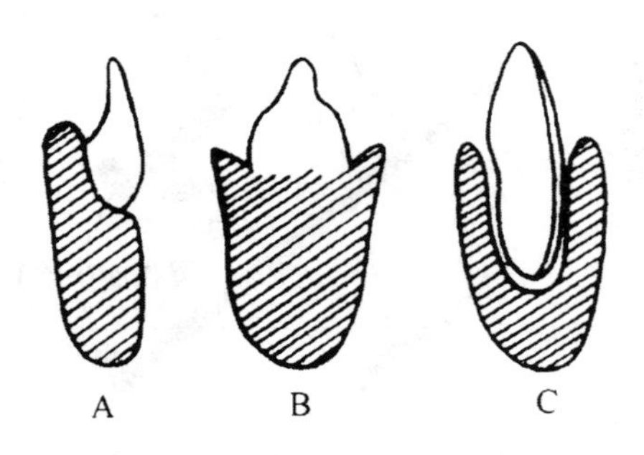

图 3-143　爬行动物的齿型

A. 侧生齿　B. 端生齿　C. 槽生齿

部分爬行类动物在前颌、上颌牙齿特化而成了毒牙，可分为管状牙和沟状牙（前沟牙、后沟牙）（图 3-144）。毒牙的基部通过导管与毒腺相连，咬噬时引毒液入伤口。毒牙后面常有后备齿，当前面的毒牙失掉时，后备齿就递补上去。在闭口时，毒齿向后倒卧；在咬噬时，由特殊的肌肉收缩，拉之竖立。

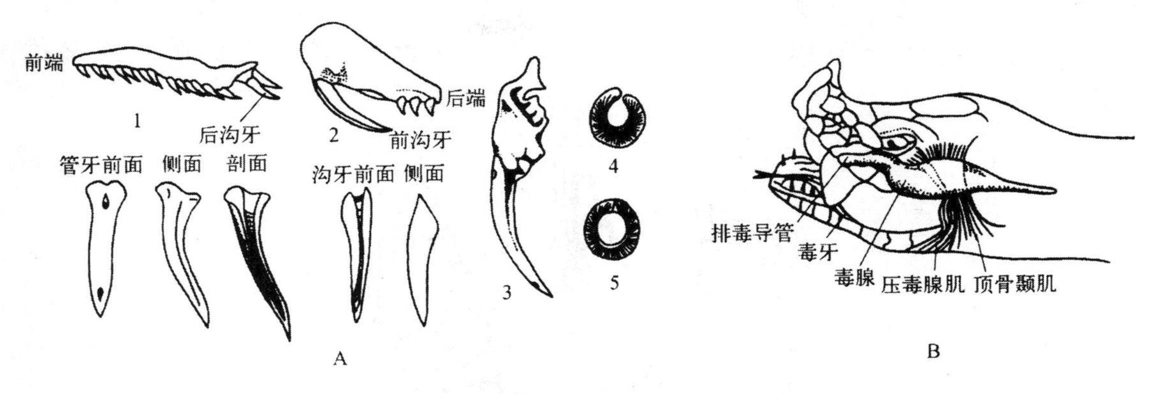

图 3-144　蛇类的毒牙及毒腺

A. 毒牙类型　B. 毒蛇(尖吻腹)的毒腺及排毒肌

1—后沟牙生长的位置；2—前沟牙生长的位置；

3—管牙侧面观；4—沟牙的横切；5—管牙的横切

蛇类在捕食时可吞食比它的头大好几倍的食物。这是因为蛇的下颌骨左右两半并未愈合，而是靠韧带松弛地连在一起；而脑颅骨的方骨周围的骨块消失，腭骨、翼状骨、方骨和鳞骨彼此形成能动的关节，因此，口可以开得很大，达 130°(图 3-145)，因而可以吞食比身体大数倍的猎物。

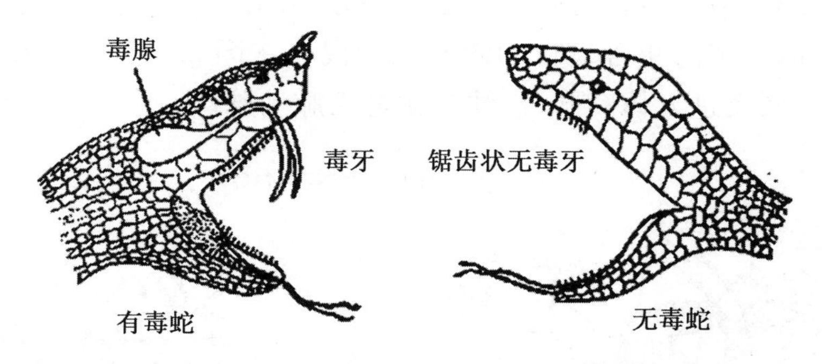

图 3-145　蛇的头骨对捕食的适应性

(六)呼吸系统

与两栖类相比，爬行动物的肺呼吸进一步完善。成体既没有鳃呼吸也没有皮肤呼吸，胚胎期虽有鳃裂产生，但不形成鳃，也无鳃呼吸，胚胎的气体交换是通过尿囊来实现。

爬行动物的肺通常为一对，位于胸腹腔的左右两侧，长而变化较大。有的种类，肺的内部分为前、后两部，前部内壁呈蜂窝状，称呼吸部；后部内壁平滑分布的血管也较少,称贮气部。避役的肺的后部内壁平滑并且伸出若干个薄壁的气囊,插到内脏之间,有贮气的作用。但一些高等蜥蜴、龟类和鳄类的肺脏都没有空腔,支气管左肺脏内一再分支,其末端连以肺漏斗,使整个肺脏呈海绵状(图 3-146)。

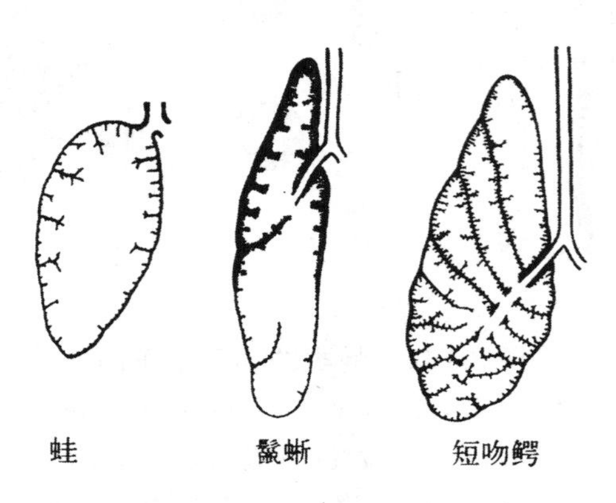

图 3-146　几种动物肺的比较

(七)循环系统

爬行类的循环系统比两栖类进步,包括二心房一心室和退化的静脉窦,动脉圆锥已退化不见。爬行类除心房具完全的分隔外,心室也出现了不完全的室间隔(interventricular septum)。当心房收缩,血液进入心室,房室进入心室,房室瓣通过不完全分隔的心室防止含氧血和缺氧血的混合,(图 3-147A)。当心室收缩,隔缘肉柱闭合,含氧血进入体动脉,而缺氧血进入肺动脉。

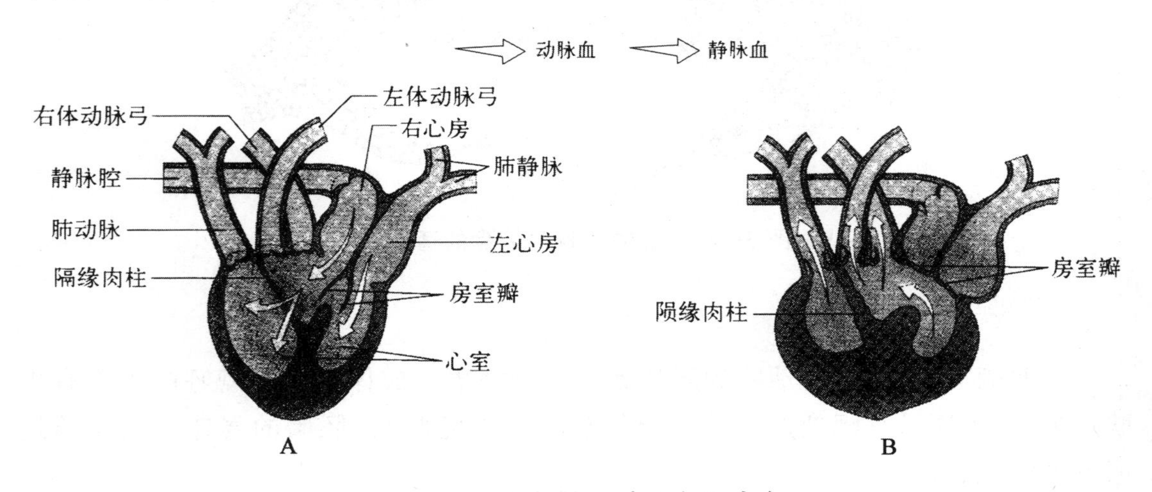

图 3-147　蜥蜴的心脏及主要动脉

爬行动物动脉系统(图 3-148)的主要特点是:动脉圆锥已完全消失,肺动脉、左体动脉弓和右体动脉弓 3 个主干分别由心室发出,每个干的基部皆有半月瓣,其中肺动脉和左体动脉弓是由心室的右侧发出,右体动脉弓是由心室的左侧发出,进入头部的颈动脉即由该支发出,左右体动脉弓在背面合成背大动脉,再向后行走。

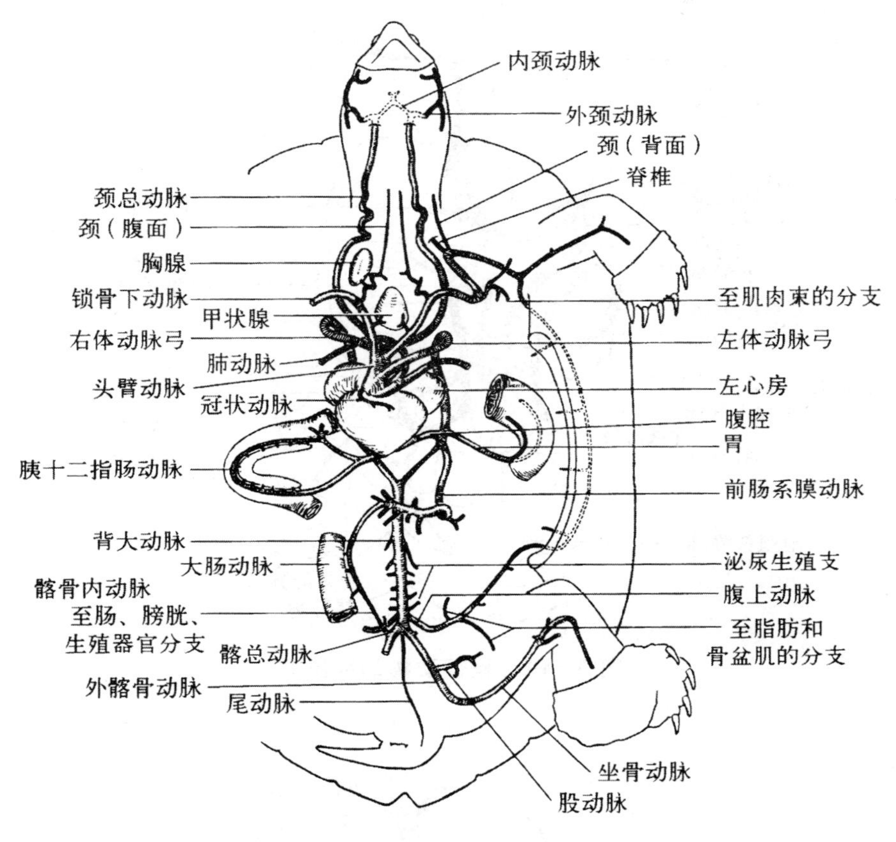

图 3-148　爬行动物的动脉系

爬行类的静脉系统基本上和两栖类相似(图 3-149),包括一对前腔静脉、一条后腔静脉、一条肝门静脉和一对肾门静脉。但是,爬行类仍保留一对侧腹静脉,汇集由后肢和腹壁来的血。侧腹静脉向前以毛细血管终止于肝脏内。另外,爬行动物的肾门静脉已开始退化。

(八)神经系统

爬行动物的脑图(图 3-150)较两栖类发达,两大脑半球增大,开始有由灰质构成的大脑皮层,即新皮层(neopallium)。但是,新皮层还只是处于萌芽状态,大脑的增大仍然是以纹状体(corpus striatum)为主。

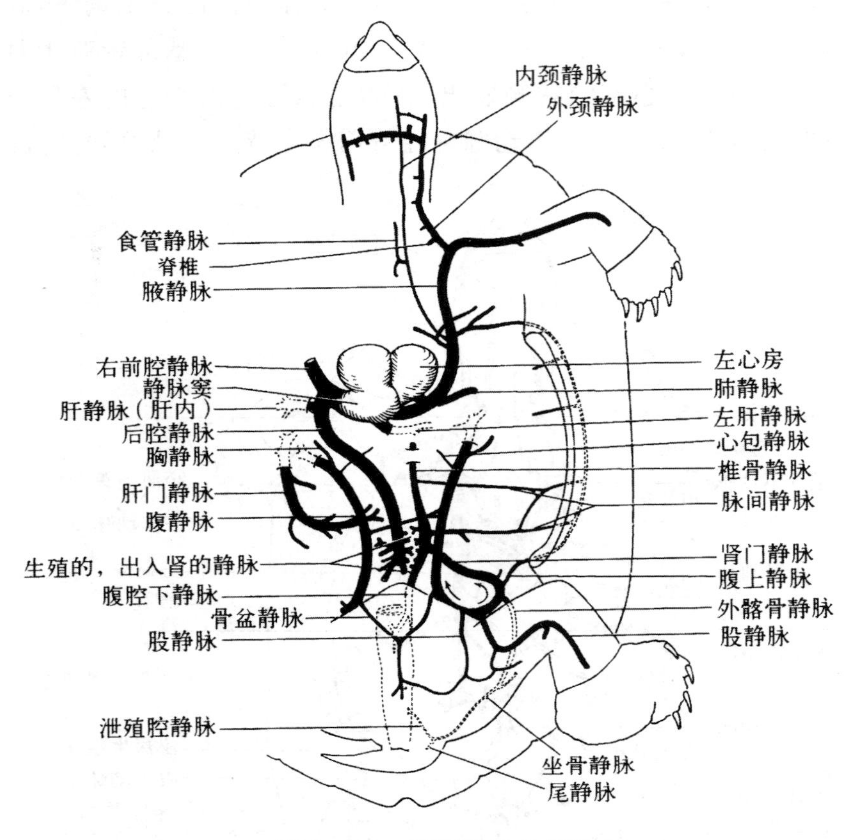

图 3-149 爬行动物的静脉系

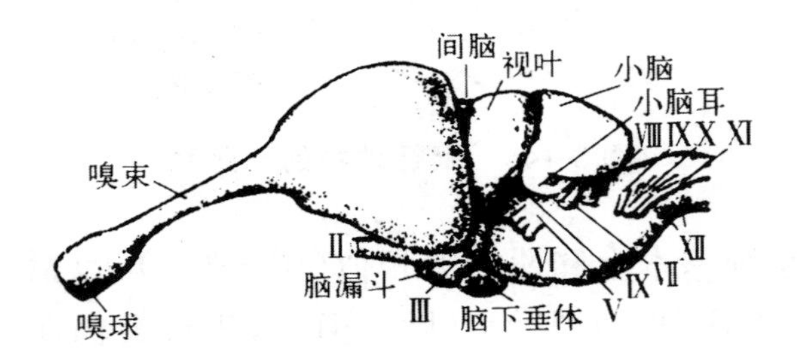

图 3-150 爬行动物(蜥蜴和鳄)的脑

随着成对附肢的进一步发达，爬行类已开始具有脑神经 12 对，从间脑背面发出脑上体(epiphysis)和顶器(parietal organ)。中脑背面为一对圆形的视叶，在爬行类，视叶仍为高级中枢(图 3-151)。

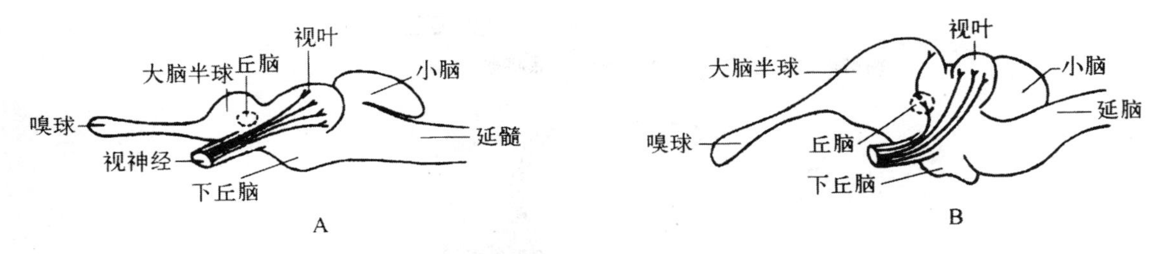

图 3-151　低等脊椎动物与爬行动物脑的比较

A. 鱼类　B. 爬行类

(九)感觉器官

爬行动物的侧线消失了,即使是水栖的爬行类,也无侧线。

1. 视觉器官

大多数的爬行动物,在后眼房内具有由脉络膜突出形成的栉状体(图 3-152)。栉状体内具丰富的血管和色素,具有营养眼球内部的功能。爬行类可以观察在不同距离内的物体,这是因为睫状肌不仅可以调节水晶体的前后位置,而且也能略微改变水晶体的凸度。这对于生活在陆地环境的动物来说是很重要的。

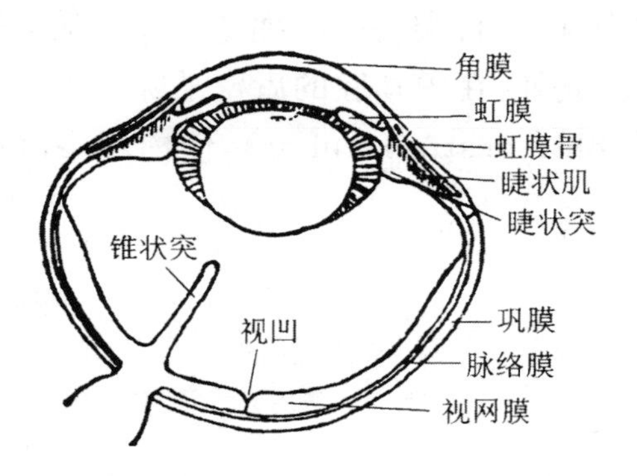

图 3-152　爬行动物的眼球剖面

顶眼(图 3-153)位于两眼稍后方的头部正中线上,其结构和真眼相似,上部有透明扩大的壁,相当于水晶体,后部有感光细胞和色素细胞,相当于视网膜,并且有特殊的神经和间脑相连。这类动物头骨上的颅顶孔仍存在,光线由该孔透入。顶眼虽不能像真眼一样在视网膜上成像,但具有感光作用。

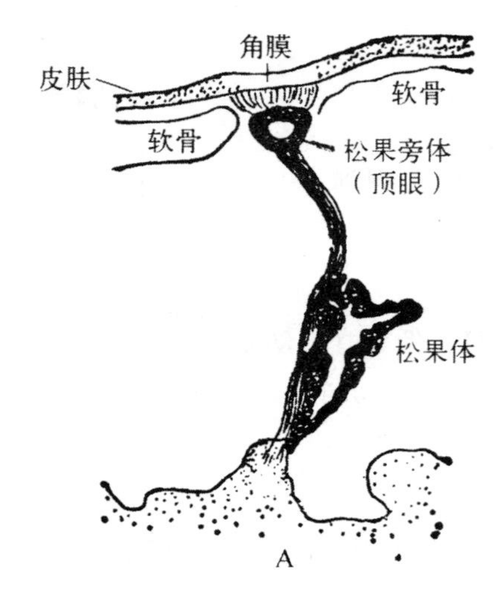

图 3-153　蜥蜴的顶眼(松果旁体)和松果体

现代大多数爬行类头骨上的颅顶孔已封闭，无顶眼的结构，但在楔齿蜥和一些蜥蜴类仍具有顶眼，可称之为痕迹器官(vestigial organ)。

2. 听觉器官

爬行类具有内耳和中耳，爬行类的鼓膜随中耳稍下陷，为形成外耳听道的开端，这对保护鼓膜是有利的。此外，在中耳腔的后壁上除具卵圆窗(fenestra ovalis)外，新出现了第二个窗，即正圆窗(fenestra rotunda)，使内耳中淋巴液的流动有了回旋的余地(图 3-154)。

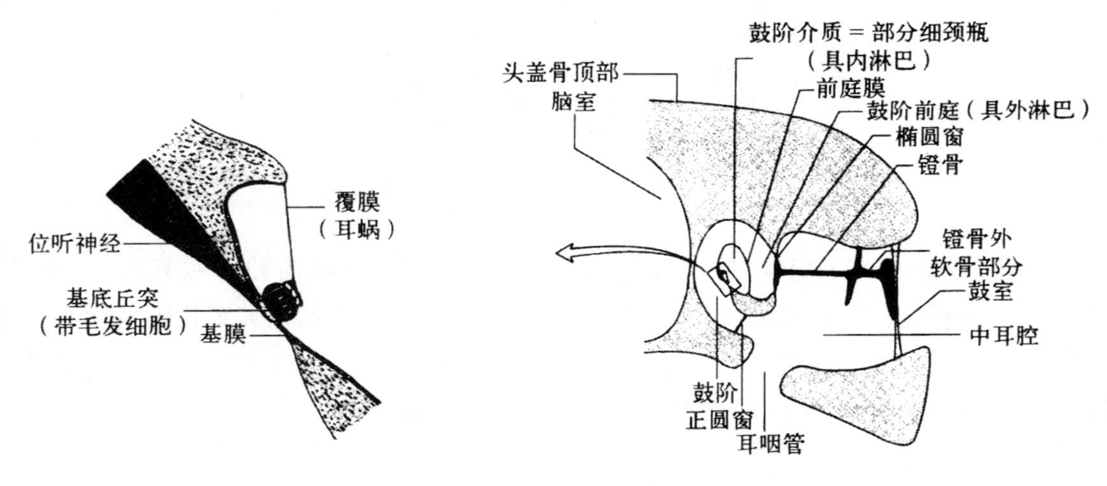

图 3-154　蜥蜴听器的剖面图

具有鼓膜的爬行动物是通过声波引起鼓膜的振动产生听觉。蛇没有外耳道和中耳，其鼓膜、中耳腔和耳咽管均退化，但其听小骨存在，能敏锐地接受地面振动传来的声波，由于蛇的身体紧贴地面，这种沿地面传来的声波，通过头骨的方骨经耳柱骨而传进内耳，从而产生听觉（图 3-155）。

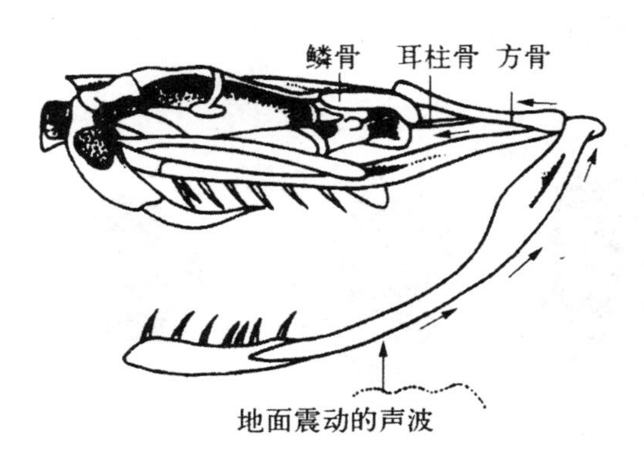

图 3-155　蛇类（蝮蛇）传导声波至脑的途径

3. 嗅觉器官

大多数爬行动物在口腔顶部形成腭褶，鳄类则形成完整的次生腭，使内鼻孔的开口向后移到口腔的后部，使鼻腔大为延长。多数蜥蜴上部的鼻腔黏膜上有嗅觉感觉细胞，为真正的嗅觉部位，下部为呼吸通路，称鼻咽道。

犁鼻器是一种化学感受器，也可以称为是嗅觉器官，其内壁具嗅黏膜，通过嗅神经与脑相连。蛇类的犁鼻器十分发达（图 3-156），蛇的舌头有细长而分叉的舌尖，频繁地在搜集空气中的各种化学物质。当舌尖缩回口腔时，即进入犁鼻器的两个囊内，产生嗅觉，从而判断出其所处的环境条件。

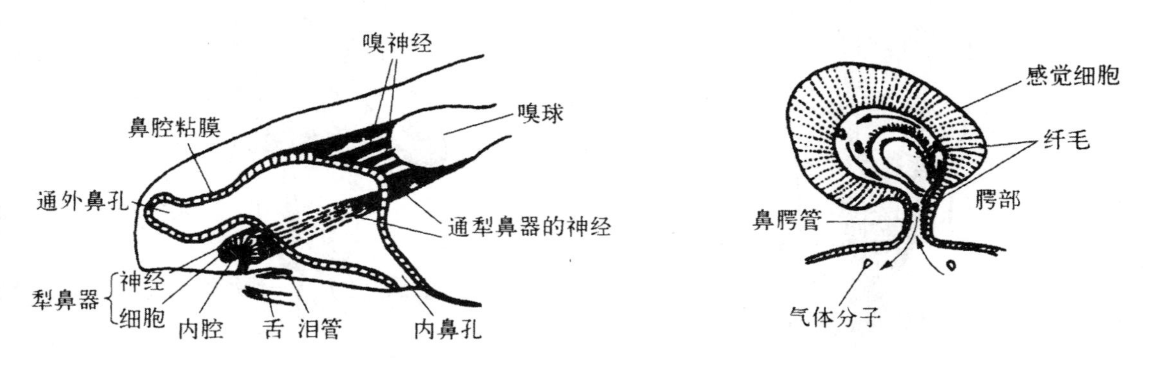

图 3-156　爬行动物的犁鼻器

(十)生殖排泄系统

雄性具精巢1对,以盘旋的输精管通至泄殖腔的背面。羊膜类的输精管是由中肾管演变而来。爬行类全是体内受精,除楔齿蜥外,雄性皆有交配器。蛇与蜥蜴的交配器称为半阴茎(hemipenis)(图3-157),是由泄殖腔后壁伸出的1对可膨大的囊状物。

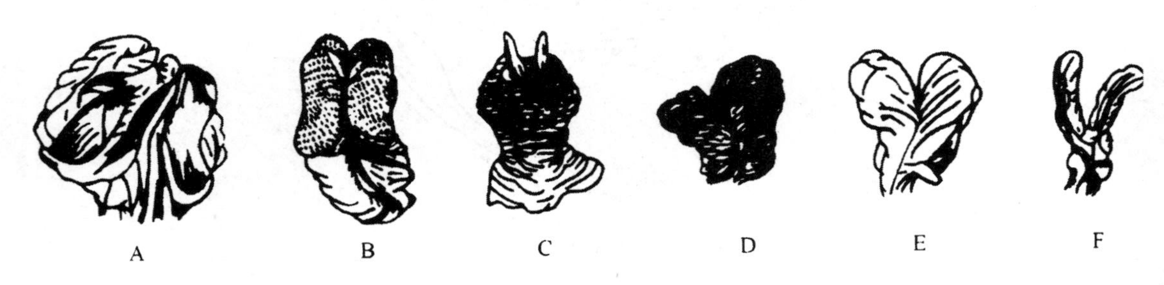

图3-157　几种蜥蜴的半阴茎

A. 多疣壁虎　B. 变色树蜥　C. 鳄蜥
D. 北草蜥　E. 密点麻蜥　F. 堰蜓

雌性(见图3-158)具1对卵巢,位于体腔背壁的两侧。1对输卵管各以1个大的裂缝状喇叭口开口于体腔。输卵管的下部具有能分泌形成革质(蜥蜴、蛇)或石灰质(龟、鳖)卵壳的腺体,称壳腺。输卵管最后开口于泄殖腔。

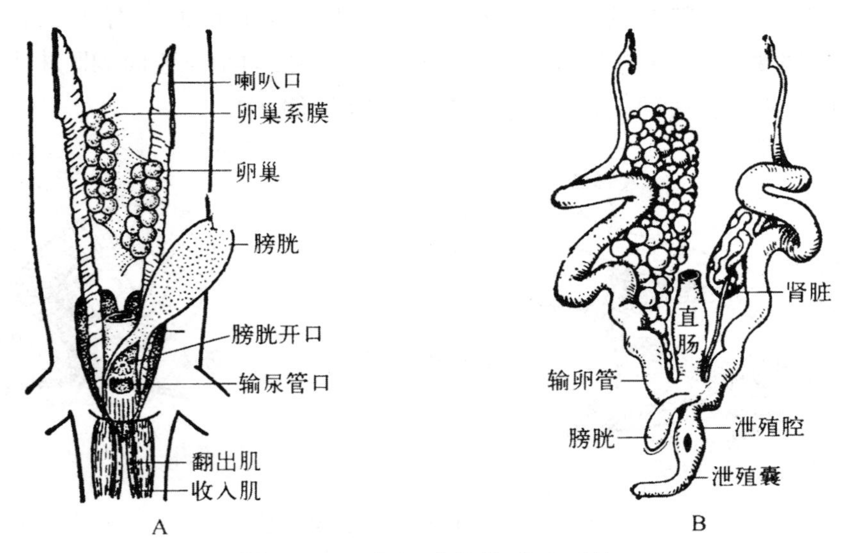

图3-158　爬行动物的泄殖系统

A. 雌性蜥蜴　B 雌性鳖

爬行类的后肾(图 3-159)位于腹腔的后半部,一般局限在腰区,它们的体积通常不大,表面多是分叶的。肾的形状和排列因动物的体形而异,输尿管末端开口于泄殖腔。

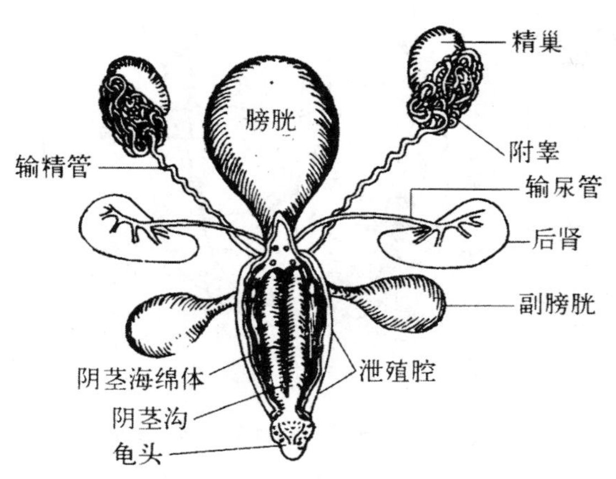

图 3-159　雄龟的泄殖系统

三、爬行纲的分类

(一)龟鳖目(Chelonia)

陆栖、水栖或海洋生活的爬行类。体背及腹面具有坚固的甲板,甲板外被角质鳞板或厚皮。躯干部的脊柱、肋骨和胸骨多变形并常与甲板愈合。方骨不能活动,舌不具伸展性,具眼睑,泄殖腔孔纵裂。雄性具单个交配器官。分布于温带及热带,约 250 种。现主要介绍陆栖类。四肢粗壮,不呈桨状,爪钝而强。具坚强的龟壳,由背甲和腹甲构成,甲板外被以角质鳞板(图 3-160)。颈部可呈 S 形缩入壳内。约 90 种,遍布于除大洋洲外的世界各地。代表种类有:乌龟(Chinemys reevesii)、四爪陆龟(Testudo horsfieldi)和鳖科(Trionychidae)等(图 3-161)。

(二)喙头目(Rhynchocephalia)

现存爬行动物中的原始陆栖种类。体呈蜥蜴状,体长 50～70cm,体外被覆细颗粒状鳞。头骨具原始形态的双颞孔。嘴长似鸟喙,因而称喙头蜥。椎体双凹型。方骨不可动。端生齿。顶眼十分发达。泄殖腔孔横裂。雄性不具交配器官。本目仅一种,即喙头蜥(楔齿蜥)(Sphenodon punctatum)。分布于新西兰的部分岛屿上,数量稀少,不足千只。其所具的一系列类似于古代爬行类的结构特征,具重要科学研究价值,有“活化石”之称(图 3-162)。

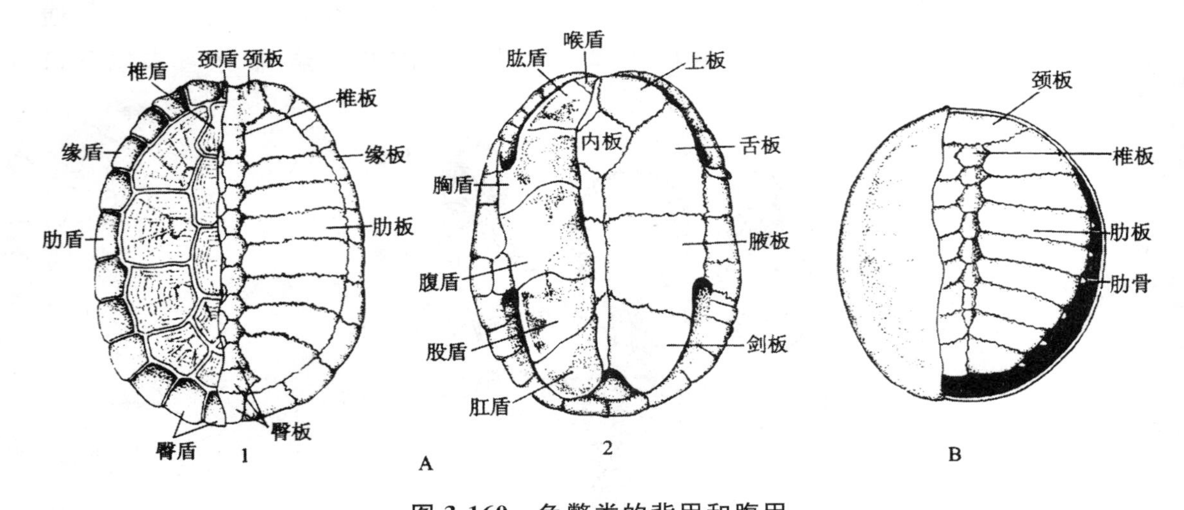

图 3-160　龟鳖类的背甲和腹甲

A. 龟的背甲(1)和腹甲(2)　B. 鳖的背甲

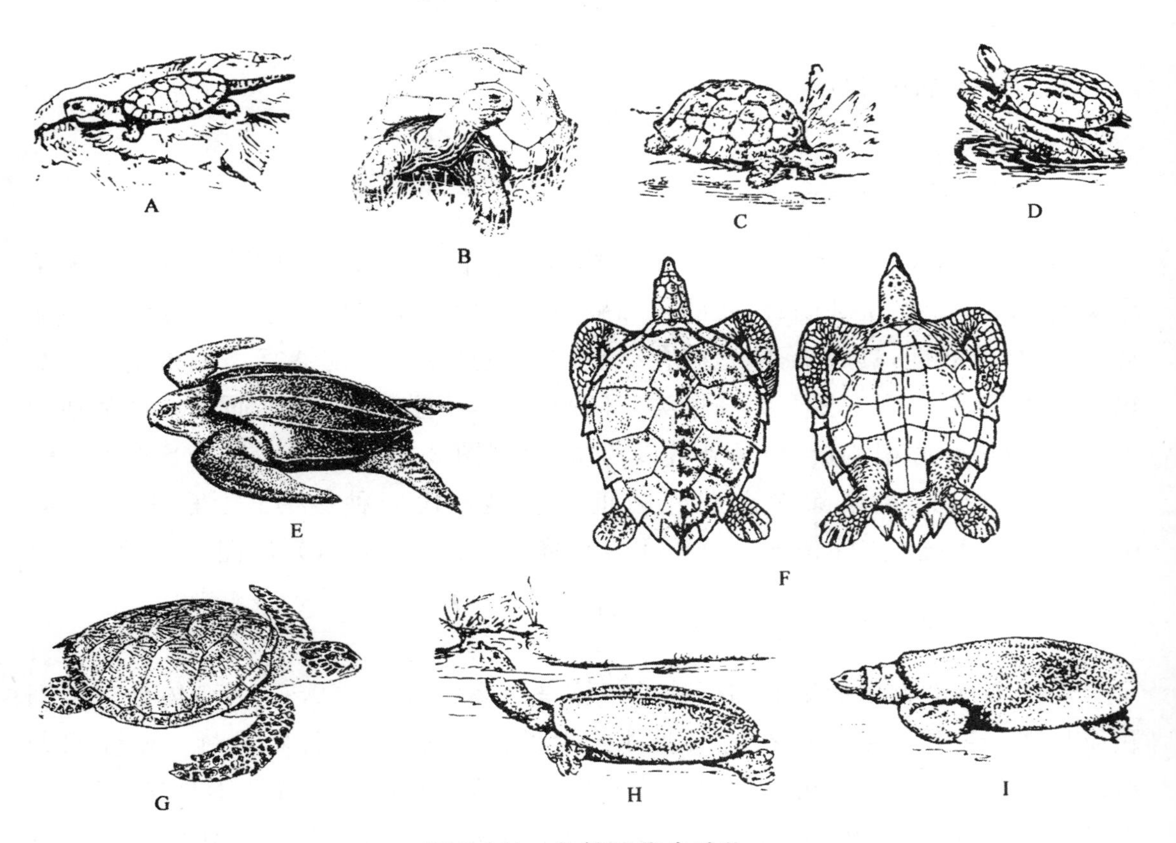

图 3-161　龟鳖目代表动物

A. 大头龟　B. 象龟　C. 四爪陆龟　D. 黄缘闭壳龟
E. 棱皮龟　F. 玳瑁　G. 海龟　H. 鳖　I. 斑鼋

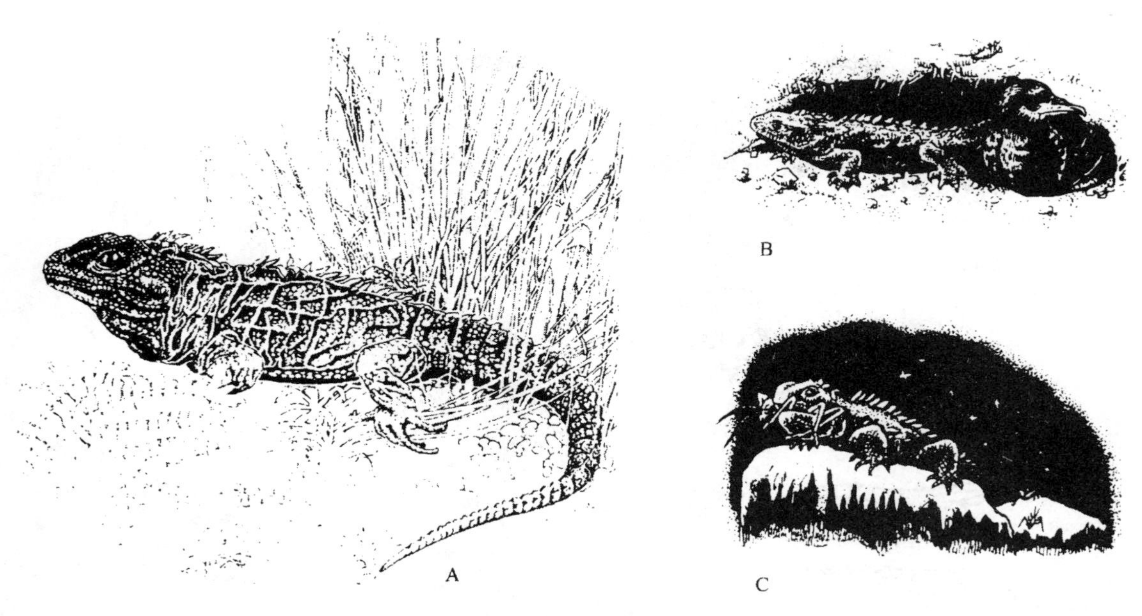

图 3-162　喙头蜥

A. 喙头蜥　B. 与海鸟洞穴共栖　C. 夜出捕食昆虫

（三）有鳞目（Squamata）

陆栖、穴居、水栖及树栖生活类群。体表满被角质鳞片。头骨具特化的双颞孔，下颞孔下缘膜性硬骨丢失，将方骨露出，因而方骨可动。椎体双凹或前凹型。具端生或侧生齿。泄殖腔孔横裂。雄性具成对交配器官。分布几遍全球。分为两个亚目：蜥蜴亚目和蛇亚目。

蜥蜴亚目（Lacertilia）包括中、小型爬行动物。大多具有附肢、肩带及胸骨。左右下颌骨在前端并合，联结处有骨缝。眼睑可动。鼓膜、鼓室及咽鼓管一般均存在。除南极洲外，广布于全球。约 3800 种，代表性种类有：壁虎科（Gekkonidae）、避役科（Chamaeleonidae）、石龙子科（Scincidae）等（图 3-163）。

蛇亚目一般为体长 0.1～11m 的穴居及攀援爬行动物。附肢退化，不具肩带及胸骨。左右下颌骨在前端以弹性韧带相联结。眼睑不可动。外耳孔消失。舌伸缩性强，末端分叉。除南极洲以外，广布于全球，约 3200 种。代表种类有：盲蛇科（Typhlopidae）、蟒科（Boidae）、蝰科（Viperidae）等，如图 3-164 所示。

图 3-163　蜥蜴亚目代表动物

A. 多疣壁虎　B. 大壁虎　C. 斑飞蜥　D. 巨蜥　E. 滑蜥
F. 蓝尾石龙子　G. 胎生蜥　H. 丽斑麻蜥　I. 北草蜥　J. 蛇蜥
K. 鳄蜥　L. 三角避役　M. 短尾毒蜥　N. 草原沙蜥

图 3-164　蛇亚目的代表种类

A. 盲蛇　B. 蟒蛇　C. 黑眉锦蛇　D. 红点锦蛇　E. 黄脊游蛇
F. 赤练蛇　G. 眼镜蛇　H. 银环蛇　I. 丽纹蛇　J. 长吻海蛇
K. 蝮蛇　L. 尖吻蝮　M. 竹叶青　N. 响尾蛇　O. 草原蝰

(四)鳄目(Crocodylia)

图 3-165 扬子鳄

水栖类型,体被大型坚甲,头骨具有完整的双颞孔和下颌孔。有发达的次生腭,适应在水中捕食和呼吸。方骨不可动。槽齿。胸肋具钩状突,腹部皮下有腹膜肋。四肢健壮,趾间具蹼。尾侧扁。泄殖腔孔纵裂,雄体具单个交配器。本目共22种,分布于非洲、美洲、大洋洲和亚洲的温带地区。扬子鳄为本目代表,是我国特产,国家Ⅰ级重点保护动物(图 3-165)。

第七节 鸟纲

一、鸟纲动物的主要特征

(一)体形

鸟类的身体分为头、颈、躯干、尾、四肢等部分(图 3-166)。

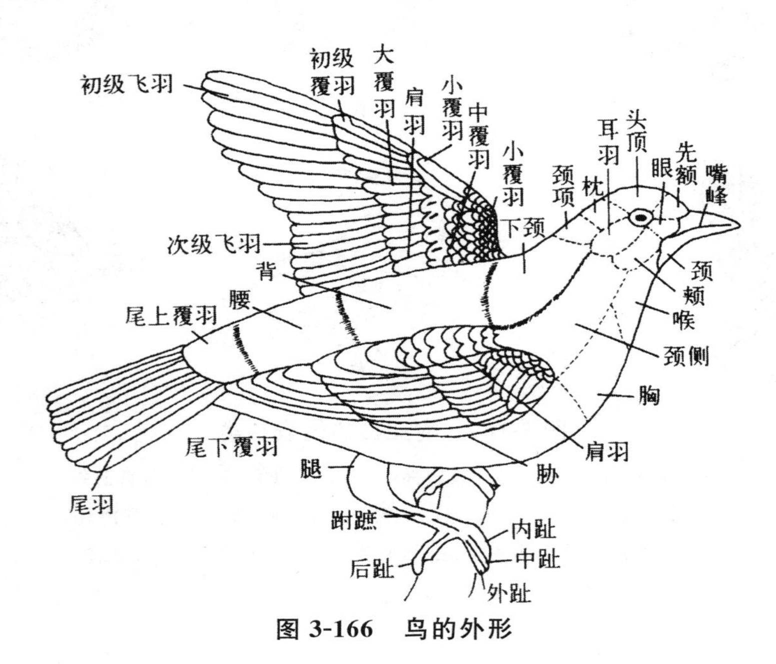

图 3-166 鸟的外形

鸟类身体多呈纺锤形，体外被羽，具有流线型的外廓，从而减少了飞行时的阻力。头前端具角质喙，为摄食器官，喙的形状与食性密切相关（图 3-167）。

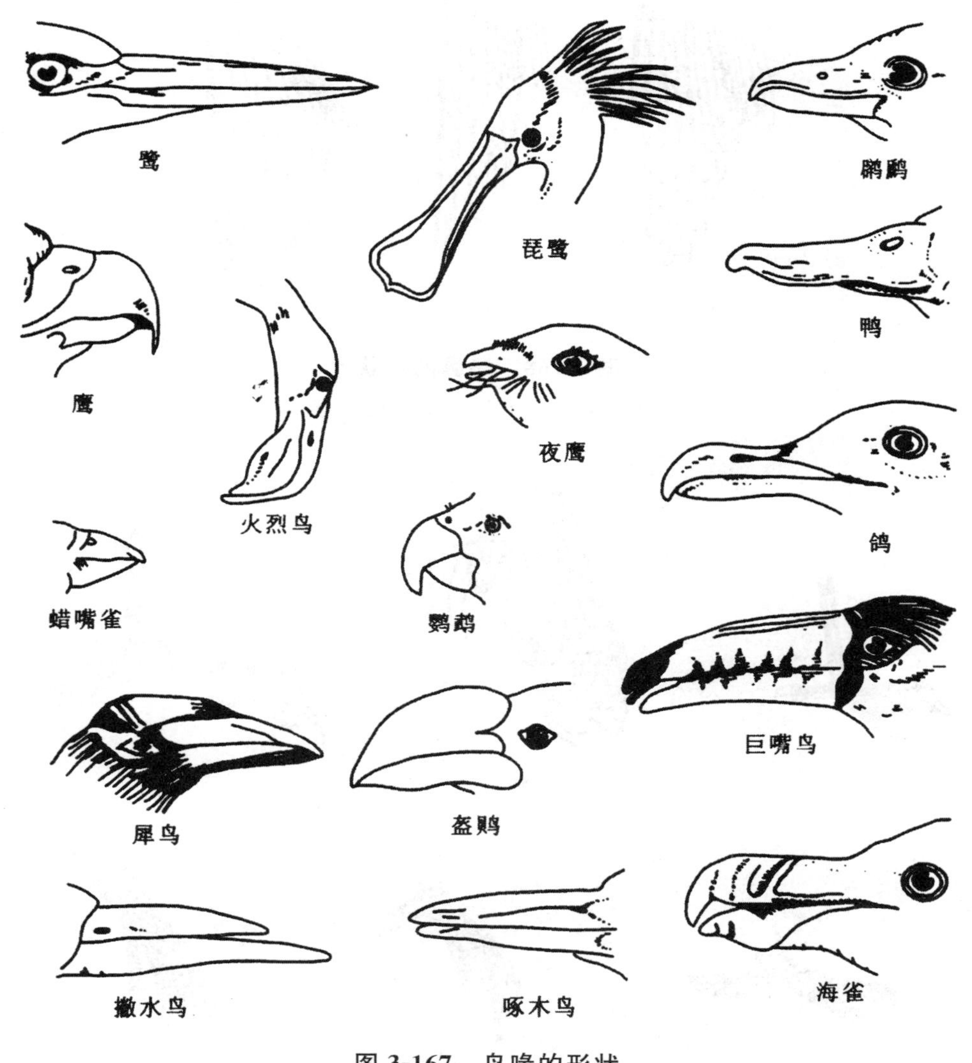

图 3-167　鸟喙的形状

鸟类具有眼大，具眼睑和瞬膜的特点。飞行时，透明的瞬膜能覆盖眼球，可保护眼球免受干燥空气和灰尘的伤害。颈长而灵活，可弥补前肢特化为翼带来的不便。躯干坚实，尾骨退化，有利于飞行的稳定。前肢特化为翼，为飞翔器官，翼的形状与飞行能力密切相关（图 3-168）。后肢具 4 趾，拇指向后，适于树栖抓握，足趾的形态与生活方式密切相关（图 3-169）。尾端具扇形尾羽，在飞翔中起舵的作用。

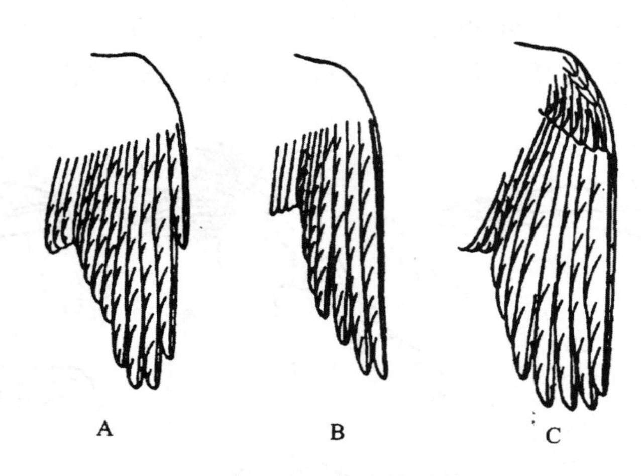

图 3-168 鸟翼的形状

A. 圆翼(黄鹂) B. 尖翼(家燕) C. 方翼(八哥)

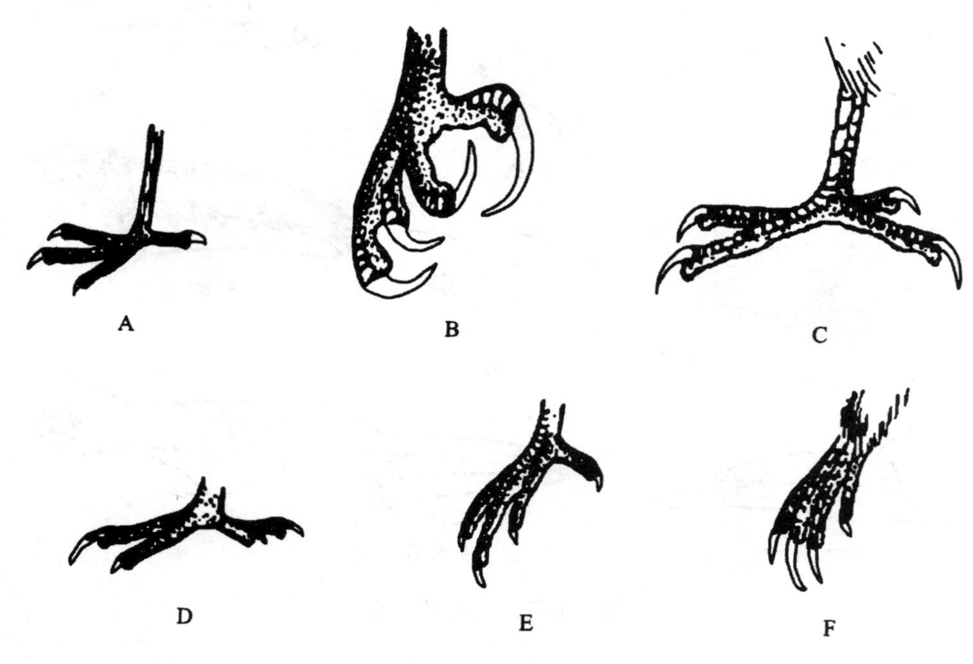

图 3-169 鸟类足趾的形态

A. 不等趾型(麻雀) B. 不等趾型(大鸳) C. 对趾型(啄木鸟)
D. 异趾型(咬鹃) E. 并趾型(翠鸟) F. 前趾型(雨燕)

(二)皮肤

鸟类皮肤的特点是薄、松、柔软且缺乏腺体。皮肤薄而松软便于飞翔时肌肉的剧烈运动。皮肤腺仅具唯一的尾脂腺,尾脂腺可以分泌油脂保护羽毛不变形,并可防水，水禽的尾脂腺特别发达。皮肤的衍生物有羽毛、角质喙、爪和鳞片等。

大多数鸟类的羽毛在身体上并不是均匀分布的，有羽区（着生羽毛的区域）和裸区（不生羽毛的区域）之分（图 3-170）。羽毛的主要功能是：①构成飞翔器官；②使外廓呈流线型，减少飞行阻力；③形成隔热层，保持体温；④缓冲外力，保护皮肤；⑤保护色；⑥求偶炫耀、性识别等。

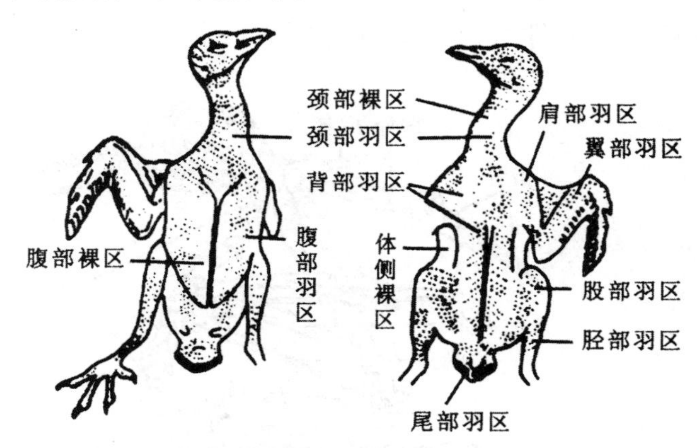

图 3-170　羽区和裸区

根据羽毛的结构与功能，可分为正羽、绒羽和纤羽 3 种类型（图 3-171）。正羽包括飞羽和尾羽，分布在翅上、尾上，由羽轴和羽片构成；羽片由细长的羽枝构成，羽枝两侧密生羽小枝，相邻羽小枝借钩突相互勾结在一起，构成坚实而有弹性的羽片。绒羽分布在正羽下方，羽轴纤细，羽小枝钩状突不发达，不能构成羽片，呈棉花状，构成隔热层。纤羽呈毛发状，杂生在正羽、绒羽中，具有触觉功能。

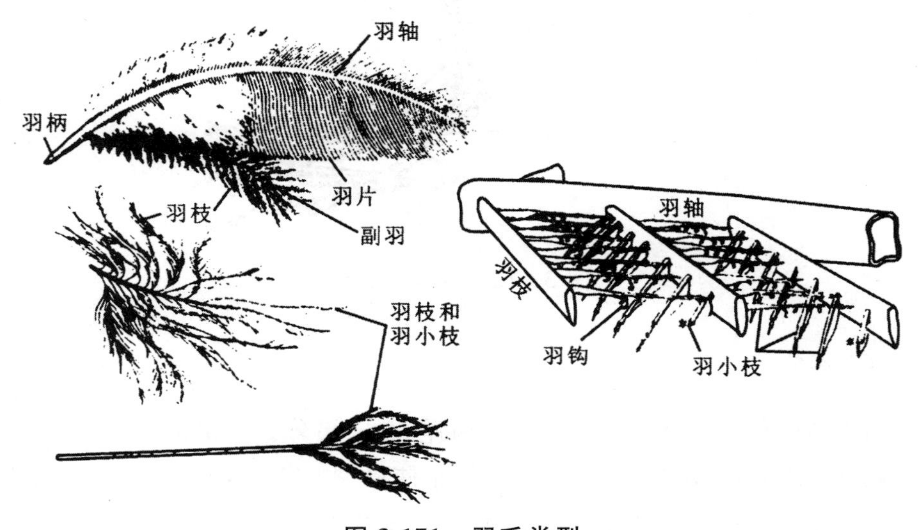

图 3-171　羽毛类型

左上为正羽；左中为绒羽；左下为纤羽

鸟类羽毛的定期更换称换羽，一般 1 年有 2 次换羽：繁殖期结束后换的羽毛称冬羽；早春所换的新羽称夏羽。

（三）骨骼系统

鸟类骨骼轻而坚固，骨骼内具有充满气体的腔隙，头骨、脊柱、骨盘和肢骨的骨块有愈合现象，肢骨与带骨有较大的变形（图 3-172）。

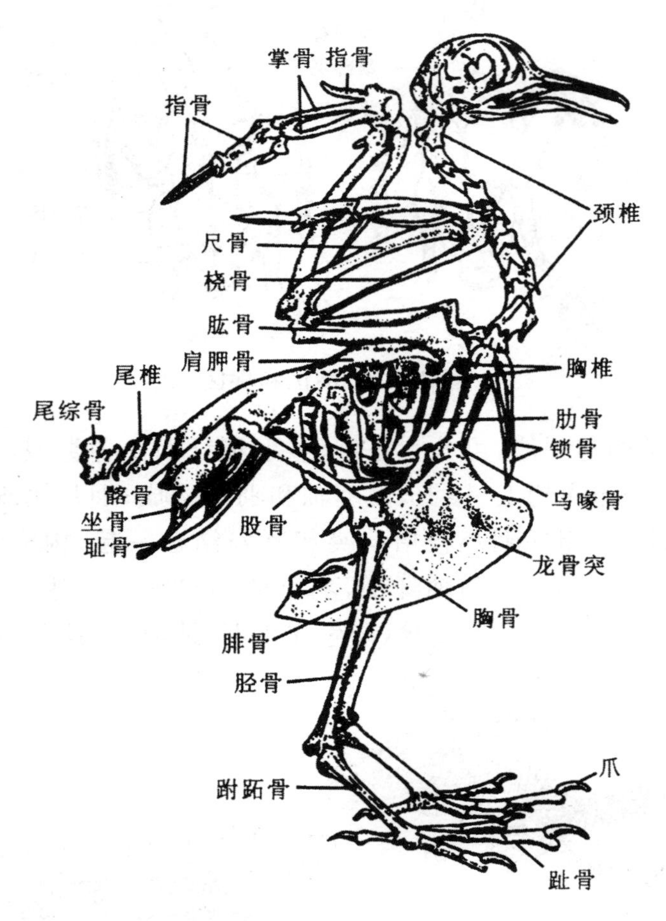

图 3-172　鸟类的骨骼

1. 脊柱及胸骨

脊柱分化为颈椎、胸椎、腰椎、荐椎和尾椎 5 部分。颈椎有 8～25 枚，椎骨关节面呈马鞍型（称异凹型椎骨），这种关节面使椎骨间运动十分灵活。第 1，2 枚颈椎为寰椎和枢椎，寰椎呈环状，可连同头骨一起在枢椎上转动，大大提高了头部的灵活性，如猫头鹰的头部甚至可以转动 270°。鸟类头部转动十分灵活与其前肢特化为翼和脊柱的其余部分大多愈合密切相关。

2. 头骨

头骨薄而轻。各骨块已愈合成一个整体，骨内有蜂窝状的充气小腔，轻便而坚实。上下颌骨极度前伸，构成鸟喙(区别于所有脊椎动物)，现代鸟类无牙齿，以减轻头部重量。脑颅、视觉器官高度发达而使颅形发生变化：颅腔膨大，头顶部呈圆拱形，枕骨大孔移至腹面，眼眶膨大，具有眶间隔。眶间隔在某些爬行动物形类已经存在，但鸟类由于眼球的特殊发达，从而更强化了这个特点(图 3-173)。

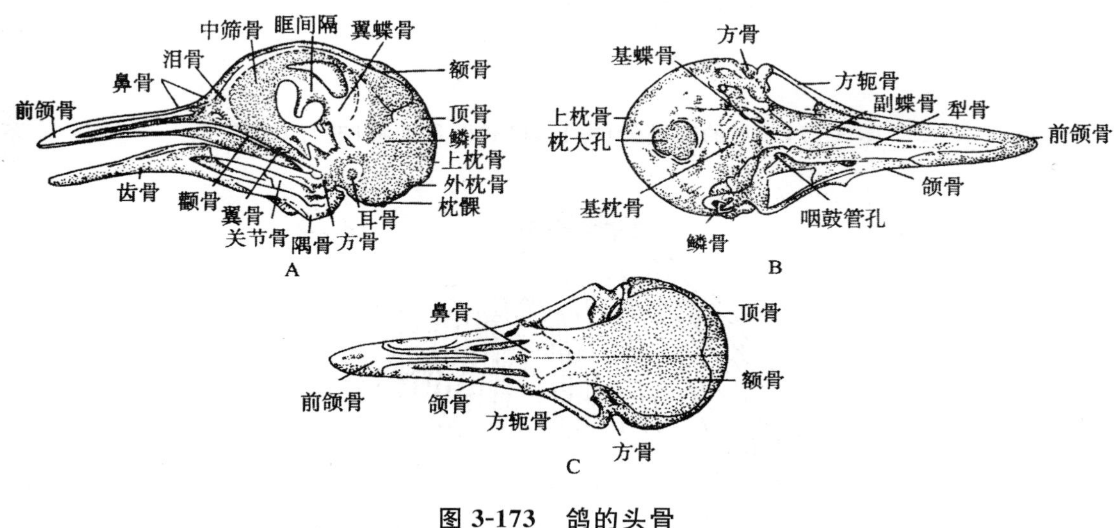

图 3-173　鸽的头骨

A. 侧面观　B. 腹面观　C. 背面观

3. 带骨和肢骨

为适应飞翔生活，鸟类带骨和肢骨有愈合及变形现象。

(1)肩带与前肢。

肩带由肩胛骨、乌喙骨和锁骨构成。三者联结处构成肩臼，与翼的肱骨相关节。左右锁骨及退化的间锁骨在腹中线处愈合成鸟类特有的"V"形叉骨，可以防止飞行剧烈扇翅时左右肩带的相互碰撞。鸟类的腕骨仅余两枚，其余的与掌骨愈合成腕掌骨。指骨退化，仅余第 2、3、4 指骨的残余(图 3-174)。

前肢特化为翼，主要表现在手部骨骼有愈合和消失的现象，从而使翼的骨骼愈合成一个整体，扇翅有力。手部骨骼着生的一列飞羽称初级飞羽，下臂骨(尺骨)着生的一列飞羽称次级飞羽，飞羽是飞翔的主要羽毛，他们的形状和数目是鸟类分类学的重要依据(图 3-175)。

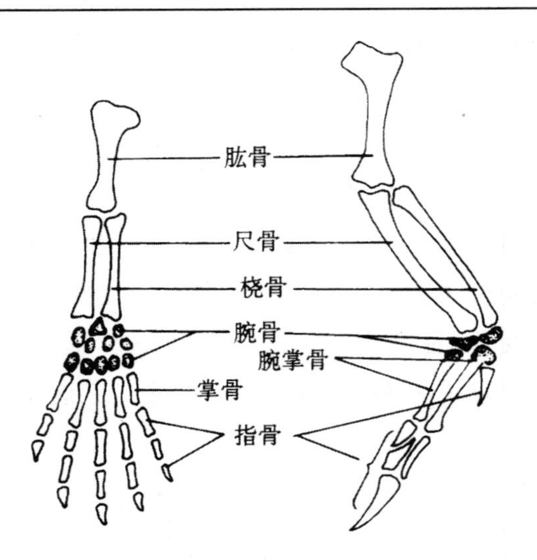

图 3-174　鸟的前肢骨(右)与模式四足动物(左)的比较

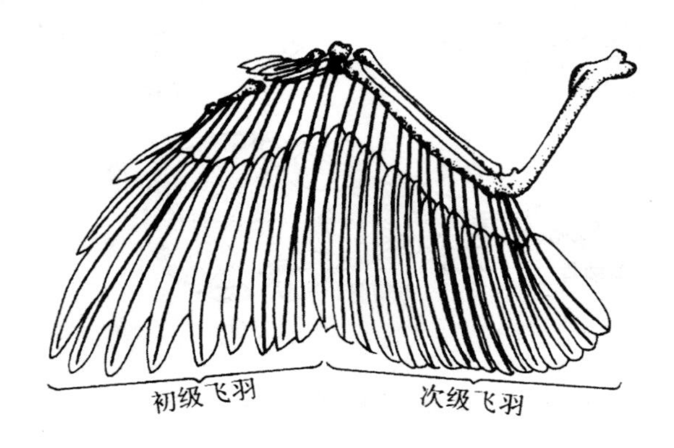

图 3-175　初级飞羽和次级飞羽的着生位置

(2)腰带和后肢。

腰带由髂骨、坐骨和耻骨愈合而成,并和愈合荐骨愈合成一体,使后肢得到强有力的支持。后肢强健,由股骨、胫跗骨、腓骨、跗跖骨和趾骨组成。股骨与腰带的髋臼相关节,腓骨退化为刺状,胫跗骨、跗跖骨延长并相关节能增加起飞和降落时的弹性。足趾多为4趾,拇指向后,与树栖抓握相适应(图3-176)。鸟趾的数目及形态变异是鸟类分类学的依据。

(四)肌肉系统

鸟类背部肌肉退化,颈部肌肉发达。胸大肌(收缩时使翼下煽)和胸小肌(收缩时使翼上扬)十分发达(图3-177)。肌肉肌体部分均集中于躯干的中心部分,借伸长的肌腱"远距离"控制肢体运动,对保持重心稳定、维持飞行平衡有重要意义。

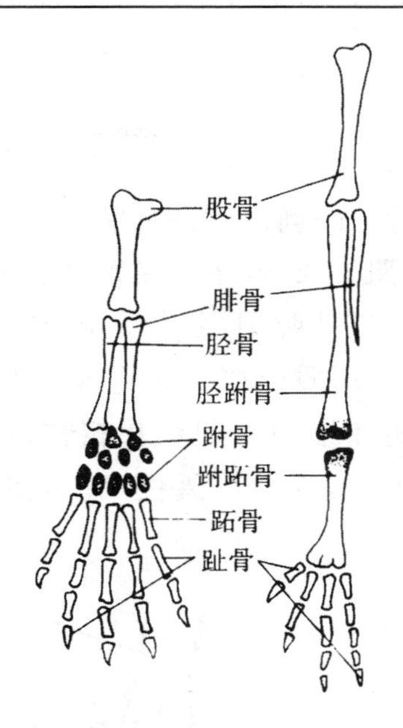

图 3-176　鸟类后肢骨(右)与四足动物后肢骨(左)的比较

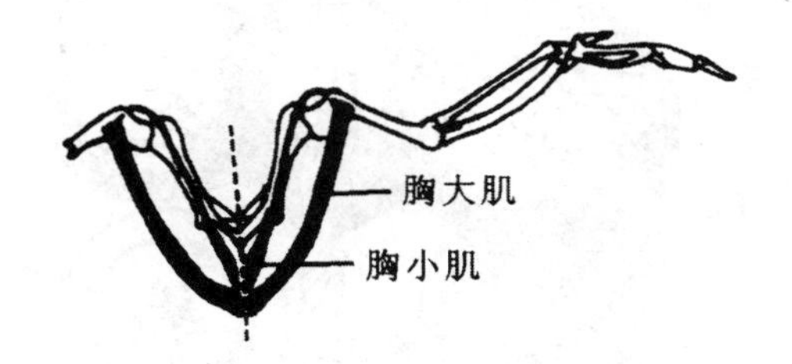

图 3-177　鸟类胸肌支配翼运动的模式

后肢具适于栖树握肢的肌肉:栖肌、贯趾屈肌和腓骨中肌,三者巧妙配合,在体重的作用下可以自然拉紧,使足趾自动抓紧树枝(图 3-178)。

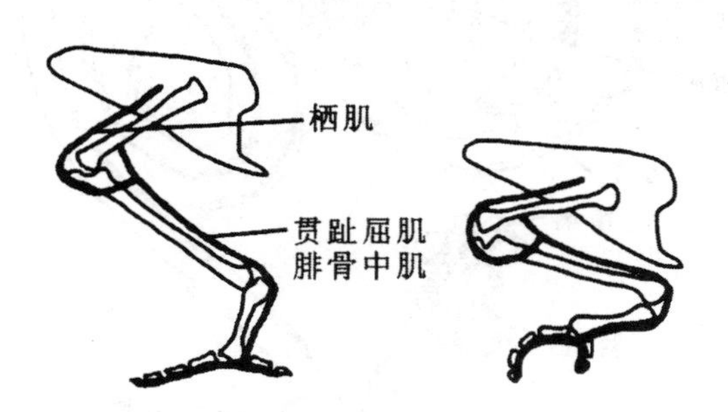

图 3-178　鸟类栖止肌肉节制足趾弯曲的模式图

气管分叉处(鸣管)具有特殊的鸣肌,可以控制鸣膜的形状和紧张度,从而使鸟类发出多变的声音。

(五)消化系统

鸟类消化力强,消化过程十分迅速(雀形目鸟类取食的食物经过 1.5h 就可以通过消化道),这是鸟类活动性强,新陈代谢旺盛的物质基础。

鸟类的胃可分为腺胃和肌胃 2 部分。腺胃富含腺体,可分泌蛋白酶和盐酸;肌胃外壁为强大的肌肉层,内壁为坚硬的革质层(中药称"鸡内金"),腔内具有砂粒,在强大的肌肉的作用下,与革质内壁一起将食物碾碎。肉食类肌胃不发达。

盲肠具有吸水功能,并能和细菌一起消化粗糙的植物纤维(以植物纤维为主食的鸟类特别发达)。直肠极短,不贮存粪便,并且具有吸水作用,以减少失水和飞行时的负荷(图 3-179)。

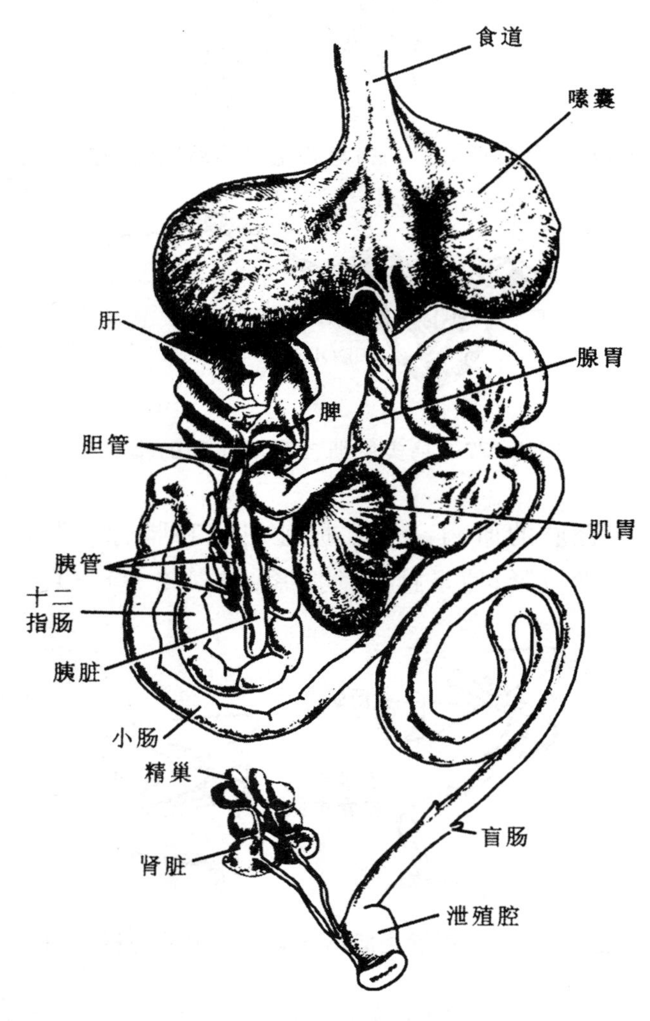

图 3-179　鸽的消化系统及腔上囊

泄殖腔背方有一腺体——腔上囊。腔上囊在幼鸟发达，到成体则失去囊腔称为一个具有淋巴上皮的腺体结构（图 3-180）。腔上囊易受病毒攻击而得病，是养禽业重点防治的禽病之一。

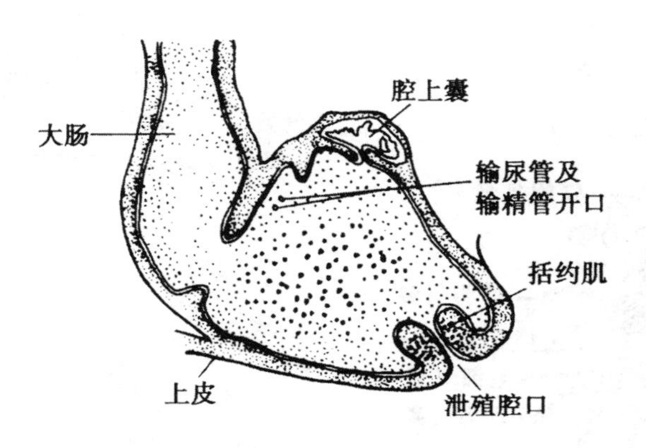

图 3-180　家鸽泄殖腔纵切模式图

（六）呼吸系统

鸟类呼吸系统十分特化，表现在有发达的气囊系统与肺气管相通，产生了独特的呼吸方式——双重呼吸。

1. 气囊

气囊由单层鳞状上皮细胞组成，广布于内脏、骨腔及某些运动肌之间，一般有 9 个：与肺部中支气管末端相连的为后气囊，包括腹气囊和后胸气囊；与肺部腹支气管末端相连的为前气囊，包括颈气囊、锁间气囊和前胸气囊（图 3-181）。

鸟类不论吸气还是呼气，肺内均能进行气体交换，这种呼吸方式称为双重呼吸。鸟类呼气与吸气时，气体在肺内均为单向流动，即从背支气管→平行支气管→腹支气管，称为“d-p-v 系统”。鸟类的微气管却与背侧及腹侧的较大支气管相通连，因而不具盲端（图 3-182，图 3-183）。鸟类的微气管直径仅有 3～10μm，其肺的气体交换总面积（cm^2/g 体重）比人约大 10 倍。

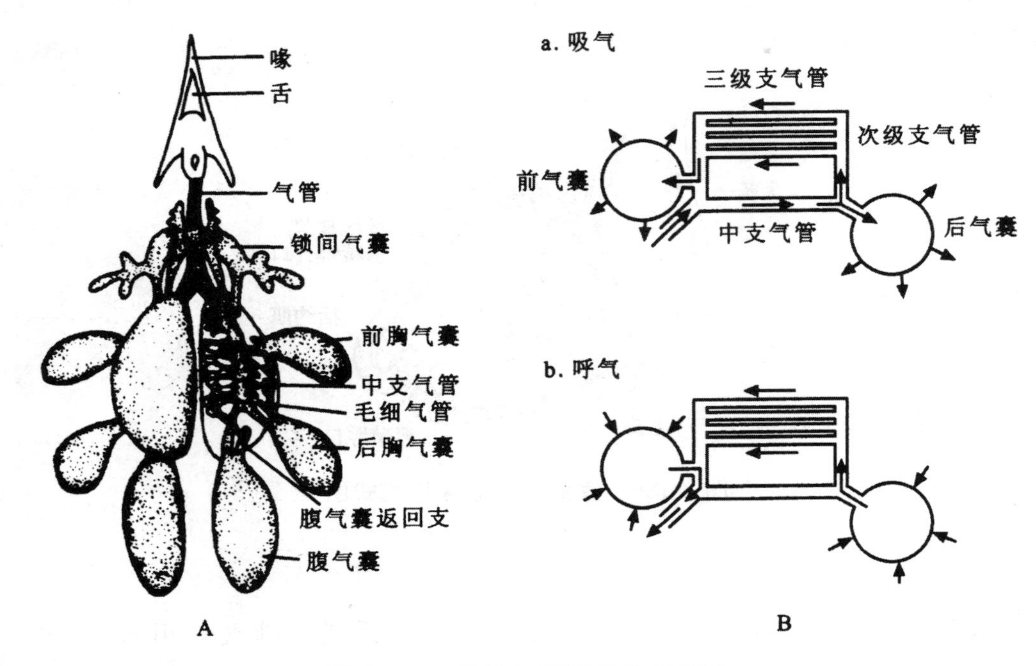

图 3-181　鸟肺与气囊结构示意图

A. 鸟肺与气囊关系　B. 气体交换的途径

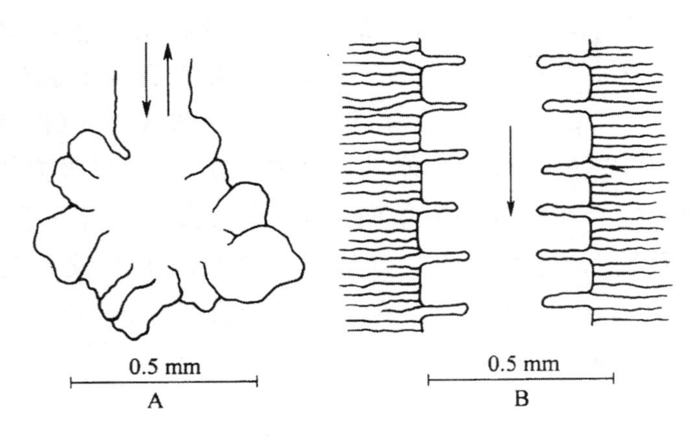

图 3-182　鸟与哺乳类呼吸单位的比较

A. 哺乳类肺泡　B. 鸟类三级支气管与微气管

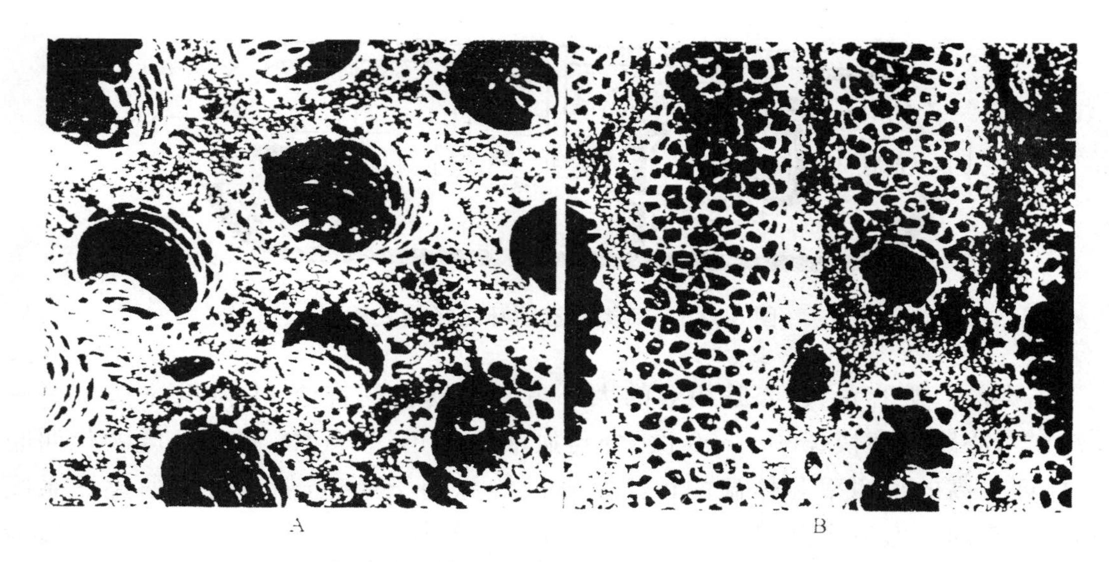

图 3-183 鸟肺的扫描电镜照片，示三支气管与微气管的关系

A. 横切 B. 纵切

鸣管是鸟类的气管特化成的发声器官，位于气管与支气管的交界处。此处内外侧管壁变薄，称鸣膜，鸣膜因气流振动而发声。鸣管壁的形状和紧张度受鸣管外侧的鸣肌控制(图 3-184)。

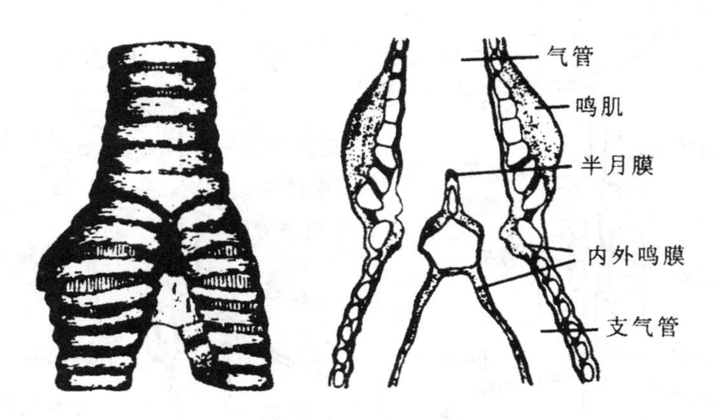

图 3-184 鸟类的鸣管

(七)循环系统

鸟类的循环系统是完全的双循环。心脏四室，心房、心室完全分隔，动脉血、静脉血完全分开，左侧体动脉弓消失，由右侧体动脉弓将左心室发出的血液输送到全身(图 3-185)。

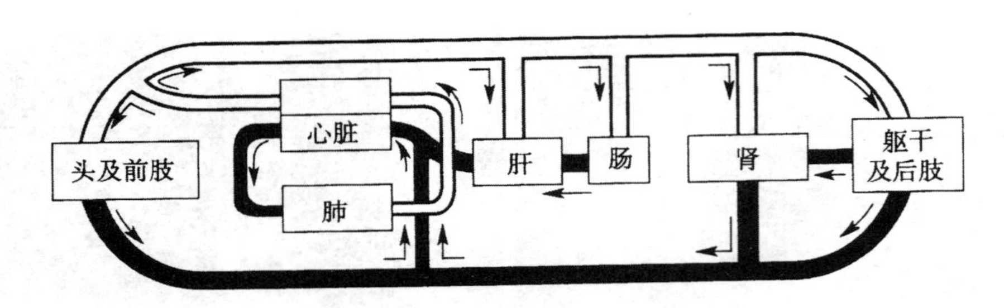

图 3-185　鸟类血液循环路径模式图

鸟类的心脏容量大(心脏相对的大小占脊椎动物的首位,占体重的 0.95%～2.73%),心跳频率快(300～500 次/分),血液循环迅速,气体、营养及废物代谢旺盛,保证了高的代谢率和体温的恒定。肾门静脉趋于退化,但具特有的尾肠系膜静脉,收集内脏血液到肝门静脉(图 3-186)。血液中红细胞具核,红细胞中含极大量的血红蛋白,执行输送 O_2 及 CO_2 的机能。

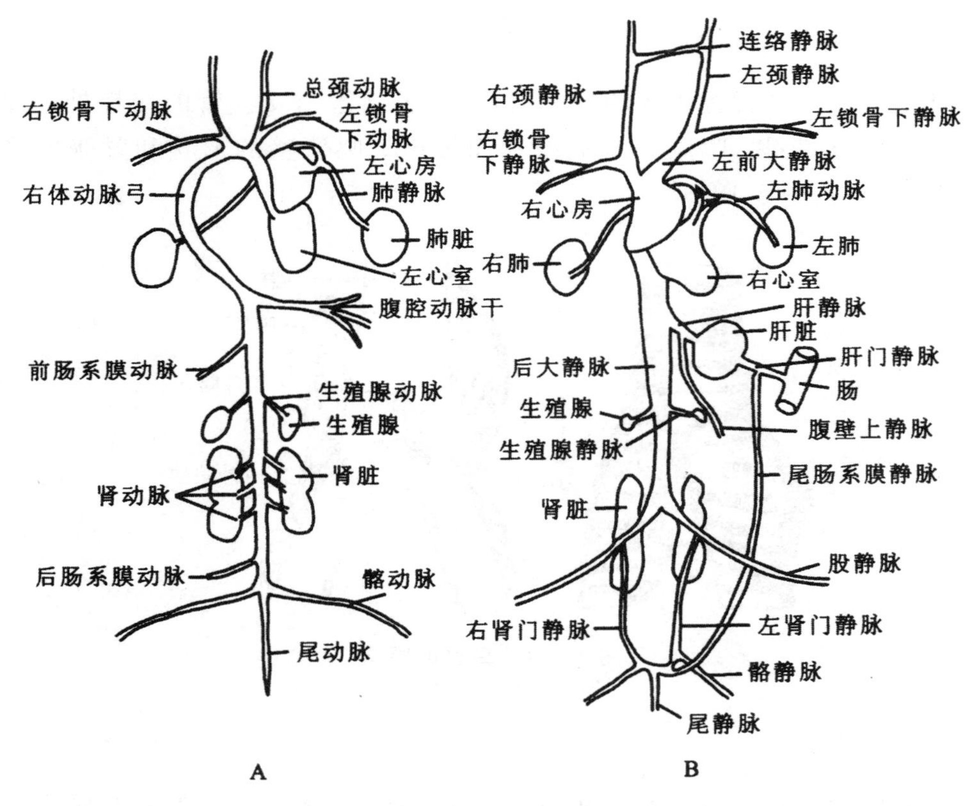

图 3-186　鸟类的循环系统(腹面观)

A. 动脉　B. 静脉

(八)排泄系统

鸟类的排泄系统由肾、输尿管、泄殖腔组成(图 3-187)。肾与爬行类相似,成体为后肾,由头、中、尾 3 个肾叶构成。肾的体积相对较大(比哺乳类大),可占体重的 2%以上,肾小球数目多,是哺乳类的 2 倍,能迅速排除废物,保持盐水平衡。排泄物大多为尿酸,常呈半凝固的白色结晶,溶水性差;再加之肾小管、泄殖腔具有重吸收水的功能,所以鸟类排尿失水极少。鸟类没有膀胱,不储尿,尿可随粪便随时排除。此外,海鸟、一些沙漠鸟类(鸵鸟)、隼形目等鸟类的眼眶上部还有特殊的盐腺,能分泌比尿的浓度大得多的 NaCl,可把随食物进入体内多余的盐分排出,维持正常的渗透压。

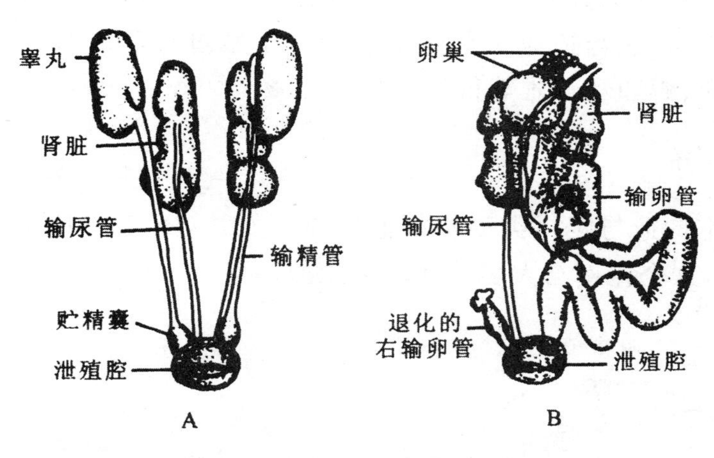

图 3-187　鸽的泄殖系统

A. 雄性　B. 雌性

(九)生殖系统

鸟类的雄性生殖系统由睾丸(2 个)、输精管(2 条)和泄殖腔组成,多数不具交配器。雌性生殖系统由卵巢、输卵管和泄殖腔组成,绝大多数鸟类右侧卵巢和输卵管退化,这与产生具硬壳的大型的卵有关。受精作用在输卵管的上端进行,受精卵在下行过程中,依次被输卵管壁分泌的蛋白、壳膜、卵壳所包裹,两端稠蛋白层扭转成系带,固定卵黄,因重力作用胚盘永远朝上。卵壳上的花纹、颜色是输卵管下壁的色素细胞在产卵前 5h 左右分泌形成的。鸡蛋的纵剖图如图 3-188 所示。

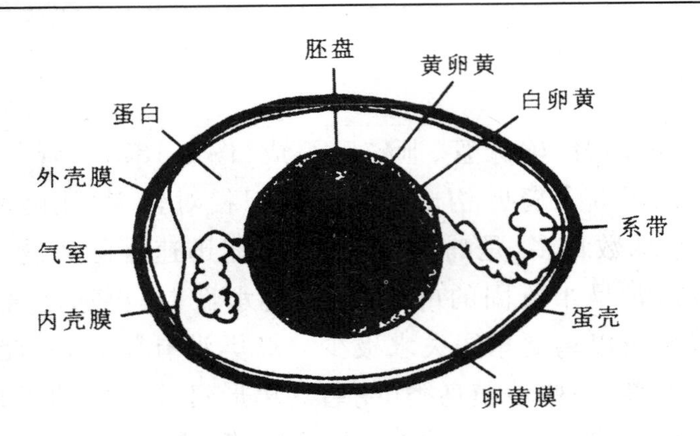

图 3-188　鸡蛋的纵剖图

鸟类生殖腺具有明显的季节性变化，非繁殖季节生殖腺萎缩，繁殖期可增大几百倍到近几千倍，这与适应飞翔生活有关。生殖过程较复杂，包括占区、求偶、筑巢、交配、产卵、孵卵和育雏等行为。

（十）神经系统

鸟类的基本构造与爬行类动物相似但显著发达（图 3-189），鸟类的脑重占体重的 2%～9%，这个比例与大多数哺乳类相似。

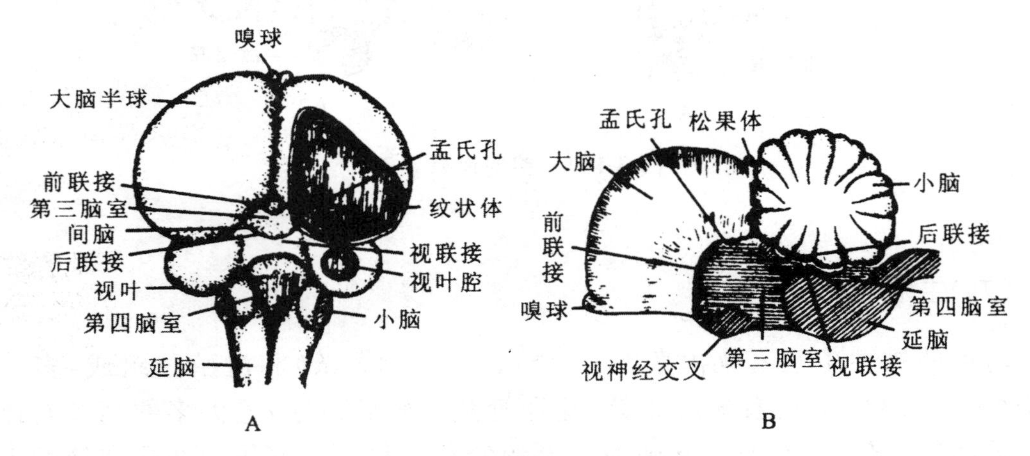

图 3-189　家鸽的脑（自郝天和）

A. 背面观　B. 小脑

鸟类的嗅叶退化，大脑皮层不发达，大脑表面平滑，顶壁很薄，但底部纹状体十分发达，纹状体是鸟类复杂的本能活动和“学习”的中枢（图 3-190）。间脑由上丘脑、丘脑、丘脑下部构成，其中丘脑下部是鸟类的体温调节中枢并节制植物性神经系统，还对脑下垂体分泌有关键性影响。中脑视叶发达。小脑为运动协调和平衡中枢,较爬行类发达,能更好地平衡与协调鸟类的飞行活动。脑神经12对。

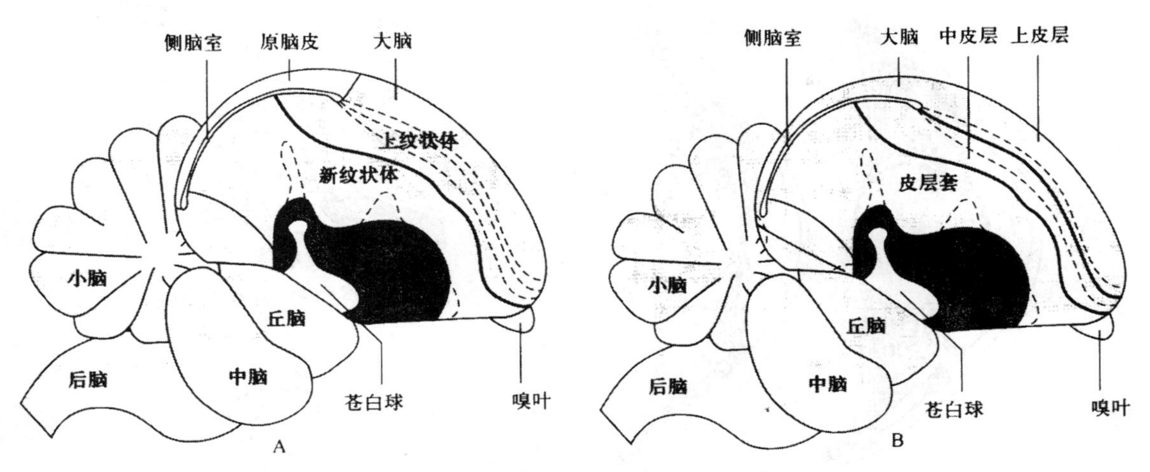

图 3-190 鸟类的大脑皮层与纹状体

A. 传统命名 B. 新命名

(十一)感官

鸟眼相对较大,具眼睑及透明的瞬膜,可以借体积的改变而调节眼球内的压力,还可以在眼内构成阴影,减少日光造成的目眩。视觉调节肌肉为横纹肌,调节方式为特殊的双重调节,不仅能改变晶体的形状以及晶体与角膜间的距离(后巩膜角膜肌调控),还能改变角膜的屈度(前巩膜角膜肌调控),这种调节方式可在瞬间把扁平的"远视眼"调整为"近视眼",是飞翔生活中观察与定位必不可少的条件(图3-191,图3-192)。

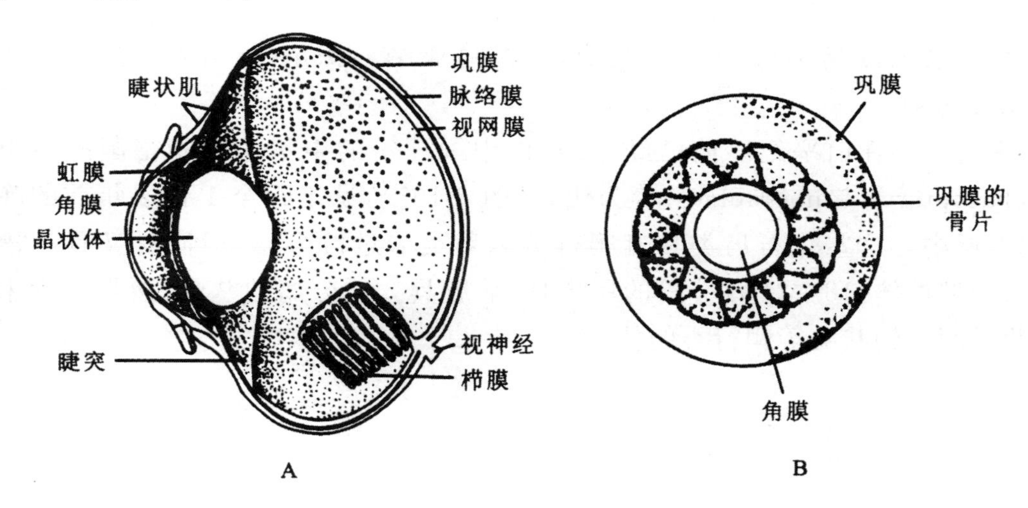

图 3-191 鸟眼的构造(自丁汉波)

A. 纵切面 B. 巩膜的骨片

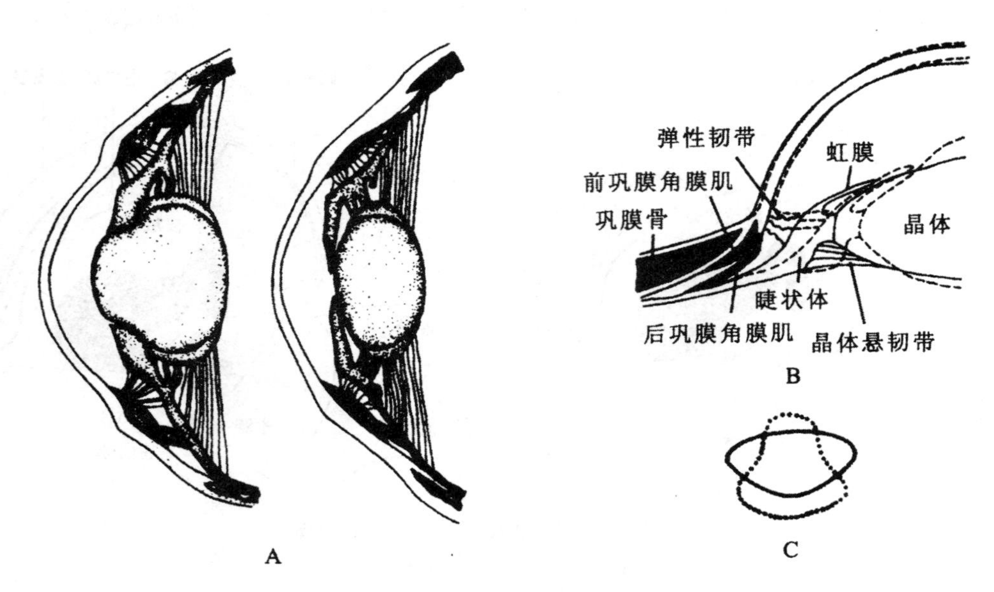

图 3-192　鸟眼视力调节模式图

A. 从近视(左)调至远视(右)　B. 眼球局部切面,示调节肌　C. 晶体调节前、后的形状

听觉器官基本上似爬行类,具单一的听骨(耳柱骨)和雏形的外耳道。夜间活动的种类(如猫头鹰)听觉器官发达,具有发达的耳孔和收集音波的耳羽。大多数鸟类鼻腔内有 3 个鼻甲,但嗅觉退化,为飞翔生活的产物。

二、鸟的起源

现今已知的鸟类分为 2 个亚纲,即古鸟亚纲(Archaeornithes)和今鸟亚纲(Neornithes)。

古鸟亚纲在白垩纪以前已经灭绝,以中国辽宁的中华龙鸟和德国的始祖鸟(Archaeopteryx lithographica)等为代表(图 3-193),见于距今 1 亿多年前的晚侏罗纪地层中。这些化石鸟类具有爬行类和鸟类的过渡形态,但同时又具有槽生齿、双凹型椎体、18～21 枚分离的尾椎骨,前肢具 3 枚分离的掌骨,腰带各骨未愈合,肋骨间五钩状突等爬行类的特征。

图 3-193　中华龙鸟化石(左)和始祖鸟化石(右)

三、鸟纲的分类

现存鸟类有 9700 余种,分为 3 个总目、33 目、约 200 科,代表性鸟类有以下几种。

(一)平胸总目

本目为现存体型最大的鸟类,体重大者达 135kg,体高 25m,适于奔走生活。平胸总目的著名代表为鸵鸟,或称非洲鸵鸟(图 3-194)。适应于沙漠荒原中生活,一般成小群(40～50 只)活动,奔跑迅速。跑时以翅搧动相助,一步可达 8m,每小时可跑 60km。雌雄异色,雄鸟背、翅色黑。繁殖期为一雄多雌,雌鸟把蛋产在一个公共的巢穴内,每穴可容 10～30 枚。

图 3-194　平胸总目的代表

A. 几维鸟　B. 鸵鸟

(二)企鹅总目

中、大型潜鸟,前肢鳍状,适于划水。具鳞片状羽毛;羽轴短而宽,羽片狭窄,均匀分布于体表。腿短而移至躯体后方,趾间具蹼,适应游泳生活。代表种类为王企鹅(图 3-195),分布于南极边缘地区,可深入到内陆数百千米处集成千百只大群繁殖。

A

B

图 3-195　企鹅

A. 巴布亚企鹅　B. 阿德利企鹅

企鹅的主要食物是磷虾、鱼和乌贼等,在极地海域生态系统的能量流转中占重要地位。其所排出的粪便,是极地苔藓、地衣等的主要肥料来源,在土壤形成方面有重要作用。

(三)突胸总目

现存鸟类的绝大多数都为突胸总目。我国所产突胸总目鸟类,计有 24 目 101 科。根据其生活方式和结构特征,大致可分为 6 个生态类群,即游禽、涉禽、猛禽、攀禽、陆禽和鸣禽。

1. 鹱形目

大型海洋性鸟类。外形似海鸥,但体型粗壮,大者体长可近 1m。嘴强大具钩,由多数角质片所覆盖。鼻孔呈管状。趾间具蹼。翼长而尖,善于翱翔。我国较常见的种类有短尾信天翁(*Diomedea albatrus*)(图 3-196)。

2. 鹈形目

大型游禽。全蹼，嘴强大具钩，并具发达的喉囊以适应食鱼的习性。著名代表有斑嘴鹈鹕(Pelecanus philippensis)(图 3-197)。

图 3-196　信天翁

图 3-197　鹈鹕

3. 鹳形目

大中型涉禽。栖于水边，涉水生活，嘴、颈及腿均长。胫部裸露。趾细长，4 趾在同一平面上。雏鸟晚成。我国常见的有两类，即鹳与鹭。它们外形很相似，但前者中趾爪内侧不具栉状突，颈部不曲缩成“S”形(图 3-198)。

图 3-198　苍鹭(A)和白鹳(B)及其足趾

4. 隼形目

肉食性猛禽，体多大、中型。嘴具利钩以撕裂猎物。脚强健有力，借锐利的钩爪撕食鸟类、小兽、蛙、蜥蜴和昆虫等动物。善疾飞及翱翔，视力敏锐。幼鸟晚成性。白昼活动。雌鸟较雄鸟体大。秃鹫（Aegypius monachus）为我国境内的大型猛禽，主要栖息在我国西部及北部的高山上，嗜食动物尸体，头部光秃或仅具绒羽（图 3-199）。

图 3-199　隼形目鸟类代表

A. 秃鹫　B. 苍鹰　C. 游隼

5. 鸡形目

陆禽。腿脚健壮，具适于掘土挖食的钝爪。上嘴弓形，利于啄食植物种子。鸡形目为重要的经济鸟类，除肉、羽以外，还有很多种类为著名的观赏鸟，其中有不少是我国特产。我国鸡形目种类十分丰富，而且大多是留鸟，为很多国家及地区所不及，如图 3-200 所示。

6. 雀形目

鸣禽，约有 5000 余种，占现存鸟类的绝大多数。鸣管及鸣肌复杂，善于鸣啭。足趾分离，3 前 1 后，后趾与中趾等长，称离趾型；跗跖后部的鳞片大多愈合成一块完整的鳞板。大多营巢巧妙，雏鸟为晚成鸟，如图 3-201 所示。

图 3-200 鸡形目的代表

A. 柳雷鸟 B. 褐马鸡 C. 原鸡 D. 红腹锦鸡 E. 环颈雉 F. 白鹇 G. 鹧鸪

图 3-201　雀形目鸟类代表

A. 百灵　B. 家燕　C. 红尾伯劳　D. 喜鹊　E. 红点颏
F. 画眉　G. 黄眉柳莺　H. 大山雀　I. 麻雀　J. 黄胸鸡

第八节　哺乳纲

一、哺乳纲的主要特征

哺乳动物是全身被毛、运动快速、恒温、胎生、哺乳的脊椎动物。是脊椎动物中结构最完善，适应能力最强，演化地位最高的类群。其主要特征有 4 点：①有高度发达的神经系统和感觉器官；②出现了口腔消化；③体温恒定；④胎生、哺乳，完善了陆上繁殖的能力。

胎生的方式为胚胎发育提供了保护、营养以及稳定的恒温发育条件，胎盘(图 3-202)由胎儿的绒毛膜、尿囊和母体子宫壁的内膜结合而成。

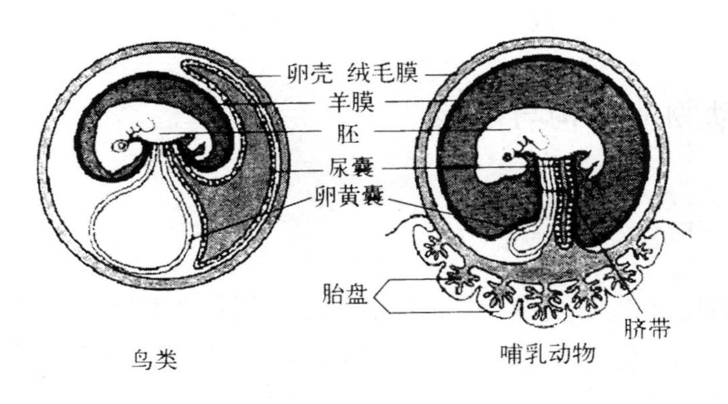

图 3-202　胎盘的结构

根据胎盘绒毛膜与子宫内膜结合紧密程度又可分为无蜕膜胎盘和蜕膜胎盘两类。蜕膜胎盘的特点是胚胎的尿囊、绒毛膜与母体子宫内膜结合紧密，结为一体，产时需将子宫壁内膜一起撕下，造成子宫壁大出血，如环状胎盘和盘状胎盘(图 3-203)。

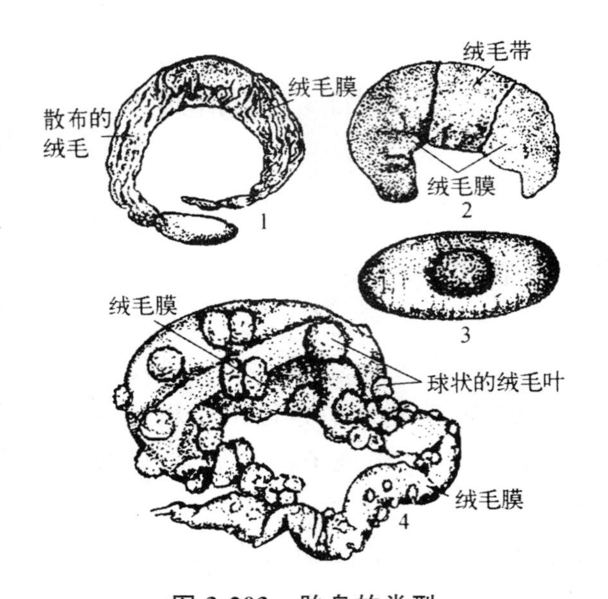

图 3-203　胎盘的类型

1—散布胎盘；2—环状胎盘；3—盘状胎盘；4—叶状胎盘

二、哺乳动物的机构与功能

(一)皮肤及衍生物

哺乳动物的皮肤结构复杂，由表皮、真皮及其衍生物构成(图 3-204)，具有抗透水性、感觉、调节体温、阻止细菌侵入等特点，具许多衍生物，其作用是感觉、排泄、保护、分泌、调节体温等。

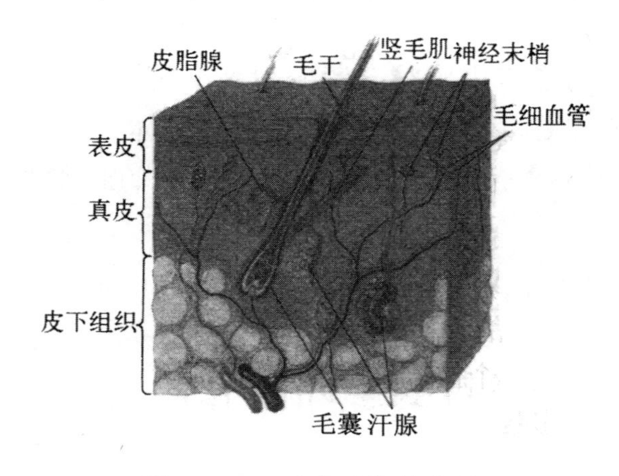

图 3-204　哺乳动物的皮肤

毛为表皮角质化的密结缔组织。真皮部分可利用制革，真皮之下为疏松结缔组织，含有大量的脂肪细胞。哺乳动物的毛分针毛、绒毛和触毛三类。针毛长而粗，耐摩擦，有保暖作用（大多数毛皮兽）；触毛长而硬，总在嘴边，有触觉作用。食肉类嘴边的触毛长度、密度、颜色随种类而异。很多种类哺乳动物的毛在每年春秋更换。秋季夏毛脱落，长出长而密的冬毛；春季冬毛脱落，长出短而疏的夏毛，如图 3-205 所示。

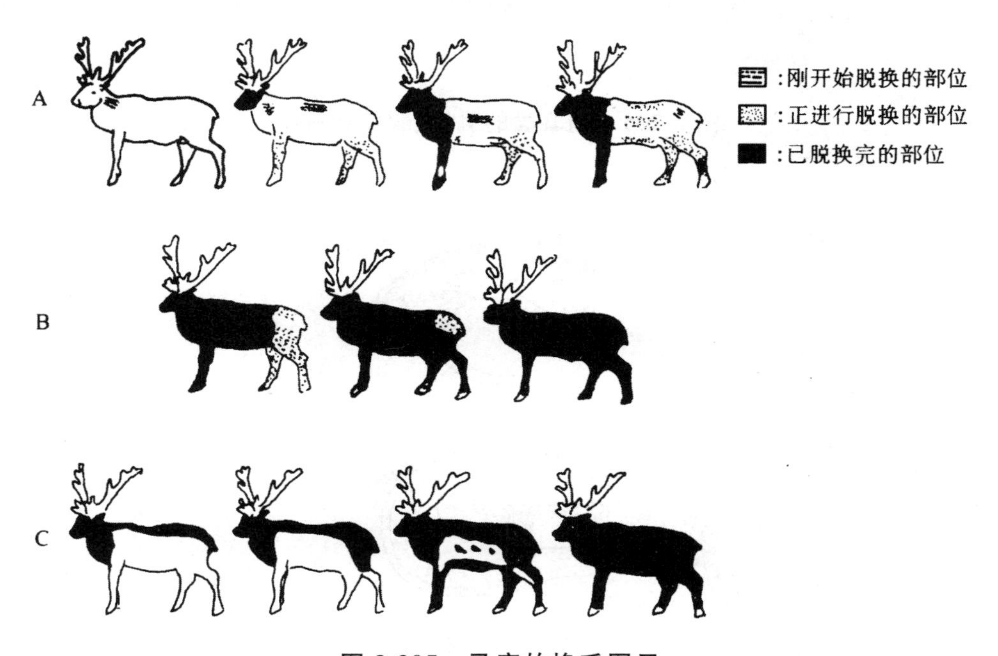

图 3-205　马鹿的换毛图示

A、B. 冬毛脱换　C. 夏毛脱换

哺乳动物的皮肤腺包括：汗腺、乳腺、皮脂腺、臭腺。汗腺是哺乳类特有的，为多细胞的单管腺体，由表皮生发层分化形成，具有排泄和调节体温作用。乳腺也为哺乳类特有，由汗腺演化而成（图 3-206）。皮脂腺为葡萄囊状的多细胞，分泌皮脂以润滑皮肤和毛；臭腺是汗腺和皮脂腺的变形，能分泌具有特殊气味的分泌物，以吸引异性和自卫。

哺乳动物的爪、蹄、甲都是趾端表皮形成的角质结构，蹄、甲均为爪的变形（图 3-207）。

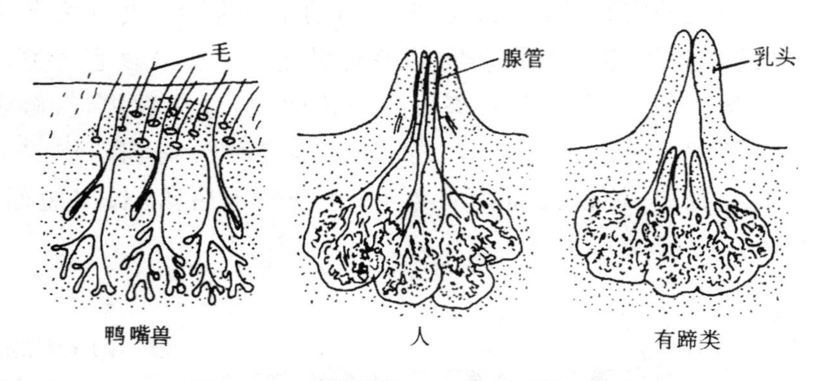

图 3-206　哺乳类的乳腺、腺管和乳头

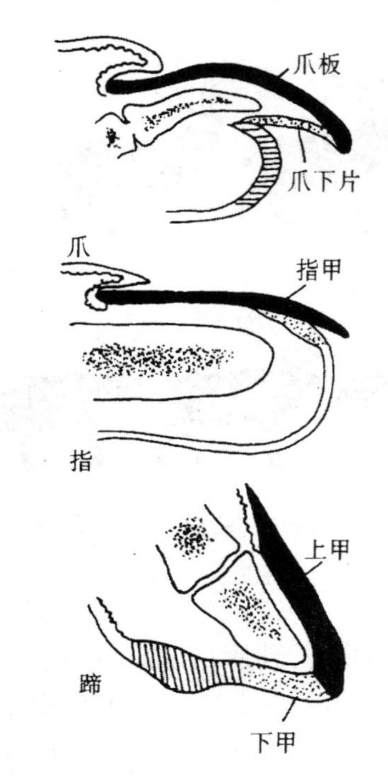

图 3-207　爪、指甲和蹄构造的比较

角为若干哺乳动物特有的，它是头部表皮及真皮部分特化的产物，也是有蹄类的防卫利器。常见的实角为分叉的骨质角，多为雄性发达，且每年脱换一次（图 3-208）。

图 3-208　哺乳类的角

A. 犀牛角及头骨，示头骨没有骨质成分参与的角的结构　B. 长颈鹿的角及头骨
C. 山羊的角及头骨　D. 洞角的结构　E. 洞角的演化类型
F、G. 简单及复杂的鹿角　H. 鹿角的结构及发生

(二)骨骼系统

哺乳动物骨骼系统包括中轴骨骼和附肢骨骼。中轴骨骼包括：颅骨、脊柱、胸骨及肋骨。

(1)颅骨。

颅骨包括：额骨、顶骨、枕骨、蝶骨、筛骨、鳞骨、鼓骨等合成颅腔；泪骨、颧骨、鼻骨、鼻甲骨、上颌骨、前颌骨、腭骨、翼骨、犁骨、下颌骨及舌骨构成眼眶、鼻腔和口腔(图 3-209)。

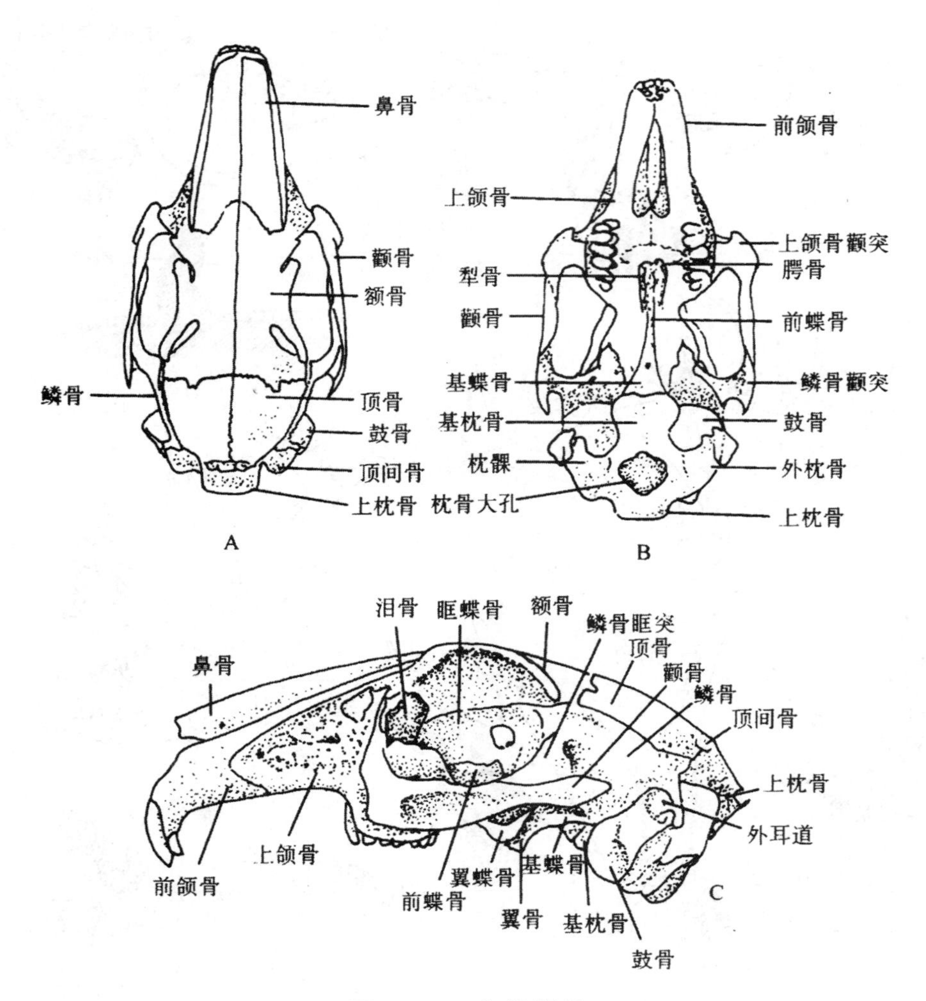

图 3-209　兔的颅骨

A. 背面观　B. 腹面观　C. 侧面观

(2)脊柱。

脊柱分为:颈、胸、腰、荐和尾椎五部分。哺乳动物的椎体的关节面平坦,椎体之间有椎间盘,椎间盘是有弹性的纤维软骨垫,可减缓震荡,使椎体之间具有一定的活动度,并能承受较大的重力(图 3-210)。

(三)消化系统

哺乳动物出现了肌肉质的唇。在食草类动物特别发达,为吸乳、摄食及辅助咀嚼的主要器官。哺乳动物牙齿属异型齿,即牙齿分化为门齿、犬齿、前臼齿和臼齿。牙齿主要作用是切断、撕裂、磨碎食物。牙齿分齿冠和齿根(图 3-211),上端为齿冠，其表面覆盖坚硬的釉质（珐琅质），下端为齿根，其外面覆盖一层齿骨质，齿的内部空腔称髓腔，内有齿髓组织，血管和神经通过根尖孔进入齿髓，腔外的厚壁为齿质。

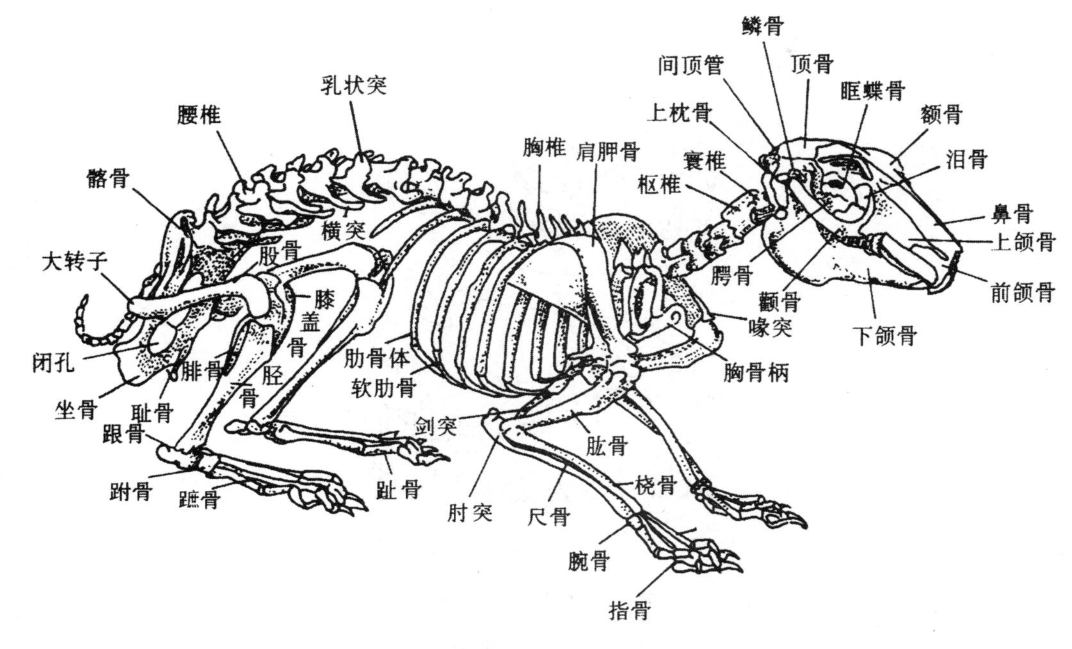

图 3-210　兔的骨骼

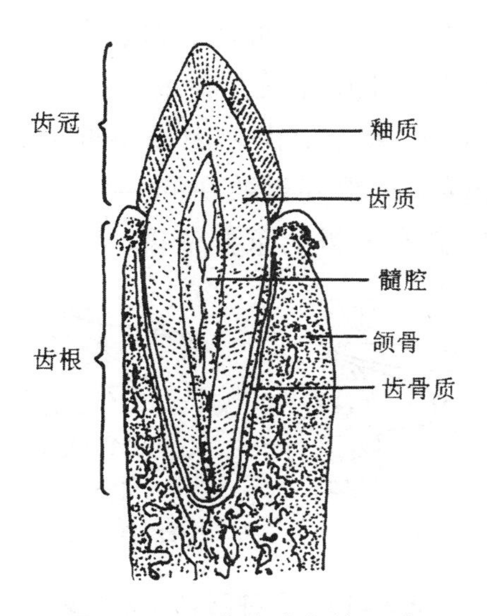

图 3-211　哺乳动物的牙齿

大多数哺乳动物的牙齿为再出齿，即先有乳齿，再换成恒齿。乳齿比恒齿少，只有门齿、犬齿和前臼齿，这几种乳齿以后逐渐由恒齿替代。臼齿在较晚的时候长出，不经替换（图 3-212）。

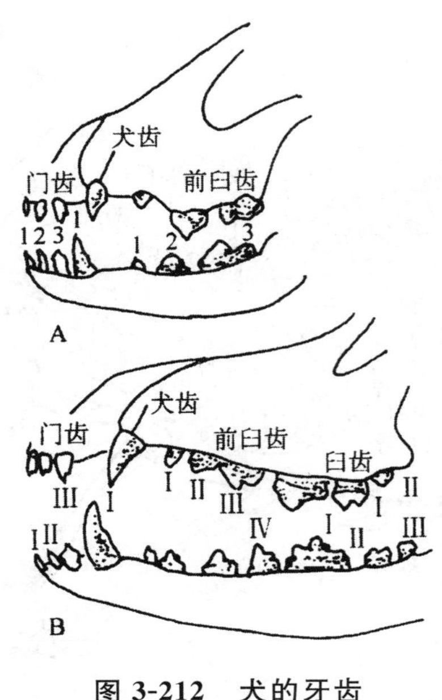

图 3-212　犬的牙齿

A. 狗的乳齿　B. 狗的恒齿

因食性不同，哺乳类牙齿可分为食虫型、食肉型、食草型和杂食型（图 3-213）。食虫型门齿尖锐，犬齿不发达，臼齿齿冠上有锐利的齿尖，多呈“W”型。杂食性的种类，臼齿齿冠有丘形隆起，称为丘形齿。因而不同生活习性的哺乳动物其牙齿的形状和数目均有很大变异。齿形和齿数在同一种类是稳定的，通常用齿式来表示一侧牙齿的数目，它是哺乳类分类的重要依据。

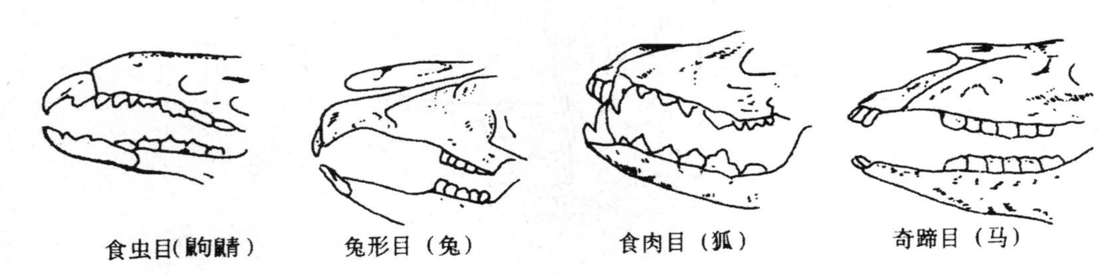

图 3-213　几种哺乳类的齿系

小肠是消化管中最长的部分，食物的消化过程主要在此完成。小肠黏膜内有肠腺，可分泌小肠液。肝和胰所分泌的胆汁和胰液入小肠参加消化，小肠黏膜表面也有许多丝状突起，称为绒毛（图 3-214），每个绒毛的表面具单层上皮，内心是结缔组织，其中含有毛细血管、毛细淋巴管、乳糜管、神经、平滑肌纤维等。

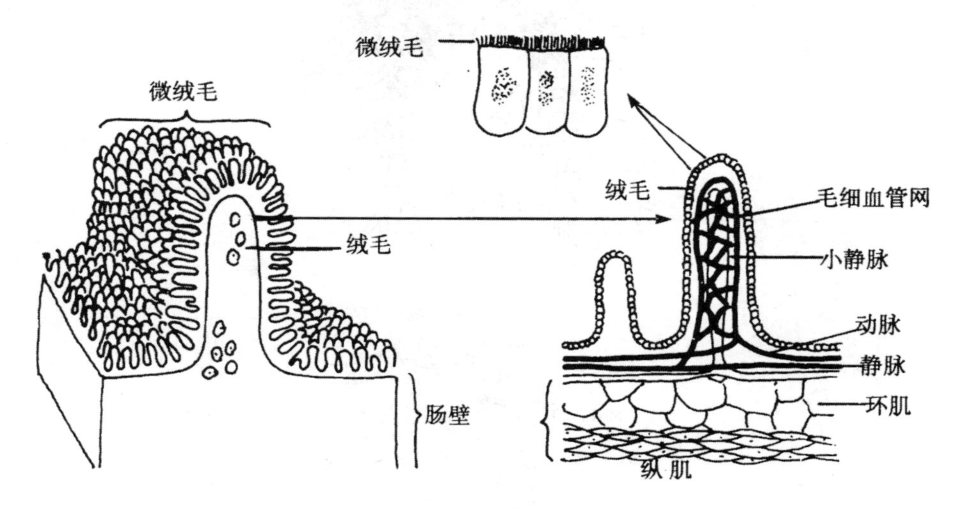

图 3-214　小肠内壁的结构

（四）呼吸系统

呼吸道由鼻腔、咽、喉和气管组成。气管和支气管位于食道腹面，由一系列背面不衔接的软骨环支持，气管通入胸腔后经左右支气管分别入肺。肺（图 3-215）位于胸腔内，外观呈海绵状，右肺通常比左肺大，由覆盖在外表面的胸膜脏层和肺实质两部分组成，肺实质包括导管部（支气管树）、呼吸部（呼吸细支气管至肺泡）和肺间质（肺泡间的结缔组织）。

（五）循环系统

哺乳类循环系统与鸟类基本一致，心脏为完全的四室，为完全的双循环，不同的是哺乳类具有左体动脉弓，血液中的红细胞无细胞核。

心脏分左右心房和左右心室，左右心室之间叫室间隔，左右心房之间叫房间隔，房室之间有瓣膜，左房室之间为二尖瓣，右房室之间为三尖瓣。体静脉回来的血入右心房，再流入右心室。肺动脉从右心室发出后分支进入肺，从肺静脉归来的多氧血注入左心房，流入左心室，再经体动脉通到全身（图 3-216）。

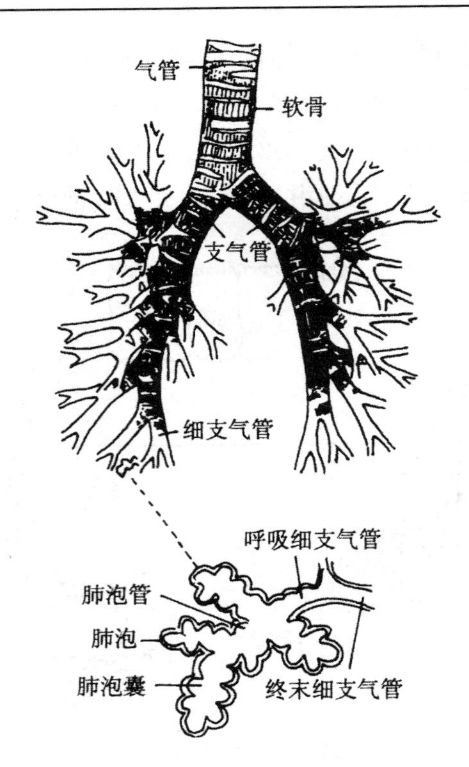

图 3-215　哺乳动物肺的构造

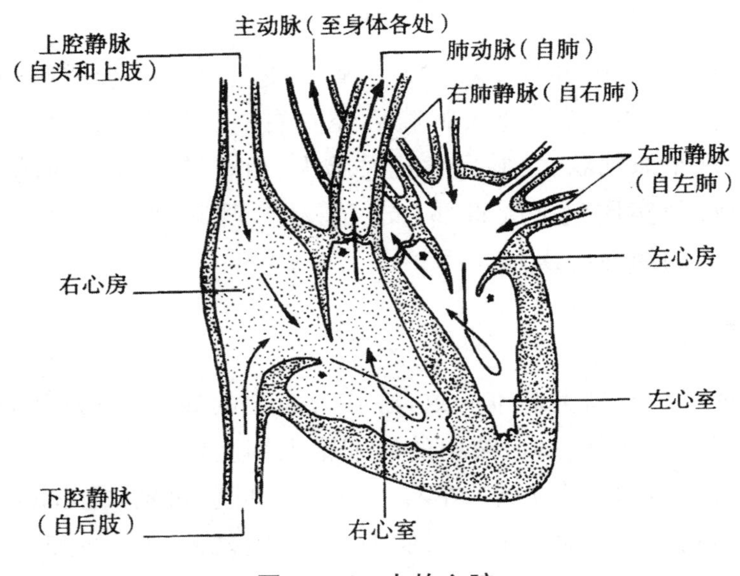

图 3-216　人的心脏

（六）排泄系统

哺乳动物的排泄系统是由肾脏（泌尿）、输尿管（导尿）、膀胱（贮尿）和尿道（排尿途径)组成(图 3-217)。此外,哺乳类皮肤也具有排泄功能。肾脏的主要功能是排泄代谢废物,参与水分和盐分调节以及酸碱平衡,以维持有机体环境理化性质的稳定。

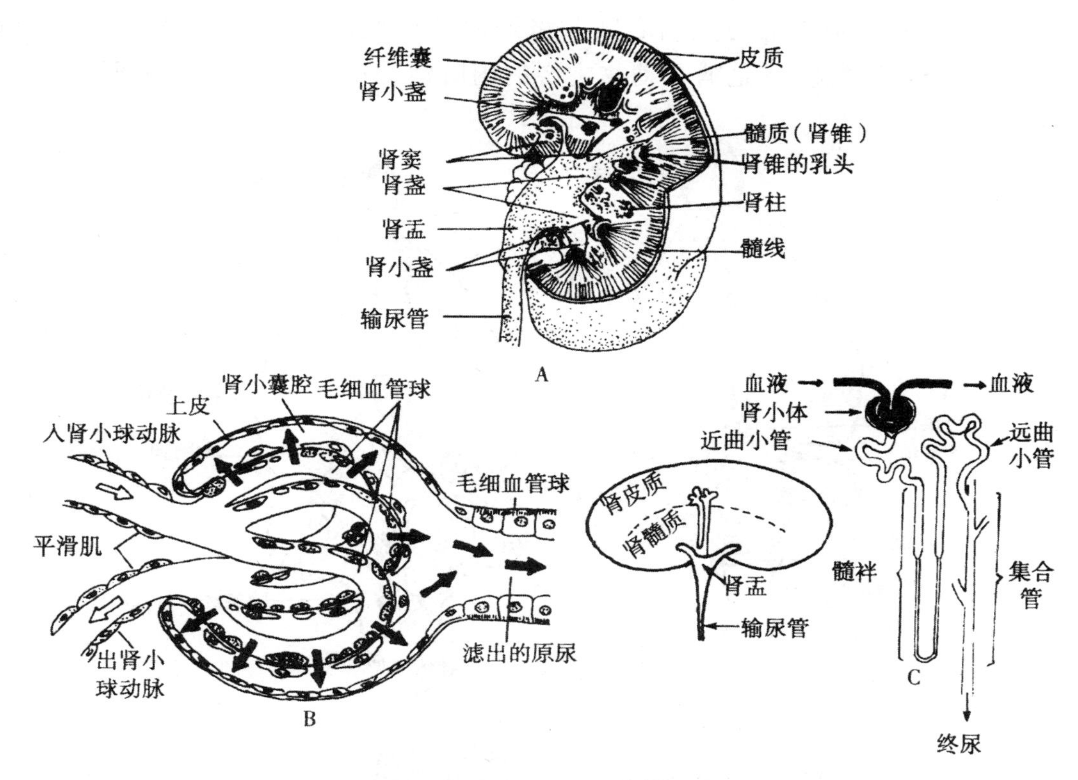

图 3-217　哺乳类的肾脏及肾单位

A. 肾脏纵剖面　B. 肾小体　C. 肾脏及肾单位示意图,示肾单位的结构及其在肾脏中的位置

哺乳类的新陈代谢异常旺盛,高度的能量需求和食物中含有丰富的蛋白质,致使在代谢过程中所产生的尿量极大。要避免这些含氮废物的迅速积累,就需要有大量的水将废物溶解并排出体外,而这又与陆栖生活所必需的“保水”形成尖锐矛盾。哺乳类所具有的高度浓缩尿液的能力就是解决这一矛盾的重要适应,如人尿液的最大浓度可达 1430mol/L;大象鼠 2900mol/L;分布于干旱地区的跳鼠高达 9400mol/L。

(七)神经系统

哺乳动物的神经系统高度发达,主要表现在大脑和小脑体积增大,大脑皮层加厚并出现皱褶(沟回),神经系统包括中枢神经系统和外周神经系统及植物性神经系统。听觉、嗅觉等感觉器官结构复杂功能完善。

脑(图 3-218)分为五部。大脑分为左右两个半球,两半球之间有哺乳动物特有的胼胝体相连。间脑被大脑半球蔽盖,丘脑大,两侧壁加厚叫做视丘。中脑体积甚小,顶部除纵沟外,还有横沟,构成四叠体。小脑发达,褶皱非常多,其前腹面有突起称脑桥,它是小脑与大脑之间联络通路的中间站,为哺乳类所特有。延脑在小脑腹方连接脊髓,它是哺乳动物主要的内脏活动中枢,又称活动中枢。

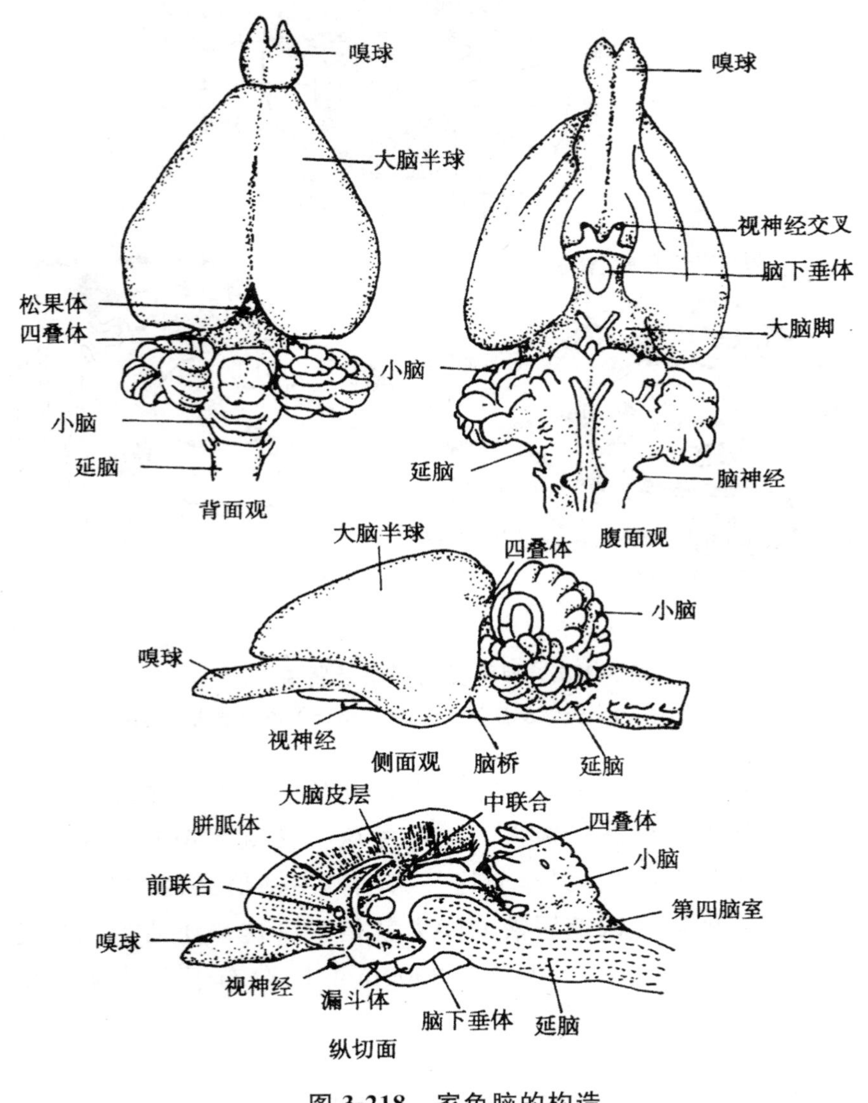

图 3-218 家兔脑的构造

植物性神经系统包括:交感神经系统(sympathetic system)和副交感神经系统(parasympathetic system),哺乳动物的植物性神经系统很发达,它管理平滑肌、心肌和分泌腺等部分的活动(图 3-219)。

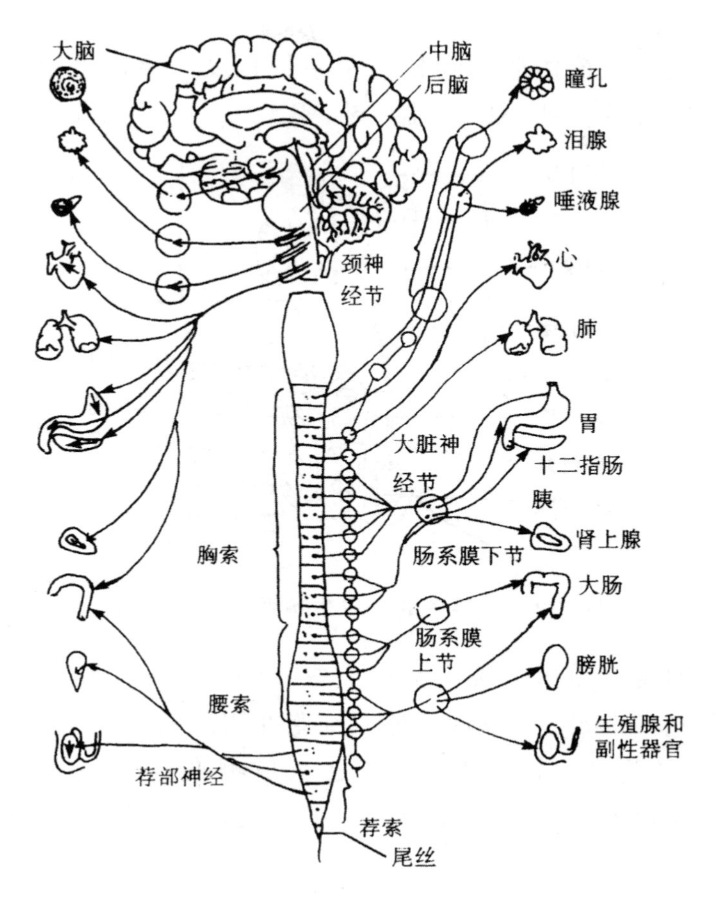

图 3-219　哺乳类的植物性神经系统

(右,示交感神经;左,示副交感神经)

(八)内分泌系统和生殖系统

1. 内分泌系统

哺乳动物的内分泌系统极为发达,其内分泌腺(endocrine gland)是不具导管的腺体,所分泌的活性物质称为激素(hormone 即荷尔蒙)。哺乳动物的内分泌腺包括脑下垂体、甲状腺、甲状旁腺、肾上腺、胰岛、性腺、前列腺、松果体、胸腺等。哺乳动物内分泌腺没有导管,且分泌都是一些排列成团、索或囊泡的腺细胞,体积虽小,但是机能非常重要。

2. 生殖系统

哺乳动物的生殖系统构造达到相当复杂的程度。雄性生殖系统包括生殖腺（精巢）、附睾、输精管、副性腺和交配器（图 3-220）。

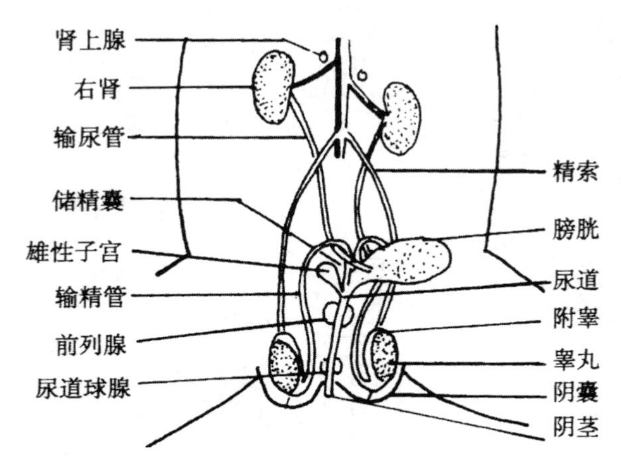

图 3-220　雄兔的泌尿生殖系统（腹面观）

雌性有 1 对卵巢。卵巢表层为生殖上皮。卵巢内有生殖上皮产生的处于不同发育时期的卵泡（follicle）。卵泡由卵原细胞在周围的卵泡细胞组成。卵泡成熟后破裂，排出卵及卵泡液。输卵管的一端扩大成喇叭口，另一端与子宫相通。子宫经阴道开口于阴道前庭。前庭腹壁有一小突起，称阴蒂，是雄性阴茎头的同源器官，前庭外围有阴唇（图 3-221）。

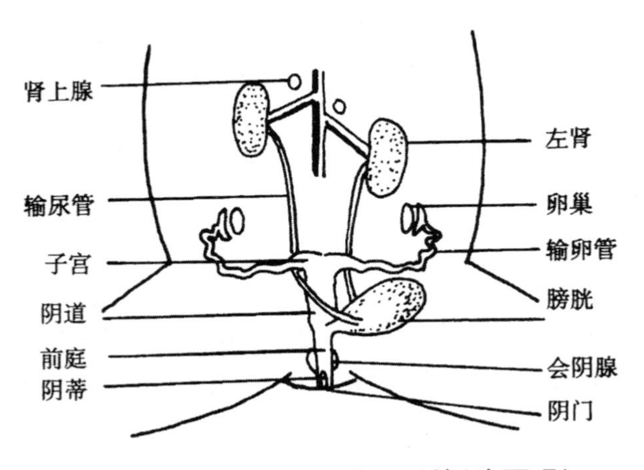

图 3-221　雌兔的泌尿生殖系统（腹面观）

真兽亚纲子宫类型的两阴道已愈合为一，但其子宫愈合程度有所不同。根据其愈合程度可分为四种类型（图 3-222）：①具有两个子宫，各开口于一个阴道，称为双子宫；②有两个子宫，但其下端开始合并成为一个子宫，称为双分子宫，如牛、羊、马、猪等；③两子宫愈合范围很大，只在子宫腔上端有一些分离，称为双角子宫，如犬、猫、鲸等；④两子宫完全愈合成为单一的子宫，称为单子宫，如猿、猴和人。

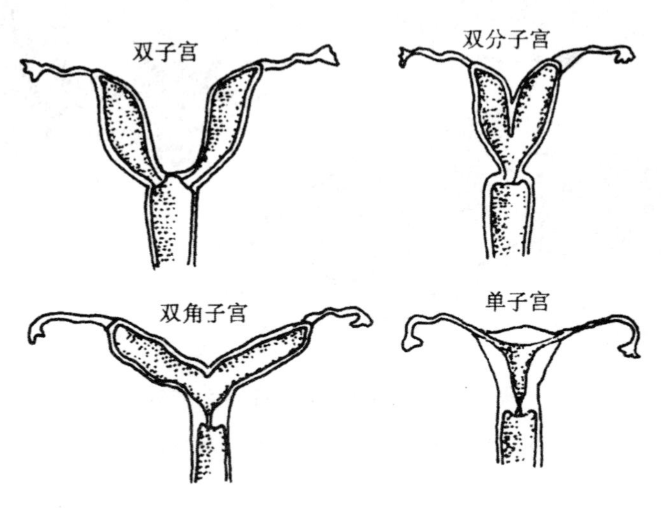

图 3-222　真兽亚纲的子宫类型(剖面)

三、哺乳纲的分类

现存在哺乳动物有 4180 余种。根据哺乳动物身体结构与功能分为三个亚纲。

(一)原兽亚纲

原兽亚纲是现存哺乳类中最原始的类群，具有一系列近似爬行类的特征，主要为卵生、产具壳的多黄卵，雌兽具孵卵行为，幼兽哺乳，孵出的幼仔舐食母兽腹部乳腺分泌的乳汁。代表动物为鸭嘴兽和针鼹(图 3-223)，分布于澳洲及其附近岛屿上。

(二)后兽亚纲

后兽亚纲的种类是比较低等的哺乳动物类群，主要特征为：胎生，但尚不具真正的胎盘，胚胎借卵黄囊(而不是尿囊)与母体的子宫壁接触，因而幼仔发育不良(妊娠期 10～40d)，需继续在雌兽腹部的育儿袋中长期发育，故称之为有袋类。

本亚纲种类较多，主要分布于澳洲及其附近的岛屿上，少数种类分布在南美和中美，代表动物为袋鼠和负鼠(图 3-224)。

图 3-223　几种单孔类哺乳动物

A. 针鼹　B. 鸭嘴兽　C. 原针鼹

图 3-224　有袋类

A. 负鼠　B. 袋鼯　C. 大袋鼠　D. 树袋熊

E. 袋鼩　F. 袋鼹　G. 袋狼

（三）真兽亚纲

现存哺乳类中绝大多数（95％）种类属此亚纲，是最高等的哺乳动物，又称为有胎盘类；种类繁多，分布广泛；主要特征是具真正的胎盘（借尿囊与母体子宫壁接触），胎儿发育完善后再产出，大脑皮层发达，有胼胝体，异型齿等。现存种类有18目，我国只有14目的499种。

1. 食虫目

食虫目是哺乳动物数量最多的三大目之一；分布较广，目前全世界已知7科68属共358种；主要特征为：个体较小，吻部细尖，适于食虫，体被硬刺或绒毛，正中一对门齿最大（图3-225）。

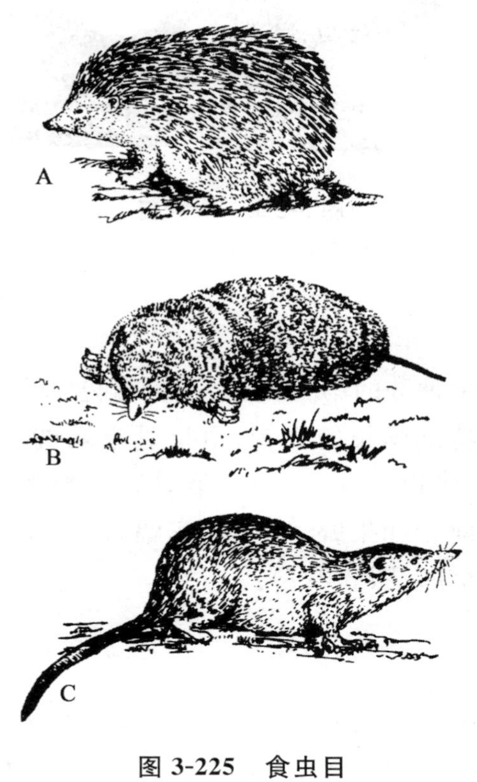

图3-225　食虫目

A. 刺猬　B. 麝鼹　C. 臭鼩

2. 树鼩目

树鼩目为小型树栖食虫的哺乳动物，形状与习性似松鼠，在结构上（例如臼齿）似食虫目但又似灵长目的特征。例如嗅叶较小，脑颅宽大，有完整的骨质眼睚，仅 1 科 16 种，分布于我国云南、广西及海南岛的树鼩(图 3-226)是代表。

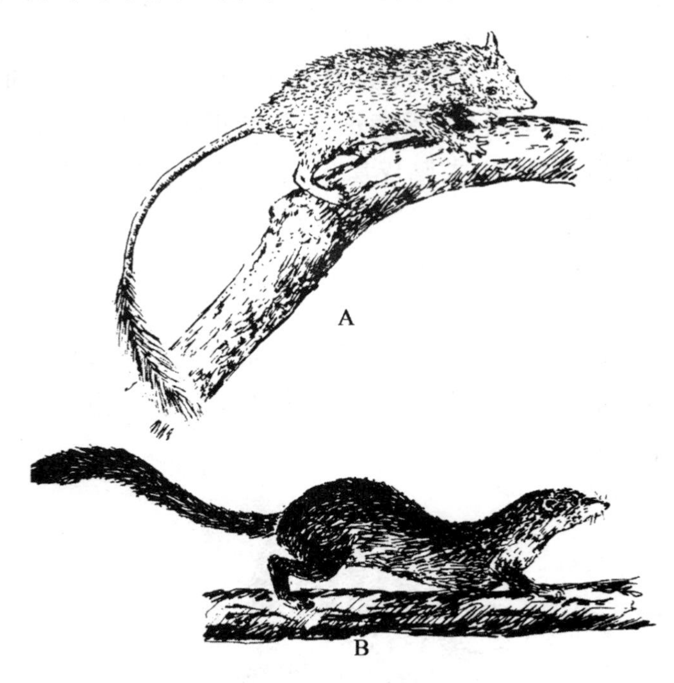

图 3-226 树鼩目

A. 笔尾树鼩 B. 树鼩

3. 翼手目

翼手目为真兽亚纲中种数的第二大目，全世界已知有 19 科的 950 种左右，主要特征为：前肢特化，具特别延长的指骨，由指骨末端到肱骨、体侧、后肢及尾间，着生有薄而柔韧的翼膜，借以飞翔，是唯一能真正飞翔的哺乳动物。可分为大蝙蝠亚目)和小蝙蝠亚目，前者如果蝠，后者如家蝠，栖息于屋舍附近，体型较大，昼伏夜出，捕食飞虫，遍布全国(图 3-227)。

4. 灵长目

灵长类主要在森林中营树栖生活，只有狒狒及人例外，下到地面上生活，除少数种类外，拇指(趾)多能与其他指(趾)相对，适于树栖攀缘握物，指(趾)端部除少数种类见爪外，多具指甲，大脑半球高度发达。灵长目可分两个亚目，即原猴亚目和类人猿亚目。前者为灵长类中的低等类群，具一些原始特征，和食虫目很接近，代表种类如懒猴(Nycticebus coucang)(图 3-228)。

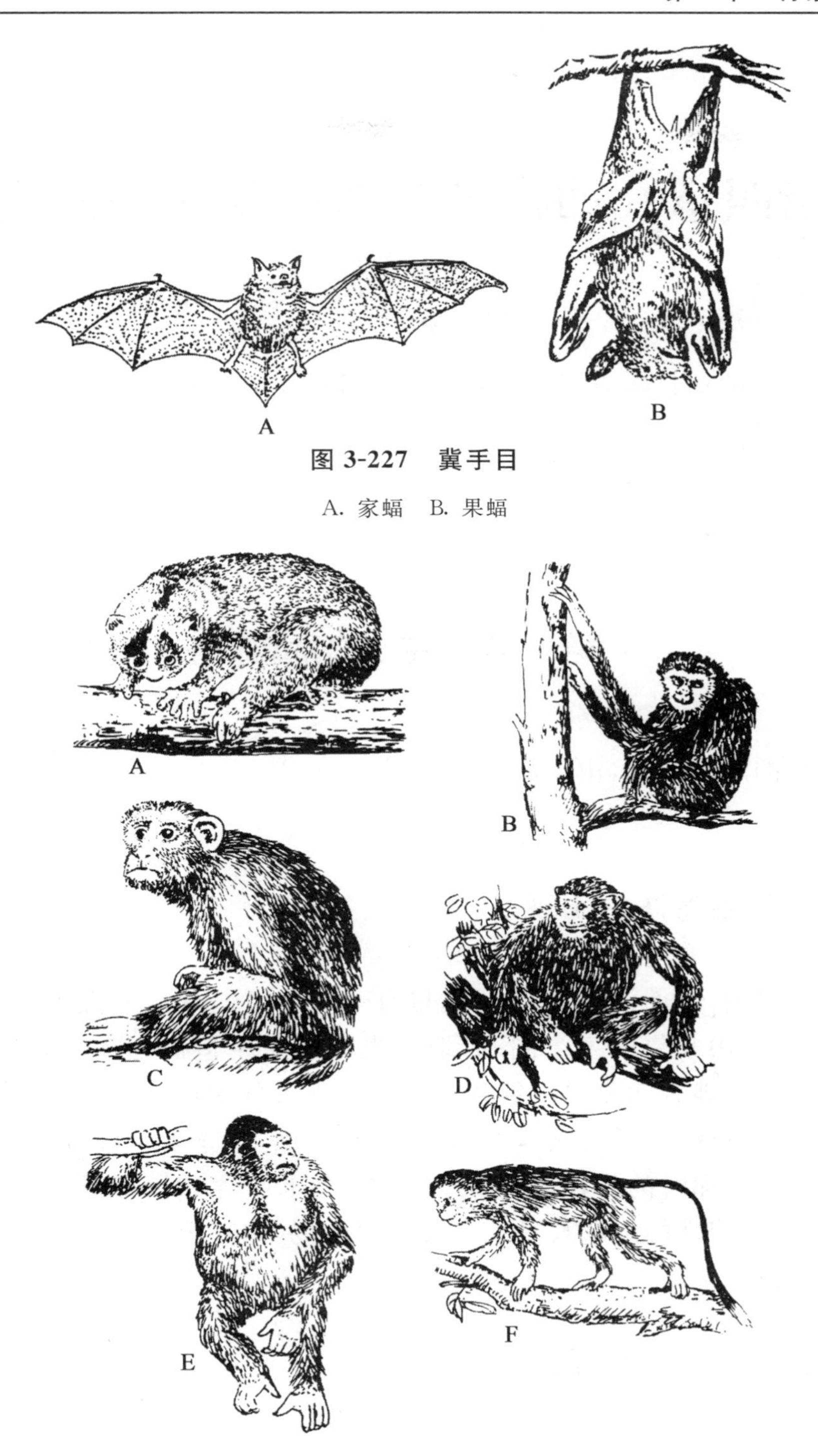

图 3-227　翼手目

A. 家蝠　B. 果蝠

图 3-228　灵长目

A. 懒猴　B. 长臂猿　C. 猕猴　D. 黑猩猩　E. 大猩猩　F. 金丝猴

第四章 动物进化理论及新种演化

地球上生存的动物随着时间的推移，会不断地有旧种的消失和新种的诞生。如此丰富的物种，究竟是如何演化一直困扰着人们。达尔文历经5年艰辛的科学考察，搜集了大量的事实，科学地阐述了生物是进化来的。他合乎逻辑地解释，很快被学术界普遍接受。

第一节 生命的起源

关于生命的起源问题，由于历史不能再现，所以，人们只能根据已掌握的材料来推断过去。

一、地球原始海洋的出现

地球形成初始，表面没有任何河流与海洋。由于地球表面温度降低，内部温度仍很高，造成火山频繁喷发。同时，地壳也不断发生造山运动。有的地方隆起成高山、丘陵，有的地方凹陷成山谷和低洼地。当大气中由于火山喷发，使水蒸气达到饱和时，形成持续不断的倾盆大雨，降落在地面上，于是低洼地就逐渐聚集形成了河流和海洋。那时的海洋称为太古海洋，海水中含盐量很低，后经几十亿年的冲刷，将地面可溶性的 $NaCl$、$MgCl_2$ 及不溶性的 SiO_2 等带到海洋，才形成今天海洋的含盐量。

二、早期地球上有机质的形成

在降雨的同时，雨水也将大气中的一些甲烷、氨、氰化氢、二氧化碳等带进海洋。由于当时海洋的温度还比较高，加上宇宙射线、紫外线、闪电放电，促使甲烷与水、氨之间的化合，最终衍生出糖、嘧啶、嘌呤、甘油、脂肪酸、氨基酸等有机化合物。虽然这些化合物没有生命，但它们是构建生命的原材料[①]。

三、生命物质的大分子合成

当时的太古海洋逐渐变成含有上述各种有机分子的“肉汤”。由于各种有机物并存，必然会经常接触，可能在太阳辐射能的作用下，它们结合成蛋白质、核酸等大分子[②]。

四、多分子体系和非细胞阶段的原始生命

由于核酸、蛋白质等大分子化合物在海水中不断积累，使它们一部分附在岩石或浅海的淤泥里，通过相互吸附作用，聚集成团聚体或微球体多分子体系，同时形成原始的界膜，与海水分隔开来，这可能就是原始的生命形态。根据推断，最初出现的原始生命应是异氧的。它们以吞食海洋里的有机分子为生，并进行无氧酵解，因为在当时的还原性大气中还没有氧气，更不会有今日大气层里的臭氧层。所以，早期的生命只有在水中或淤泥、石缝等处，才能免遭强烈紫外线的杀伤。

五、细胞的起源

非细胞的原始生命，经过漫长的岁月演化，也许分化成了异氧的原核细胞。到目前为止，最早的原核细胞化石，是在南非巴伯顿城硅质沉积物形成的隧石中发现的，被命名为原始细菌，距今已有 32 亿年的历史。随着岁月的流逝，这些原始细菌又分化出了一种能够放氧的蓝藻，这可能是光合作用的开始。科学家在南非同样的地区，还发现了一种蓝藻化石，命名为巴伯顿古球藻，距今已有 30 亿年的历史。

---

① 早在 1953 年，美国学者 Stanley Miller 就模拟地球早期的条件，把水、甲烷、氨、氮气混在一密闭容器内，并加热，使水变成水蒸气。为了模拟早期的闪电，他进行火花放电，1 周后停止，使容器冷却。结果原来的无色气体使水变成了红的溶液。经过分析，液体中含有氨基酸、脂肪酸、甲酸、乙酸以及其他化合物。氨基酸有 11 种，其中 4 种是自然界中存在的。还有氰化氢和甲醛，这是合成过程中的中间产物，瞬间就消失了。

② 1963 年，德国生物学家舍曼把简单的糖、嘌呤、嘧啶以及含磷的有机化合物混在一起，给予正常的压力，通过放电，发现一种核酸，具螺旋结构，但没有表现出生命活性。1968 年，我国科技工作者在世界上首次合成了具有生命活性的蛋白质——结晶牛胰岛素。这无疑为生命起源的研究提供了一个重要论据。

由于光合作用的出现,氧气开始积累在大气里,当大气中氧气含量达到现在的1%时,臭氧便开始积累,逐渐挡住了紫外线对地球的辐射,这彻底改变了大气的组成。有了游离氧,便出现了需氧型的生物①。利用氧来氧化食物,可以从中获取更多的能量。于是,加速了生物的代谢活动,促进了生物的大发展。

第二节　生物进化的证据

科学技术的进步,为研究生物学提供了更多的途径。随着时间的推移,人类将会找到更多的证据,利用更广泛的手段,完善动物进化的历程。以下将举一些例证说明动物的进化。

一、比较胚胎学方面的证据

不同纲的脊椎动物早期胚胎发育很相似,都具有鳃裂和尾,头部较大,身体弯曲。胚期越早,体形也越相似,以后逐渐分化才显出差别。而且分类地位上越相近的动物,其相似的程度也越大。各种不同的脊椎动物,如鱼类、两栖类、爬行类、鸟类以至于哺乳类,无论他们的成体差异有多大,生活习性多么不同,但如果将他们早期的胚胎加以比较,就不难发现他们之间存在着惊人的相似,而且越是处于早期的胚胎阶段,从形态上越难以辨别。如鸡、兔等陆生动物,在胚胎发育的早期都具有鳃裂,以后则消失。即使是人类,在胚胎发育的初期,不仅具有鳃裂,而且还有尾巴,以后消失。种种迹象表明,脊椎动物都来自一个共同的祖先。

二、比较解剖学方面的证据

伴随着动物的进化,动物体内有些器官,常常逐渐退化以至失去功能,这样的器官称为痕迹器官。如鲸类残存的腰带证明其为次生性转变为水栖的哺乳类,其祖先应是陆生哺乳动物;最原始的鲸化石头骨和牙齿与古食肉类十分相似,它可能是由古食肉类适应辐射进入水生的一支。此外,有些动物的器官虽然在外形和

---

① 在距今大约10亿年前,出现了真核细胞。到目前为止,这方面最早的化石是在澳大利亚的阿斯附近苦泉地层中发现的,这是一种绿藻化石,距今也有10亿年的历史。由于真核细胞有膜包围着细胞核,有各种细胞器,所以,它一经出现,就以其无比的生命力,获得了在海洋中的主导地位。

功能上不同,但在结构和发生上却是相同的,这样的器官称为同源器官。如蝶翅与鸟翼均为飞翔器官,但蝶翅是膜状结构,由皮肤扩展形成;而鸟翼是由前肢形成,内有骨骼,外有羽毛。鱼鳃与陆栖脊椎动物的肺均是主要的呼吸器官,但鱼鳃鳃丝是由胚胎的外胚层发育而成,而肺的肺泡则来源于内胚层。只是由于各种动物为了适应不同的环境,逐渐演化成了不同的器官。这些事实,也为生命进化理论提供了有力的证据。

三、比较生理生化方面的证据

近代生理、生化科学的发展,在细胞和分子水平上,为动物进化提供了证据。动物有机体的结构与生理功能是密切联系的。结构相似,生理功能也相近。亲缘关系近的个体,其血液在生理生化方面要比亲缘关系远的个体相似,体内的激素等也相似,有的甚至可以替换。

血清免疫反应:每种动物的血清中,都含有特异的蛋白质,这些蛋白质的相似程度,可通过抗原—抗体反应查明。通常是向 1 只兔子体内注射少量血清(如人的血清),这些血清蛋白对兔子来讲,属异体蛋白质,必然会引起抗原反应。兔子的血浆细胞会对人体的蛋白质(抗原)迅速产生抗体。将这种血清样本稀释后,再与 1 滴人的血清混合,就会发生抗体—抗原反应,即产生明显的沉淀。产生的沉淀越多,证明 2 种动物相近的蛋白质越多,亲缘关系越近。如果沉淀少或没有沉淀产生,则证明 2 种动物亲缘关系远或无亲缘关系,利用这种方法,科学家们找到了与人类血缘关系最近的是类人猿,以后依次是东半球的猴、西半球的猴、附猴类……此外,还测出猫、狗、熊之间的亲缘关系也很近,奶牛、绵羊、山羊、鹿和羚羊之间也有着很近的亲缘关系。

四、生物地理学方面的证据

动物的地理分布,也可以证明生物的进化过程。如澳大利亚、新西兰等地区真兽类极少,即使有哺乳动物,也都是有袋类动物(袋鼠、袋狼和树袋熊等)和单孔类。唯一合理的解释就是澳洲在真兽类发生以前就脱离了大陆。所以在那里,动物一直维持在有袋类和单孔类等原始哺乳动物这一水平。

五、化石方面的证据

生物体死亡后,很快就会腐烂。只有一些坚硬的部分如骨骼、贝壳、几丁质、牙齿等在偶然的情况下，经过漫长的岁月，被大自然矿化。由于地壳的运动埋藏于地下，从而有幸保留下来，成为我们现在见到的化石。当然，化石的发现有相当的偶然性，所发掘出的标本也不可能非常整齐完善，古生物学材料所能提供的进化证据也会有一定的欠缺，这些都有待于不断累积和补充。但化石仍不失为动物进化过程中最有力、最直接的证据。

马的化石为例，探究现代马的起源（图 4-1）。

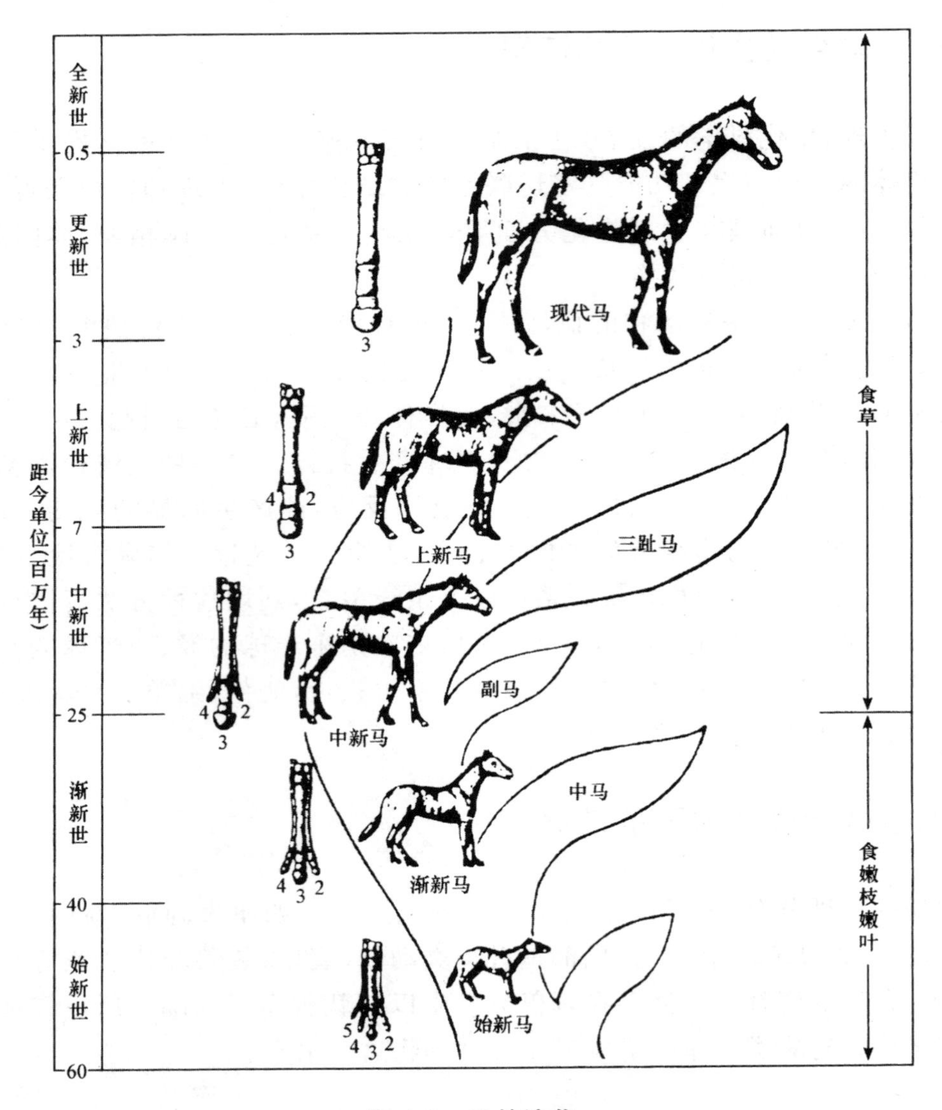

图 4-1　马的演化

六、遗传学方面的证据

亲缘关系近的物种，染色体对数常常是相同的。如人、猩猩、黑猩猩的染色体都是 46 条。而亲缘关系远的动物，染色体数目则相差很大。以上所列的种种证据，都是生物进化的间接证明。

第三节　进化学说

一、拉马克主义

按照拉马克的定向变异理论[①]，变异是受外界环境直接影响的。但事实上，在相同的环境下，生活着不同的生物；反之，在不同的环境下，又存在同种生物。相似的变异能在不同的条件下发生，不同的变异又能在相似的条件下发生。拉马克的定向渐变理论不能对上述情况做出合理的解释，因此，近代绝大多数生物学家没有接受这一理论，因为遗传学的研究表明，有机体的某些特征是由其一生形成的，无法遗传给下一代。如动物发达的肌肉。不过，限于当时的科学发展水平，拉马克能够首先冲破神创论的禁锢，提出生物进化的观点，是难能可贵的，他不愧为进化论的奠基者。

---

①　19 世纪初，法国生物学家拉马克在他 1809 年出版的《动物哲学》一书中，首先阐明了动物是进化来的。他是使人们确信“化石是已灭绝的动物遗留下来的”第一人，也是现代进化论的最初奠基者。拉马克主义——“获得性遗传”理论的精髓在于：由于环境改变，有机体会产生适应性的变异并遗传给下一代。他举的最著名的例子是长颈鹿，长颈鹿的祖先颈并不很长，但由于它们生活在非洲大陆，那里经常干旱，地面上缺少青草，迫使它们不得不经常伸颈寻觅树上的叶子，久而久之，颈部逐渐增长，并遗传给后代，最后形成了现代的长颈鹿。这是“用进”的例子；此外，还有在地下营穴居生活的鼹鼠，长期不用眼睛，于是两眼退化，这是“废退”的例子。以上例子，说明了环境条件的改变，决定了变异的方向，我们将它称为定向变异。

二、达尔文主义

达尔文提出了以自然选择理论为基础的进化学说，即达尔文主义[①]。

达尔文的自然选择理论是建立在一系列的观察和推论基础上的，主要有以下几方面。

观察1：生物有机体具有极高的潜在繁殖能力。所有的动物种群都可产生大量配子，继而潜在着大批子代的出现。如果所有的个体都存活下来并继续繁殖，种群就会出现繁殖过剩，达尔文计算过，即使繁殖速度很慢的种类，如象，一对配偶的生育年龄是30～90岁，在此期间，只生6个子代，750年内，其后代总数将达到1900万。

观察2：自然种群在数量上每年除去有较小的波动外，通常维持在一个相对稳定的水平上，但有些种群的波动，可能受各种因素的影响，个体数量逐渐减少，也许经过许多代以后，走上灭绝的道路。但任何种群都不会以其理论上的数值那样进行无度的繁殖。

观察3：自然资源是有限的。如果一自然种群的个体数量呈指数增长，会消耗无限的自然资源，为它们提供食物和生存空间。然而，自然资源是有限的。

推论1：无论是种群之间或种群内个体间始终存在着生存竞争。种群间或种群内个体间要对食物、栖息地或生存空间进行激烈的争夺。然而，自然资源是有限的，结果大部分的个体死亡，每代的幸存者只有一部分，通常是很少的一部分，致使物种的巨大繁殖潜力在自然界中未能实现。

观察4：一切生物体都会产生变异。即使在同一物种内，也没有2个个体是完全一样的。它们在大小、颜色、生理、行为以及其他许多方面总会有不同之处。达尔文称这种变异为不定向变异。

观察5：变异是遗传的。虽然达尔文不懂其中的道理，但他还是注意到了子代

---

① 永恒的变化，他强调生命世界既不是永恒的，也不是周而复始的循环，而是在慢慢地发生着变化；共同起源。所有的生物都来自一共同的祖先。从系统发生上看，生命史呈一有分支的进化树结构；物种的种类增多，从生物的祖先开始，通过遗传变异，不断地分化出新种，使物种的种类逐渐增多；渐进主义。生物在进化过程中，不同的物种间，在解剖形态上都存在着明显的差异。这些差异是通过世世代代许多微小的有益变异，长期累积形成的，而不是在短时间内突然形成的；自然选择。自然选择学说是达尔文进化论的核心。他认为生物在生存竞争中，通过遗传变异，将具有有益变异的个体保留下来，并将这些变异遗传下去。而且具有有害变异的个体会被淘汰，这就是自然选择。

和亲代是相似的。许多年以后,这种遗传学机制才被孟德尔阐明。

推论 2:变异是生物普遍存在的现象,种群内变异的个体间,在生存和生殖上会存在着差异,这是变异的结果。其中有益的变异会被保留下来,叫做适者生存。不利或有害的变异被淘汰。因此,只有适应环境的变异个体,才能继续生存和繁殖。达尔文把生物适应环境看成是唯一的生存标准。

推论 3:一个物种经过长期的一代一代的自然选择,在生存和生殖上差异逐渐明显,各自产生了新的适应,以至造成生殖上的隔离而产生新种。变异个体在生殖上的差异逐渐改变了物种,从而使之得到了长期的改良。

达尔文的自然选择学说基本是正确的,但也存在着 2 个弱点:一是生物为什么能发生变异,从而导致生物的进化?二是自然选择的结果为什么能遗传给后代?限于当时的科学水平,这些问题很难解释清楚。但达尔文的进化论仍极大地推动了生物科学的发展。

三、达尔文主义的修正

(一)拉马克主义与新达尔文主义

在 19 世纪末到 20 世纪初这个时期,出现过一些新的进化学说。荷兰植物学家 H·D·弗里斯在 20 世纪初提出的物种是通过突变而产生的"突变论",而反对渐变论。某些拉马克学说的追随者们虽然抛弃了拉马克的"内在意志"概念,但仍强调后天获得性遗传,并认为这是进化的主要因素,后来又强调生物在环境的直接影响下能够定向变异、获得性能够遗传,所有这些观点被称为"新拉马克主义"。魏斯曼在 1883 年用实践证明了"获得性遗传"的错误(连续 22 代切断小鼠尾巴,至第 23 代小鼠尾巴仍未变短),强调自然选择是推动生物进化的动力,他的看法被后人称为"新达尔文主义"。

(二)现代综合进化学说

20 世纪 20～30 年代开始,科学家们综合了染色体遗传学、群体遗传学、古生物学、分类学、生态学、地理学、胚胎学、生物化学等的研究成果,到 40 年代,提出了综合进化论。现代综合进化论彻底否定获得性状的遗传,强调进化的渐进性,认为进化是群体而不是个体的现象,并重新肯定了自然选择的压倒一切的重要性,继承和发展了达尔文进化学说。

(三)中性学说和间断平衡论

1968年,日本学者木村资生根据分子生物学的材料提出了"中性突变——随机漂变假说"(简称中性学说)。认为在分子水平上,大多数进化改变和物种内的大多数变异,不是由自然选择引起的,而是通过那些选择上中性或近乎中性的突变等位基因的随机漂变引起的,反对"现代综合进化论"自然选择万能论观点。

四、微进化

微进化是研究自然种群内发生的遗传物质变化的科学。由突变、遗传漂变、基因流和自然选择导致的等位基因频率的改变。

五、大进化

大进化是指种和种以上的分类阶元发生的进化。

造成大进化的原因和机制与造成小进化的趋势相同。如马的进化,他们认为从始新马到现代马是一个长的进化线系。由于长期稳定的选择压力,适应快速奔跑的要求,马的祖先向着增大体躯和改造足趾结构的方向进化。长时期的环境趋向性改变(如气候的趋向性改变)对生物造成稳定的选择压力可能形成大进化的趋势。

第四节　新种的演化

生物在进化过程中,从一个旧的物种分化出一个新种乃至几个新种。在它们之间一方面由于基因突变引起形态特征、生理功能等方面所显示出的明显差异,另一方面也有许多相似的地方。所以,以形态作为分类的标准并不是非常准确的。

一、种的概念

前面已经谈到,现代生物学家定义物种的概念是:同种内两性个体之间可以进行杂交,但不会出现种间杂交。即这一类群分享共同的基因库。这样,生殖隔离为动物是否属于同一物种，提供了一个划分的标准。不过，这个标准只适用于进行有性生殖的生物有机体。对于那些进行无性生殖的生物，包括几乎所有的原核生物，众多的植物和某些动物仍要根据不同的生理特性（如形态、生化等方面）来规定种的概念。

二、物种形成

生物由旧的物种分化出新的物种的过程，称为物种形成。前面已谈到隔离是物种形成的必要条件。隔离即意味着种群间不能进行基因的交流。隔离可分为生态地理隔离和生殖隔离。

（一）生态地理隔离

某种动物不同的群体，有时被河流或峡谷分开，更多的是在一广阔的地域内，分布着不同的群体，所有这些都会使群体间的差异逐渐明显，此时的群体称为渐变群。由于受不同环境条件的影响，这些群体在形态学、生理学及行为上继续分支，直至形成亚种，再经过数万年甚至上百万年的时间，或许就能发展成一个新种。

（二）生殖隔离

所谓生殖隔离即意味着种群间失去了基因交流的机会。由于种群各自对有益变异的长期累积（变异是经常发生的），淘汰有害变异，这样，逐渐形成了新的物种。那么，生殖隔离是怎样实现的呢？它包括以下 2 种机制。

1. 合子形成前的隔离机制

这种机制可以阻止合子形成或阻止配子受精。它包括生态隔离、行为隔离、机械隔离和时间隔离。

（1）生态隔离。不同的种群在相同的季节、相同的地区繁殖，但不会发生基因交流。如在美国有 2 种果蝇，它们的亲缘关系很近，以至于很难将 2 种雌性个体区别开来。它们都以一种稀有的树种所分泌的汁液为食。按理说，生存竞争的结果应是一个种群占上风，而另一个种群逐渐灭绝。然而事实并非如此。它们一种生存在树干上，吸食汁液，另一种则生活在树下面的植被上，吸食从树干掉下来的汁液。进化的结果，这 2 个种群都生存下来，形成了不同的种。

（2）行为隔离。不同的种群间，由于性行为的不同，异性成员间缺乏吸引力，难以辨认对方的求偶行为，因此，也无法进行基因交流。如雌性的萤火虫只和按一定路线飞行（直飞、之字形飞、转圈飞）的雄性萤火虫交配。

（3）机械隔离。不同种群间由于某些自然因素的影响，也能阻止基因交流。如生殖细胞表面分子无法结合，生殖器官大小、形状上有差异等。如海星、海胆等棘皮动物，当异种的精卵遇到一起时，由于生殖细胞表面分子无法结合，也不能受精。

（4）时间隔离。由于繁殖季节不同，即使亲缘关系比较近的种类，也无法交配。如林蛙开始有求偶行为时，树蛙的繁殖季节还未到。

2. 合子形成后的隔离机制

即使来自不同种的个体交配后，有时甚至生出了杂种，但杂种也通常在性成熟前死亡，或杂种不育。

（1）杂种不活。

不同种动物杂交后，产生的杂种在未达到性成熟之前死亡。如绵羊和山羊，杂交后可以形成受精卵，但在胚胎早期即死亡。

（2）杂种不育。

不同种动物杂交后，可生出后代，但后代不具生育能力。如同一属的马和驴交配，它们的后代骡无生育能力。因为马和驴的染色体对数不同，马 64 条，驴 62 条，骡 63 条，在细胞分裂时不能配对，所以，骡不具生育能力。

以上是隔离机制对新种形成的作用。

三、基因库的独立

所谓基因库就是指一个种群所具有的全部基因。对于一个新种，基因库是怎样被隔离。

一个物种由于偶然因素，自然因素或地理上的障碍等被分开，造成了彼此基因无法流动，群体间的差异就会逐渐地越来越明显，长久以后，种群间的差异也越来越明显。到那时，即使分开它们的障碍消除了，让它们得以重新混杂，然而，他们之间再也不会杂交，当然，基因也不可能流动。

四、物种形成的遗传学基础

在灵长目里，人类、黑猩猩、大猩猩、猴和狐猴是在距今 800 万～3000 万年前分开的。尽管现在彼此的差异很大，但他们的结构基因却惊人的相似。由这里我们可以得出，即使一些专门的调节基因发生很小的变化，就有可能导致新种乃至更高分类单位的诞生。

(1)调节基因的变化。

调节基因与进化在一个生物体发展过程中，调节基因协调着不同组的结构基因，从而保证有机体各个器官有序地发育。许多科学家认为，调节基因的改变，或许可以解释进化中重大的变化，也许还能解释物种的形成。

(2)染色体的变化。

我们知道，新种是由许多代有机体逐渐将变异积累起来形成的。然而，由基因突变形成的新种要快得多。其方法主要是通过远缘杂交产生多倍体或由其他原因引起基因突变，形成新种，多见于植物。如小麦和黑麦杂交，结果产生了“八倍体小黑麦”。

第五节　环境和生态进化

动物的生存环境包括可直接影响其生存和繁殖的各种条件，这些条件包括空间、能量形式（如阳光、热能、风和水流等）和物质（如土壤、空气、水和化合物等）。所谓的环境还包括其他生物，这些生物可能是某动物的食物、捕食者、竞争者、宿主或寄生虫。因此，这里所说的环境既包括非生物的（无生命的）因素也包括生物的（有生命的）因素。动物可以直接利用的环境因素（如空气和食物）就称之为资源。

资源有消耗性的也有非消耗性的，这取决于动物如何使用它们。食物是消耗性的，因为一旦被吃掉就没有了，因此环境中的食物必须得到不断地补充。空间，无论是完整的生活空间还是生活空间中的一部分（如适宜筑巢的位置），都不会因为使用而消失，因此空间就是非消耗性的。

动物生活的自然空间包括其周边环境即为动物的栖息地。栖息地的大小有所不同，这取决于对空间规模的考虑。一段腐烂的木头就是白蚁的栖息地，而这段木头存在于森林中，这森林是鹿的栖息地，而鹿吃的牧草长在开阔的草地上，所以鹿的栖息地又不仅仅是森林而已。更大尺度来说，一些候鸟夏季生活在北方温带地区而冬季飞往热带，它们的栖息地更大。因此，栖息地是由动物表现出的正常活动来定义的，而并非是由任意的物理边界来界定的。

所有物种的动物均受到环境条件的限制，这些条件包括温度、湿度、食物等，动物可以在其适宜的环境中生长、繁殖、延续后代。因此，适宜的环境必须同时满足生命的所有要求。如河蚌生活在热带的湖泊中，它可以耐受热带海洋的温度但是却会因为海水的盐度而致死。而海蛇生活在北冰洋，它可以适应热带海洋的盐浓度但却无法适应其温度。因此，温度和盐浓度是动物生存环境限制的 2 个独立的维度，如果我们再增加 1 个维度，如 pH，那我们的描述就变为三维的。如果我们考虑到符合某个物种生长繁殖的所有环境条件，我们就可以把该物种与自然界中的其他所有物种区分开来。物种与其环境间的这种独特的、多维的关系就称之为生态位(niche)。同一物种的各成员之间的生态位在某些维度会有所差异，这就使得生态位可以通过自然选择进化，而物种的生态位也可以经由连续数代得以进化改变(图 4-2)。

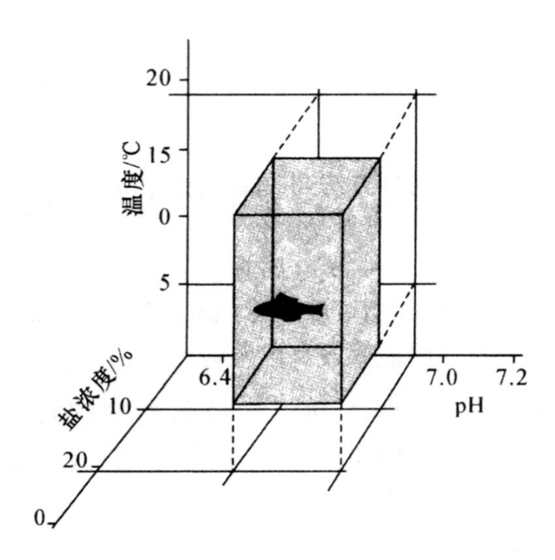

图 4-2　物种(鱼)的三维生态位示意图

动物可以成为耐受环境的专才或通才。如大多数鱼可以生活在海水或者淡水中，但是无法做到同时适应海水和淡水。但是有些生活在河口地区的动物，它们可以很容易地耐受潮汐周期带来的陆地淡水和海水的盐分变化。与此相类似的是，虽然大多数蛇都是杂食动物，它们的猎物种类十分广泛，但也有的蛇食物种类范围很小，比如非洲食蛋蛇就只吃鸟蛋。

对于动物而言，虽然其耐受极限都十分广泛，但是它在一段时间内只会经历某些极限的条件，而一般不会经历其所能够耐受的所有环境条件。因此，我们必须区分动物的基础生态位和实际生态位。基础生态位指的是动物潜在的能力，而实际生态位则是指的动物在其潜在适宜环境中真正经历的那一部分。

第五章　城市绿地生态中的动物

城市绿地，即位于建筑物地面混合的所有绿地。按其功能可分为公共绿地、居住区绿地、单位附属绿地、防护绿地、风景林绿地、生产绿地等。城市绿地的生态效应有：净化空气，调节城市小气候，降低噪声污染，调节降雨与径流、涵养水源、保持水土，废水处理，文化娱乐等；除此之外，还有一项非常重要的生态效应——栖息动物、保护物种。其中，昆虫、鸟类、两栖类、爬行类和哺乳类，是城市绿地中出现频率较高的类群。目前，国内对城市绿地的植物配置、景观设计、社会价值等研究成果较为丰富，但对于绿地生态系统中动物保护研究的文献非常少。

20 世纪 40 年代以来，随着科学技术的飞速发展及世界性生态危机的加剧，生态学逐渐从描述性和实验性学科向解析性和综合性学科发展。其中，数学的渗透对生态学研究方法的变革起到了很大的推动作用。Pielou E. C. 曾指出："生态学本质是一门数学"，这一事实正日益得到公认。

海南岛自然资源丰富，生态环境质量良好，是中国唯一的热带海岛，三亚市区绿化面积较大，植被丰富，动植物物种繁多，是研究海南岛保护与恢复生态的理想模式区域。高校校园绿地是研究海南岛保护与恢复生态的理想模式区域之一。作者选取海南省三亚市某高校四块天然绿地，建立"绿地面积一动物种数"的数学模型。

作者运用从一点向一侧逐步扩大法样方法，统计对应面积里栖息的物种数。统计结果如表 5-1 和表 5-2。

表 5-1　不同测量时间、区域和面积中的动物物种数

区域	月份	面积/m²													
		5	10	15	20	25	30	35	40	45	50	55	60	65	70
电信营业厅区	三月	8	10	11	12	13	13	13	13	14	15	15	16	16	16
	七月	8	11	12	13	14	14	14	15	16	16	16	17	17	17
	十一月	6	9	9	10	11	11	12	13	14	15	15	15	15	15

续表

区域	月份	面积/m^2													
		5	10	15	20	25	30	35	40	45	50	55	60	65	70
行政大楼区	三月	8	10	11	13	15	15	15	16	16	16	16	17	17	17
	七月	6	10	11	13	16	16	16	17	17	17	17	18	18	18
	十一月	6	9	11	12	14	14	15	15	15	15	15	15	16	16
学生公寓区	三月	6	7	8	8	9	10	11	11	11	11	11	12	13	13
	七月	6	9	10	11	12	12	12	13	13	14	14	15	15	15
	十一月	5	7	8	8	9	9	9	10	10	11	12	12	12	12
足球场区	三月	4	5	5	6	6	6	7	7	8	8	8	8	8	8
	七月	5	6	7	7	8	8	8	9	9	10	11	11	11	11
	十一月	3	4	5	5	6	6	6	6	7	7	8	8	8	8

表 5-2　出现频率较高的物种

类群	物种名
昆虫纲(Insecta)	花生蚜(Aphis medicaginis)、铜绿丽金龟(Anomala corpulenta)、疣蝗(Trilophidia annulata)、短额负蝗(Atractomorpha sinensis)、中华稻蝗(Oxya chinensis)等
两栖纲(Amphibia)	黑框蟾蜍(Melanostictus Schneider)等
爬行纲(Reptile)	多线南蜥(Mabuya multifasciata)、蓝尾石龙子(Eumeces elegans)、灰鼠蛇(Pantherophis spiloides)、福建竹叶青蛇(Trimeresurus stejnegeri)等
哺乳纲(Mammalia)	小家鼠(Muridoe museulus)、黄毛鼠(Rodentia losca)、褐家鼠(Rodentia novergicus)、银星竹鼠(Rhizomys pruinosus)等
鸟纲(Aves)	麻雀(Passer mantanus)、灰背椋鸟(Sturmus sinensis)、棕背伯劳(Lanius schach)、鹊鸲(Copsychus saularis)、暗绿绣眼(Zosterops Japonicus)等

第一节　电信营业厅区的面积－物种数曲线

作者运用 Origin7.5 软件,采用线性、对数、多项式、乘幂、指数、Logistic 等方法进行拟合,建立数学模型,得到拟合曲线和拟合度。

对于电信营业厅区域,拟合结果如表 5-3。

表 5-3 电信营业厅区扩大样方中动物丰度数学拟合模型

拟合类型	拟合公式与拟合度			评价
	三月	七月	十一月	
线性拟合	$y=0.1550x+6.9083$ $R^2=0.7086$	$y=0.1664x+7.5083$ $R^2=0.6941$	$y=0.1686x+5.4333$ $R^2=0.8042$	拟合度低
对数拟合				无法拟合
多项式拟合	$y=0.0001x^3-0.0191x^2$ $+0.8226x+2.2173$ $R^2=0.9258$	$y=0.0002x^3-0.0204x^2$ $+0.9017x+2.1650$ $R^2=0.9391$	$y=0.00007x^3-0.0107x^2$ $+0.6046x+1.9085$ $R^2=0.9416$	比较合适
指数拟合				无法拟合
乘幂拟合	$y=5.4986\times x^{0.2524}$ $R^2=0.9695$	$y=5.9308\times x^{0.2531}$ $R^2=0.9727$	$y=3.6630\times x^{0.3428}$ $R^2=0.9636$	相对最合适

由表 5-3 可知，对于电信营业厅区，采用乘幂拟合曲线相对拟合度最高，其次是三项式拟合。故采取乘幂拟合曲线(图 5-1—图 5-3)。

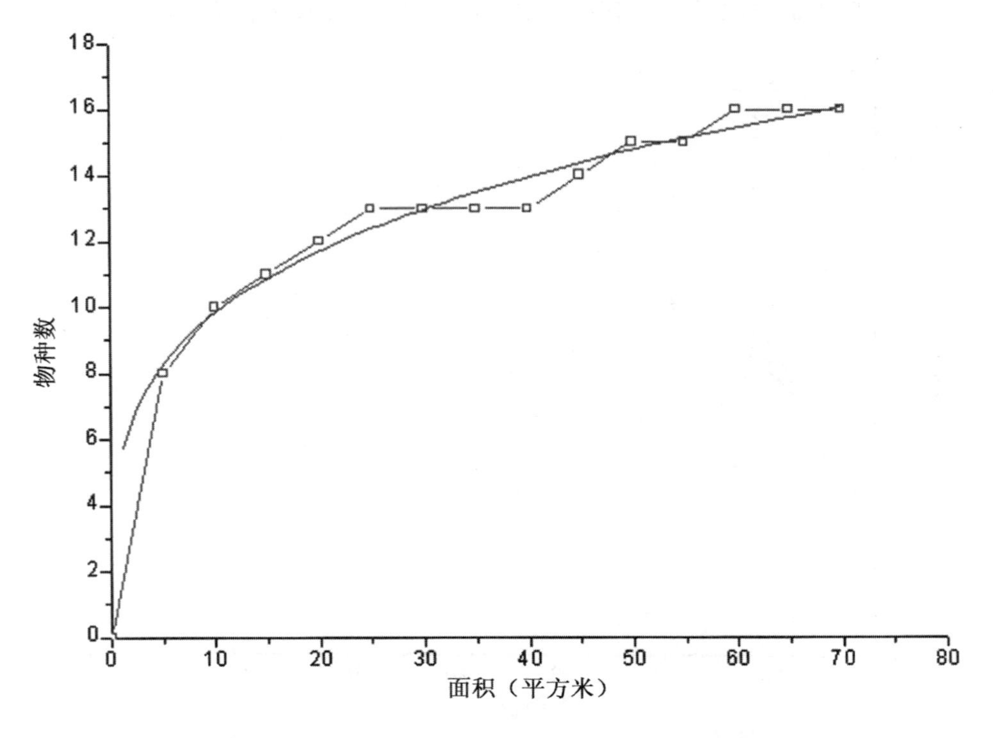

图 5-1 电信营业厅区三月扩大样方中动物丰度乘幂拟合曲线

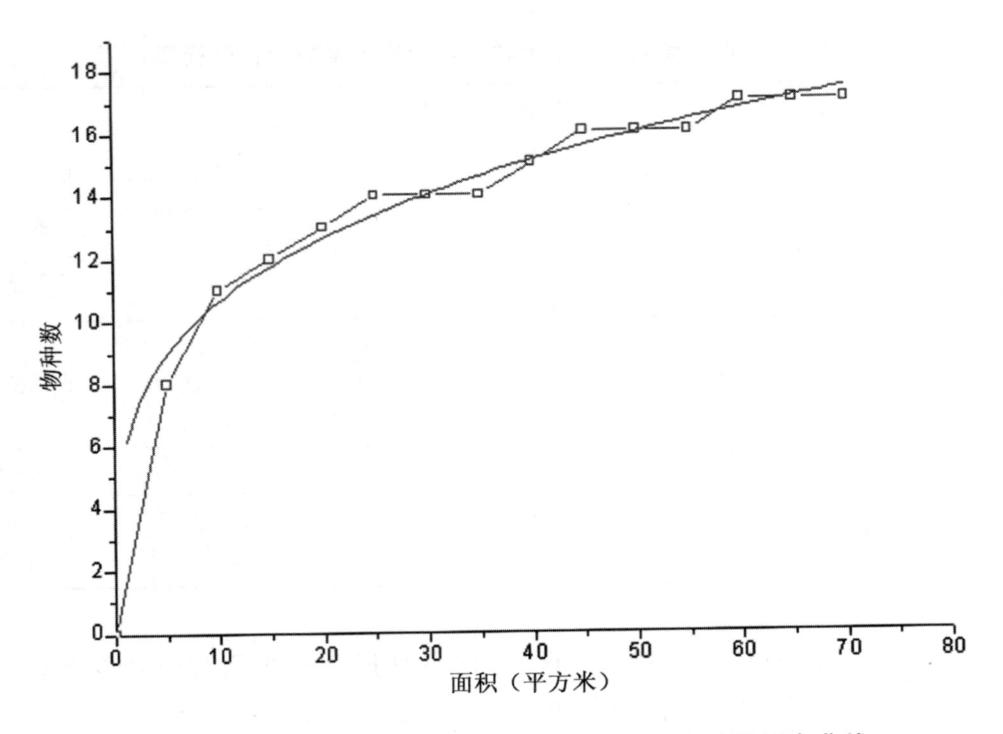

图 5-2　电信营业厅区七月扩大样方中动物丰度乘幂拟合曲线

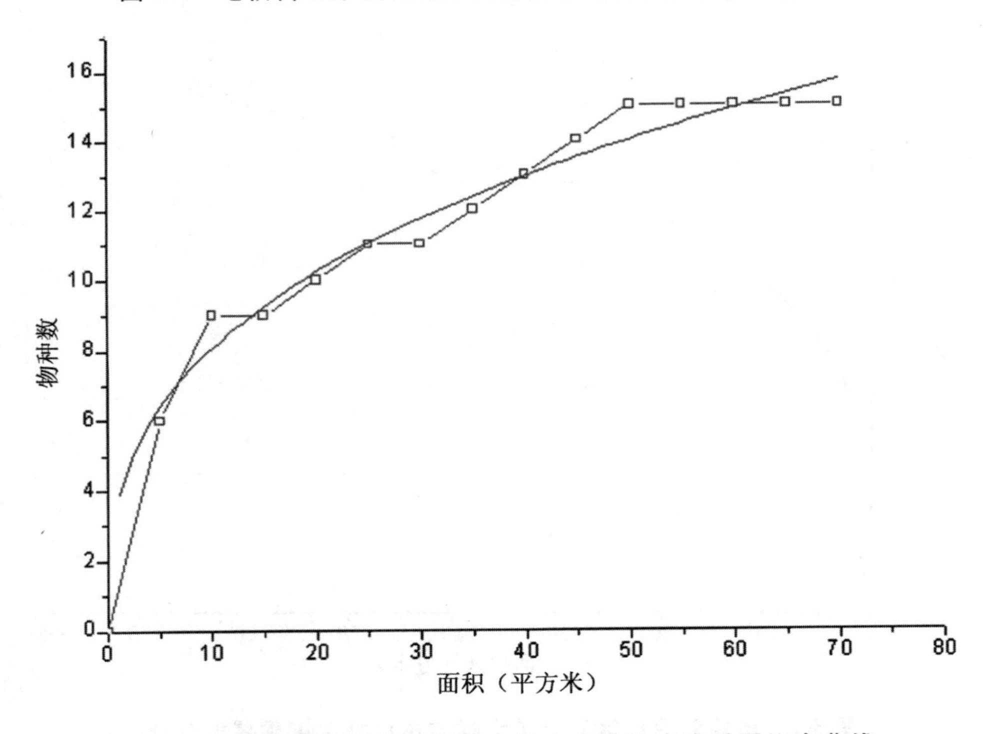

图 5-3　电信营业厅区十一月扩大样方中动物丰度乘幂拟合曲线

根据岛屿生物地理学理论中物种的丰富度与面积的关系，其关系式通常用 $S=CA^Z$ 式表示。式中，S 代表物种丰富度，A 代表岛屿面积，C 为与生物地理区域有关的拟合参数，Z 为与到达岛屿难易程度有关的拟合参数。

由三个拟合公式对比可知，对于电信营业厅区的绿地，三月和七月无论是环境容纳量还是到达程度，没有明显差异；而到了十一月，环境容纳量略有降低，其他区域到达此区域的难度略有增加。

第二节　行政楼区的面积－物种数曲线

同理，运用 Origin7.5 软件，采用线性、对数、多项式、乘幂、指数、Logistic 等方法进行拟合，建立数学模型，得到拟合曲线和拟合度，见表 5-4。

表 5-4　行政楼区扩大样方中动物丰度数学拟合模型

拟合类型	拟合公式与拟合度			评价
	三月	七月	十一月	
线性拟合	$y=0.1893x+7.5083$ $R^2=0.7090$	$y=0.1979x+7.075$ $R^2=0.7174$	$y=0.1643x+6.7833$ $R^2=0.6754$	拟合度低
对数拟合				无法拟合
多项式拟合	$y=0.0001x^3-0.0203x^2$ $+0.9348x+1.6922$ $R^2=0.9640$	$y=0.0001x^3-0.0206x^2$ $+1.0016x+0.7941$ $R^2=0.9861$	$y=0.0001x^3-0.0207x^2$ $+0.9448x+0.8667$ $R^2=0.9886$	相对最合适
指数拟合				无法拟合
乘幂拟合	$y=5.7302\times x^{0.2923}$ $R^2=0.9244$	$y=4.8814\times x^{0.3221}$ $R^2=0.9043$	$y=4.9821\times x^{0.3025}$ $R^2=0.8972$	比较合适

由表 5-4 可知，对于行政大楼区，采用三项式拟合曲线相对拟合度最高，其次是乘幂拟合，因此，在估算绿地总物种数、最小取样面积、最小保护面积等参数计算过程中，建议采用三项式拟合公式(图 5-4—图 5-6)。

但就样方性质描述而言，建议仍然采用乘幂拟合公式，其拟合度也达到了 0.9 左右。由 $S=CA^Z$ 理论可知，此区域春季环境容纳量略大，全年到达容易程度相当。

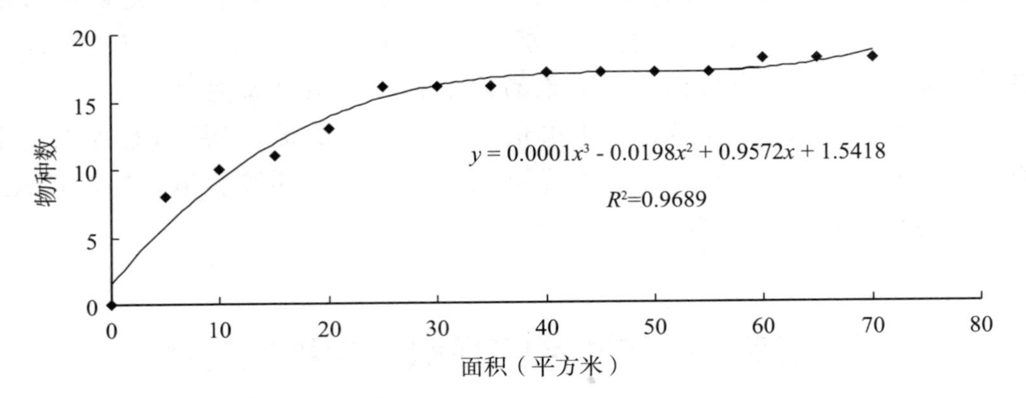

图 5-4　行政大楼区三月扩大样方中动物丰度三项式拟合曲线

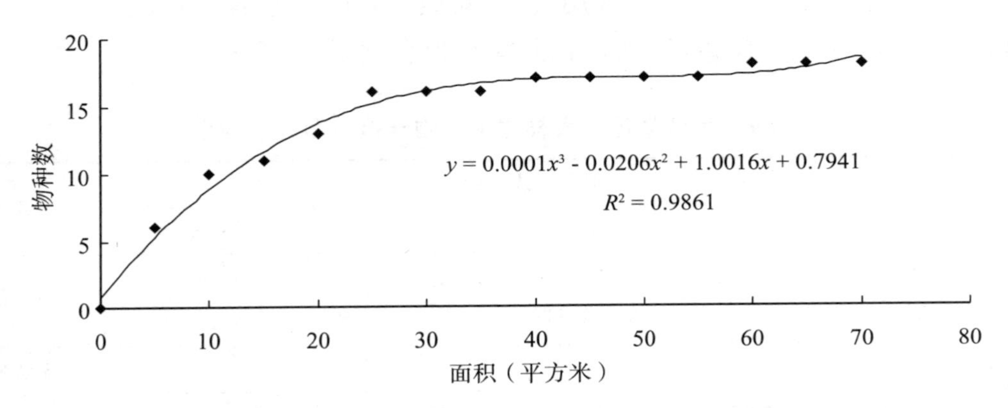

图 5-5　行政大楼区七月扩大样方中动物丰度三项式拟合曲线

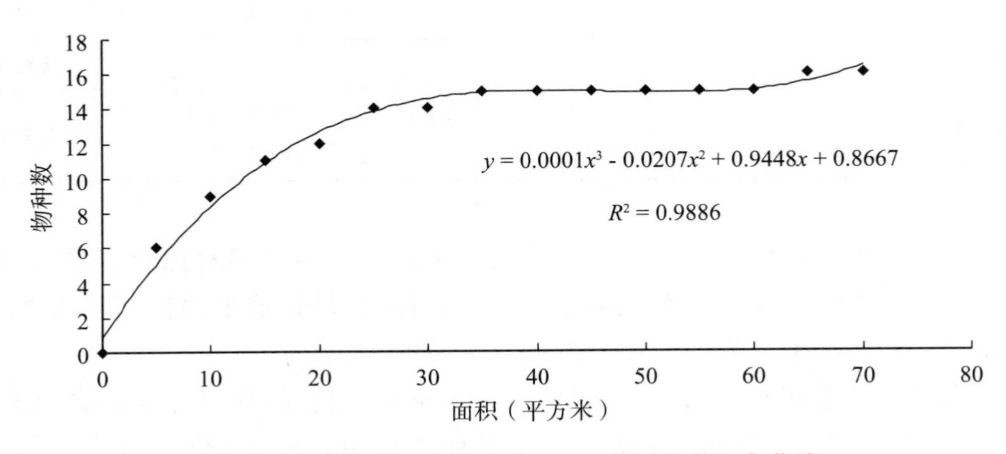

图 5-6　行政大楼区十一月扩大样方三项式拟合曲线

第三节　学生公寓区的面积－物种数曲线

同理，运用 Origin7.5 软件，采用线性、对数、Logistic 等方法进行拟合，建立数学模型，得到拟合曲线和拟合度，见表 5-5。

表 5-5　学生公寓区扩大样方中动物丰度数学拟合模型

拟合类型	拟合公式与拟合度			评价
	三月	七月	十一月	
线性拟合	$y=0.1314x+4.800$ $R^2=0.7771$	$y=0.1550x+5.9750$ $R^2=0.7455$	$y=0.1279x+4.4583$ $R^2=0.7896$	拟合度低
对数拟合				无法拟合
多项式拟合	$y=0.0001x^3-0.0134x^2+0.6016x+1.4768$ $R^2=0.9439$	$y=0.0001x^3-0.0173x^2+0.7758x+1.4899$ $R^2=0.9581$	$y=0.00009x^3-0.0114x^2+0.537x+1.5085$ $R^2=0.9325$	比较合适
指数拟合				无法拟合
乘幂拟合	$y=3.4674\times x^{0.3057}$ $R^2=0.9577$	$y=4.3748\times x^{0.2948}$ $R^2=0.9688$	$y=3.1513\times x^{0.3183}$ $R^2=0.9593$	相对最合适

由表 5-5 可知，对于学生公寓区，采用乘幂拟合曲线相对拟合度最高，都超过了 0.95；其次是三项式拟合，也接近 0.95。故采取乘幂拟合曲线(图 5-7—图 5-9)。

由三个拟合公式对比可知，此区域的绿地，七月（夏季）的环境容纳量略大于其他月份，到达区域的难易程度，全年没有明显差异，$S=CA^Z$ 公式中的 Z 值都在 0.3 左右。

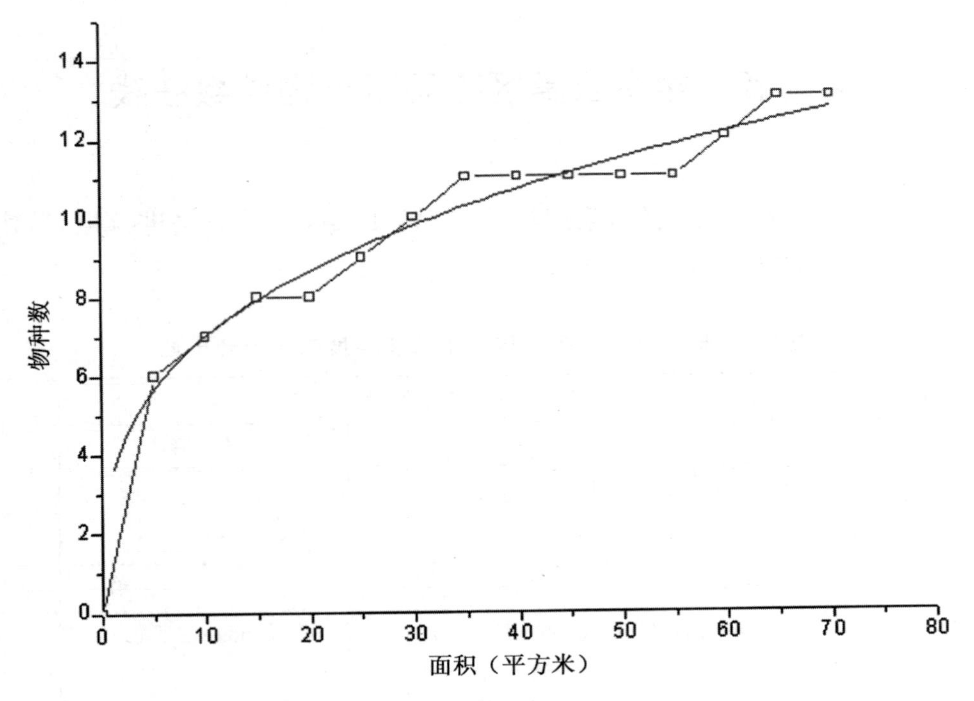

图 5-7　学生公寓区三月扩大样方中动物丰度乘幂拟合曲线

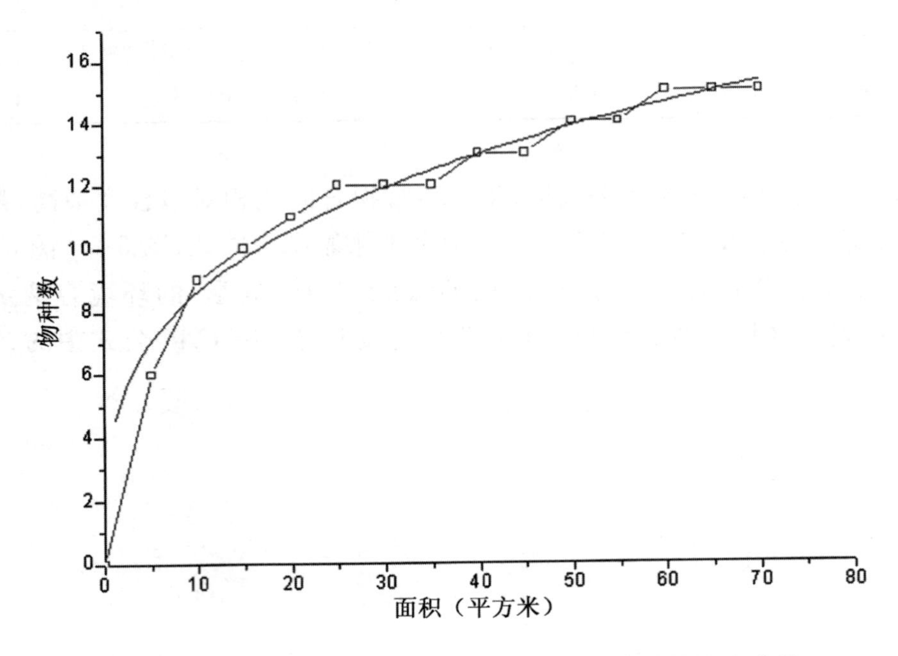

图 5-8　学生公寓区七月扩大样方中动物丰度乘幂拟合曲线

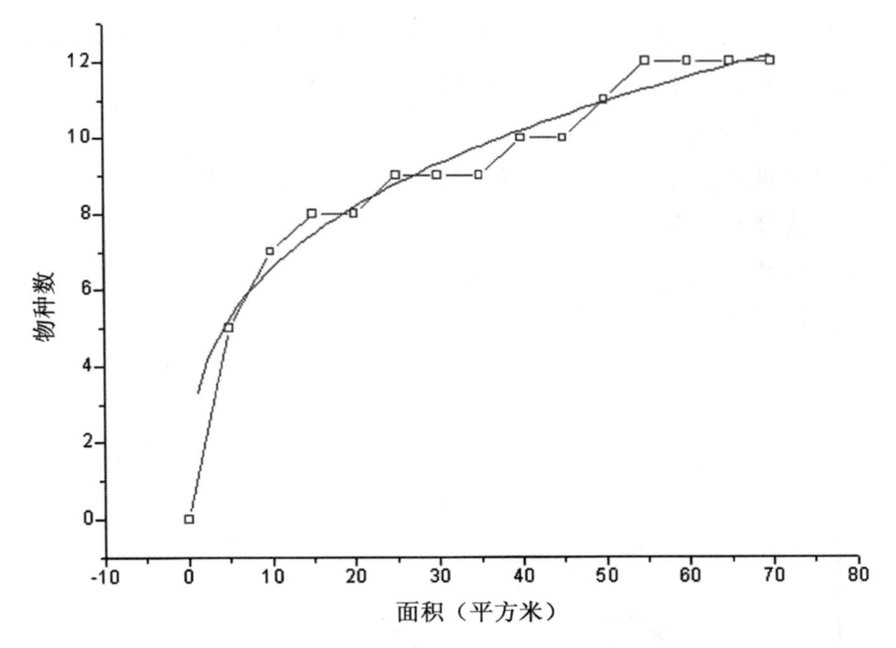

图 5-9　学生公寓区十一月扩大样方乘幂拟合曲线

第四节　足球场区的面积－物种数曲线

同理，运用 Origin7.5 软件，建立数学模型，得到拟合曲线和拟合度，见表 5-6。

表 5-6　足球场区扩大样方中动物丰度数学拟合模型

拟合类型	拟合公式与拟合度			评价
	三月	七月	十一月	
线性拟合	$y=0.0843x+3.3167$ $R^2=0.7430$	$y=0.1186x+3.9167$ $R^2=0.8138$	$y=0.0900x+2.6500$ $R^2=0.8289$	拟合度低
对数拟合				无法拟合
多项式拟合	$y=0.00004x^3-0.0064x^2+0.3427x+1.2454$ $R^2=0.9159$	$y=0.00007-0.0091x^2+0.4459x+1.5552$ $R^2=0.9237$	$y=0.00005x3-0.0069x^2+0.3425x+0.7984$ $R^2=0.9501$	比较合适
指数拟合				无法拟合
乘幂拟合	$y=2.4670\times x^{0.2874}$ $R^2=0.9442$	$y=2.7101\times x^{0.3316}$ $R^2=0.9525$	$y=1.7185\times x^{0.3671}$ $R^2=0.9599$	相对最合适

由表 5-6 可知，对于足球场区，采用乘幂拟合曲线相对拟合度最高；其次是三项式拟合，R^2 都大于 0.9。故采取乘幂拟合曲线（图 5-10 至图 5-12）。

从三个乘幂拟合公式看出，与其他区域相比，$S=CA^Z$ 公式中的 C 值较小，这与足球场周围绿地木本植物相对少有关。木本植物的缺乏，某些动物（如棕背伯劳）无法容身，故物种数减少。

此区域七月环境容纳量略高于三月；而到了十一月，在木本植物缺乏的情况下，温度降低，环境容纳量明显减少。

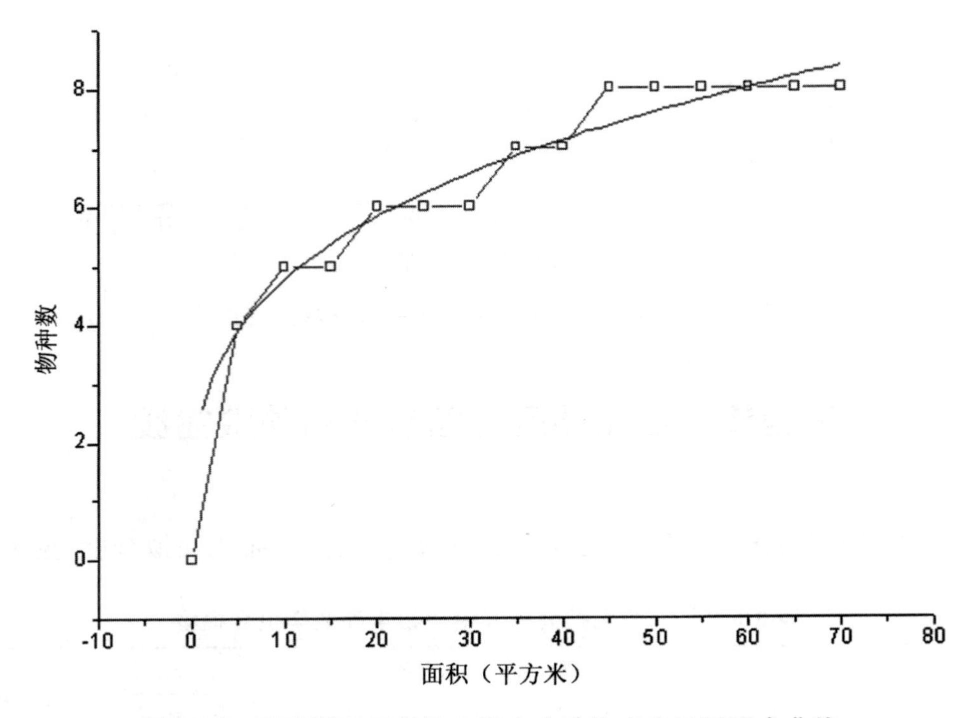

图 5-10　足球场区三月扩大样方中动物丰度乘幂拟合曲线

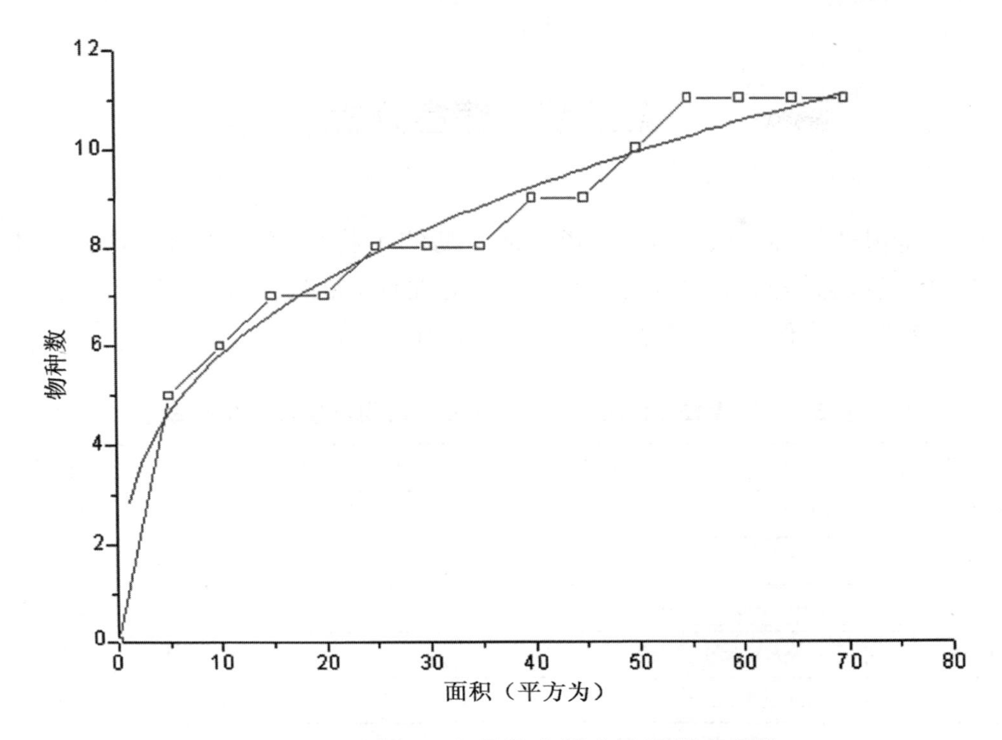

图 5-11　足球场区七月扩大样方乘幂拟合曲线

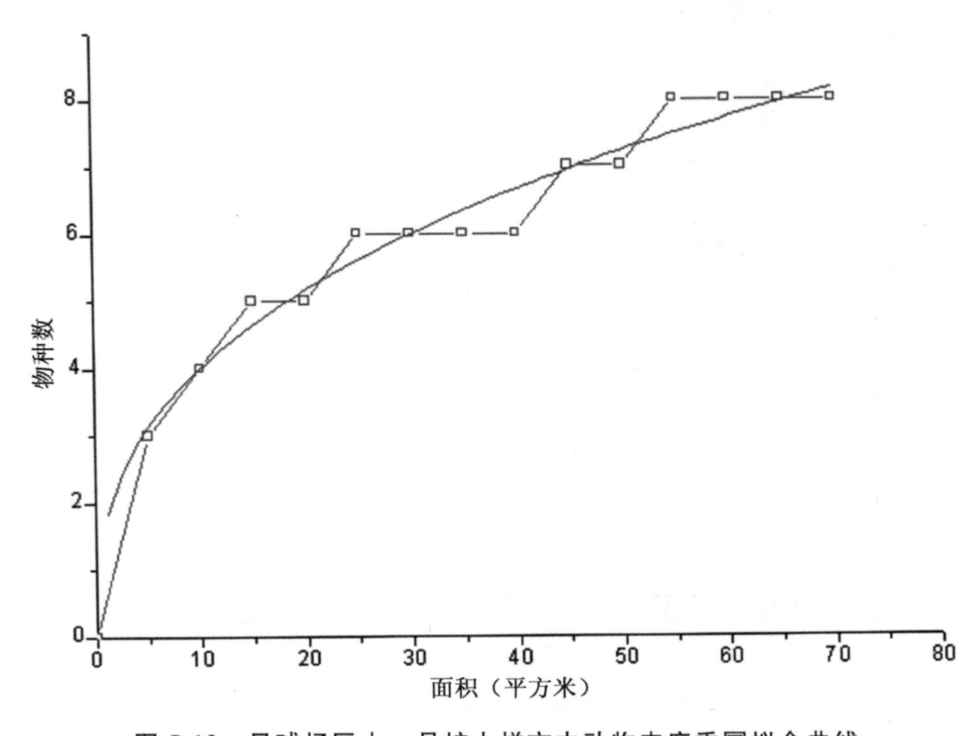

图 5-12　足球场区十一月扩大样方中动物丰度乘幂拟合曲线

第五节　综合分析

对于面积一物种曲线关系,作者验证了岛屿生物地理学理论中物种的丰富度与面积的关系,总体而言,乘幂拟合为最合适曲线,如图 5-13。将 12 个扩大样方中的物种数取平均值,采取多种方法拟合,得到表 5-7。

表 5-7　某高校 12 个绿地扩大样方中动物丰度数学拟合模型

拟合类型	拟合公式	拟合度	评价
线性拟合	$y=0.1442x+5.5243$	$R^2=0.7536$	拟合度低
对数拟合			无法拟合
多项式拟合	$y=0.0001x^3-0.0147x^2+0.688x+1.4765$	$R^2=0.9616$	比较合适
指数拟合			无法拟合
乘幂拟合	$y=4.0269\times x^{0.2969}$	$R^2=0.9877$	相对最合适

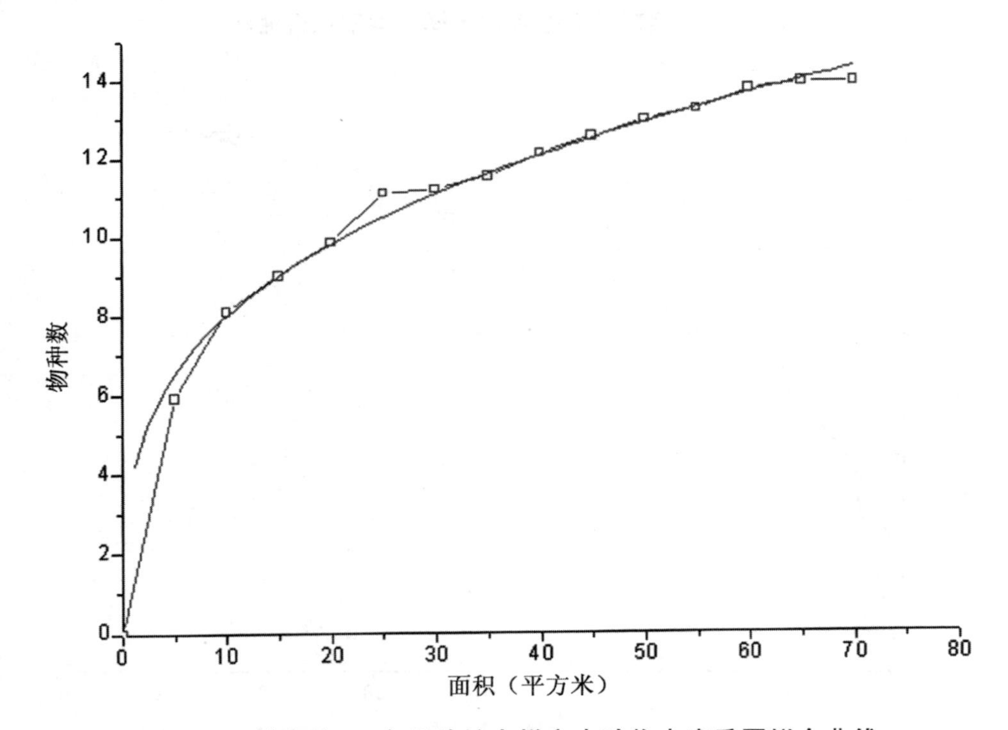

图 5-13　某高校 12 个绿地扩大样方中动物丰度乘幂拟合曲线

12 个样方的 Z 值都在 0.3 左右，即不同时间、地点到达的难易程度相当。这与校园内各绿地间没有明显的动物迁移阻碍有关。除足球场区外，不同时地的 C 值总体变化不算大，这与热带地区四季气温变化相对不明显有关。由于电信营业厅、行政楼、学生公寓周围的绿地没有太多人为干扰，其基质特点较为相似，C 值变化幅度较小；而足球场区人为砍掉了部分木本植物，使得可栖息动物种类减少，C 值明显下降。

将 12 个样方综合分析时，乘幂拟合的拟合度明显上升，接近 0.99；三项式拟合的拟合度也上升，超过了 0.96。可见，增加样本数后，乘幂拟合为最有曲线。

参考文献

[1]吴跃峰.动物学[M].北京:科学出版社,2013.

[2]姜乃澄,丁平.动物学[M].杭州:浙江大学出版社,2007.

[3]王慧,崔淑贞.动物学[M].北京:中国农业大学出版社,2006.

[4]武晓东.动物学[M].北京:中国农业出版社,2007.

[5]侯林,吴孝兵.动物学[M].北京:科学出版社,2007.

[6]彩万志等.普通昆虫学[M].北京:中国农业大学出版社,2001.

[7]陈品健.动物生物学[M].北京:科学出版社,2001.

[8]谢桂林,杜东书.动物学[M].上海:复旦大学出版社,2014.

[9]姜云垒等.动物学[M].北京:高等教育出版社,2006.

[10]彩万志,庞雄飞等.普通昆虫学[M].北京:中国农业大学出版社,2004.

[11]赵尔密.中国蛇类[M].合肥:安徽科学技术出版社,2006.

[12]张训蒲,朱伟义.普通动物学[M].北京:中国农业出版社,2000.

[13]刘敬泽,吴跃峰.动物学[M].北京:科学出版社,2013.

[14]王宝青.动物学[M].北京:中国农业大学出版社,2009.

[15]许崇任,程红.动物生物学[M].北京:高等教育出版社,2008.

[16]温安祥,郭自荣.动物学[M].北京:中国农业大学出版社,2014.

[17]Ranh79_101.第四讲一生态绿地[N/OL].百度文库,2012-02-25. http://wenku. baidu. com/view/f2f3392ab4daa58da0114ad0. html

[18]王平建.城市绿地生态建设理论与实证研究[D].上海:复旦大学,2005:8-9.

[19]谷茂.园林生态学[M].北京:中国农业出版社,2007:1-2.

[20]王锐,任秋华.郑州市和新乡市绿化植被生物多样性研究[J].现代农业科技,2013,20(15):179-180,184.

[21]郑昭佩.恢复生态学概论[M].北京:科学出版社,2011:2-3.

[22]彭少麟.恢复生态学[M].北京:气象出版社,2007:1-8.

[23]Pielou E.C.(卢译愚译).数学生态学[M].北京:科学出版社,1988:2-35.

[24]Jordan W R. et al(eds.)Restoration ecology: A synthetic ap-proach to

ecological research[C]. Cambrage:Cambridge Press,1987:5-6.

[25]周祖光.海南岛生态系统健康评价[J].水土保持研究,14(4):201-204.

[26]师雪茄,刘海清,陈刚.海南生态农业发展模式现状及建议[J].中国热带农业,2013,3(52):24-26.

[27]毛伟.水满乡和韶山杨林苦丁茶茶园的调查研究[D]五指山:琼州学院,2012.

[28]周志翔.景观生态学[M].北京:中国农业出版社,2007.

[29]王湘君,陈文,杜宇,等.三亚市区绿地生态破坏后丰度恢复的数学模型研究[J].琼州学院学报,2015,22(2):90-94.

[30]刘凌云.普通动物学[M].北京:高等教育出版社,2009.

[31]张春光.中国动物志 硬骨鱼纲 鳗鲡目 背脊鱼目[M].北京:科学出版社,2010.

[32]吴伟南.中国动物志 无脊椎动物 第四十七卷 蛛形纲[M].北京:科学出版社,2009.

[33]杨思谅,陈惠莲,戴爱云.中国动物志 无脊椎动物 第四十九卷 甲壳动物亚门 十足目 梭子蟹科[M].北京:科学出版社,2012.